"十二五"国家重点图书出版规划项目

国家社会科学基金重点项目"生态文明取向的
区域经济协调发展战略研究"（08AJY044）成果

Coordinated Regional Economic Development Strategy

Based on Ecological Civilization

生态文明的区域经济协调发展战略

张可云等 著

北京大学出版社
PEKING UNIVERSITY PRESS

图书在版编目(CIP)数据

生态文明的区域经济协调发展战略/张可云等著.—北京：北京大学出版社，2014.12

ISBN 978-7-301-25054-9

Ⅰ.①生⋯　Ⅱ.①张⋯　Ⅲ.①生态文明－关系－区域经济发展－协调发展－研究－中国　Ⅳ.①X321.2 ②F127

中国版本图书馆 CIP 数据核字(2014)第 250292 号

书　　　　名：生态文明的区域经济协调发展战略
著 作 责 任 者：张可云等　著
责 任 编 辑：郝　静
标 准 书 号：ISBN 978-7-301-25054-9/F·4084
出 版 发 行：北京大学出版社
地　　　　址：北京市海淀区成府路 205 号　100871
网　　　　址：http://www.pup.cn　新浪官方微博：@北京大学出版社
电 子 信 箱：zyjy@pup.cn
电　　　　话：邮购部 62752015　发行部 62750672　编辑部 62756923　出版部 62754962
印　　刷　　者：北京宏伟双华印刷有限公司
经　　销　　者：新华书店
　　　　　　　720 毫米×1020 毫米　16 开本　21.5 印张　530 千字
　　　　　　　2014 年 12 月第 1 版　2014 年 12 月第 1 次印刷
定　　　　价：58.00 元

前　　言

改革开放以来,中国的经济总量不断扩张,国际经济地位与影响力不断提高,但在经济高速增长与人民生活水平明显提升的过程中,有越来越多的问题显现。进入新世纪后,中国进入了一个问题与矛盾的多发期,正因为如此,在"十五"时期中国提出了科学发展观与构建社会主义和谐社会两大战略思想。在众多的问题与矛盾中,人与自然之间的矛盾、区域发展差距与区际利益冲突是负面影响突出的重大现实问题。针对第一个问题,中共"十七大"明确提出了建设生态文明的战略任务;针对第二个问题,早在20世纪90年代初期中央政府就提出了区域经济协调发展战略。本书围绕这两个重大现实问题,试图将生态文明与区域经济协调发展结合起来,研究生态文明的区域经济协调发展战略的内涵、实现路径与政策导向。

生态文明与区域经济协调发展战略这两个问题本身就十分复杂,将两者结合起来研究则更为复杂,再加之生态文明建设实践尚处于探索过程之中,做到面面俱到几乎是不可能的。我们认为,目前定量描述生态文明的区域经济协调发展状态的时机不成熟,而且十分困难,因此,在确定研究框架时,我们舍弃了主观色彩较浓的指标分析与现状评价,选择了定性说明生态文明的区域经济协调发展战略的产生背景与内涵,着重运用最新的理论与方法研究生态文明与区域经济发展协调同步的规律,探讨实现这一战略目标的路径,并试图在此基础上总结实现生态文明的区域经济协调发展战略目标的未来政策导向。

第1篇除文献分析外,从区域发展战略演变的过程角度分析生态文明的区域经济协调发展战略的产生背景,并对这个战略的基本内涵进行了较详细的讨论。第2~4篇是本书的核心,着重从组织协调、利益协调与产业布局协调三个方面探讨实现生态文明的区域经济协调发展战略目标的路径。在这三篇中,我们运用了国内外一些新的理论与方法,探讨了构建合理的环境规制分权结构、建立和完善生态补偿机制、避免产业与污染的同向转移三个方面的重大问题。应该说,无论是从理论角度还是从实践角度看,这三个方面本身都是极其复杂的,每一个方面均可构成一本书的研究主题。因此,我们在研究过程中虽然突出了重点,并试图努力做到尽善尽美,但还是有一些问题没有顾及。特别是在研究区域生态补偿时,我们尽可能做到了从理论上分析清楚区域生态补偿机制建立的必要性和补偿方式选择,但由于补偿所涉及的面太广,我们在具体补偿案例研究时只是有选择地分析了跨界农业非点源污染,对其他方面的污染没有进行案例研究。第5篇根据组织协调、利益协调与产业布局协调的理论与实证分析结论,总结未来的政策导向。在第 5 篇中,我们单独讨论了生态职能区划,因为我们认为这是完善中国区域管理以实现生态文明的区域经济协调发展战略目标的制度基础之一。

本书是国家社会科学基金重点项目"生态文明取向的区域经济协调发展战略研究"(08AJY044)的最终研究成果。此项目研究历时三年多,2009 年立项,2012年结项。

除本人外,参与本项目研究的成员有张文彬、傅帅雄、梅文智、易毅、张理芃、张学刚、向延平、刘琼、安晓明、李明与陈丽娜,这些成员都是我指导的博士生、硕士生与博士后研究人员。本书的写作框架由张可云设计。第 1 篇的主要负责人为张可云与易毅,张文彬、张学刚、傅帅雄与梅文智参与了文献研究。第 2 篇的主要负责人为张文彬,张理芃参与了部分研究。第 3 篇的主要负责人为梅文智,向延平、张可云、张文彬与安晓明参与了部分研究。第 4 篇的主要负责人为傅帅雄,张可云参与了部分研究。第 5 篇的主要负责人为张可云、张文彬、张学刚,安晓明、刘琼、李明与陈丽娜参与了部分研究。张文彬、张学刚、傅帅雄与梅文智参与了研究框架设计与讨论,张文彬在统稿时做了大量工作。

如前所述,生态文明与区域经济协调发展战略这两个问题本身涉及面非常广,将两者结合起来研究需要具备多方面学科知识的积累。研究如此复杂的问题可从多个角度切入,既可从区域经济学角度,也可从其他角度进行研究。也就是说,除区域经济学角度外,还可从生态学、环境学、管理学、社会学、伦理学、地理学等不同角度或综合角度进行这个问题的研究。限于学术研究背景,我们主要从区域经济学与环境经济学的角度进行了有限度的探讨与尝试性研究,疏漏在所难免。期望本书的出版能进一步推动生态文明的区域经济协调发展方面的研究。

本书在写作过程中参阅了大量的相关文献,这些文献对本书的写作是不可或缺的,在此对本书所有直接引用或参阅文献的作者表示诚挚的谢意。

感谢国家社会科学基金对本书出版的资助,感谢北京大学出版社郝静编辑为本书出版付出的辛劳。

张可云

2014 年 5 月 26 日于北京世纪城

目　　录

第1篇　基本问题篇

第2篇　区域组织协调篇

第3篇　区域利益协调篇

第4篇　区域产业布局协调篇

第5篇 政策导向篇

第1篇　基本问题篇

改革开放以来，中国的经济总量不断扩大，并于"十一五"时期超越日本而成为全球第二大经济体，同时，中国的人均发展水平与人民生活水平也显著提高。然而，在经济不断发展的同时，"必须清醒地看到，我国发展中不平衡、不协调、不可持续问题依然突出"（引自《中华人民共和国国民经济和社会发展第十二个五年（2011—2015年）规划纲要》）。"三不问题"突出表现在两个方面，即资源环境问题与区域发展失衡。本书旨在将这两个方面问题的研究结合起来，试图探讨生态文明取向的区域协调发展战略的新内涵、新路径与新政策导向等问题。

本篇包括第1章和第2章，主要讨论生态文明的区域协调发展战略的基本问题，突出生态文明的区域协调发展战略新内涵探讨。本篇在阐明本书研究的意义、回顾与分析已有研究成果的基础上，提出研究的技术路线和可能的创新之处，并在梳理我国区域发展战略演进过程、分析评述生态文明和区域经济协调发展的本质与内涵的基础上，讨论生态文明赋予区域经济协调发展战略的新内涵。中国正积极建设社会主义生态文明，但仍处于生态工业文明的过渡阶段，不能阻碍工业化、城市化快速发展进程中经济活动和人口的集聚，但也不能任由社会和生态等问题恶化，要对传统工业文明进行扬弃和超越，逐步实现社会公平和生态平衡。生态文明的区域经济协调发展新内涵表现为"五位一体"的发展要求，即经济效率、社会公平、生态平衡、政治联合和文化融合。在不同文明形态和发展阶段，生态平衡与经济效率、社会公平等其他要求的互动关系及实现程度存在明显差异。现阶段，实现生态文明的区域经济协调发展所遇到的关键问题主要有政府环境规制分权结构不合理、生态补偿机制缺失、产业转移过程中的"污染天堂"效应等，这些问题的解决办法可以作为生态文明的区域经济协调发展战略的主要内容和实施机制。

1 导　　论

　　真正实现我国区域协调发展,需要以科学发展观为统领,以生态文明为核心价值取向。本章重点讨论生态文明的区域经济协调发展战略的背景和意义,提出全书的整体思路,并归纳主要内容和研究方法。

1.1　研究生态文明的区域经济协调发展战略的意义

　　文明是反映人类社会发展程度的概念,是人类社会进步的标志。文明的本质是人类的发展方式和生活样式,在价值观的取向上表现为处理人与自然和人与人关系的态度,在物化结果上表现为人类改造世界的物质和精神成果的总和。从历史上看,人类文明大致经历了原始文明、农业文明和工业文明,中国目前正处于生态工业文明的过渡阶段,并积极向社会主义生态文明迈进。

　　文明是历史的,也是具体的。传统工业文明时代,在"人类中心主义"核心价值理念的指导下,人类社会虽然取得了前所未有的物质文明成就,但也遇到了前所未有的社会危机和生态危机。巨大的城乡差距、区域差距和贫富差距,以及人口剧增、环境污染、资源短缺和生态失衡等问题并不是孤立地表现出来,而是以"问题群"的形式展现在人类面前。在这一阶段,尽管发达国家对处理社会矛盾和生态环境问题进行了理论思考与实践探索,但其普遍采用的"末端治理"模式,并不能从根本上去协调人与自然和人与人之间的关系,也给后进国家在选择处理上述关系的理念与模式时带来许多负面影响。也就是说,在传统工业文明的框架内,"头痛医头,脚痛医脚"的方法不能从根本上解决人类活动与自然环境的矛盾与冲突。

　　生态文明是"状态"和"过程"的统一,生态文明的"状态"需要在人类经济、社会和生态发展的良性互动中加以体现和实现,它强调人类社会要具备较高的环保意识,构建可持续的经济发展模式,设计更加公正合理的社会制度。社会主义生态文明概念的提出,是中国特色社会主义理论重大的发展。将生态文明与社会主义物质文明、精神文明和政治文明一起作为和谐社会建设的重要内容和任务,是科学发展、和谐发展理念的又一次升华。胡锦涛同志在中共"十七大"报告中强调:"要建设生态文明,基本形成节约能源资源和保护环境的产业结构、增长方式、消费模式。循环经济形成较大规模,可再生能源比重显著上升。主要污染物排放得到有效控制,生态环境质量明显改善。生态文明观念在全社会牢固树立。"①

　　生态文明必将赋予区域协调发展新的时代内涵和价值标准,并对新时期我国统筹城乡区域发展提出新的要求。这既需要我们进一步发展和深化区域协调发展理论,又要针对现实问题的新变化,进行针对性的政策研究。当前,从生态文明"状态"和"过程"两个维度考察我国区域经济的发展,区域协调发展目标的实现还面临着许多难以破解的矛盾和问题:一是区域生态环境整体恶化与区域差距呈现扩大趋势之间的矛盾不断激化,成为区域协调发展中的突出问题。如何在提升宏观(空间)经济和生态效率的同时,使各区域居民能够共享改革发展的成果,享受均等化的基本公共服务,进而实现区域公平与平等,是当前面临的最为突出和紧迫的问题。二是我国资源的空间分布极不均衡,如何根据资源环境承载能力、已有的开发强度和未来的发展潜力,确定各区域的合理功能分工,实现资源开发的区域(空间)协调,是区域协调发展面临的又一突出问题。三是区域产业转移和产业结构调整过程中,由于缺乏产业分工与合作经济效率与生态效率的整体考虑,客观上造成区域产业结构演进与资源、环境承载能力下降的矛盾十分尖锐。四是生态环境保护区域合作机制存在着协调机构缺失、缺少统一规划和经济与环境项目衔接不足等重大问题。生态文明建设的整体性与区域经济社会发展的相互分割性,既造成国家宏观经济生态效率的整体下降,也不利于我国可持续发展战略目标的实现。五是基于生态文明理念的政府层级治理结构不尽合理。作为典型的公共产品,生态产品及其相关服务的供给主要依赖于政府在其生态职能上的观念转变和制度设计的完善。现实生活中,基于传统工业文明理念的政府层级治理结构,客观上造成区域开发过程中制度与体制、机制与政策的设计还停留在减少污染排放等技术性的生态修补层面及地方化的生态环境保护方面,政府的生态职能往往要从属于经济和社会发展职能。

　　上述矛盾和问题是我国区域发展中生态文明建设面临的主要障碍和问题,需要综合的破解思路和解决方案。目前,以科学发展观为统领,以生态文明为核心价值取向的区域协调发展战略思想已经得到初步的贯彻与实施。在新的历史时期,区域协调发展战略的完善与实施,是全面、深入贯彻落实科学发展观的必然要求,也是推动区域科学、和谐和文明发展的重要途径,对于我国各地区充分发挥自身优势,形成相互促进、共同发展的新格局,具有重大的现实意义和深远的历史意义。其意义可概括为以下三个方面。

　　第一,以生态文明为核心价值取向的区域协调发展战略的完善与实施,是促进代际之间利益关系协调,实现区域全面协调和可持续发展的内在要求。

　　第二,以生态文明为核心价值取向的区域协调发展战略的完善与实施,是促进

　　① 引自胡锦涛:《高举中国特色社会主义伟大旗帜 为夺取全面建设小康社会新胜利而奋斗——在中国共产党第十七次全国代表大会上的报告》,2007年10月。

城乡区域之间产业关系、资源环境利用和保护关系相协调,实现宏观(空间)效率提高与城乡区域之间平等相统一的迫切需要。

第三,以生态文明为核心价值取向的区域协调发展战略的完善与实施,有利于促进各级政府经济职能、社会职能和生态职能相协调,形成科学、合理的激励约束机制,构建合理的政府层级治理结构。

1.2 相关研究文献分析

迄今为止,围绕生态文明或区域协调发展已经有不少研究成果,但将两者结合起来的研究成果尚不多见。针对这两个方面问题的研究成果大部分包含于生态文明与区域协调发展关系研究、环境规制政府治理结构的研究、区域生态补偿机制的研究、工业区域布局的研究等。

1.2.1 关于生态文明的已有研究成果

从 20 世纪 70 年代开始,我国的一些学者开始对传统工业文明所造成的生态环境恶化问题发出呼吁并著书立说。90 年代中后期,生态文明的提法频频出现在国内的报纸、杂志与学术论文中,讨论的内容主要涉及生态文明的内涵、外延、特征,以及生态文明建设的实现路径与政策选择等方面。

1.2.1.1 关于生态文明概念界定的研究

生态文明这一概念的定义主要有以下几种。

叶谦吉认为,所谓生态文明,就是人类既获利于自然,又还利于自然,在改造自然的同时又保护自然,人与自然之间保持着和谐统一的关系。[①]

刘延春认为,生态文明是指人们在改造客观物质世界的同时,不断克服和优化人与自然的关系,建设有序的生态运行机制和良好的生态环境所取得的物质、精神、制度方面成果的总和。它包括生态环境、生态意识和生态制度。[②]

廖福霖则认为生态文明的概念可从广义和狭义两个方面来谈。广义的生态文明是指人类充分发挥主观能动性,遵循自然—人—社会复合生态系统运行的客观规律,使之和谐协调、共生共荣、共同发展的一种社会文明形态,包括物质文明、精神文明、政治文明、社会文明及狭义上的生态文明,它相对于原始文明、农业文明、工业文明。狭义的生态文明则是指人与自然和谐协调发展的一种文明形式,它是相对于物质文明、精神文明、政治文明而言的。[③]

---

① 叶谦吉:《真正的文明时代才刚刚起步——叶谦吉教授呼吁开展"生态文明建设"》,《中国环境报》1987 年 6 月 23 日,第 1 版。
② 刘延春:《关于生态文明建设的几点思考》,《林业经济》2003 年第 1 期,第 38—39 页。
③ 廖福霖:《生态文明建设理论与实践》,中国林业出版社,2001 年。

潘岳认为生态文明是指人类遵循人、自然、社会和谐发展这一客观规律而取得的物质与精神成果的总和,是以人与自然、人与人、人与社会和谐共生、良性循环、全面发展、持续繁荣为基本宗旨的文化伦理形态。[①]

1.2.1.2　生态文明建设的实现路径与政策选择研究

有关生态文明建设的实现路径与政策选择方面的研究成果主要有以下四个方面。

(1) 树立生态文明观念。要建设生态文明,实现人与自然的和谐,在传统的单纯追求经济利益的价值观下,仅仅依靠政策、法律等手段远远不够,还必须依靠全民生态意识的培养,必须构建一种生态伦理观来实现经济利益与社会公共利益之间的平衡。李鸣认为,基于对农业文明与工业文明社会财富观的反思,传统文明社会的财富观呈现一定资本性、生态破坏性及资源浪费性的特点,在生态文明时代应该有一种以科学发展观指导下的新的财富观,即绿色财富观。[②] 钱俊生认为,建设生态文明必须以科学发展观为指导,从思想意识上实现三大转变,即从传统的"向自然宣战""征服自然"等理念向树立"人与自然和谐相处"的理念转变,从粗放型的以过度消耗资源破坏环境为代价的增长模式向增强可持续发展能力、实现经济社会又好又快发展的模式转变,从把增长简单地等同于发展、重物轻人的发展向以人的全面发展为核心的发展理念转变。[③]

(2) 基于生态文明的生产方式变革研究。国内很多学者提出,实现生态文明社会首先必须实现生产方式的转变,提倡生态生产力的观点。包庆德、王金柱认为,生态文明不但需要思维方式和观念层面的有机化转变,更需要在实践构序中对人类生存方式、生活方式,特别是对生产方式的生态化转换。[④] 赵成也提出,要消除工业化生产方式所产生的消极环境成果,解决生态危机,实现人与自然的和谐,就必须对工业化的生产方式进行变革,形成生态化生产方式。[⑤] 廖福霖则指出,辩证唯物主义认为,每一种社会文明形态最终都是由当时的社会生产力决定的,没有生产力的发展,社会文明的进步是不可能的。为此,他提出了生态生产力的概念,即从包括水平维、力量维和价值维的三维角度来考察生产力,力求生态效益、经济效益和社会效益相统一与最优化。[⑥]

(3) 生态消费模式研究。随着人口与经济的高速增长,越来越多的人已不再满足于衣、食、住、行等基本的消费需求,如何使当前的消费模式与我国生态文明社

①　潘岳:《论社会主义生态文明》,《绿叶》2006 年第 10 期,第 10—18 页。

②　李鸣:《绿色财富观:生态文明时代人类的理性选择》,《生态经济》2007 年第 8 期,第 152—157 页。

③　钱俊生:《落实科学发展观建设生态文明》,《领导文萃》2007 年第 12 期,第 22—26 页。

④　包庆德,王金柱:《生态文明:技术与能源维度的初步解读》,《中国社会科学院研究生院学报》2006 年第 2 期,第 34—39 页。

⑤　赵成:《论生态文明建设的实践基础——生态化的生产方式》,《学术论坛》2007 年第 6 期,第 19—23 页。

⑥　廖福霖:《生态文明建设理论与实践》,中国林业出版社,2001 年。

会的建设要求相适应，从而实现可持续发展，成为重要的课题。樊小贤针对当代人类生活方式表现出来的种种弊端以及工业文明的发展给生态环境带来的挑战，提出要使人类社会实现持久可持续发展，必须调整自己的生产生活方式，创建环境友好型生活方式并在社会全方位倡导生态文明。[①] 俞建国、王小广通过对现代消费方式、政府干预、未来消费模式等进行探讨，认为我国未来的消费模式应该是一种"与生产力水平相适应、与资源供给及战略资源保障能力相协调、消费能力不断提高、消费观察与思考结构不断优化、公共服务不断扩大的消费模式"。[②]

（4）基于生态文明的制度设计研究。制度因素在经济社会中的作用日益受到重视，对于生态文明建设也同样如此。李鸣认为，可持续发展已成为人类共识，但是要建设生态文明，实现人与自然的和谐，应该对当前的环境管理机制予以重新定位与创新，并建立长效机制。[③] 常丽霞、叶进则在分析环境资源领域的制度失灵问题的基础上，指出建设生态文明必须寻求政府环境管理职能的恰当定位。[④]

从现有的研究文献来看，目前的研究成果还主要集中在生态文明的理论研究方面，研究生态文明实现机制和政策工具的成果还不多见，对实际部门的工作的指导性有待增强。从研究方法上看，已有的研究成果主要还是以定性分析为主，还没有形成具有动态性、系统性、综合性和整体性特征的量化核算体系和评估体系。由此可见，生态文明问题有待进一步深入研究。

1.2.2　关于区域经济协调发展的已有研究成果

区域协调发展是在 20 世纪 90 年代提出并开始受到重视的，这主要是由于经过十多年的改革开放，区域差距逐步扩大，区域之间的矛盾与冲突有加剧趋势。目前，对区域协调发展的内涵与标准讨论及其实现路径与政策选择方面的研究较多，但尚未达成共识。

1.2.2.1　区域协调发展思想的形成

早在 1991 年，国务院发展研究中心就开始了"中国区域协调发展战略"课题研究。刘再兴指出，随着改革开放不断深入，我国经济快速发展的同时也暴露出区域差距过分拉大、区域产业结构趋同等一系列区域问题。因此，协调区域关系、改善生产力布局，将成为 20 世纪 90 年代中国经济建设的主旋律。[⑤] 1995 年制定的《中

---

①　樊小贤：《用生态文明引导生活方式的变革》，《理论导刊》2005 年第 10 期，第 25—27 页。

②　俞建国，王小广：《构建生态文明、社会和谐、永续发展的消费模式》，《宏观经济管理》2008 年第 2 期，第 36—38 页。

③　李鸣：《绿色财富观：生态文明时代人类的理性选择》，《生态经济》2007 年第 8 期，第 152—157 页。

④　常丽霞，叶进：《向生态文明转型的政府环境管理职能刍议》，《西北民族大学学报》2008 年第 1 期，第 66—71 页。

⑤　刘再兴：《中国生产力总体布局研究》，中国物价出版社，1995 年。

华人民共和国国民经济和社会发展"九五"计划和 2010 年远景目标纲要》明确提出,要"坚持区域经济协调发展,逐步缩小地区发展差距"。这标志着对于区域协调发展战略的重要性已经形成共识。

1.2.2.2 区域协调发展内涵和标准的研究

国家发展和改革委员会宏观经济研究院国土开发与地区经济研究所课题组(以下简称"国家发改委宏观院地区所课题组")研究认为,区域经济协调是一个综合性、组合式的概念,其基本内涵由五个部分构成:一是各地区的比较优势和特殊功能都能得到科学、有效的发挥,形成体现因地制宜、分工合理、优势互补、共同发展的特色区域经济;二是各地区之间人流、物流、资金流、信息流能够实现畅通和便利化,形成建立在公正、公开、公平竞争秩序基础上的全国统一市场;三是各地区城乡居民可支配购买力及享受基本公共产品和服务的人均差距能够限定在合理范围之内,形成走向共同富裕的社会主义的空间发展格局;四是各地区之间在市场经济导向下的经济技术合作能够实现全方位、宽领域和新水平的目标,形成各区域、各民族之间全面团结和互助合作的新型区域经济关系;五是各地区国土资源的开发、利用、整治和保护能够实现统筹规划和互动协调,各区域经济增长与人口资源环境之间实现协调、和谐的发展模式。[①] 吴殿廷提出,区域协调主要包含三个层次:首先是区域中人地关系的协调,即人与自然环境的关系协调;其次是区域中人的协调,涉及同代人之间和代际之间的关系;最后是区域内部不同地区之间的协调。区域协调发展的实质是利益的追求和分配,即效率和公平的平衡。[②]

国家发改委宏观院地区所课题组提出了衡量区域协调发展度的三大基本指标体系:一是反映人均可支配收入方面的协调程度,主要包括基尼系数、五等分收入组收入差距、恩格尔系数等指标;二是反映人均可享有基本公共产品和公共服务方面的协调程度,主要包括基本口粮、卫生饮水、日用电力、初级卫生、初级教育等领域的人均供给水平;三是反映地区发展保障条件方面的协调程度,重点关注就业率、基本社会保障覆盖率等。另外,陈栋生认为,区域发展的协调性应主要从以下两个方面进行检测:一是地区发展水平、收入水平和公共产品享用水平,通常采用人均地区生产总值、人均收入和公共产品享用水平等指标;二是区际分工协作的发育水平,即考察各地区比较优势是否得到充分发挥,是否形成合理分工协作。[③]

1.2.2.3 区域协调发展的实现路径和政策研究

学者们为我国实现区域协调发展提出了大量有针对性的建议,主要集中在以下几个方面。

① 国家发改委宏观院地区所课题组:《21 世纪中国区域经济可持续发展研究》,2003 年。
② 吴殿廷等:《从可持续发展到协调发展——区域发展观念的新解读》,《北京师范大学学报》(社会科学版)2006 年第 4 期,第 140—143 页。
③ 陈栋生:《论区域协调发展》,《工业技术经济》2005 年第 24 卷第 2 期,第 2—6 页。

一是关于区域政策体系的研究。我国区域间发展不平衡,制度和政策的缺陷是重要原因。张可云和胡乃武在分析中国区域经济领域的问题与矛盾的基础上,指出未来统筹区域发展应该以明确的区域战略为依据,制定合理的区域政策,统一安排解决各种问题区域的发展,将治疗已经存在的落后病、衰退病和防治潜在的膨胀病与萧条病结合起来,形成相互合作、相互支持、共同发展的区域经济格局。[①]

二是关于区域间产业协调发展的研究。区域产业协调发展是区域经济协调发展的核心部分。Young 分析了中国各个地区产业结构趋同的体制原因,区分了因国际贸易中比较优势相似而导致的各个省份结构趋同及因区域间市场壁垒而导致的产业结构趋同两种情况,其实证分析也表明中国的区域间产业结构趋同是由区域间的市场保护、市场壁垒造成的。[②] 国内实证研究方面,张可云分析了区域间重复建设的理论与现实成因,利用产业结构相似系数度量产业结构趋同程度,并且提出了区域经济关系协调的制度和政策建议。[③] 梁琦分析了中国 1997—2001 年的地区间分工程度,认为地区间的分工程度是逐渐加深的。[④] 邱风[⑤]、陈建军[⑥]则重点分析了长江三角洲内部的产业同构问题。谢伏瞻站在全局角度,指出促进东部地区产业结构优化升级和梯度转移,发挥东部地区辐射带动作用是促进我国区域协调发展的根本出路。[⑦]

三是关于区域间资源开发利用和生态环境补偿问题的研究。康慕谊等认为补偿原则的讨论是制度设计的根本,确定了支付主体和资金来源。[⑧] 在实证方面,宋蕾等系统研究了几种传统的生态补偿模式。[⑨]

1.2.3 生态文明与区域经济协调发展关系的已有研究成果

目前,国内在区域(空间)层面探讨生态文明问题的研究文献非常少见,仅有部分文献对生态环境保护和生态补偿机制在区域协调发展的必要性和重要性上进行了探讨。沈越认为,由于促进区域协调发展的体制机制还不健全,一些区域过度开发、行政区之间经济恶性竞争,加剧了区域经济发展的失衡,也导致了环境生态的

① 张可云,胡乃武:《中国重要的区域问题与统筹区域发展研究》,《首都经济贸易大学学报》2004 年第 2 期,第 8—13 页。

② Young, A., "The Razor's Edge: Distortions and Incremental Reform in the People's Republic of China", Quarterly J. Economics, no. 115, 2000, pp. 1091-1136.

③ 张可云:《区域大战与区域经济关系》,民主与建设出版社,2001 年。

④ 梁琦:《知识溢出的空间局限性与集聚》,《科学学研究》2004 年第 1 期,第 76—81 页。

⑤ 邱风:《对长三角地区产业结构问题的再认识》,《中国工业经济》2005 年第 4 期,第 77—85 页。

⑥ 陈建军:《长江三角洲区域经济一体化的三次浪潮》,《中国经济史研究》2005 年第 3 期,第 113—122 页。

⑦ 谢伏瞻:《完善政策促进区域经济协调发展》,《中国流通经济》2006 年第 7 期,第 8—9 页。

⑧ 康慕谊,董世魁,秦艳红:《西部生态建设与生态补偿:目标、行动、问题、对策》,中国环境科学出版社,2005 年。

⑨ 宋蕾,李峰,燕丽丽:《矿产资源生态补偿内涵探析》,《广东经济管理学院学报》2006 年第 6 期,第 23—25 页。

恶化,造成了一些新的社会矛盾;如果不加快调整经济结构,转变能耗高、污染重的粗放型发展模式,不仅将使经济增长付出沉重资源、环境代价,而且有可能导致资源支撑不住、环境容纳不下、社会承受不起、经济发展难以为继的后果;只有有效遏制区域环境污染扩大的趋势,进而逐步缩小地区发展差距,才能在全国范围内实现经济社会各构成要素的良性互动,使各个区域的发展相适应,各个发展的环节相协调,实现国民经济又好又快发展。[①] 林毅夫和刘培林认为,由于东中西部没有形成良性的区域分工与生态补偿机制,长期以来西部地区为东部地区提供低廉的原材料和免费的生态服务,不发达地区源源不断地为发达地区提供自然资源和生态服务,发达地区却没有给予足够的补偿,生态产品与物质产品之间的剪刀差是区域发展不公平和区域差距不断扩大的重要原因之一。[②]

综上所述,我们认为生态文明是"状态"和"过程"的统一,其内涵远远超越了一般意义上的生态保护,生态文明的"状态"需要在人类经济、社会和生态发展的良性互动中加以体现和实现,它强调人类社会要具备较高的环保意识,构建可持续的经济发展模式,设计更加公正合理的体制机制。

1.2.4　关于政府环境规制分权结构的已有研究成果

生态文明强调区域经济发展、社会发展和生态发展之间的和谐与良性互动,而不是生态发展从属于区域的经济社会发展。作为典型的公共产品,生态产品和服务的供给主要依赖于政府生态职能的实施。这一政府职能的出现和重要性的提升,也要求以经济社会职能为主的工业文明下的区域协调政府治理结构作出适应性地调整,以保证这一职能有效果且高效实现。在区域协调层面上政府治理结构,主要涉及中央和地方之间的垂直关系及地方政府之间的水平关系。

关于中国财政分权与地方政府间竞争的讨论一直是区域经济乃至整个经济学界的热点问题。经济分权与垂直的政治管理体制被认为是中国经济成功的重要原因[③],但也导致区域市场分割、区域差距扩大和对环境、教育、卫生等投入的忽视。[④]显然,这套以工业文明为主导,以经济增长为目标的政府治理结构所形成的激励机制不利于生态文明的建设和区域经济的协调。魏长江认为,环保低效率的原因和制度主体缺乏统一领导、监督地位不独立等正式制度缺陷有关[⑤];杜长春进一步指

---

①　沈越:《环境保护助推区域协调发展》,《环境经济》2007年第10期,第37—40页。

②　林毅夫、刘培林:《中国的经济发展战略与地区收入差距》,《经济研究》2003年第3期,第19—25页。

③　Blanchard, Oliver. and Andrei. S., "Federalism with and without Political Centralization: China versus Russia", IMF Staff Papers, no. 48, 2001, pp.171-179.

④　傅勇、张晏:《中国式分权与财政支出结构偏向:为增长而竞争的代价》,《管理世界》2007年第3期,第4—12页。

⑤　魏长江:《西部环境经济政策中的制度缺陷——当前环保低效率的新制度经济学分析》,《经济体制改革》2002年第3期,第113—116页。

出,环境管理应该从部门管理向多中心治理转变,构建国家、市场、非政府组织、公民相互独立又合作的新型环境治理结构[1];Dudek 等以 SO_2 排放控制和排污权交易为例,认为中国环境管理的政府治理结构存在严重的问题,主要包括中央政府对地方政府缺乏环境强制力、地方环保机构缺乏独立性、涉及的政府部门之间缺乏协调,因而自上而下的过程造成环境政策可操作性差、协调性差等问题,直接影响具体政策工具的有效性。所以,协调中央和地方、地方和地方、部门和部门之间的关系,构建适应于生态文明要求的政府治理结构势在必行。[2]

在理论上,将生态问题纳入治理结构的分析非常必要。环境联邦主义理论及生态保护的国(区)际合作理论为政府层级关系问题的讨论提供了基本的理论基础。环境联邦主义理论在财政分权理论的基础上研究生态职能如何在各级政府层次上分配既有效果又具效率[3],避免政府治理结构中垂直体系和水平体系出现不必要的摩擦,导致治理成本上升和治理效果欠佳。尽管目前这一领域备受关注,但是对生态职能的最优分权结构却没有形成一致的意见。[4]

支持分权化规制的文献认为,较低层级的政府在居民偏好、治污技术与成本、生态资源禀赋等关键信息方面相对于中央政府具有优势,便于政策的设计和实施[5];居民的"用脚投票"方式促使地方政府通过竞争,在生态职能的实施上发生棘轮效应,即通过标尺竞争提高生态产品和服务的供给水平(race to the up),如所谓的加利福尼亚效应。[6] Fredriksson 和 Millimet 关于美国各州的经验研究支持存在标尺竞争效应,但对加利福尼亚的榜样效应提出了质疑。[7] 不过,标尺效应的存在往往依赖于居民或者地方政府对环境质量的关注程度所形成的激励机制。

支持集权化规制的文献认为,地方政府为了实现就业和发展目标,在竞争中降低环境保护和管制标准与力度[8],实行环境倾销,以及欠发达地区可能成为污染天

---

① 杜长春:《环境管理治道变革——从部门管理向多中心治理转变》,《理论与改革》2007 年第 3 期,第 22—24 页。

② Dudek, D. J.,秦虎,张建宇:《以 SO_2 排放控制和排污权交易为例分析中国环境执政能力》,《环境科学研究》2006 年第 19 卷,第 44—58 页。

③ Ring, I., "Ecological Public Functions and Fiscal Equalisation at the Local Level in Germany", Ecological Economics, no. 42, 2002, pp. 415-427.

④ Fredriksson, P. G. and Mani, M., "Environmental Federalism: A Panacea or Pandora's Box for Developing Countries?", World Bank Policy Research Working Paper, no. 3847, 2006.

⑤ Hayek, F., "The Use of Knowledge in Society", American Economic Review, no. 35, 1945, pp. 519-530.

⑥ Vogel, D., "Trading up and Governing Across: Transnational Governance and Environmental Protection", Journal of European Public Policy, no. 4, 1997, pp. 556-571.

⑦ Fredriksson, P. G. and Millimet, D. L., "Is There a 'California effect' in US Environmental Policymaking?", Regional Science and Urban Economics, no. 32, 2002, pp. 737-764.

⑧ Cumberland, J., "Efficiency and Equity in Interregional Environmental Management", Review of Regional Studies, no. 10, 1981, pp. 1-9.

堂,即地方政府间的竞争导致生态产品和服务供给量的下降("逐底竞争",race to the bottom)。但是,经济发展和生态保护之间存在必然的冲突吗?企业区位选择和环境管制关系的经验研究亦没有达成一致①;而为了避免环境倾销而实施的集权化规制往往设置统一的政策,在中央和地方间信息不对称的前提下,统一政策的福利损失相对于区域间环境损害成本的差异程度,呈指数增长,可能会侵蚀降低环境倾销程度的福利增进;而且税基的扩充可能会增加地方政府环境保护的投入,综合效果并不必然导致环境恶化。② 所以,从"逐底竞争"的假设到具体政策的讨论仍然存在很多争议。

另一类支持集权化规制的文献主要从生态问题的边界外溢性出发,因为跨境污染等外部性的存在,分权化的规制方式容易产生"搭便车"问题,Sigman 根据美国各跨州河流的环境指标证明上游地区存在这一"搭便车"现象③,曾文慧的经验研究发现中国也存在这一现象,这需要能够将外部性内部化的更高层次政府的介入,即提出了集权化的要求。④ 但是,在信息不对称的前提下,地方政府间拥有更多的私人信息,可能导致拥有权力的中央政府却缺乏执行力,实施效果可能不如地方政府之间谈判的解决结果。⑤ 例如,基于生态保护考虑的四大主体功能区,主要根据区域差异性进行区划,一定程度上忽视了不同功能区之间的联系,如生态受益方和机会成本付出方不在同一管辖区域,不利于受益方和受损方之间的利益协调,而过于依赖于中央政府的转移支付,信息不对称问题可能影响这种转移支付的效率和效果。

此外,Fredriksson 和 Mani 在政治经济学框架下,引入工人、资本和环境主义三个游说集团,地区间存在资本竞争,相对于集权体系,分权体系下前两集团游说激励的加总更大,从而分权化体制产生更弱的环境管制力度,关于发展中国家的经验研究支持这一假说。⑥ 但这只是一个平均水平的描述,并没有给出优化的分权结构。

尽管生态职能的最优分权结构没有形成定论,但是争论中逐步形成的共识是,应该基于外部性程度、信息不对称程度等标准对不同类型的生态职能进行分类,从

① Frankel, J. A., "The Environment and Globalization", NBER Working Paper, no. 10090, 2003.

② Oates, W. E. and Portney, P. R., "The Political Economy of Environmental Policy", In K. G. Maier and J. Vencent (eds), Handbook of Environmental Economies, North-Holland/Elsevier Science, 2001.

③ Sigman, H., "Transboundary Spillovers and Decentralization of Environmental Policies", Journal of Environmental Economics and Management, no. 50, 2005, pp. 82-101.

④ 曾文慧:《流域越界污染规制——对中国跨省水污染的实证研究》,《经济学(季刊)》2008 年第 2 期,第 447—464 页。

⑤ Klibanoff, P. and Morduch, J., "Decentralization, Externalities and Efficiency", Reviews of Economic Studies, no. 62, 1995, pp. 223-247.

⑥ Fredriksson, P. G. and Mani, M., "Environmental Federalism: A Panacea or Pandora's Box for Developing Countries?", World Bank Policy Research Working Paper, no. 3847, 2006.

而选择合适的政府层级。此外,对生态的重视程度、经济发展水平、初始的分权结构和社会治理结构等因素也会影响政府层次的选择,这是很多文献所忽视的。如何纳入上述经济和制度特征对中国作具体的理论分析和实证分析,构建基于生态职能的有效果且有效率的分权结构,是我们需要重点解决的,具有明显的实践指导意义。此外,这一领域的规范分析在我国仍处于起步阶段,还有一定的理论意义。

对不同类型生态职能在政府层级上分配的确定,这实际上是事权的确定,我们需要基于生态职能的财政平衡(fiscal equivalence),进一步作财权的匹配①,这必然涉及不同层级政府间的转移支付。显然,以经济增长为首要目标的转移支付体系也需要做相应的调整。巴西、德国等国在这一方面作了一些创新,包括一般性转移支付方式的调整和指定用途转移支付的灵活应用,如巴西部分地方政府根据易于衡量的生态指标设计了基于该指标比较的转移支付,促进各地区保护生态。在创新过程中要注意创新成本,尽可能降低交易成本,如避免过于复杂的指标设计、过于庞杂的新机构设置等。但是,作为一个新生的领域,相关的研究不多。② 在我国,当前的治理结构导致政府支出包括转移支付偏向于城市地区,而承担重要生态功能的农村及偏远地区则在一定程上受到忽视③,造成了城乡间生态职能的财政不平衡。另外,基于生态保护要求的四大主体功能区的推出,也需要在转移支付体系上作相应的调整。这一方面的研究缺乏系统性的分析,基于生态职能的转移支付体系并未很好地建立和运行起来。

1.2.5　关于区域生态补偿机制研究的已有研究成果

国外对生态补偿问题研究得比较早,近年来也开始成为学术界和实际部门研究的热点问题。20 世纪 60 年代以来,经济学家一直在研究衡量经济发展的资源环境代价的指标和核算体系,挪威 1978 年就开始了资源环境的核算,随后,芬兰、加拿大、联邦德国、墨西哥等许多国家也较早建立起了自然资源核算框架体系。20世纪 90 年代以后,在联合国的主持下,以绿色 GDP 为核心指标的环境经济核算体系(System of Environmental-Economic Accounting, SEEA),又称绿色国民经济核算体系,开始从理论走向实践。1997 年,Goldstein 等人讨论了在政策约束下,所有者环境资产受到缩减后,政府是否应该补偿这种损失的问题。④ 于是,形成了一

① Ring, I., "Ecological Public Functions and Fiscal Equalization at the Local Level in Germany", Ecological Economics, no. 42, 2002, pp. 415-427.

② Ring, I., "Integrating Local Ecological Services into Intergovernmental Fiscal Transfers: the Case of the Ecological ICMS in Brazil", Land Use Policy, no. 25, 2008, pp. 485-497.

③ 陆铭等:《中国的大国经济发展道路》,中国大百科全书出版社,2008 年。

④ Goldstein, J. H. and Watson, W. D., "Property Rights, Regulatory Taking, And Compensation: Implications For Environmental Protection", Contemporary Economic Policy, vol. 15, no. 4, 1997, pp. 32-42.

种全新的生态环境补偿理念,即生态环境资产置换。同时,包括生态补偿在内的利用市场的政策手段(如补贴、环境税、押金返还制度等)和创建市场的政策手段(如产权/权利分散、可交易的许可证、国际补偿制度等)开始越来越多地为世界各国环境决策部门采用。在这样的背景下,生态补偿作为一种资源环境管理的经济手段开始得到越来越多的应用。这些成果为研究我国生态补偿问题提供了有益的借鉴。

目前,国内研究主要侧重从宏观角度考虑生态补偿政策的实施问题,以经验探讨为主,对补偿主体及政府角色、补偿标准与方法、补偿行为与方式和生态补偿政策实践等方面进行了研究。

首先,区域生态补偿的主体主要包括补偿主体和受偿主体。[①] 例如,在流域中,补偿主体包括下游政府与下游企业、居民户等经济体;受偿体一般由上游政府、企业、城市居民户及农业居民户组成。如果引入第三方,还包括金融机构、非政府组织、水环境评估机构等。从这些相关利益主体来看,他们在补偿中的作用与地位不同,上游企业及居民户、下游企业及居民户、供水公司是补偿的核心利益相关者;上游政府环保、农林业部门及下游政府是次利益相关者;中央(上级)政府、环保领域的非政府组织是边缘利益相关者。[②] 流域生态补偿科学地识别这些利益相关者的实际利益,处理好这些利益相关者的关系,充分调动他们参与补偿的积极性,尤其要发挥好各级政府的作用。在市场环境不够健全时,通过上下游政府间的转移支付调动上游政府督促企业、居民户改善水资源环境;在市场环境逐渐完善时,政府既可以扮演纠纷仲裁、服务价值评估、契约订制平台搭建、补偿制度设计与维护等间接调控人的角色,也可以直接充当上下游核心利益者的代表人参与补偿。[③]

其次,区域生态补偿行为主要涉及环境保护、补偿资金筹集、补偿资金支付和补偿资金分配、环境识别、评估与监控等行为。目前,国内深入分析区域补偿行为的文献鲜见,但是有学者认为借助补偿资金能否及时到位的惩罚额度、补偿资金额度、环境破坏修复额度等指标可以保持区域生态补偿的可持续性。[④] 区域生态补偿方式主要包括直接补偿与间接补偿,直接补偿呈现出一对一补偿(如广东省对江西东江源地区地方政府转移支付类的跨界流域补偿[⑤])、一对多补偿(如北京市政

①　沈满洪:《生态经济学》,中国环境科学出版社,2008年,第324页。
②　郑海霞等:《金华江流域生态服务补偿的利益相关者分析》,《安徽农业科学》2009年第37卷第25期,第12111—12115页。
③　马莹等:《流域生态补偿的经济内涵及政府功能定位》,《商业研究》2010年第8期,第127—131页。
④　王俊能等:《流域生态补偿机制的进化博弈分析》,《环境保护科学》2010年第2期,第37—44页。
⑤　胡振鹏等:《江西东江源区生态补偿机制初探》,《江西师范大学学报(自然科学版)》2007年第3期,第206—209页。

府对潮白河流域上游农户的补偿①)和多对多补偿(浙江省的排污收费②)的特征。间接补偿主要包括金融产业政策支持、异地开发、文化教育支持等。采用何种补偿方式应该从实际出发,不能一刀切,综合现金、实物、智力补偿方式的长处,帮助落后地区提高造血能力。③

再次,区域生态补偿标准是补偿机制的核心环节,这一标准的确定实际上就是对区域生态服务价值的识别,也就是把商品的使用价值转化为交换价值的过程。其理论基础涉及效用价值论、供求价值论和劳动价值论。随着国内生态补偿实践的展开,补偿方法研究逐渐深入,并结合实践案例分析补偿标准确定的相关因素。从现有文献资料来看,主要涉及成本法(包括机会成本、污染治理成本)和支付意愿法、生产服务供给与需求相结合法及其他生态学相关方法的运用等(见表1-1)。

表1-1 流域生态补偿评估标准与方法实践

年份	案例	方法	主要因素
2002	黑河流域	条件价值评估法(CVM)	生态系统服务恢复的支付意愿
2007	闽江流域	重建成本分担法	成本匡算与成本分担率
2007	太湖流域	生态恢复成本法	计量模型、水质数据
2008	安康水源地	条件价值评估法、机会成本法	条件价值评估法评价补偿的下限,机会成本法评价补偿的上限,按照受益程度确定补偿标准。
2009	官厅水库	影子工程法、市场价值法	上游地区控制农业面源污染的损失、污水处理厂运行费用、林地的建设与维护等方面的投入,以及上游林地发挥的生态服务价值
2009	黄河流域	条件价值评估法	居民治理黄河的支付意愿
2010	金华江流域	条件价值评估法	居民环境服务支付意愿
2010	东江源流域	成本—效益分析法、工业发展机会成本法	建设成本、机会成本

资料来源:根据以下文献资料整理:黎元生、胡熠等:《闽江流域区际生态受益补偿标准探析》,《农业现代化研究》2007年第28卷第3期,第327—329页;刘晓红:《基于流域水生态保护的跨界水污染补偿标准研究——关于太湖流域的实证分析》,《生态经济》2007年第8期,第129—135页;周大杰:《流域水资源生态补偿标准初探——以官厅水库流域为例》,《河北农业大学学报》2009年第32卷第1期,第10—18页;张志强等:《黑河流域张掖地区生态系统服务恢复的条件价值评估》,《生态学报》2002年第22卷第6期,第885—893页;葛颜祥等:《黄河流域居民生态补偿意愿及支付水平分析——以山东省为例》,《中国农村经济》2009年第10期,第77—85页;孔凡斌:《江河源头水源涵养生态功能区生态补偿机制研究——以江西东江源区为例》,《经济地理》2010年第2期,第299—305页。

---

① 李文洁:《北京市对张家口市开展生态补偿研究》,河北大学硕士论文,2010年。
② 张鸿铭:《建立生态补偿机制的实践与思考》,《环境保护》2005年2期,第41—45页。
③ 赵雪雁等:《甘南黄河水源补给区生态补偿方式的选择》,《冰川冻土》2010年第1期,第204—210页。

最后,目前国内区域生态补偿政策实践先于理论研究。以中国的水资源生态补偿实践为例,基本上可分为三个阶段:20世纪80年代,主要以水资源污染修复为主;自20世纪90年代到2002年,国家推行了以退耕(牧)还林(草)、天然林保护等国家重大工程为主的水资源生态补偿政策;2002年以后,以水源地保护补偿、跨界污染控制补偿、水量保护补偿、水源涵养与水土保持补偿等为主要内容的流域生态补偿政策实践在中国各地开展起来。国内区域生态补偿政策理论研究大多交织于补偿模式、运行机制之中,实践经验总结多于理论探索。不过,也有学者认为流域补偿政策应该建立包括政策目标、补偿内容、运行机制、政策工具、管理机制与体制等在内的完整政策框架。[①] 中国区域生态补偿政策实践形式多样,主要包括国家环境治理重大工程、财政转移支付制度和专项基金、水资源税费、水污染物排污权制度、取水许可制度、水权管理与交易制度、流域综合治理工程、经济合作(产业结构调整、异地开发等)及水资源环境服务付费等制度与政策。国内学者认为,中国区域生态补偿政策存在目标模糊、散布于部门政策之中、部门化利益明显、补偿效率不高、缺乏长期稳定性等特征[②],需要进一步完善与整合。

　　因此,我国区域生态补偿政策研究主要涉及“补什么、谁补谁、补多少、怎么补、补效怎么样”几个方面,但仍处于初始研究阶段,在很多方面尚需改进。

　　首先,“补什么”不具体,补偿服务产品研究有待科学化。“补什么”实际上是要探讨流域生态补偿介质,即对上游提供的产品与服务的识别问题。这是流域生态补偿的基本条件,取决于补偿者的心理选择,受制于流域的空间地理特征。换言之,不同流域提供的服务内容(契约指标设计)不一样,如何识别不同流域的服务内容(契约指标设计)、如何评价服务内容(契约指标设计)优劣、服务内容(契约指标设计)形成的关键影响因素、服务内容(契约指标设计)选择及改善的条件等是研究的关键内容。目前,国内文献或者缺乏这些内容的研究,或者研究不够深入,更未形成系统化的研究框架,甚至与流域地理位置相结合的水环境生态服务研究文献也鲜见。

　　其次,补偿主体角色定位模糊,主体行为研究欠缺。一般而言,所涉及流域生态补偿的主体包括流域上下游的政府、企业、居民户等所有经济主体,并且,他们在补偿中的地位、作用、经济利益关系不一样。以利益主体间契约为纽带的直接补偿是社会主义市场经济条件下的生态补偿政策的主要形式。这种形式一方面容易引致利益主体从自己的利益角度去履行合同,另一方面也要求相关利益主体具有同等的决策、监控、收益权。因而,理论分析利益主体的行为倾向、实证分析补偿主体的权益状况是这方面研究的主要内容。另外,水资源环境的公共产品属性需要发

①　任勇等:《建立生态补偿机制的战略与政策框架》,《环境保护》2006年第10期,第18—23页。

②　冯东方等:《我国生态补偿相关政策评述》,《环境保护》2006年第10期,第38—43页。

挥政府的作用。但是,如何发挥政府的作用、政府职能的范畴等研究缺乏理论或实际的深入分析。目前"谁补谁"仅仅涉及相关利益者的识别。可见,考察相关利益者的行为倾向、理清及改善相关利益者的权益状况、规定政府职能边界等相关研究是流域生态补偿值得进一步深化研究的重要内容。

再次,补偿标准缺失或不明确,方法运用有待科学化。一方面,流域生态补偿标准的识别涉及商品价值、交换价值来源,也就是生态服务价值的确定或形成过程。另一方面,流域生态补偿标准的形成过程只是多方讨价还价的博弈过程,补偿标准的最终结果也只是相对价值与绝对价值的统一。然而,无论是效用价值论、均衡价格价值论还是劳动价值论,在实践中都存在瑕疵,主客观价值认知也总存在差距。由此可见,规范流域生态补偿价值内涵、探索补偿价值的形成过程应该成为流域生态补偿研究的重点。目前,国内学者在补偿标准形成方法方面也不断引进国外先进经验,但是在具体运用时忽视了这些先进经验的应用条件和国内补偿流域的具体特征。进一步规范流域生态补偿标准内涵,运用科学方法揭示水资源环境客观价值,实证分析水资源环境改善的价值是流域生态补偿进一步研究的重要内容。

最后,补偿政策框架不完善,政策效果评价鲜见。补偿政策框架就是要解决如何识别政策目标和政策工具及建立二者有机联系的问题。像任何政策研究一样,通过政策工具达到相应目标是政策研究的基本框架。尽管,国内学者已经认识到了构建流域生态补偿政策基本框架的重要性,但政策工具、政策目标的分类、边界范围、优缺点、对政策目标与工具的影响效率等一系列问题的理论与实践需要进一步深化研究。

1.2.6 关于工业区域布局的已有研究成果

健全市场机制,促进生产要素在区域间自由流动,引导产业转移,促成产业布局合理是我国区域协调发展的重要举措。在生态文明的视角下,产业布局的协调除了考虑到工业文明下强调的基于生产要素的比较优势原则、存在的聚集经济效应和缩小区域差距之外,还应该考虑生态保护的目标,并将其与经济、社会发展并重。

产业布局和产业转移可能引发的生态效应是目前环境经济学、国际贸易等研究的热点,与之相关的主要是"污染天堂"假说。首先关于"污染天堂"假说的提出,Grossman 和 Krueger 在北美自由贸易协定(North American Free Trade Agreement, NAFTA)研究中开创性地提出了环境库兹涅茨曲线(EKC)假说。[①] 该假说认为一个国家的人均收入水平与该国的环境质量呈倒"U"型关系。收入虽然在增

---

① Grossman, G. M. and Krueger, A. B., "Economic Growth and the Environment", Quarterly Journal of Economics, no. 110, 1995, pp. 353-377.

加,但污染在发达国家减少而在发展中国家却是增加。这一研究的重要性在于,之前很多贸易政策领域的研究认为贸易和经济增长有利于环境改善。如果把环境质量看做一种普通商品,随着贸易和经济增长带来收入的增加,人们对环境质量的要求会逐渐增强,同时政府也有能力负担昂贵的环境保护成本。但是,他们终究忽视了一个关键问题,即贸易可能会通过其他渠道改变环境结果。贸易可能会鼓励污染型产业从环保政策严的国家(地区)转移到那些环保政策较为宽松的国家(地区),而这些污染型产业在环保政策较为宽松的国家(地区)可能排放更多的污染,如 SO_2 的污染,全球大气污染增加的外部性同样会使环保政策严的国家(地区)的环境受到影响,当然总体环保政策较为宽松的国家(地区)污染更为明显。该假说被称为"污染天堂"假说。"污染天堂"假说是在原有的比较优势理论基础上加入污染问题进行分析的,认为低收入地区的低环境标准成为比较优势,高收入地区会将一些污染密集度高的产品或产业交给不发达国家生产和发展,所以贸易会恶化不发达国家的环境。具体而言,低收入地区在工业化过程中不可避免地要承接高收入地区的产业转移,其方式主要是贸易和外来投资。对于给定金额的贸易额或者投资而言,相对于高收入国家的严格环境法规,低收入地区设置相对宽松的环境法规,因发展水平和环境标准差异而被迫接受发达国家产业转移过程中带来的污染转移。

在很多情况下,竞争国家之间为了吸引更多的高环境规制标准国家的企业,往往刻意地降低本国的环境规制标准[1][2],但这种以降低环境规制标准来吸引产业的战略行为将会因为最佳环境规制标准的这一压力而影响其发展。同时,许多实证方面的研究表明,这种以环境规制标准降低来吸引高规制标准国家产业转移的竞争往往是逐底竞争的,即这种相互竞争博弈的结果导致各竞争国的环境规制标准一降再降,形成恶性竞争,使得环境不断恶化。[3][4] 国家之间通过制定不同规制强度的政策,从而在竞争中谋取福利的研究在经济学中已经很为普遍[5][6],但应用这

① Esty, D. C., Greening the GATT: Trade, Environment and the Future, Washington: Institute for International Economics, 1994.

② Esty, D. C., "Revitalizing Environmental Federalism", Michigan Law Review, vol. 95, no. 3, 1996, pp. 570-653.

③ Mani, M. and Wheeler, D., "In Search of Pollution Havens? Dirty Industry Migration in the World Economy", World Bank working Paper, no. 16,1997.

④ Van Beers, C. and Van den Bergh, J. C., "An Empirical Multi-Country Analysis of the Impact of Environmental Regulations on Foreign Trade Flows", Kyklos, vol. 50, no. 1, 1997, pp. 29-46.

⑤ Fischel, W. A., "Fiscal and Environmental Considerations in the Location of Firms in Suburban Communities", in Fiscal Zoning and Land Use Controls. Edwin S. Mills and Wallace E. Oates, eds. Lexington, Mass.: Lexington Books, 1975, pp. 74-119.

⑥ Oates, W. E. and Robert, M., "Schwab, Economic Competition Among Juris-dictions: Efficiency Enhancing or Distortion Inducing?", Journal of Public Economics, vol. 35, no. 1, 1988, pp. 333-362.

一理论从国际贸易与环境规制角度来研究向底线赛跑的相互竞争问题从 20 世纪 90 年代才开始得到关注。[1][2] 污染危害的范围和监管部门管辖范围的不匹配，以及在监管过程中信息技术的差距和不足，也会导致监管部门制定过高或过低的规制标准。假定政府是政治投机的，因贸易自由化，污染性产品出口关税降低使得污染产业的专业部门利益受损，这时候政治投机的政府就可能会在贸易自由化发生之后通过弱化环境规制强度来补偿这些在贸易自由化当中利益受损的部门。而且，一旦贸易竞争对手选择了非最佳环境规制标准，福利最大化的政府就有可能通过战略性调整自身的环境规制标准，以谋求产业转移和出口贸易所带来的经济效益。[3]

Low 和 Yeats 在研究中发现，1965—1988 年发达国家污染密集型产品的出口份额由 20% 下降到 16%，而同时很多发展中国家的污染密集型产品的出口份额却增加了。[4] Lucas、Wheeler 和 Hettige 应用美国人口普查局的数据研究了近 15 000 家企业，发现在 1976—1987 年，污染密集型产业由美国转移向发展中国家。[5] Copeland 和 Taylor 对南北贸易进行研究时发现，贸易自由化对发达国家的环境产生积极影响，而对发展中国家的环境产生消极影响。[6] Ratnayake 在研究新西兰进出口贸易时发现，1980 年进口的 96% 的污染密集性产品都来自于经济合作与发展组织（Organization for Economic Cooperation and Development, OECD）的成员国，而到了 1993 年，这一比重减少到了 86%。与此同时，从发展中国家进口的污染密集型产品所占的比重由 3% 增长到了 11%，而环保型产品进口比重却只由 9% 上升到了 13%。从出口来看，新西兰污染密集型产品的出口份额由 59% 下降到 46%，同时环保型产品出口比例增加。[7] Lucas、Wheeler 和 Hettige 在研究中也得

① Levinson, A., "A Note on Environ- mental Federalism: Interpreting some Contradictory Results", Journal of Environmental Economics and Management, no. 33, 1997, pp. 359-366.

② Fredriksson, P. G. and Millimet, D. L., "Strategic Interaction and the Determination of Environmental Policy and Quality Across the US States: Is there a Race to the Bottom?", unpublished working paper, 2000.

③ Esty, D. C., "Revitalizing Environmental Federalism", Michigan Law Review, vol. 95, no. 3, 1996, pp. 570-653.

④ Low, P. and Yeats, A., Do "Dirty" Industries Migrate? in International Trade and the Environment, Patrick Low, ed. Discuss paper 159, Washington, DC: World Bank, 1992, pp. 89-104.

⑤ Lucas, R. E. B., Wheeler, D. and Hettige, H., Economic Development, Environmental Regulation and the International Migration of Toxic Industrial Pollution: 1960—1988, in International Trade and the Environment. Patrick Low, Ed, Discuss. paper 159, Washington, DC: World Bank, 1992, pp. 67-86.

⑥ Copeland, B. R. and Taylor, M. S., "North-South Trade and the Environment", Quart. J. Econ. vol. 109, no. 3, 1994, pp. 755-787.

⑦ Ratnayake, R. and Wydeveld, M., "the Mulitnational Corporation and the Environment: Testing the Pollution Haven Hypothesis", Economics Department, Economics Working Papers, the University of Auckland, 1998, pp. 20-23.

出了相似的结论,他们研究了八十多个国家 1960—1988 年污染密集型制造业的产量和国内生产总值情况。研究发现,随着一个国家逐渐变得富裕,其单位国内生产总值所排放的污染将减少,这是伴随着该国产出构成变得环保而产生的,同时还发现污染密集型制造业比重增加最多的国家也是最贫穷的国家。因此,他们一致认为经济合作与发展组织的成员国对污染密集型产业严格的监管导致了重大的区位转移,结果加快了发展中国家工业污染速度。[1] Birdsall 和 Wheeler 在研究拉丁美洲"污染天堂"问题时也发现在经济合作与发展组织的成员国对污染密集型产业实施更严格的监管后,拉丁美洲污染密集型产业比重增长速度加快。[2] Mani 和 Wheeler 研究了欧洲、北美、日本及一些发展中国家 1965—1995 年污染型产品的生产和消费发现,从整个制造业来看,污染密集型行业在经济合作与发展组织的成员国中的产出比例不断下降,而发展中国家污染密集型行业的产出比例却一直稳定上升。另外,该时期发展中国家污染密集型行业产品出口增加的产值恰好与同时期经济合作与发展组织因增强环境规制力度所投入的污染治理成本相吻合。[3] Cole 利用南北贸易数据也对这一假说进行了验证。[4]

自"污染天堂"假说提出以来,学术界一直存在争议。Tobey 在对各国环境标准对国际贸易格局的影响进行研究时发现,贸易格局取决于由传统要素禀赋所决定的比较优势,并对这一假说提出了质疑。[5] Bartik 在考察美国环境规制强度变化对财富 500 强企业布局影响时发现,环境规制强度变化对大多数的制造业布局影响并不显著。[6] Levinson 发现国家之间不同的环境规制强度对大多数新增企业的布局没有太大影响,只是对一些污染密集型大公司分支机构的布局选择有影响。[7] Kalt、Grossman 和 Krueger 在实证研究当中发现在一些环境规制强的国家,污染

[1] Lucas, R. E. B., Wheeler, D. and Hettige, H., "Economic Development, Environmental Regulation and the International Migration of Toxic Industrial Pollution: 1960—1988", in International Trade and the Environment. Patrick Low, Ed, Discuss. paper 159, Washington, DC: World Bank, 1992, pp. 67-86.

[2] Nancy, B. and Wheeler, D., "Trade Policy and Industrial Pollution in Latin America: Where Are the Pollution Havens?" in International Trade and the Environment, Patrick Low, ed. World Bank discuss. paper 159, Washington, DC: World Bank, 1992, pp. 159-167.

[3] Mani, M. and Wheeler, D., "In Search of Pollution Havens? Dirty Industry Migration in the World Economy", World Bank Working Paper, no. 16, 1997.

[4] Cole, M. A. and Elliot, R. J. R., "Factor Endowments or Environmental Regulations? Determining the Trade-Environment Composition Effect", J. Environ. Econ. Manage, 2004.

[5] Tobey, J. A., "The Effects of Domestic Environmental Policies on Patterns of World Trade: An Empirical Test", Kyklos, vol. 43, no. 2, 1990, pp. 191-209.

[6] Bartik, T., "The Effect of Environmental Regulation on Business Location in the United States", Growth and Change, vol. 19, no. 3, 1988, pp. 22-44.

[7] Levinson, A., "Environmental Regulations and Industry Location: International and Domestic Evidence", in Fair Trade and Harmonization: Prerequisites for Free Trade. Jagdish Bhagwati and Robert Hudec, eds. Cambridge, MA: MIT Press, 1992, pp. 429-457.

治理成本比较高的行业,其产品仍然保持着较大的对外出口水平。[①] Osang 和 Nandy 研究了 1981—1998 年 52 个国家的五类污染密集型产业的生产和贸易情况,发现并没有证据可以证明因发达国家和发展中国家环境规制强度不同而影响这些污染密集型产业的布局选择。[②] "污染天堂"假说直观上看好像是对的,但一些实证研究[③][④][⑤]得出的结论表明环境规制和产业布局选择之间的关联度并不强,不能很好证实该假说。Ederington 对 1974—1994 年美国污染密集型产业产品进出口研究中发现,这段期间大多数污染型产业的产品生产并未被国外进口物品所取代,因此,这一结果并不支持因环境规制强度增大美国的污染型产业向发展中国家转移的推论。[⑥] Porter 和 Van de Linde 提出的 Porter 假说认为,环境规制强度提升促进本国污染治理成本节约的创新,从而对环境规制强度大的国家污染型产品出口未减少这一现象进行了解释。[⑦]

改革开放以来,大量外资进入中国。国内就中国是否成为外资转移的"污染天堂"问题,也出现了不少的研究,但也存在不同的观点。许士春认为出口增长恶化了环境,而进口增长对环境的影响视产业不同而不同[⑧];党玉婷等以中国制造业为例分析了贸易自由化对环境的影响,认为现阶段进出口贸易恶化了我国的生态环境[⑨];陈红蕾等利用中国 1991—2004 年数据对我国贸易自由化的环境效应进行了分析,认为贸易自由化的规模及结构效应为负,技术效应为正,总体效应为正[⑩];而周茂荣、祝佳的结论却相反。佘群芝对国外多项涉及"污染天堂"假说实证研究的

① Grossman, G. M. and Krueger, A. B. , "Environmental Impacts of a North American Free Trade Agreement", in The U. S. Mexico Free Trade Agreement. Peter M. Garber, ed. Cambridge, MA: MIT Press, 1993, pp. 13-56.

② Osang, T. and Nandy, A. , "Impact of U. S. Environmental Regulation on the Competitiveness of Manufacturing Industries", Working Paper. Southern Methodist University, 2000.

③ Copeland, B. R. and Taylor, M. S. , "Trade, Growth, and the Environment", Journal of Economic Literature, no. 42,2004, pp. 7-71.

④ Jaffe, A. B. , Peterson, S. R. , Portney, P. R. and Stavins, R. N. , "Environmental Regulation and the Competitiveness of U. S. Manufacturing: What Does the Evidence Tell Us?" J. Econ. Lit, vol. 33, no. 1,1995, pp. 132-163.

⑤ Raspiller, S. and Riedinger, N. , "Do environmental Regulations Influence the Location of French Firms", Land Econ, vol. 84, no. 3, 2008, pp. 382-395.

⑥ Ederington, J. , Levinson, A. and Minier, J. , "Trade Liberalization and Pollution Havens", Advances in Economic Analysis and Policy, vol. 4, no. 2, 2004.

⑦ Porter, M. E. and van de Linde, C. , "Toward a New Conception of the Environment-Competitiveness Relationship", J. Econ. Perspect, vol. 9, no. 4, 1995, pp. 97-118.

⑧ 许士春:《贸易对我国环境影响的实证分析》,《世界经济研究》2006 年第 3 期,第 63—68 页。

⑨ 党玉婷,万能:《我国对外贸易的环境效应分析》,《山西财经大学学报》2007 年第 3 期,第 21—26 页。

⑩ 陈红蕾,陈秋峰:《我国贸易自由化环境效应的实证分析》,《国际贸易问题》2007 年第 7 期,第 66—70 页。

总结,没发现环境规制与投资转移之间的强有力证据。[1]

针对这些争论,Copeland 和 Taylor [2]在发表在《经济文献杂志》中的"*Trade, Growth, and the Environment*"一文中做了一些解释,他们认为许多学者在研究这一问题时混淆了"污染天堂"效应和"污染天堂"假说这两个概念。文章认为"污染天堂"效应和"污染天堂"假说是有区别的。"污染天堂"效应是指当环境规制强度增大,导致成本收益变化,从而对产业的布局转移产生影响。而"污染天堂"假说是指在产品贸易壁垒减少的前提下,污染型行业必然会选择从环境规制强度大的国家转移到环境规制强度小的国家。这一假说成立的前提是环境规制强度是影响产业转移的唯一或最重要的因素。实际上产业在考虑转移时,不仅会考虑到环境规制的影响,还需要考虑诸如劳动力成本、市场等其他因素,如果其他因素的影响都比较大,这时就只能说有"污染天堂"效应,而不能说污染型行业就一定会从环境规制强度大的国家转移到环境规制强度小的国家。针对当时美国、墨西哥和加拿大不同的环境规制标准,Levinson 和 Taylor 根据 1977—1986 年美国从墨西哥和加拿大的进口的 132 类三位数制造业部门数据对"污染天堂"效应进行测算,证实了美国因加强环境规制力度所投入的产业污染治理费用和美国从墨西哥和加拿大的净进口的相关性。[3] Verbeke 和 De Clercq 在分析 Ederington 和 Cole 的研究后,认为之所以他们研究的结论并不支持"污染天堂"假说,是因为许多污染密集型产业的固定成本比较高,并不能随意自由布局(foot-looseness);同时,如果这些污染密集型产业产品的国际运输成本较高,这些产业将很难选择布局转移。[4] Verbeke 和 De Clercq 在已有研究的基础上引入 NEG 分析框架来评估环境政策对产业布局的影响,发现环境政策对产业布局产业的布局的影响比较小,产业布局除了比较环境政策引起的成本大小外,还会考虑集聚经济及收入效应。[5] Mulatu、Gerlagh、Rigby 和 Wossink 认为 Cole 等人在通过分析美国比较优势来验证"污染天堂"假说时,所得出的结论不支持该假说,这是因为该研究未考虑到美国先天的自然条件和人力资本优势对污染密集型产业布局选择的影响。[6]

---

[1] 周茂荣,祝佳:《贸易自由化对我国环境的影响——基于 ACT 模型的实证研究》,《中国人口·资源与环境》2008 年第 18 卷第 4 期,第 211—215 页。

[2] Copeland, B. R. and Taylor, M. S., "Trade, Growth, and the Environment", Journal of Economic Literature, no. 42, 2004, pp. 7-71.

[3] Levinson, A. and Taylor, M. S., "Unmasking the Pollution Haven Effect", International Economic Review, vol. 49, no. 1, 2008.

[4] Verbeke, T. and De Clercq, M., "The income-environment relationship: Evidence from a binary response model", Ecological Economics, vol. 59, no. 4, 2006, pp. 419-428.

[5] 同上。

[6] Mulatu, A., Gerlagh, R., Rigby, D. and Wossink, A., "Environmental Regulation and Industry Location", Fondazone Eni Enrico Mattei Working Papers, no. 261, 2009.

综上所述,随着各国生态环境保护意识不断增强,其制定的环境保护法律法规的严厉性及相应的环境规制的强度不断地增大,但由于各国所处的发展阶段及自身经济、社会、环境的特点,其针对工业发展所采取的环境规制力度大小也不尽相同。因此,企业从自身的成本收益出发,可能会选择从环境规制强度大的国家向环境规制强度小的国家转移。而就目前来看,发达国家的环境规制强度明显高于发展中国家,同时,发展中国家还具备劳动力、市场等方面的比较优势,而发展中国家也希望吸引国外投资促进本国经济增长。因此,随着发达国家环境规制强度的进一步增强,污染密集型产业从发达国家向发展中国家转移的趋势将不可避免。但就国外目前的研究来看,"污染天堂"假说和"污染天堂"效应的研究主要集中在国家层面之间,而就一国内环境规制强度对工业布局影响的研究不多。

另外,在国际产业转移的大背景下,中国是否成为外商投资的"污染天堂"问题受到越来越多国内学者的关注。但就目前的研究来看,已有的关于中国的实证研究主要集中在对外贸易和FDI(外商直接投资,foreign direct investment)对国内环境的影响,而国内区域间产业转移的生态环境效应分析却非常少见。虽然国内环境规制强度统一遵循国家标准,但中西部地区在承接东部产业转移的具体操作过程中,为了吸引更多的产业,在实际产业环境规制强度上可能有所放松。因此,在我国区域之间是否存在着"污染天堂"效应,或者说中西部地区是否成为东部产业转移的"污染天堂",是一个值得研究的现实问题。

随着西部大开发、振兴东北、中部崛起战略措施的实施,以及东部沿海产业的更新换代,不少产业正在由东部向中西部地区转移,而通过产业转移,完成污染转移、能耗转移的可能性是始终存在的。在已有的工业布局理论研究中,多以经济效益最大化为基本目标假设,很少将布局对生态环境的影响效应纳入到整体优化目标之中。而在生态文明的视角下,工业的优化布局除了要考虑到工业文明下强调的基于生产要素的比较优势原则、存在的聚集经济效应和缩小区域差距之外,还应该考虑生态环境保护的目标,并将之与经济、社会发展并重。因此,在工业优化布局的发展过程中,欠发达的中西部地区必须重视这一问题,尤其是西部生态脆弱区。尽管四大主体功能区的划分已经注意到这一问题,但是,在当前的政府治理结构下,产业转移仍然以GDP为主导,如何在生态文明视角下对工业区域优化布局的战略目标、动力机制、实现路径进行分析并提出相关政策建议,还需要进一步研究。

1.2.7 已有相关研究成果的综合评述

综上所述,我们可以得出这样的结论:在生态文明与区域协调发展的各自研究领域已经有大量研究成果,但将二者结合起来研究的成果并不多见,少数文献也仅限于生态环境保护和生态补偿机制对区域协调发展必要性和重要性的讨论,且多偏重经验性研究和单要素分析,理论的系统性和现实的针对性不足,未能有效地从生态文明的高度对区域协调发展战略进行深入研究,并且,对新时期、新阶段的发展要求对区域协调发展赋予的新内涵、新内容和新政策导向更是少有涉及。因此,生态文明取向的区域协调发展作为一个新的研究课题有着非常重要的理论和现实意义。从区域(空间)维度探讨我国的生态文明建设问题,是关系到不同类型区域能否实现科学发展,关系到社会主义和谐社会目标能否最终实现的重大理论与实践问题。在科学发展观和建设社会主义和谐社会两大战略思想的指导下,如何正确认识和理解生态文明和区域经济协调发展之间的关系,通过区域协调发展战略的完善与实施,如何进一步理顺政府环境规制分权结构,完善区域间生态补偿机制,协调产业发展与生态环境保护的关系,是本书需要进一步探索和求证的重大问题。

1.3 本书的基本思路、内容与框架

以协调人与自然的关系、实现可持续发展为核心的生态文明建设是遵循科学发展观的指导,实现和谐社会的必由之路。生态文明建设对区域经济协调发展赋予了新的内涵,提出了新的要求。一方面,在生态文明建设背景下,区域经济协调发展要在资源节约、环境友好的过程中实现区域经济差距的缩小;另一方面,生态文明建设过程中面临的诸多问题,如中央和地方的环境规制分权结构优化、区域间生态补偿机制建设、产业转移与污染转移等,有赖于区域经济协调这一手段去实现。如前所述,生态文明与区域协调发展本身都是异常复杂的问题,将两者结合起来研究则更为复杂。本书不可能面面俱到,我们选择回避了一些目前尚难以得出普遍认可的结论的一些问题,如如何测度生态文明的区域协调发展程度(这个问题需要实践若干年后才有可能回答)等,而是侧重于在探讨生态文明建设和区域协调之间关系的基础上,针对生态文明建设过程中的诸多问题,通过理论分析与经验研究,探讨在生态文明建设背景下的区域经济协调发展的路径与政策选择问题。

本书的思路:根据生态文明建设和区域经济协调发展之间的相互促进关系及区域经济协调发展的战略阶段划分,给出生态文明取向的区域经济协调发展新内涵的五个目标;各目标实现过程中的相互关系衍生出政府环境规制分权结构不合理、生态补偿机制缺失和产业转移过程中的"污染天堂"效应这三个关键性问题。所以,构建合理的环境规制分权结构、建立和完善生态补偿机制、避免产业污染的同向转移是生态文明的区域经济协调发展需要处理好的三个重大问题。也就是说,生态文明取向的区域经济协调发展路径要以组织协调为前提、以利益协调为保障、以产业协调为基础。

本书分为五个部分,各部分的主要内容如下。

第 1 篇是基本问题篇,包括第 1 章和第 2 章。本篇探讨生态文明与区域协调之间的关系。新中国成立以来,我国区域战略经历了六个阶段,2007 年以后进入生态文明的区域协调发展战略阶段。区域经济协调发展和生态文明建设相互促进,从经济指标来看,环境全要素生产率是当前我国人均 GRP(地区生产总值,gross regional product)差距的主要决定因素,在人均 GRP 向高位缓慢趋同的情况下,人均 GRP 和环境全要素生产率之间呈倒“U”型关系,且绝大部分省份已进入倒“U”型曲线的后半段。区域经济协调发展是一个开放的概念,生态文明建设要在实现经济效率和社会公平等的同时,实现生态平衡,但我国社会主义生态文明建设仍处于生态工业文明的过渡阶段。生态文明取向的区域经济协调发展新内涵表现为“五位一体”的发展要求,即经济效率、社会公平、生态平衡、政治联合和文化融合。生态平衡与经济效率、社会公平等其他要求的实现程度及互动关系在不同文明形态和发展阶段存在明显差异。现阶段,实现生态文明的区域经济协调发展所遇到的最关键问题主要有政府环境规制分权结构不合理、生态补偿(特别是流域生态补偿)机制缺失,以及产业转移过程中的“污染天堂”效应等。这些问题的解决办法可作为生态文明的区域经济协调发展战略的主要内容和实施机制。

第 2 篇是区域组织协调篇,包括第 3～5 章。本篇结合中国式分权的政府治理结构基本特征,探讨生态文明建设背景下,在政府生态职能地位上升的职能结构变动过程中合理的生态职能分权结构,即如何构建良好的中央政府和地方政府的垂直协调关系和地方政府之间横向协调关系,从而为生态文明视野下的区域协调提供良好的组织协调前提。生态政策的设计通常需要两个步骤——设定政策目标和实现政策目标,后者包括政策执行和费用负担问题。这涉及两个步骤在不同政府层级之间的功能配置。根据上述两个步骤的三方面问题,本部分首先探讨中国式分权下的环境标准设定政府层级选择问题,我们在回顾已有文献的基础上,从地理溢出、地方异质性和经济竞争出发,结合中国式分权分析地方政府财政激励与晋升激励对环境规制强度的影响,并结合考核体系的转变分析地方政府环境规制强度的演变,以期给出符合我国国情的环境治理标准设定的政府层级选择。其次,针对跨界污染问题,尤其是非对称跨界污染问题,探讨环境标准实现过程的分权结构,主要从技术标准(过程监管)和减排标准(结果监管)出发,引入地方政府在执行过程中的自由裁量权,分析上述结构对跨界污染的影响及分权结构优化的方向。最后,探讨混合治理结构下我国现有的环境标准执行成本在各层级政府之间的分担模式,分析中央政府分担支出的必要性,指出地方财力与环境职能之间的不匹配性及地方环保部门的独立性问题,表明我国环境执行成本在分担方式上需进一步改革。

第3篇是区域利益协调篇,包括第6～10章。本篇重点研究区域生态利益补偿机制。从区域之间利益协调角度出发,积极构建和培育以政府主导和市场机制相结合的生态补偿机制,为生态文明背景下的区域协调发展提供利益协调保障。第一,通过一个理论模型论证我国建立区域生态补偿机制的必要性,并在此基础上讨论适合不同情况的可供选择的补偿方式。第二,讨论"谁补谁"的问题,即利益相关方的界定,我们拟提出适应这一需求的生态职能区的含义和划分标准,并分析其与主体功能区的互补关系。第三,分析补偿的目标,讨论根据治理过程和治理结果进行补偿所适宜的环境,以及如何选择合适的补偿依据,并以北京与周边地区的环境保护合作项目为案例进行具体分析。第四,补偿额度的计算问题,系统回顾包括各种生态价值评估方法,以北京与周边地区的"稻改旱"项目为例,利用特征价格法、支付意愿法进行成本收益分析。第五,对生态补偿进行案例研究。

　　第4篇是区域产业布局协调篇,包括第11～15章。本篇主要研究生态文明建设背景下产业地区布局的基本思路。在生产要素比较优势、聚集经济效应等原则的基础上,增加生态环境保护的目标,分别从效率、生态承载、区域差距缩小三个角度来优化产业布局,为区域协调发展提供合适的产业协调基础。首先,分析我国2000年以来产业转移、环境污染转移的变化趋势,引入了区域特征和产业特征的交互作用模型,分析中国内部省份间"污染天堂"效应的存在性,即给出问题所在。其次,根据生态承载、产业效率、区域差距缩小三个目标,对各个省份的生态环境承载能力进行评价,分别从生态承载和环境承载来评定各个省份的生态环境承载力;估算各区域各产业(工业二位数行业)的全要素生产率;分析各地区的产业发展差距。最后,根据优化目标,结合环境规制等必要的优化手段对生态文明取向的工业优化布局提出基本思路。

　　第5篇是政策导向篇,包括第16章。本篇在上述研究的基础上提出生态文明取向的区域经济协调发展政策的新导向。具体内容包括政府环境规制分权结构方案的设计、生态职能区划的原则与方法、区域生态补偿制度框架的构建和污染型行业布局优化的政策选择。

　　本书研究的基本框架见图1-1。概念与问题是第1篇要分析的重点。其中问题在第2～4篇的路径研究中会进一步分析;路径分三部分,分别在第2、3与4篇研究。第5篇在前文分析的基础上,总结生态文明取向的区域协调发展政策导向。

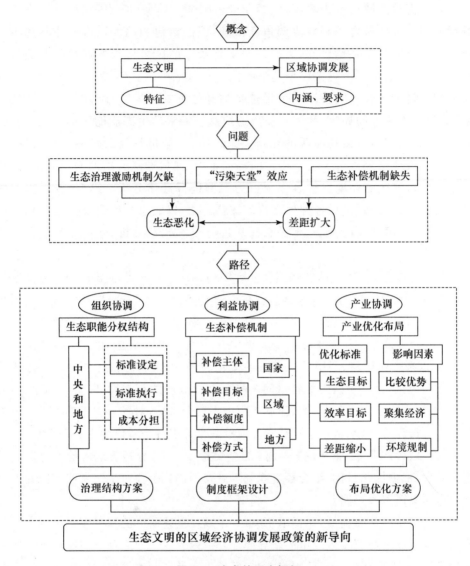

图 1-1　本书的研究框架

1.4　本书的研究方法与技术路线

　　本书以科学发展观为指导思想,注重理论联系实际,注重定性分析和定量分析、规范分析和实证分析、普遍性研究和案例研究、实地调研和专家研讨相结合。具体方法有以下几种。

　　(1)计量经济方法:具体包括面板数据分析、空间计量分析、时间序列分析、统计分析、数据包络分析、非中性技术进步超越随机前沿模型及 DID(倍差法,difference in difference)分析等。

(2)数理经济模型:包括博弈论方法(合作博弈与非合作博弈)、委托代理等激励理论、动态一般均衡模型、契约理论等新制度经济学理论工具、产业布局模型、外部性理论等。

注重实地调研,进行问卷调研,研究政府和居民的生态意识及生态补偿值的核算,重视案例研究,包括各类案例成功和不足之处的借鉴分析,并通过案例对政策工具效应做评价。

具体技术路线见图 1-2。

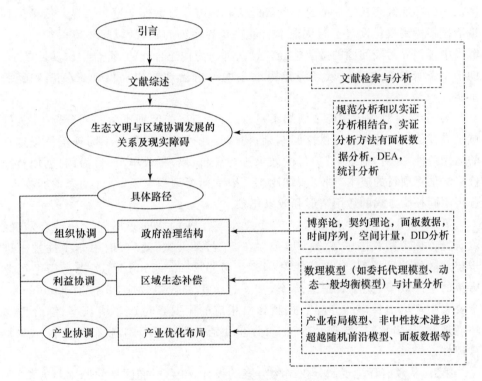

图 1-2 研究技术线路与方法

1.5 本书的主要创新点及有待进一步研究的问题

本书试图在前人研究的基础上,尝试在以下几个方面进行创新性探讨。

第一,我们将具体分析生态文明建设和区域经济协调发展之间的关系,尤其是前者对后者赋予的新内涵,即经济效率、社会公平、生态平衡、政治联合和文化融合这"五位一体"的发展要求,并分析了五个目标的相互关系,进而导出生态文明的区域经济协调发展战略的主要内容和实施机制,即构建合理的环境规制分权结构、建立和完善生态补偿机制、避免产业污染的同向转移。

第二,对中国环境标准设定和执行的政府层级选择进行理论和经验研究。在经验研究方面,利用空间计量模型分析 2003 年以来中国环境规制结构调整对地区环境规制力度竞争形态、对地方环境标准执行力度、"搭便车"行为的影响;在理论研究方面,利用动态博弈模型,在当前环境规制结构下,建立两区三地模型讨论针对非对称跨界污染的地方政府执行行为,以及中央政府转移支付的时机设计问题。基于中国"十一五"期间减排指标设定集权化改革的"准实验",发现集权反而导致跨界污染区更多的未处理工业废水排放和更高的污染密集型产业比重与专业化程度。中西部地区集权之后的跨界污染效应在幅度和显著性上更为明显。简单的环境治理指标集权化设定不能从根本上解决跨界污染问题,区域间环境保护合作是解决中国跨界污染问题的重要途径。这些都将为构建合理的、符合中国实际的、有助于生态问题解决和区域经济差距缩小的政府治理结构提供理论依据和经验事实。

第三,考虑到主体功能区划的不足,提出生态职能区划概念和划分标准,为区域生态补偿机制的构建提供空间基础;构建委托代理模型分析不同补偿依据选择的适用条件,并对"稻改旱"项目的效果进行评价;以"稻改旱"项目为例,利用特征价格法估算项目的成本与收益;在动态一般均衡模型框架下,结合动态博弈模型,分析不同补偿方式的适用情形和效果比较。

第四,将生态文明、区域经济差距缩小与工业的空间布局问题相结合,在经验研究方面考察我国区域之间是否存在着"污染天堂"效应;应用非中性技术进步超越随机前沿模型,分别计算全国各个省份 2003—2008 年 17 类污染型行业历年的生产效率、生产效率进步率、技术进步率和规模效应,并根据 Kumbhakar 全要素生产率增长率的分解公式测算出相应的全要素生产率增长率;综合考虑环境规制、环境承载、高效生产,综合评价生态文明取向下工业布局的科学性和合理性。

第五,从政府环境规制分权结构方案的设计、生态职能区划的原则与方法、区域生态补偿机制框架的构建和污染型行业布局优化的政策选择四个方面给出了生态文明的区域经济协调发展政策的新导向。

由于生态文明的区域经济协调发展是一个十分复杂的问题,本书研究不可能面面俱到,一些问题的研究也还有待进一步深化。例如,生态职能区与问题区域同为生态文明的区域协调发展所依托的基本空间单元,问题区域划分尚未取得实质进展,生态职能区的划分更加任重道远,所以,受实践经验和理论研究所限,我们对生态职能区的探讨还没有深入到方案层次;在生态补偿方面,受专业领域的影响,我们主要从区域经济学与经济学的角度进行了有限度的探讨,这个问题可从生态学、管理学、社会学、伦理学、地理学、环境保护与工程等不同角度或综合角度研究，应该进一步深化流域生态补偿政策目标选择的特征、效率研究，提出更加科学的研究方法和更加明确的实现路径，由于学科的局限性，我们也没有进行指标体系的设计研究；在工业区域布局研究方面，主要以省级行政区二位数工业行业为研究对象，在以后的研究中，可以对研究的区域做进一步细化，对大类行业做进一步细化，从而为工业优化布局提出更有针对性的思路和建议。

2 生态文明的区域经济协调发展战略新内涵

　　区域经济协调发展与生态文明建设都是社会经济发展到一定阶段后对发展提出的新要求。同时,这两者又是相互影响、相互支持的,互为必要条件。也就是说,实现真正的区域经济协调发展,必须以生态文明为基础;实现生态文明,必然要求区域经济协调发展。然而,区域发展战略并不是一开始就认识到了这两者之间的依存关系。将生态文明纳入区域经济协调发展的视野,是区域发展战略演变到一定阶段后的产物,而且目前尚未对生态文明赋予了区域协调发展哪些新的内涵达成共识。因此,本章首先将回顾中国区域发展战略的演变过程,分析生态文明取向的区域经济协调发展战略的背景;然后讨论生态文明与区域经济协调发展的本质;再实证分析中国不同区域的环境全要素生产率,以从数据上说明生态文明与区域经济协调发展的密切关系;最后总结区域经济协调发展的新内涵。

2.1　中国区域发展战略的演变过程与背景

　　美国经济学家赫希曼(Albert Hirschman)在《经济发展战略》一书中,首次系统讨论了"发展战略"(development strategy)一词。赫希曼在该书中提出循环螺旋式上升这一经济发展过程的特性,并认为这是分析与制定战略的基础,"因为发展不仅需要找出现有资源与生产要素最佳组合,为了发展的目的,还必须发挥和利用那些潜在的、分散的即利用不当的资源和能力"。[①] 可见,发展战略是面向未来、全局性与根本性的构想或蓝图。在中国,较早研究区域发展战略的是于光远,他在《经济社会发展战略》一书中提出了区域发展战略研究应包括定义、解决的问题与制定依据等。[②] 实际上,任何一个经济主体都会有或明或暗的发展战略。中国区域发展战略经历过多次演变,但真正注重区域发展战略研究始于改革开放初期。

2.1.1　对中国区域发展战略演变的不同认识

　　区域经济发展战略又简称为区域发展战略或区域战略。20 世纪 80 年代以

---

① 艾伯特·赫希曼著,潘照东、曹征海译:《经济发展战略》,经济科学出版社,1991 年,第 5 页。
② 于光远:《经济社会发展战略》,中国社会科学出版社,1984 年,第 254 页。

来,中国学者对区域战略的内涵进行过广泛讨论。虽然学者们对这个概念的内涵表述不尽一致,但对其长远性与全局性蓝图的性质不存在异议。"所谓区域战略,是国家为实现其宏观目标而确定的经济、人口、环境等如何在空间上组织的明确计划,或者说是一个重点空间蓝图性谋划"。① 著名学者方创琳认为,"区域发展战略就是根据区域发展条件、进一步发展要求和发展目标所做的高层次全局性的宏观谋划。其核心内容是根据区域现实发展条件,进一步发展面临的机遇与挑战,提出在一定时期的战略目标和为实现战略目标而制定出的战略指导思想、方针、重点、步骤及对策等,它融经济、科技、社会、人口、资源、环境发展于一炉,高瞻远瞩,运筹帷幄,把握全局,成为一门高层次高品位的决策科学"。② 还有许多学者对这一概念进行了界定,如陶良虎认为,"所谓区域经济发展战略,就是对特定区域未来经济发展的全局性长远谋划。它根据不同地区生产要素条件的分布情况和该地区在国家经济体系中的地位和作用,对地区未来发展的目标、方向和总体思路进行谋划,以达到指导地区经济发展、促进地区经济腾飞的作用。区域经济发展战略主要包括经济发展的战略方针、战略目标、战略步骤、战略重点、战略布局和战略措施等核心内容"。③

应该注意的是,区域发展战略有层次之分,除国家层次的区域发展战略外,单个区域或地方政府也会制定区域发展战略。一般所指的区域战略是指国家层次的,而非单个区域或地方政府层次的区域发展战略。

对新中国成立以来的区域发展战略演变过程,存在多种不同认识,有二分法、三分法与多分法等。

早期区域经济研究将中国区域发展战略的演变分为两个阶段,即改革开放前的均衡发展战略与改革开放以来的非均衡发展战略。④ 这种二分法的划分依据是区域战略的目标,而非具体的空间谋划,因而显得过于粗糙。

三分法大部分是在二分法基础上的拓展,而且划分的阶段基本一致。

著名学者陆大道曾经将中国区域发展战略分为三个阶段:1949—1978 年、1979—1991 年与 1992 年以后。1949—1978 年过度强调生产力的平衡布局和缩小地区差别,主张国家投资布局应以落后地区为重点,有时甚至在资源分配和政策投入上采取"撒胡椒面"式的地区平均主义做法;1979—1991 年政策东移、沿海对外开放、国家扶贫开发、民族政策,地区差距不断扩大,中西部农村扶贫问题任重道远,老工业基地经济增长持续不景气,地区矛盾和贸易摩擦不断加剧;1992 年以来,中央政府实施全方位的对外开放政策,调整国家投资和产业布局政策,进一步

① 张可云:《区域经济政策》,商务印书馆,2005 年,第 41 页。
② 方创琳:《区域发展战略论》,科学出版社,2002 年,第 24 页。
③ 陶良虎:《中国区域经济》,研究出版社,2009 年,第 69—70 页。
④ 20 世纪 90 年代以前研究中国区域发展战略的成果绝大部分采用这种划分法。

完善国家扶贫政策和西部大开发政策,这一切使得中西部地区投资增长明显加快,但地区与区域发展差距仍在继续扩大。①

与陆大道的划分法类似的阶段划分还有很多。例如,聂华林等认为,"区域经济均衡发展战略、区域经济非均衡发展战略和区域经济非均衡协调发展战略"。②陈颖琼与陈玉菁将中国区域战略分为三个阶段:1949—1978 年中国区域平衡发展战略、1978 年至 20 世纪 90 年代初中国区域非均衡发展战略以及 1995 年后的新时期国家发展战略构想促进区域协调发展。③ 肖春梅、孙久文、叶振宇认为,"从 1949到 2009 年,中国的区域经济格局经历了三次大的战略性经济格局调整:第一次经济格局调整始于'一五'时期和随后开始的三线建设;第二次则是源于改革开放后的向沿海倾斜的发展战略;而目前的区域协调发展战略,则为我们提供了第三次区域经济格局调整的契机"。④

四阶段划分法也是在二分法基础上的拓展。将均衡(或平衡)与非均衡(或非平衡)进一步细分。例如,廖丹清将新中国成立后中国的区域经济发展战略分为四个阶段:第一个阶段,20 世纪 50 年代实施的区域经济平衡发展战略;第二个阶段,60年代实施的向最不发达地区倾斜的区域经济反不平衡发展战略;第三个阶段,80 年代以后,实行向沿海发达地区倾斜的区域经济不平衡发展战略;第四个阶段,90 年代继续实施区域经济不平衡发展战略,并准备向区域综合发展战略转变。⑤ 孙峰华、刘宝琛划分的四阶段为区域经济均衡发展阶段(1950—1977 年)、以经济效率为重心的区域经济非均衡发展阶段(1978—1990 年)、注重效率兼顾公平的区域协调发展阶段(1991—1999 年)与以注重公平为重心的区域经济发展阶段(2000 年以后)。⑥

五阶段划分注重区域发展战略背景的变化,张可云将新中国成立到 21 世纪初的区域战略的演变分为五阶段:第一阶段,内地建设战略阶段(1949—1964 年);第二阶段,三线建设战略阶段(1965—1972 年);第三阶段,战略调整阶段(1979—1878 年);第四阶段,沿海发展战略阶段(1979—1991 年);第五阶段,协调发展战略阶段(1992 年至今)。⑦

---

① 陆大道:《中国区域发展的理论与实践》,科学出版社,2003 年,第 109—129 页。
② 聂华林,李泉,杨建国:《发展区域经济学通论》,中国社会科学出版社,第 695—732 页。
③ 陈颖琼,陈玉菁:《中国区域经济发展战略变迁研究》,《中国城市经济》2010 年第 12 期,第 58—60页。
④ 肖春梅,孙久文,叶振宇:《中国区域经济发展战略的演变》,《学习与实践》2010 年第 7 期,第 5—13 页。
⑤ 廖丹清:《区域不平衡性研究》,《经济学家》1995 年第 4 期,第 34—44 页。
⑥ 孙峰华,刘宝琛:《中国区域经济发展的杠杆原理与棋局战略》,《经济地理》2005 年第 11 期,第761—767 页。
⑦ 张可云:《区域经济政策》,商务印书馆,2005 年,第 438—491 页。

总体而言,在区域经济学界,虽然对区域发展战略的本质不存在大的争议,但对区域战略的实践存在多种不同看法。对区域发展战略阶段变化的划分不同,主要原因在于选择的标准存在差异。我们认为,中国区域发展战略演变过程的划分应该依据区域发展环境的变化。因此,下面将在五阶段划分的基础上结合区域发展环境的变迁作进一步拓展,以将生态文明纳入区域发展战略视野。

2.1.2 区域发展战略演变过程与背景分析

20世纪中叶以来,中国的区域发展战略随着发展形势的变化不断调整,在不同经济发展时期,区域战略重点有所不同。从区域发展背景角度分析,迄今为止的中国区域战略变化明显地分为六个阶段(见图2-1)。

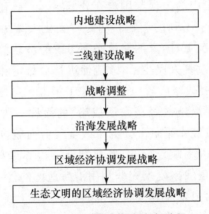

图 2-1　中国区域战略演变过程

第一阶段:内地建设战略阶段(1949—1964年)。

第一阶段从三年经济恢复时期(1949—1952年)到经济调整时期(1963—1965年)结束之前。之所以将区域发展的重点放在内地,主要是由于当时中国的经济活动与人口分布极不均衡。为了改变畸形的区域分布,中国在新中国成立初期将内地建设作为区域战略的重点,期望通过有目的地布局工业来平衡全国的生产力布局,协调沿海与内地的关系。

第二阶段:三线建设战略阶段(1965—1972年)。

"三五"(1966—1970年)时期与"四五"(1971—1975年)前期,中国的经济建设重点进行了"战略转移",即集中力量于大规模的"三线"建设,生产力布局跳跃式西移。这种战略转移的基本背景是国际环境的恶化和备战成为第一要务,因为新中国成立初期中国同美国关系恶化,而且进入20世纪60年代后中国同苏联关系破裂。根据《中华人民共和国1971—1975年的国民经济发展计划》(简称《"四五"计划》)的规定,"三线地区"包括四川、贵州、云南、陕西、甘肃、青海,以及河南、湖北和湖南三省的西部、广东的北部、广西的西北部和山西与河北的西部。1965 年 8 月召开的全国计划会议确定,按照"把国防建设放在第一位,加快三线建设,逐步改变工业布局"的方针,确定国家投资重点是处于内地的"大三线"地区,而每个省区建设重点又都要放在各自的"小三线"地区。所谓"小三线"地区,即各地区的战略后方。

第三阶段:战略调整阶段(1973—1978 年)。

在这一阶段,中国对区域发展战略进行了大规模调整。在这一个阶段,中国所处的国际环境发生了较大变化。1971 年 10 月,新中国恢复了在联合国的合法席位;1972 年尼克松访华,中美关系开始走向正常化,中国对外关系进一步改善,国际形势开始趋于缓和。在这种情况下,工业区域布局以国防安全为首要原则已不合时宜。另外,三线建设中的失误与困难充分暴露。三线建设投入的力量过多,对整个国家经济发展产生了不利的影响。同时,"文化大革命"使整个国民经济处在崩溃的边缘。在这种情况下,国家的建设必须考虑经济效益,工业布局只有遵循经济原则,促进经济发展,改善人民生活,才能促进社会稳定和发展。

第四阶段:沿海发展战略阶段(1979—1991 年)。

沿海发展战略是"沿海地区经济发展战略"的简称。改革开放前的三十年,中国长期封闭,社会经济发展水平低下。为了改变贫穷面貌,中央政府作出了改革开放的决策。由于长期与外界缺乏交往,开放初期不得不选择条件相对较好的沿海地区率先开放。沿海发展战略要求充分利用沿海地区的优势,面向国际市场,参与国际交换和国际竞争,大力发展开放型经济。

第五阶段:区域经济协调发展战略阶段(1992—2006 年)。

1992 年,中国确定了建立社会主义市场经济体制的改革目标模式,中央政府开始重视区域协调发展。

"八五"(1991—1995 年)时期,在继续考虑沿海发展需要的同时,较多的项目安排在中西部地区,在国家预算投资中,中西部地区所占比例明显高于东部沿海地区。

1995 年 9 月通过的《中共中央关于制定国民经济和社会发展"九五"计划和2010 年远景目标的建议》明确提出了"坚持区域经济协调发展,逐步缩小地区发展差距"。之后的五年计划(或规划)都突出强调了区域协调发展。1999 年实施的西部大开发战略与 2002 年实施的东北地区等老工业基地振兴战略都是区域协调发展战略的子战略。

2003 年 10 月,中共十六届三中全会通过了《中共中央关于完善社会主义市场经济体制若干问题的决定》。"决定"提出了坚持以人为本,树立全面、协调、可持续的科学发展观,并提出了"五个统筹",即统筹城乡发展、统筹区域发展、统筹经济社会发展、统筹人与自然和谐发展、统筹国内发展和对外开放。同时,"决定"还要求,加强对区域发展的协调和指导,积极推进西部大开发,有效发挥中部地区综合优势,支持中西部地区加快改革发展,振兴东北地区等老工业基地,鼓励东部有条件的地区率先基本实现现代化。这标志着区域协调发展战略的成熟,主要体现在从统筹兼顾的高度而不单纯是从西部开发的角度提出了全面重视各类区域问题,包括西部地区的落后、东北老工业基地的衰退和中部的相对滞后问题。

第六阶段:生态文明的区域经济协调发展战略阶段(2007年至今)。

2007年,中共"十七大"首次提出生态文明概念,这标志着区域经济协调发展具有了新的内涵。将生态文明与协调发展结合起来是中国社会经济发展到一定阶段的必然产物,其既强调区域之间的协调均衡,更强调人与自然和谐发展。实际上,2003年提出的科学发展观已经提出了生态文明要求,只是没有明确表述而已。2003年提出的科学发展观与2005年提出的主体功能区规划,为2007年明确提出生态文明取向打下了基础。

明确生态文明的区域协调发展战略有如下基本背景:区域问题增多、区域矛盾与冲突复杂化、人地关系紧张与整体经济实力增强。

区域问题增多是一个国家现代化过程中必然会遇到的。目前,四大战略区域都存在明显的区域病。特别是东部地区由于膨胀而导致的问题更为突出。

区域矛盾与冲突是长期存在的问题。在改革开放三十多年的时间内,中国区域经济冲突已经完成了三个轮回:第一轮爆发于20世纪80年代,第二轮发生于20世纪90年代,第三轮出现在21世纪前10年。在一轮完结后,这种无休无止的争斗又重新开启,每一轮的线索都是重复建设→原料大战→市场封锁→价格大战。几乎每隔10年左右完全再现一次这一过程。这种轮回循环不仅使参与者得不偿失,还诱发或加剧了几乎所有的社会经济问题,因而妨碍了整个中华民族的进步。目前,区域冲突已经进入第四轮。[①]

人地关系紧张主要表现在资源消耗剧增且浪费严重、环境污染。

中国经济强劲增长,为追求"又好又快"发展奠定了基础。2006年,中国的人均GDP超过2 000美元,全国财政总收入达到39 373.2亿元人民币,初步具备了全面管理区域开发的经济实力。应该说,经济体制的不断完善与经济实力的不断增强,是"十一五"规划提出主体功能区规划与中共"十七大"提出生态文明要求的重要现实基础。

实际上,区域问题增多、区域矛盾与冲突复杂化、人地关系紧张等问题并不是最近才出现的,那么为何"十一五"期间才提出生态文明呢?这是同中国发展的体制与阶段性特点有关的。一方面,"十一五"前,中国的市场经济体制尚不完善,全面调控区域发展的体制环境不成熟;另一方面,虽然改革开放以来中国的经济实力

---

① 张可云:《警惕第四轮区域经济冲突》,《中华工商时报》2011年6月29日,第7版。

在不断增强,但在"十一五"前中国还不具备在全国范围内改善与修复自然生态环境、控制国土开发强度、调整人口空间分布的经济基础。应该说,将生态文明与区域协调发展结合起来,既是现阶段发展的需要,又是经济总体扩张到一定阶段后的理智选择。

2.2 生态文明与区域协调发展的本质

从中国区域发展战略演变的背景变化与过程来看,区域协调发展与生态文明建设是在社会经济发展到一定阶段后对发展提出的新要求。正因为是新要求,目前对生态文明与区域协调发展本身存在多种不同理解,而且生态文明取向的区域协调发展战略是一个探索中的全新课题。本节分析评述生态文明与区域协调发展的本质与内涵,为提出生态文明赋予区域协调发展战略的新内涵做准备。

2.2.1 生态文明的本质与要求

生态文明是全面建设小康社会的重要奋斗目标之一。所谓生态文明,是人类为实现人与自然之间和谐所作的全部努力和所取得的全部成果,即建设有序的生态运行机制和良好的生态环境所取得的物质、精神、制度方面成果的总和,其本质是人与自然和谐发展,进而实现社会、经济与自然的可持续发展。人与自然的关系是文明的基础,在物质文明、精神文明、政治文明与生态文明之间存在着一种内在的关系,即生态文明是其他三种文明的基础,很难想象一个生态不文明的区域能做到物质文明、精神文明与政治文明。

近几十年,环境文化理念广泛渗透到世界各个领域,预示着人类文明开始从传统工业文明逐步转向生态工业文明,并将以自然法则为标准来改革人类生产和生活方式。[①] 环境文化和生态理念虽然在西方兴起[②],西方工业文明实际上也出现生态转向,但生态文明的概念却由中国学者首先提出。20世纪80年代中期,在我国著名生态学家叶谦吉和刘思华的著述中,就使用了"生态文明"概念,呼吁生态文明建设,并强调"人与自然和谐相处、社会与自然和谐发展"的生态文明核心理念。[③]1995年,美国著名作家、评论家罗伊·莫里森(Roy Morrison)在《生态民主》一书

① 潘岳:《环境文化与民族复兴》,《管理世界》2004年第1期,第2—8页。

② 西方国家在生态理论构建过程中,取得了重大的理论成果,在经历了"生存主义理论"、"可持续发展理论"两个阶段之后,逐步向"生态现代化理论"阶段转变。一方面,包括生态哲学、生态经济学、生态政治学在内的诸多理论快速发展,使当代西方的生态思想日益丰富和成熟;另一方面,绿色政治的出现,在很大程度上丰富了西方的环境政治,充实了西方国家的生态理论。参见王宏斌:《西方发达国家建设生态文明的实践、成就及其困境》,《马克思主义研究》2011年第3期,第71—75页。

③ 《马克思主义研究》记者:《正确认识和积极实践社会主义生态文明——访中南财经政法大学资深研究员刘思华》,《马克思主义研究》2011年第5期,第13—17页。

中,才首次明确使用了"生态文明"(ecological civilization)的概念。[①] 自20世纪80年代中期我国学者提出"生态文明"概念,经过20多年的深入研究和多方博弈,逐渐凝成共识,2007年10月,中共"十七大"在强调坚持中国特色社会主义经济建设、政治建设、文化建设、社会建设的基础上,首次提出了生态文明建设。这是世界上第一次由一个大国的执政党高高举起生态文明的旗帜,在世界文明发展史上具有里程碑意义。建设生态文明,是深入贯彻落实科学发展观的内在要求,是推进中国特色社会主义事业的重大战略任务,它必将赋予区域协调发展等其他国家战略新的内涵,而这些战略的实施也是生态文明建设的重要手段。

人们一般认为生态文明是工业文明的产物,是继原始文明、农业文明和工业文明之后的一种新的文明形态,将其视为工业文明的替代物,将其等同于后工业文明。事实上,生态文明并不是工业文明的产物,它是随着文明形态的变迁而不断发展的,从原始文明到工业文明的发展过程,就是生态文明从隐性到显性、从区域到世界、从低级到高级的发展过程。当然,工业文明和市场经济(资本)的结合,才让生态问题变成显性的、世界范围受到高度关注的问题,人们才真正开始了自觉构建生态文明的历史进程。刘海霞认为,将生态文明等同于后工业文明,不仅存在概念不当并列、理由虚假等逻辑错误,而且在现实的建设过程中有可能造成缩减生态文明建设时段、切断其历史连续性、窄化生态文明建设路径、忽略其他建设内容的现实危害。[②] 同时,从文明发展史的角度来看,我们也无法设想一个"后生态文明"的社会发展阶段。工业文明是与渔猎社会、农业文明、智能文明属于同一系列的范畴(文明形态),生态文明是与物质文明、政治文明、精神文明、社会文明属于同一系列的范畴(文明结构)。正如每一种社会形态和文明形态都有其相应的物质文明等文明结构一样,生态文明是贯穿于所有社会形态和所有文明形态始终的一种基本要求。[③]

生态是指生物之间及生物与环境之间的相互关系及其存在状态[④],人和自然的关系是一种典型的生态关系,任何一种社会形态和文明形态都处于这种生态关系之中,都必须将经济社会发展保持在生态系统可承载和更新的范围内。生态文明是人类在利用自然界的同时又主动保护自然界、积极改善和优化人与自然关系而取得的物质成果、精神成果和制度成果的总和。生态问题在工业文明阶段凸显不是偶然的,有其深层次的制度根源。生态学马克思主义从分析社会制度和生产

---

① 徐春:《对生态文明概念的理论阐释》,《北京大学学报(哲学社会科学版)》2010年第1期,第61—63页。

② 刘海霞:《不能将生态文明等同于后工业文明——兼与王孔雀教授商榷》,《生态经济》2011年第2期,第188—191页。

③ 张云飞:《试论生态文明的历史方位》,《教学与研究》2009年第8期,第5—11页。

④ 《求是》记者:《牢固树立生态文明观念——访国家环境咨询委员会副主任孙鸿烈院士》,《求是》2009年第21期,第55—57页。

方式的性质入手,认为资本主义制度和生产方式以及资本的利润动机是造成生态危机的根源,生态危机虽然展现为人和自然关系的危机,但其本质却是人和人关系的危机,所以只有合理协调人和人之间在生态资源占有、分配和使用上的利益关系,才能从根本上解决生态危机。① 在进一步建设和完善生态文明的进程中,西方国家由于在制度等方面的局限性,不可能彻底改变人类与自然之间的不和谐状态,生态文明建设在西方国家逐渐遇到了影响其持续发展的诸多难题。② 刘思华提出社会主义生态文明概念,认为它包括人与自然之间的和谐、人与人之间的和谐、人与社会之间的和谐、人与自身关系和谐四个方面基本内涵。③

　　人与自然的和谐关系直接影响到人与人之间的和谐,关系到不同阶层之间、区域之间的利益关系,它要求我们在科学发展观指导下发展循环经济,构建和谐社会,建设生态文明,以解决人际之间、区际之间的利益纠纷,实现经济效率、社会公平与生态平衡。中国是在工业文明未充分发展的基础上开始建设生态文明的,发达国家几百年工业化过程中出现的生态问题,在我国快速发展中集中复合呈现,社会主义生态文明建设既要"补上工业文明的课",又要"走好生态文明的路"。鉴于此,我们认为,社会主义生态文明是建立在工业化和信息化充分发展的基础上的,处于生态文明的较高发展阶段,与智能文明阶段的生态文明结构比较接近,它需要生态工业文明的过渡形式。生态工业文明在本质上仍然属于生态文明范畴,是在反思和批判传统工业文明并对其进行修补和完善的过程中形成的,连同原始文明、农业文明、传统工业文明阶段的生态文明形式,都是生态文明的低级发展阶段。当前,包括中国在内的世界各国讨论和实践的"生态文明"充其量只能属于生态工业文明,与社会主义生态文明的本质要求还相差甚远。生态工业文明不同于传统工业文明下被动的污染控制和生态恢复,也不是放弃工业化,而是对传统工业文明的扬弃和超越,使工业化、生态化相互融合,推动资源节约型、环境友好型社会发展,促进不同区域之间的利益关系和谐。生态工业文明的物质技术基础是生态产业及其技术,如低碳技术等,通过发展以生态产业为基础的"生态化生产方式",对传统的工业生产过程进行生态化改造,建立生态工业园区和循环经济模式,使得生态工业文明达到物质与生态的共赢,使传统农业的循环法则和传统工业的增长法则成功结合起来,也使资本收益率与自然资源收益率的提高辩证统一。

---

① 王雨辰:《以历史唯物主义为基础的生态文明理论何以可能?——从生态学马克思主义的视角看》,《哲学研究》2010 年第 12 期,第 10—16 页。

② 王宏斌:《西方发达国家建设生态文明的实践、成就及其困境》,《马克思主义研究》2011 年第 3 期,第 71—75 页。

③ 刘思华:《中国特色社会主义生态文明发展道路初探》,《马克思主义研究》2009 年第 3 期,第 69—72 页。

2.2.2 区域经济协调发展的本质与内涵

区域经济协调发展是在我国国民经济管理和区域经济发展实践中产生的一个概念,区域经济学者对其本质与内涵的归纳与界定存在一定争议。刘再兴等较早开始了区域经济协调发展的理论研究[1],强调重视和控制区域经济差距,引导各区域之间合理分工、共同发展,但都没有详细阐述区域经济协调发展的内涵。1996年3月八届人大四次会议通过的《中华人民共和国国民经济和社会发展"九五"计划和2010年远景目标纲要》专设"促进区域经济协调发展"一章,系统阐述了此后15年国家的区域经济发展战略。从"九五"计划开始,直到"十二五"规划,都把缩小区域差距、发挥比较优势、形成合理的区域分工与合作、要素自由流动(打破行政区界限)作为区域经济协调发展的主要内容,所不同的是,战略思路越来越清晰。但是,以上文件都没有清晰阐明什么是区域经济协调发展,表述协调的主要内容和外在特征时也总是用一些模糊的字眼。

张可云认为区域经济协调发展有两层含义:一是发挥各地的优势,形成合理的地域分工,促进经济整体效益的提高;二是将地区经济发展差距控制在适度的范围内,以促进经济整体协调。[2] 姜文仙通过辨析学术观点和梳理政府文件,认为区域协调发展是不同区域在相互联系、彼此依赖的区域系统中相互作用实现区域利益共同增进的过程与状态。[3] 高志刚统筹考虑国民经济和区域经济发展,指出区域经济协调发展是使区域间的经济差异稳定在合理、适度的范围内,达到各区域优势互补、共同发展和共同繁荣的一种区域经济发展模式。[4] 王琴梅则认为区域协调发展是一种新的区域经济发展战略,它的最基本含义就是协调区域发展中的"效率"与"公平"。[5] 厉以宁说明区域经济协调发展就是从不平衡发展中求得相对平衡,协调发展的核心内容就是协调地区间的产业分工关系和利益关系,建立和发展地区经济的合理分工体系。[6] 可见,学术界对于区域经济协调发展内涵的认识有较大差别,有状态、过程、模式和战略等不同理解,不过在以下几点上已经基本达成

① 参见刘再兴:《九十年代中国生产力布局与区域的协调发展》,《江汉论坛》1993年第2期,第22—27页;费洪平:《企业与区域经济协调发展研究——以胶东沿线地区为例》,《经济地理》1993年第3期,第59—64页;蒋清海:《论区域经济协调发展》,《开发研究》1993年第1期,第37—40页;国务院发展研究中心课题组:《中国区域协调发展战略》,中国经济出版社,1994年。区域经济协调发展后来逐渐简称为区域协调发展,见覃成林:《区域协调发展机制体系研究》,《经济学家》2011年第4期,第65—72页。

② 张可云:《区域经济政策——理论基础开发区欧盟国家的实践》,中国轻工业出版社,2001年,第18—20页。

③ 姜文仙:《区域协调发展的动力机制研究》,暨南大学博士学位论文,2011年。

④ 高志刚:《区域经济差异预警:理论、应用和调控》,《中国软科学》2002年第1期,第93—97页。

⑤ 王琴梅:《区域协调发展内涵新解》,《甘肃社会科学》2007年第6期,第46—50页。

⑥ 厉以宁:《区域发展新思路》,经济日报出版社,2000年,第28—29页。

共识：第一，区域经济协调发展以区域发展为前提，以区际联系为基础，要兼顾"效率"与"公平"，实现区域发展趋同；第二，区域经济协调发展是过程和状态的统一体，"动"（过程）"静"（状态）结合中才能把握其科学内涵；第三，区际关系和区域发展联系紧密，两者可以形成良性循环，也可以形成恶性循环；第四，从国民经济发展和人的全面发展的最终目标来看，区域经济协调发展是一种发展战略，从中国区域发展战略演进过程来看，其是一种发展模式。

现有研究虽然在理论上有其合理性，但没有全面准确地反映区域经济协调发展的科学内涵，多数定义只是政策理念和具体措施的汇总，大多沿用从具体问题到对策的分析范式，对内涵、评价和机制等基础理论问题的研究则相对薄弱。更为重要的是，已有研究通常在传统工业文明的视野下分析区域经济协调发展的内涵，往往强调经济效率，并兼顾社会公平，不仅忽视了政治和文化因素在我国国民经济和区域经济发展中的独特作用，对生态问题的重视程度也远远不够，以致实践中难以构建完善的政府治理结构、形成合理的产业分工和布局，缺乏区域间经济、生态等多方面合作，从而既无法解决生态等问题，也无法真正实现区域经济协调发展。区域经济协调发展的内涵随着社会经济发展而变化，不同发展阶段有其不同内容。[①]我们认为，区域经济协调发展在本质上与"区域协调发展"并没有差别[②]，尽管其并不等同于区域可持续发展和区域一体化，但不统筹社会、政治、文化、生态等领域，经济的协调发展是不可持续的，区域经济协调发展必然会随着上述领域的发展及其新的特征与要求而逐渐被赋予新的内涵。

2.3 区域协调发展与生态文明建设相互关系的实证分析

国内外区域协调发展的探索缘起于区域差距调控的实践，改革开放以来，中国的区域经济差距经历了"缩小—扩大—缩小"的演进过程：20世纪80年代，落后地区农业生产率的提高对中国区域经济收敛的形成产生了更为重要的影响[③]；20世纪90年代，中国市场化进程中劳动力市场扭曲导致的要素配置效率差异是这一时期区域差距扩大的深层原因[④]；2003年中共十六届三中全会之后，中国的区域经济在统筹区域发展的背景下向高位缓慢趋同，这也是改革开放以来一系列经济发展战略和政策长期作用的结果。[⑤] 在生态文明建设的背景下，中国的区域协调发展

① 杨开忠：《我国区域经济协调发展的总体部署》，《管理世界》1993年第1期，第165—172页。

② 下文不再区分两者。

③ 董先安：《浅释中国地区收入差距：1952—2002》，《经济研究》2004年第9期，第48—59页。

④ 蔡昉，王德文等：《劳动力市场扭曲对区域差距的影响》，《中国社会科学》2001年第2期，第4—14页。

⑤ 刘树成，张晓晶：《中国经济持续高增长的特点和地区间经济差异的缩小》，《经济研究》2007年第10期，第17—31页。

实践能否促进生态文明建设呢？从经济学的角度来说,在中国各地区人均 GRP 向高位趋同,区域差距趋于缩小的情况下,人均 GRP 继续上升会对环境全要素生产率产生什么影响呢?

中国区域差距的影响因素主要包括物质资本,人力资本等生产要素的积累和全要素生产率(total factor productivity, TFP)[1],有人认为要素投入差异是我国地区差距的主要决定因素[2],也有研究指出,全要素生产率差异才是我国地区差距的主要决定因素。[3] 现阶段,中国区域间工业发展差距是经济发展差距的主要原因,而全要素生产率在区域工业差距中扮演重要角色。[4] 传统的全要素生产率分析仅仅考虑劳动、资本等生产要素,没有考虑伴生工业发展的环境污染问题及其约束,近年来,随着人们对环境污染关注度的提高,有些学者开始通过 Malmquist-Luenberger 指数在中国区域生产率分析中纳入环境因素,不过,他们使用的是全社会(或工业)总投入和产出,只是加入了环境污染这一"坏"产出,所测算的并不是严格意义上的环境全要素生产率,只能称作考虑环境因素的市场全要素生产率。我们将两项"坏"产出 COD(化学需氧量)和 SO_2 的去除量[5]作为"好"产出,并选用工业企业污染治理投入,通过基于 DEA(数据包络分析)的 Malmquist 生产率指数来测度中国的环境全要素生产率,以弥补该指数无法测度"坏"产出的缺陷。

在现有文献中,分析中国区域差距和全要素生产率(含考虑环境因素的)的较多,而将两者结合起来,分析其相互影响的较少,仅李静[6]、王俊能等[7]、杨俊等[8]分析了人均 GRP 和工业比重等因素对环境效率的影响,胡晓珍等将环境污染综合指数作为经济的非理想产出纳入非参数 DEA-Malmquist 指数模型,测度并分析了我

① 这两项因素被新古典经济增长理论视为经济增长的源泉,也被广泛用来解释区域经济发展差距。

② 李国璋,周彩云等:《区域全要素生产率的估算及其对地区差距的贡献》,《数量经济技术经济研究》2010 年第 5 期,第 49—61 页。

③ 参见彭国华:《中国地区收入差距、全要素生产率及其收敛分析》,《经济研究》2005 年第 9 期,第 19—29 页;李静、孟令杰、吴福象:《中国地区发展差异的再检验:要素积累抑或 TFP》,《世界经济》2006 年第 1 期,第 12—22 页;郭庆旺、赵志耘、贾俊雪:《中国省份经济的全要素生产率分析》,《世界经济》2005 年第 5 期,第 46—53 页。

④ 曾先峰:《中国区域工业的不均衡增长及其影响因素分析:1978—2006 年》,《数量经济技术经济究》2010 年第 6 期,第 84—98 页。

⑤ 《中华人民共和国国民经济和社会发展第十二个五年规划纲要》将 COD 和 SO_2 作为主要污染物进行控制,要求"十二五"期间工业废水中 COD 排放量和工业 SO_2 排放量分别减少 8%,相关研究也通常将两者作为"坏"产出。

⑥ 李静:《中国区域环境效率的差异与影响因素研究》,《南方经济》2009 年第 12 期,第 24—35 页。

⑦ 王俊能,许振成等:《基于 DEA 理论的中国区域环境效率分析》,《中国环境科学》2010 年第 4 期,第 565—570 页。

⑧ 杨俊,邵汉华等:《中国环境效率评价及其影响因素实证研究》,《中国人口、资源与环境》2010 年第 2 期,第 49—55 页。

国的绿色 Malmquist 指数对区域经济增长差距的影响及其时间演化趋势[1]，王兵等全面分析了中国环境效率、环境全要素生产率及其成分，并对影响环境效率和环境全要素生产率增长的因素进行了实证研究。[2] 他们的研究结论各异，并不都支持王兵(2008)[3]在分析亚太经合组织(Asia-Pacific Economic Cooperation，APEC) 17 个国家和地区时得出的结论，即人均 GDP 和生产率指数之间具有倒"U"型关系。那么，我国的环境全要素生产率和人均 GRP，工业比重之间相互关系如何，是否存在倒"U"型关系，这种关系对区域差距和环境污染问题又有什么影响和启示？这将是本节研究的重点。

2.3.1　研究方法与数据

相关研究对全要素生产率测度方法的介绍差别较大，对其分类有不同意见[4]，Fare 等[5]构建的基于 DEA 的 Malmquist 指数法属于非参数前沿生产函数法[6]，在实证研究中为学者们普遍采用。该方法具有以下优点：第一，在计算过程中相当于对数据进行了一阶差分，消除了各地区同方向的变化，弱化了数据质量对测算结果的影响，同时，不需要价格资料，避免了价格信息不对称所引起的问题；第二，不需要设定生产函数，也不需要成本最小化和利润最大化的条件，避免了研究者的主观判断对实证结果的影响；第三，可以利用多数投入与产出变量，也可以实现有关全要素生产率的各种分解，使得结果更加丰富。

---

①　胡晓珍，杨龙：《中国区域绿色全要素生产率增长差异及收敛分析》，《财经研究》2011 年第 4 期，第 123—134 页。

②　王兵，吴延瑞，颜鹏飞：《中国区域环境效率与环境全要素生产率增长》，《经济研究》2010 年第 5 期，第 95—109 页。

③　王兵，吴延瑞，颜鹏飞：《环境管制与全要素生产率增长：APEC 的实证研究》，《经济研究》2008 年第 5 期，第 19—32 页。

④　郭庆旺等(2005)将 TFP 测度方法分为两类，即增长会计法和经济计量法；傅勇等(2009)分为三类，即增长核算法、时间参数法和前沿生产函数法；章祥苏等(2008)则将其分为四类，即增长核算法、生产函数法、随机前沿分析法，以及数据包络分析法(Malmquist 指数法)；Coelli 等(2005)将其分为四类，即代数指数法、增长核算法(索洛余值法)、随机前沿生产函数法(SFA)和数据包络分析法(DEA)，段文斌等(2009)的分类类似。参见郭庆旺、赵志耘、贾俊雪：《中国省份经济的全要素生产率分析》，《世界经济》2005 年第 5 期，第 46—53 页；傅勇、白龙：《中国改革开放以来的全要素生产率变动及其分解(1978—2006)》，《金融研究》2009 年第 7 期，第 38—51 页；章祥苏、贵斌威：《中国全要素生产率分析：Malmquist 指数法评述与应用》，《数量经济技术经济研究》2008 年第 6 期，第 111—122 页；段文斌、尹向飞：《中国全要素生产率研究评述》，《南开经济研究》2009 年第 2 期，第 130—140 页；Coelli, T., Rao, P., Donnell, C. J. and Battase, E., An Introduction to Efficiency and Productivity Analysis, Springer, 2005.

⑤　Fare, R., Grosskop, S., Norris, M. and Zhang, Z., "Productivity Growth, Technological Progress, and Efficiency Change in industrialized Countries", American Economic Review, no. 84, 1994, pp. 66-83.

⑥　还有参数前沿生产函数法，其又可以分为确定性前沿和随机性前沿。

Malmquist 生产率指数运用距离函数（distance function）来定义，反映生产决策单位与最佳实践面的距离。对于投入 $x \in R_+$，产出 $y \in R_+$，s 期生产活动 (x^s, y^s) 相对于 t 期生产可能集 S^t 的产出距离函数为

$$D^t(x^s, y^s) = \inf\{\theta \mid (x^s, y^s/\theta) \in S^t\} = 1/\sup\{z \mid (x^s, zy^s) \in S^t\} \quad (2\text{-}1)$$

根据观察到的决策单元可以分别构造 t 期规模报酬不变（CRS）和规模报酬可变（VRS）的生产可能集 $S^t(C)$ 和 $S^t(V)$，针对 2 种不同的生产可能集以及 3 个不同时期 $s = t-1, t, t+1$，可以得到 6 组距离函数 $D_i(x^s, y^s)$，$i = C, V; s = t-1, t, t+1$。根据定义，距离函数恰好为 DEA 理论中 C^2R 模型和 BC^2 模型最优值的倒数。[①] 根据 Ray 等[②]和 Fare 等[③]，Malmquist 生产率指数应当定义在 CRS 生产可能集的前沿技术之上[④]，基于 t 和 $t+1$ 期基准参照技术的 Malmquist 生产率指数分别为

$$M_t(x^t, y^t, x^{t+1}, y^{t+1}) = \frac{D_C^t(x^{t+1}, y^{t+1})}{D_C^t(x^t, y^t)} \quad (2\text{-}2)$$

$$M_{t+1}(x^t, y^t, x^{t+1}, y^{t+1}) = \frac{D_C^{t+1}(x^{t+1}, y^{t+1})}{D_C^{t+1}(x^t, y^t)} \quad (2\text{-}3)$$

因为基于 t 和 $t+1$ 期参照技术定义的 Malmquist 生产率指数在经济含义上是对称的，同时为避免时期选择随意性可能导致的差异，可用上述两式的几何平均值来衡量从 t 期到 $t+1$ 期的生产率变化，并可进一步分解为综合技术效率指数 EFFCH 和技术进步指数 TECHCH：

$$M(x^t, y^t, x^{t+1}, y^{t+1}) = \left[\frac{D_C^t(x^{t+1}, y^{t+1})}{D_C^t(x^t, y^t)} \frac{D_C^{t+1}(x^{t+1}, y^{t+1})}{D_C^{t+1}(x^t, y^t)} \right]^{\frac{1}{2}}$$

$$= \frac{D_C^{t+1}(x^{t+1}, y^{t+1})}{D_C^t(x^t, y^t)} \times \left[\frac{D_C^t(x^{t+1}, y^{t+1})}{D_C^{t+1}(x^{t+1}, y^{t+1})} \times \frac{D_C^t(x^t, y^t)}{D_C^{t+1}(x^t, y^t)} \right]^{\frac{1}{2}} \quad (2\text{-}4)$$

式（2-4）即为 Malmquist 生产率指数，记为 TFP，它度量了决策单元从 t 期到 $t+1$ 期整体生产率的变化程度。第一项 EFFCH 代表了技术效率的改变，若 EFFCH>1，则决策单元更靠近生产可能性边界，相对技术效率提高，EFFCH 又可进一步分解为纯技术效率指数 PECH 和规模效率指数 SECH 的乘积。第二项 TECHCH 代表了技术水平的改变，说明生产可能性边界的移动，若 TECHCH>1，则生产技术出现创新和进步。

---

① 章祥荪，贵斌威：《中国全要素生产率分析：Malmquist 指数法评述与应用》，《数量经济技术经济研究》2008 年第 6 期，第 111—122 页。

② Ray, S. C., and Desli, E., "Productivity Growth, Technical Progress, and Efficiency Change in Industrialized Countries: Comment", American Economic Review, no. 87, 1997.

③ Fare, R., Grosskop, S. and Norris, M., "Productivity Growth, Technical Progress, and Efficiency Change in Industrialized Countries: Reply", American Economic Review, no. 87, 1997.

④ Lovell 将构成 CRS 生产可能集的前沿技术称为基准技术，即为了计算 TFP 而定义的参照技术，将构成 VRS 生产可能集的前沿技术称为最佳实践技术，即现实中存在的前沿技术。

在政治高度集中,经济地方分权的体制下,中国的区域经济基本上体现为行政区经济,由于数据限制,大部分区域差距和全要素生产率研究都以省级行政单位作为分析对象,本书选取中国 28 个省(自治区、直辖市)1992—2009 年的汇总工业企业数据来进行分析[①],计算环境全要素生产率的投入产出指标及其数据处理如下:

第一,投入指标。劳动投入选用工业企业专职环保人员数,该项数据和其他投入产出原始数据均来自历年《中国环境统计年鉴》,资本投入为工业污染治理资本存量,按以下方法得到。首先根据全国的固定资产投资价格指数,将工业污染治理项目本年完成投资合计按 1991 年不变价折算,再按张军[②]的做法,将基年 1992 年的数据除以 10% 作为该省市的初始资本存量[③],然后参照万东华[④],取固定资产折旧率为7.3%,最后根据永续盘存法计算得到各省市历年的工业污染治理资本存量。

第二,产出指标。如前所述,相关研究基本上都以 GRP 和工业增加值等指标作为"好"产出,以 COD 和 SO_2 排放量等工业污染指标作为"坏"产出,通过 M-L(Malmquist-Luenberger)指数来测算中国的环境全要素生产率,我们尝试把工业废水中 COD 和工业 SO_2 去除量作为产出,采用 Malmquist 指数方法计算,以更加直观地反映环境投入产出效益。为了消除人口密度或城市化水平差异的影响,我们将以上投入产出数据除以各省市历年的年底总人口数,得到人均数。[⑤]

2.3.2 实证分析与检验

利用上述研究方法和数据,我们通过 DEAP2.1 软件测算了环境全要素生产率,按照不同区域划分方法进行归类比较,并分析环境全要素生产率的影响因素,从不同侧面反映区域经济发展差距对环境全要素生产率的影响。

2.3.2.1 环境全要素生产率及其动态变化

现有涉及区域的研究大部分都将中国分为东、中、西三大经济区进行对比,这种纵向经济区划割裂了生态位势较低而经济位势较高的东部地区与生态位势较高

[①] 以下简称 28 个省份。中国 31 个省级行政单位中,西藏自治区的统计数据缺失严重,青海省 2001—2006 年的工业 SO_2 去除量数据缺失,重庆市纳入四川省,所以这里考虑 28 个省份。《中国环境统计年鉴》从 1990 年开始编制,但 1992 年之后才比较规范完备,故这里的分析样本区间为 1992—2009。年鉴中各项统计指标以汇总工业企业为主,而工业也是环境的主要污染源,我们计算环境全要素生产率的投入产出数据均是各省份历年的汇总工业企业数据。

[②] 张军,吴桂英,张吉鹏:《中国省际物质资本存量估算:1952—2000》,《经济研究》2004 年第 10 期,第 35—44 页。

[③] 实际上,如果参照一些研究中的做法,假设基年的工业污染治理项目本年完成投资合计与基年固定资产投资合计的比,等于基年工业污染治理资本存量与基年社会资本存量的比,便可以根据统计年鉴中的投资数据和一些学者估算的社会资本存量数据得到基年工业污染治理资本存量,根据比较,数据相差不大,而只要口径一致,基年的工业污染治理资本存量数据并不是太重要,任何一种合理假设都是可取的。

[④] 万东华:《一种新的经济折旧率测算方法及其应用》,《统计研究》2009 年第 10 期,第 15—18 页。

[⑤] 其中劳动力数据为工业企业专职环保人员数占总人口的比重。

而经济位势较低的西部地区的互补互利关系,将生态环境贡献区和生态环境受益区隔离开来,在区域利益分配机制上存在着重大缺陷,相应地也带来了日益严重的环境问题。[1] 我们按照孙红玲[2],把中国分为泛珠三角、泛长三角和大环渤海"三大块",然后将各省份历年的环境全要素生产率按纵向"三大部"和横向"三大块"[3]分别进行归类,求其均值和变异系数以进行比较。

表 2-1　1992—2009 年中国各经济区环境全要素生产率均值

年度	整体	纵向三分			横向三分		
	全国	东部	中部	西部	泛珠三角	泛长三角	环渤海
1992—1993	1.107	1.257	1.015	1.006	0.966	1.112	1.259
1999—1894	1.114	1.015	1.254	1.109	0.963	1.150	1.246
1994—1995	1.315	1.332	1.575	1.064	1.555	1.097	1.266
1995—1996	1.600	1.589	1.645	1.573	1.798	1.565	1.414
1996—1997	1.247	1.116	1.427	1.248	1.021	1.413	1.333
1997—1998	1.094	1.143	1.204	0.937	1.027	1.081	1.180
1998—1999	1.196	1.306	1.222	1.040	1.162	1.088	1.342
1999—2000	1.168	1.300	1.183	0.994	1.187	1.118	1.197
2000—2001	1.193	1.249	1.038	1.261	1.142	1.452	0.990
2001—2002	1.155	0.967	1.253	1.296	1.232	1.042	1.181
2002—2003	1.073	1.140	0.987	1.067	1.025	1.148	1.051
2009—1904	1.032	0.956	1.002	1.150	1.038	1.069	0.986
2004—2005	1.088	1.102	1.037	1.117	0.989	1.100	1.187
2005—2006	0.964	0.918	1.140	0.864	0.981	0.710	1.200
2006—2007	1.086	1.117	0.876	1.233	1.052	1.228	0.980
2007—2008	1.101	0.963	1.270	1.120	1.088	1.100	1.118
2008—2009	1.075	1.144	0.946	1.103	1.138	1.088	0.991
均值	1.153	1.154	1.181	1.128	1.139	1.151	1.172

注:限于篇幅,略去 28 个省份历年的数据,如有需要,可以提供全套资料。

从表 2-1 可以看出,全国各省份 1992—2009 年环境全要素生产率平均增长率为 15.3%,"三大部"中的最大值 18.1%(中部)比最小值 12.8%(西部)高 5.3 个百分点,而"三大块"中的最大值 17.2%(大环渤海)与最小值 13.9%(泛珠三角)仅相

---

① 孙红玲:《"3+4":三大块区域协调互动机制与四类主体功能区的形成》,《中国工业经济》2008 年第 10 期,第 12—22 页。

② 孙红玲:《论中国经济区的横向划分》,《中国工业经济》2005 年第 10 期,第 27—34 页。

③ 东部 11 个省份,中部 8 个省份,西部 12 个省份的"三大部"经济区划较为常见;"三大块"中的泛珠三角包括粤、闽、琼、湘、鄂、赣、桂、渝、云、贵、川、藏 12 个省份,泛长三角包括沪、苏、浙、皖、豫、陕、甘、宁、青、疆 10 个省份,大环渤海包括京、津、辽、鲁、冀、晋、吉、黑、蒙 9 个省份,详见孙红玲的系列文章,当然,其合理性尚待检验。如前文所述,本分析仅考虑 28 个省份,故文中各相应经济区不包括渝、藏和青。我国当前区域发展总体战略的东、中、西和东北的区划中,东北所占份额太少,和横向三分不具有可比性,这里不采用。

差 3.3 个百分点,在环境全要素生产率平均增长率这一指标上,横向"三大块"的区划也符合孙红玲(2008)的研究结论,即相比纵向"三大部",其各经济区处于相对均衡的发展状态,所分担的生态环境建设责任也基本相当。1995—1996 年,全国各省份的环境全要素生产率增长率平均达到 60%,其中"三大部"中的中部为 64.5%,"三大块"中的泛珠三角为 79.8%,对全国均值的贡献较大,并且在 1995 年前后,全国增长率的平均值较大。在 2005—2006 年,全国平均出现了 3.6% 的负增长,其中"三大部"中的西部平均负增长 13.6%,"三大块"中的泛长三角平均负增长 29%,对全国平均值的向下拉动作用较强。除了这几个年度之外,其他年份保持 10%~20% 的平均增长率,波动不大。

表 2-2　1992—2009 年中国各经济区环境全要素生产率变异系数

年度	整体	纵向	横向	纵向三分			横向三分		
	全国	大区	大区	东部	中部	西部	泛珠三角	泛长三角	环渤海
1992—1993	0.41	0.11	0.11	0.41	0.30	0.44	0.37	0.23	0.50
1999—1894	0.28	0.09	0.11	0.33	0.26	0.16	0.27	0.26	0.24
1994—1995	0.60	0.16	0.14	0.36	0.80	0.26	0.77	0.17	0.33
1995—1996	0.35	0.02	0.10	0.45	0.19	0.32	0.39	0.28	0.25
1996—1997	0.35	0.10	0.13	0.17	0.40	0.36	0.23	0.41	0.22
1997—1998	0.34	0.10	0.06	0.37	0.31	0.21	0.34	0.20	0.40
1998—1999	0.26	0.09	0.09	0.29	0.18	0.22	0.15	0.22	0.31
1999—2000	0.27	0.11	0.03	0.27	0.16	0.27	0.31	0.19	0.27
2000—2001	0.37	0.09	0.16	0.47	0.26	0.24	0.33	0.28	0.41
2001—2002	0.34	0.12	0.07	0.25	0.33	0.33	0.31	0.38	0.32
2002—2003	0.22	0.06	0.05	0.22	0.14	0.23	0.21	0.24	0.18
2009—1904	0.20	0.08	0.03	0.18	0.14	0.22	0.13	0.28	0.15
2004—2005	0.23	0.09	0.07	0.23	0.26	0.22	0.13	0.16	0.30
2005—2006	0.41	0.12	0.21	0.35	0.41	0.40	0.31	0.35	0.36
2006—2007	0.36	0.14	0.10	0.36	0.26	0.34	0.39	0.34	0.31
2007—2008	0.32	0.11	0.10	0.19	0.43	0.28	0.38	0.19	0.34
2008—2009	0.28	0.08	0.06	0.27	0.23	0.28	0.23	0.33	0.26
均值	0.06	0.02	0.01	0.04	0.07	0.06	0.09	0.02	0.05

　　表 2-2 中最后一行是全国各省份和各经济区历年环境全要素生产率均值的变异系数[①],而不是各列的平均值。数据显示,全国各省份历年均值的差距并不大,

---

　　[①]　反映绝对差距的极差、极均差、平均差和标准差等指标,以及反映相对差距的极值比率、极均值比率、平均差系数、变异系数、基尼系数和泰尔指数等指标,都曾用来研究我国的区域差距,也有一些学者用收敛假说来进行实证分析,其中变异系数是最常用的指标,见金相郁、武鹏(2010)的整理。

变异系数仅为 0.06,而纵向"三大部"之间和横向"三大块"之间的差异更小,分别为 0.02 和 0.01,不过纵向间差距还是大于横向间差距。纵向"三大部"中,中部各省份历年均值的差距最大,横向"三大块"中,泛珠三角差距最大。第一列是全国各省份历年环境全要素生产率的变异系数,虽有波动,整体上差距在缩小,第二、三列是两类区划中各大经济区历年均值的变异系数,后续各列是各经济区内各省份历年的变异系数,可以明显地看出,无论哪种区划,一级经济区之间的差距远远小于全国各省份之间,以及各大经济区"俱乐部"内各省份之间的差距,而横向经济区之间的差距在大部分年份小于纵向经济区之间的差距,特别是"十一五"时期以来。

表 2-3　1992—2009 年各省份年度平均环境全要素生产率及其分解

年度	综合技术效率	技术进步	纯技术效率	规模效率	全要素生产率
1992—1993	1.665	0.617	1.533	1.086	1.028
1999—1894	0.999	1.066	1.084	0.922	1.066
1994—1995	1.452	0.819	1.257	1.155	1.19
1995—1996	0.893	1.699	0.895	0.997	1.517
1996—1997	1.03	1.15	1.113	0.925	1.185
1997—1998	1.006	1.029	0.973	1.033	1.035
1998—1999	1.107	1.049	1.069	1.036	1.161
1999—2000	0.907	1.242	0.897	1.01	1.126
2000—2001	1.029	1.07	0.86	1.197	1.101
2001—2002	0.872	1.25	1.2	0.726	1.089
2002—2003	1.168	0.898	1.011	1.155	1.049
2009—1904	1.036	0.976	1.01	1.026	1.011
2004—2005	1.169	0.904	1.043	1.121	1.057
2005—2006	1.111	0.802	1.234	0.9	0.891
2006—2007	1.071	0.95	0.947	1.131	1.017
2007—2008	0.951	1.108	0.948	1.003	1.054
2008—2009	0.883	1.214	0.891	0.99	1.072
均值	1.063	1.026	1.045	1.018	1.091

　　为了和相关研究进行对比,我们在表 2-3 中列出各省份年度平均环境全要素生产率及其分解,可以看出,1992—2009 年增长率先逐年提高,1995—1996 年达到1.517,后在波动中趋于下降,"十一五"时期又开始逐年提高。各省份历年平均环境全要素生产率平均增长率为 9.1%,综合技术效率平均增长 6.3%,技术进步指数平均增长 2.6%。可见,综合技术效率的贡献更大,其中纯技术效率平均增长4.5%,规模效率平均增长 1.8%,这说明环境全要素生产率的增长主要依靠纯技术效率的提高,各省份向生产可能性边界靠近,相对技术效率提高,但中国的工业

企业规模依然较小,对其贡献度不够。[①] 同时,技术进步指数增长率较小,生产可能性边界的移动幅度不大,环境保护技术创新力度不够,这与陈诗一[②]的结论不同,但是,"十一五"以来,技术进步指数增长率逐年上升,和环境全要素生产率增长率保持相同变动趋势,而其他几个指数则逐年下降,说明近年技术进步的贡献份额在提高,而其他指数的则相应下降。

2.3.2.2 环境全要素生产率影响因素分析

参考现有研究中全要素生产率影响因素的选择[③],并限于数据的可得性,我们选取以下指标进行分析:

(1)经济发展水平。用 1991 年不变价人均 GRP 的对数来表示,同时,回归方程中还考虑人均 GRP 对数的平方项,来检验环境全要素生产率和人均 GRP 之间可能存在的二次曲线关系。为了便于回归结果的解释,我们将生产率也相应取对数。[④]

(2)外贸依存度。用按经营单位所在地分进出口总额占 GRP 比重(DDFT)来表示,进出口总额数据需用人民币基准汇价年度平均值转化为人民币,再将其按 1991 年不变价进行拆算。

(3)经济结构。用 1991 年不变价工业增加值占 GRP 比重(IAV)来表示。考虑到工业增加值比重和人均 GRP 之间可能存在着交互效应(interaction effect),我们在方程中添加两者的交互项进行检验。[⑤]

(4)区域因素。用人口密度的对数(LNDP)表示,人口密度为年底总人口数与面积的比。[⑥]

我们利用面板数据回归以下方程:

$$LNTFP = \alpha + \beta_1 LNGRPPC + \beta_2 LNGRPPC \cdot IAV$$
$$+ \beta_3 LNGRPPC^2 + \beta_4 IAV + \beta_5 DDFT + \beta_6 LNDP + \mu \quad (2-5)$$

Hausman 检验表明对环境全要素生产率的回归分析应选择固定效应模型,我们同时列出综合技术效率和技术进步指数的回归结果(见表 2-4)。对环境全要素

---

① 根据前文介绍,环境全要素生产率(TFP)=综合技术效率(EFFCH)×技术进步指数(TECHCH),其中,综合技术效率(EFFCH)=纯技术效率(PECH)×规模效率(SECH)。

② 陈诗一:《中国的绿色工业革命:基于环境全要素生产率视角的解释(1980—2008)》,《经济研究》2010 年第 11 期,第 21—34 页。

③ Loko 和 Diouf(2009)对决定全要素生产率增长的因素进行了详细的探讨。另见王兵(2008,2010)、李静(2009)、王俊能等(2010)、杨俊等(2010)等的研究。

④ 实际上,回归结果显示,取对数后各解释变量的显著性也大大提高。

⑤ 因为回归方程中含有人均 GRP 对数的平方项,为了在 LNGRPPC 和 IAV 均值水平下得到人均 GRP 对环境全要素生产率的影响,我们在回归时用(LNGRPPC−8.066 039)² 代替 LNGRPPC²,用 LNGRPPC·(IAV−0.611 193 6)代替 LNGRPPC·IAV,这样,LNGRPPC 的系数就变成了在均值水平上的偏效应。其中,8.066 039 和 0.611 193 6 分别是 LNGRPPC 和 IAV 的均值。

⑥ 除人均 GRP 来自国家统计局数据库外,以上原始数据均来自中经网统计数据库。

生产率的回归表明，人均 GRP 和生产率指数正相关，并且其平方项的系数 β_3 为负值，这说明人均 GRP 和生产率指数之间具有倒"U"型关系，而对综合技术效率和技术进步指数的回归也证实这种关系，并且前者的统计显著性更高，整体贡献更大，这和前文的分析保持一致。这种倒"U"型关系和环境库兹涅茨曲线并不矛盾，转折点上环境污染程度最高，但环境污染治理效率增长率也最高。这里人均 GRP 的转折点为 3 019.36。除安徽、广西、贵州、云南和甘肃以外，其他 23 个省份均已越过转折点进入环境全要素生产率增长率下降的右半段。这意味着环境监管和治理的机会成本将使中国的节能减排任务更加艰巨[①]，也意味着区域差距的缩小可以带来生产率增长差距的缩小。这是因为越靠近生产边界，地区生产率增长越低，因此出现了后者对前者的追赶。[②] 近年来我国区域差距和生产率增长率差距的共同变动趋势是很好的例证。这种倒"U"型关系和王兵等[③]对 APEC 成员的研究结论一致，与 Yoruk 和 Zaim[④] 关于 OECD 国家 U 型关系的结论相反，这可能是因为我国各省份之间，APEC 各成员之间初始经济发展水平的差距都较大，在样本期内大部分成员经历了生产率由递增向递减的转折，而 OECD 各成员的发展水平更加接近。

表 2-4 中国环境全要素生产率影响因素分析

因变量 自变量	综合技术效率 (EFFCH)		技术进步指数 (TECHCH)		环境全要素生产率			
					随机效应模型		固定效应模型	
	系数	T-Stat	系数	T-Stat	系数	Z-Stat	系数	T-Stat
常数项	−20.358 5	−1.89*	−12.765 4	−1.74*	−2.353 8	−0.79	−28.835	−3.2***
LNGRPPC	5.569 2	2.24**	2.698	1.6#	0.574 3	0.77	6.384 6	3.07***
交互项	0.402 3	1.68*	0.241 3	1.49#	0.072 2	0.63	0.497 9	2.49**
LNGRPPC²	−0.398 6	−2.49**	−0.129 6	−1.19	−0.031 8	−0.67	−0.398 4	2.49**
IAV	−3.031 6	−1.52#	−2.607 2	−1.93*	−0.837 8	−0.88	−4.538 5	−2.72***
DDFT	−0.142 9	−0.96	−0.089 8	−0.89	−0.137	−1.98**	−0.180 7	−1.45#
LNDP	0.268 3	0.57	0.172 8	0.54	0.014 6	0.84	0.697 5	1.78*

注：***、**、*和#分别代表估计系数在 1%、5%、10%和 15%的显著性水平上显著。

---

① 袁鹏，程施：《中国工业环境效率的库兹涅茨曲线检验》，《中国工业经济》2011 年第 2 期，第 79—88 页。

② Lall, P., Featherstone, A. M. and Norman, D. W., "Productivity growth in the Western Hemisphere (1978—1994)：the Caribbean in perspective", Journal of Productivity Analysis, no. 17, 2002.

③ 王兵，吴延瑞，颜鹏飞：《环境管制与全要素生产增长率：APEC 的实证研究》，《经济研究》2008 年第 5 期，第 19—32 页。

④ Yoruk, B. and Zaim, O., "Productivity growth in OECD Countries：A Comparison with Malmquist Indices", Journal of Comparative Economics, vol. 33, issue 2, 2005, pp. 401-420.

工业比重的系数 β_4 为 $-4.538\,5$,它度量了人均 GRP 为 0 时工业比重对环境全要素生产率的偏效应,而这是没有意义的。考虑到人均 GRP 和工业比重的交互效应,我们在人均 GRP 的均值处求得工业比重对环境全要素生产率的偏效应 $\beta = \beta_4 + 8.066\,039\beta_2 = -0.522\,4$,可见仍然为负值,工业化程度的提高导致环境全要素生产率增长率的下降,但负向影响没有之前那么大,综合技术效率和技术进步指数的情况类似,同样是前者与环境全要素生产率的结果更接近。很多研究也证实了这种负向影响[1][2],但他们都没有考虑上述交互效应,使回归结果有很大偏误。我们的结果表明,当前我国工业发展虽然还没有走出以资源消耗、环境污染为代价的粗放模式,但近年来我国经济结构调整和环境全要素生产率的提升具有一致性。同时,区域差距缩小,后发地区经济发展水平提高导致的环境管制,也在一定程度上抵消了工业比重提高对环境全要素生产率的负面影响,这符合环境库兹涅茨曲线的环境偏好论,以及涂正革[3]的结论。另外,外贸依存度对环境全要素生产率有显著正向影响,这支持了"污染天堂"假说,人口密度代表的区域因素也对其有显著正向促进作用,这和一些研究使用地区虚拟变量得出的结论保持一致。

2.3.3　实证分析的主要结论

我们通过基于 DEA 的 Malmquist 生产率指数得到了中国的环境全要素生产率及其分解,发现环境全要素生产率的增长主要依靠纯技术效率的提高,各省份最大限度地向生产可能性边界靠近,纯技术效率继续提升的空间已经不大,规模效率增长率较低,对环境全要素生产率的贡献度不够。技术进步指数增长率相对较小,生产可能性边界的移动幅度不大,环境保护技术创新力度不够,但是,"十一五"时期以来,技术进步指数增长率对环境全要素生产率增长的贡献份额在提高,其他指数则相应下降。所以,中国需要转变经济发展方式,依靠技术创新和进步,以及品牌企业规模效应的培育来促进环境全要素生产率增长,使其逐步在经济发展和区域差距缩小中起主导作用。我国"十一五"时期以来的实践及其成效也说明了这一发展路径的合理性。

我们将各省份历年的环境全要素生产率按照纵向"三大部"和横向"三大块"进行归类比较,发现纵向"三大部"中平均增长率最高的是中部(18.1%),横向"三大块"中最高的是大环渤海(17.2%),"三大部"中,中部各省份历年均值的差距最大,"三大块"中泛珠三角差距最大,总体上纵向间差距还是大于横向间差距。可见,从环境全要素生产率的角度来看,相比纵向"三大部",横向"三大块"各经济区处于相

　　① 李静,饶梅先:《中国工业的环境效率与规制研究》,《生态经济》2011 年第 2 期,第 24—32 页。
　　② 胡玉莹:《中国能源消耗、二氧化碳排放与经济可持续增长》,《当代财经》2010 年第 2 期,第 29—36 页。
　　③ 涂正革:《环境、资源与工业增长的协调性》,《经济研究》2008 年第 2 期,第 93—105 页。

对均衡的发展状态,所分担的生态环境建设责任也基本相当。目前,以纵向区域划分为载体的区域发展总体战略及其配套规划和政策在执行时遇到一系列体制机制障碍和问题,所以,横向经济区划及其协调互动发展战略、财政横向分配等制度基础的设计为生态职能区划和生态补偿,工业产业布局与转移等问题有很好的启示。

对环境全要素生产率影响因素的回归结果显示,人均 GRP 和生产率指数之间具有倒"U"型关系,这种倒"U"型关系和环境库兹涅茨曲线并不矛盾,转折点上环境污染程度最高,但环境污染治理效率增长率也最高。除安徽、广西、贵州、云南和甘肃以外,在样本期内大部分省份经历了生产率由递增向递减的转折,这意味着环境监管和治理的机会成本将使中国的节能减排任务更加艰巨,而环境保护的投入产出弹性较小[①],区域差距的缩小带来了生产率增长差距的缩小。工业化程度的提高导致环境全要素生产率增长率的下降,而外贸依存度对其有正向影响,中国作为"世界工厂"依然没有走出以资源消耗、环境污染为代价的粗放增长模式,但负向影响没有相关研究中的那么大,后发地区经济发展水平提高带来的政府环境管制力度加强,以及居民环境偏好的提升部分抵消了其负向影响。根据王兵(2008)对APEC 的研究,工业份额与生产率指数之间具有"U"型关系,我们对中国 28 个省份的回归不证实这一点。

2.4 生态文明建设赋予区域经济协调发展的新内涵

从世界各国的发展过程来看,区域经济发展总是不均衡的,总有一些地区经济发展较快,而另外一些地区发展较慢,在面积广阔、人口众多、区域差异性比较突出的大国内表现尤为明显,中国几千年的区域发展史也证实了这一点。区域发展战略与政策是区域经济协调发展的第一要素。[②] 国内外研究者对 20 世纪 90 年代中国区域差距的扩大给予了广泛关注,相应地,关于区域经济协调发展战略和政策的研究也越来越多。1995 年,中共十四届五中全会通过的《中共中央关于制定国民经济"九五"计划和 2010 年远景目标的建议》提出,"引导地区经济协调发展,形成若干各具特色的区域经济,促进全国经济布局合理化";"坚持区域经济协调发展,逐步缩小地区差距",中国开始了区域经济协调发展的探索。

2.4.1 区域经济协调发展的新内涵

从对区域经济协调发展战略的演变过程、内涵评述及生态文明的本质要求的

---

① 李胜文、李新春:《中国的环境效率与环境管制——基于 1986—2007 年省级水平的估算》,《财经研究》2010 年第 2 期,第 59—68 页。

② 湖南商学院大国经济课题组:《大国区域经济协调发展研究述评》,《湖南社会科学》2009 年第 6 期,第 86—91 页。

讨论中,我们认识到,生态文明是贯穿于所有社会形态和文明形态的文明结构,我国区域经济协调发展的实现不仅涉及经济、社会、政治、文化因素,还应该考虑生态因素,以及经济因素与生态等因素的互动关系。从这个意义上来说,区域经济协调发展是人口、资源、环境约束下区际经济与社会、政治、文化和生态等因素关联互动的科学发展。[①] 生态文明取向的区域经济协调发展应该包括经济效率、社会公平、生态平衡、政治联合和文化融合五方面要求。[②]

在原始文明和农业文明形态下,经济集聚度很低,经济极化、社会不公和生态失衡等还没有严重到成为显性问题。在传统工业文明阶段,人们只关注经济效率,经济集聚度空前提高,但同时也带来了种种问题,不过,区域协调发展还处于萌芽状态,社会问题与区域问题受到重视,但没注重区域生态问题;在生态工业文明阶段,区域协调发展开始重点解决经济效率和社会公平的矛盾,并积极寻求经济效率与生态失衡矛盾的化解方法,只是仍无法彻底解决生态问题;[③]在社会主义生态文明阶段,不仅注重效率和公平,还兼顾平衡,而且把公平和平衡摆在更加突出的位置,经济效率和社会公平、生态平衡等要求都能得到实现,区域协调发展进入高级阶段。[④] 特别是,中国的区域经济主要表现为行政区经济,由行政区经济转向经济区经济是区域经济协调发展的方向,这需要中央和地方政府区域公共管理的制度创新及其成功实现[⑤],而几千年的区域演进史也使各地的区域文化各异,不同区域文化的融合与发展也会对区域经济协调发展产生巨大的促进作用。所以,政治和文化因素不是外生变量,不论区域协调发展处于哪个阶段,政治联合和文化融合是一直作用于其过程的。

---

① 我们并不是在区域经济协调发展的内涵分析上与"区域科学"包罗万象的理论方法靠拢,而是立足区域经济学"区域管理和决策"的落脚点,从社会、政治、文化和生态的角度客观分析区域经济协调发展的影响因素和协调手段。实际上,欧盟也形成了多管齐下的协调手段,见陈瑞莲:《欧盟国家的区域协调发展:经验与启示》,《政治学研究》2006年第3期,第118—128页。

② 杜鹰关于区域协调发展内涵的表述已经隐约含有这几方面的意思。杜鹰:《全面开创区域协调发展新局面》,《求是》2008年第4期,第20—22页。

③ 现阶段,很多学者只注重效率和公平问题,如程必定认为,区域协调发展涉及的核心问题只有两个:一是各类区域有效率的发展,二是各类区域能公平的发展。见程必定:《效率、公平与区域协调发展》,《财经科学》2007年第5期,第55—61页。

④ 冯玉广等、王文锦、徐盈之等、张军扩等也认为区域经济协调发展不应仅局限于经济领域,还应该包括社会、生态等因素。见冯玉广,王华东:《区域PRED系统协调发展的定量描述》,《环境科学学报》1997年第4期,第487—492页;王文锦:《中国区域协调发展研究》,中共中央党校博士学位论文,2001年;徐盈之,吴海明:《环境约束下区域协调发展水平综合效率的实证研究》,《中国工业经济》2010年第8期,第34—44页;张军扩,侯永志等:《中国:区域政策与区域发展》,中国发展出版社,2010年。另外,新区域主义也强调要"综合平衡社会公平、环境保护、经济增长的发展目标",参见吴超,魏清泉:《"新区域主义"与我国的区域协调发展》,《经济地理》2004年第1期,第2—7页。

⑤ 例如,随着长江三角洲城市经济协调会的成立、运行,地方市场分割对区域协调发展的阻碍作用已经下降了近50%。参见徐现祥,李郇:《市场一体化与区域协调发展》,《经济研究》2005年第12期,第57—67页。

区域经济发展和区际关系协调是区域经济协调发展的两个目标,其中,共同发展是重点,是理想状态和最终目的,相互协调是难点,是过程和手段。区域经济协调发展体现为区域经济同向增长(利益共同增进)和区际关系深度拓展(区域一体化)[1],区域经济差距逐渐缩小、基本公共服务均等化、区域公共管理顺利实现[2]、区域文化良性融合、生态环境总体改善是区域经济协调发展的结果。区域经济协调发展体现了发展观的演进规律和价值诉求,以人为本,全面协调可持续的科学发展观构成了区域经济协调发展的理论基石,所以,实现经济发展、社会进步、政治联合、文化融合、生态平衡是科学发展观对区域发展的本质要求。[3] 其中,提高经济效率主要从生产力发展的角度体现区域经济发展目标的要求,是区域经济协调发展的前提,实现社会公平、政治联合、文化融合和生态平衡主要从生产关系调整的角度体现区际关系协调目标的要求,是区域经济协调发展的基础。经济效率、社会公平和生态平衡是区域经济协调发展的硬约束,而政治联合和文化融合是其软约束,人们一般重视硬约束,而忽视软约束,这和政治联合与文化融合较难把握也有关系。

区域经济协调发展的经济效率要求与其他要求,特别是与社会公平、生态平衡并不是不可调和的。工业革命200多年来的世界发展史表明,经济效率的实现需要集聚经济发挥作用,但这将不可避免地导致发展差距和生态环境等问题[4],中国的事实再次证明了这一点。区域经济发展的经济效率目标与区际关系协调的社会公平、生态失衡等目标的关系体现了市场与政府的关系,需要市场一体化和政府制度创新的相互作用。例如,要想兼顾经济效率和社会公平,必须要在人口和经济活动继续向城市和沿海地区集聚的同时,一方面,以完全实现人口自由流动为目标,使得农村和中西部流动人口有序融入城市和沿海地区,最终实现城乡区域间基本公共服务均等化和生活水平大体相当[5];另一方面,推动土地要素的跨地区交易,加强土地流动灵活性,在将土地开发指标分解到地方后,允许不同的省份之间和省

---

① 陈栋生也认为区域发展的协调性应从地区发展水平、生活水平和公共品享用水平,以及区际分工协作的发育水平两个方面来检测。参见陈栋生:《论区域协调发展》,《北京社会科学》2005年第12期,第3—10页。

② 从中国区域发展与公共管理的互动逻辑来看,在某种意义上可以说,21世纪中国公共管理面对的最大挑战莫过于区域协调发展的挑战。参见陈瑞莲:《论区域公共管理的制度创新》,《中山大学学报(社会科学版)》2005年第5期,第61—68页。

③ 相对于经济发展、社会进步和生态平衡,政治联合与文化融合的难度更大,需要相当长的时间来实现,欧洲一体化进程可以说明这一点,但这并不影响其作为区域经济协调发展内涵的本质要求。

④ 参见 World Bank, "World Development Report 2009: Reshaping Economic Geography", World Bank, 2009.

⑤ 我国的城乡二元结构使得城乡关系成为一种特殊的区域关系,区域协调发展的实现需要统筹考虑城乡协调发展。德国《联邦基本法》第72条规定"国家必须保持各地区人民生活条件的一致性",我国区域经济协调发展也应该具有这种价值诉求。

内不同地区之间进行土地开发指标的交易。① 而对于落后地区,除了上述政策之外,关键是提高基础设施水平,以及医疗和教育水平,如逐步推动农村和落后地区的合作医疗和免费高中教育(含职业教育),来提高人力资本。②

综上所述,生态文明取向的区域经济协调发展新内涵表现为科学发展观和生态文明建设在区域发展方面的本质要求,即经济效率、社会公平、生态平衡、政治联合和文化融合"五位一体"的发展要求。在不同文明形态和发展阶段,生态平衡与经济效率、社会公平等其他要求的互动关系及实现程度存在差异,只有在社会主义生态文明下,才能真正实现"五位一体"的区域经济协调发展要求。生态平衡和经济效率的关系涉及产业转移、产业布局与区际资源环境承载力差异之间的矛盾,生态平衡和社会公平的关系则主要体现在生态补偿问题方面,生态平衡和政治联合的关系不仅反映区域公共管理在环境保护上面临的挑战,而且还可以引申出政府环境规制分权结构等问题,生态平衡与文化融合的关系事关处于不同发展阶段的地区对生态文明建设和区域经济协调发展的观念和态度问题,特别是对区域合作和涉及区际关系的政府环境规制分权结构、生态补偿机制、产业转移的"污染天堂"效应等生态问题的认识。所以,要想兼顾生态平衡和经济效率、社会公平等其他要求,则必须改变传统工业文明理念下政府生态职能从属于经济和社会发展职能的现状,依靠制度创新、管理创新和技术创新,逐步解决政府层级治理结构不合理、产业转移过程中的"污染天堂"效应③,以及生态补偿机制缺失和流域生态补偿等问题。

2.4.2 生态文明的区域协调发展战略的主要内容与实现途径

如上文所述,生态是指生物之间及生物与环境之间的相互关系及其存在状态,人和自然的关系是一种典型的生态关系,生态文明建设的核心问题是人与自然的和谐,但人与自然的和谐关系也直接影响到人与人之间的和谐,影响到区域之间的

① 不管是一次性有偿转让,还是长期的分享,内地都可以通过这样的方式来分享土地在沿海地区增值的收益。参见陆铭,陈钊:《在集聚中走向平衡:城乡和区域协调发展的"第三条道路"》,《世界经济》2008 年第 8 期,第 57—61 页。例如,近年成都与重庆"地票交易"是城乡土地利用方面一个很好的尝试。
② 朱希伟等也认为与其把钱花在物上,不如把钱花在人上(包括医疗和教育)。参见朱希伟,陶永亮:《经济集聚与区域协调》,陆铭等:《中国区域经济发展:回顾与展望》,世纪出版集团,2011 年。另外,据"Regional disparities:Gaponomics",Economist,2011-03-10,过去 20 年,英国通过富裕地区向贫困地区提供补贴来缩小区域差距的政策收效甚微。该文也建议使人员流动更容易,提高贫困地区受教育水平。其实,这一点在中国的朴素哲理"授人以鱼不如授人以渔"中早有体现。
③ 西方国家生态环境的改善在相当大的程度上是以环境问题的国际转移为代价的,这成为发展中国家生态环境持续恶化的重要根源,从而也延缓了人类迈向生态文明的步伐。从全球环境保护的现实来看,作为当今生态文明建设暂时领先的西方国家,其生态环境质量的改善,有相当大的部分是通过让发展中国家"吃下污染"而实现的。引自〔美〕约翰·贝拉米·福斯特:《生态危机与资本主义》,耿建新、宋兴无译,上海译文出版社,2006 年。

利益关系协调。一方面,在人类文明史上,一些古老文明国家和地区,如古埃及文明、古巴比伦文明、古地中海文明和印度恒河文明、美洲玛雅文明等之所以消亡、衰落,一个重要的原因便是生态恶化,我国关中经济区和黄河文明的兴盛与衰落,重要原因亦在于自然生态系统的维系与破坏。芬兰等北欧国家,爱尔兰、瑞士、加拿大、澳大利亚等国家,我国威海、珠海、厦门、廊坊、三亚等城市就走了一条以生态文明为主导的新型工业化路子,实现了发展与生态的双赢。另一方面,生态问题具有很强的区域性,涉及跨行政区问题和区际关系协调,污染问题与污染传输本身不受行政辖区界线的限制,大气污染、流域水污染、资源性区域转型、生物多样性等问题多为跨行政区划的生态问题。所以,生态文明建设对于区域经济协调发展和可持续发展具有重要作用,区域经济协调发展是生态文明建设的重要手段。

区域生态环境整体恶化与区域差距呈现扩大趋势之间的矛盾不断激化,成为区域协调发展中的突出问题。如何在提升宏观(空间)经济和生态效率的同时,使各区域居民能够共享改革发展的成果,享受均等化的基本公共服务,进而实现区域公平与平等,是当前面临的最为突出和紧迫的问题。从生态文明角度考察我国区域经济的发展,区域协调发展目标的实现还面临着一些难以破解的矛盾和问题。一是基于生态文明理念的政府分权结构不尽合理。作为典型的公共品,生态产品及其相关服务的供给主要依赖于政府在其生态职能上的观念转变和制度设计的完善。现实生活中,基于工业文明理念的政府分权结构,客观上造成区域开发过程中制度与体制、机制与政策的设计上还主要停留在减少污染排放等技术性的生态修补层面以及地方化的生态环境保护方面,政府的生态职能往往要从属于经济和社会发展职能。二是生态补偿机制的缺失,生态环境保护区域合作机制存在着协调机构缺失、缺少统一规划和经济与环境项目衔接不足等重大问题。三是区域产业转移和产业结构调整过程中,由于缺乏产业分工与合作经济效率与生态效率的整体考虑,客观上造成区域产业结构演进与资源、环境承载能力下降的矛盾十分尖锐。生态文明建设的整体性与区域经济社会发展的相互分割性,使得区域经济差距扩大和生态环境恶化之间形成了恶性循环关系,既造成国家宏观经济生态效率的整体下降,也不利于我国区域经济协调发展战略目标的实现。在上述分析的基础上,我们认为生态文明建设背景下的区域经济协调发展重点要处理好三个方面的问题:强调组织协调的环境规制分权结构、强调利益协调的生态补偿机制以及强调产业协调的工业区域布局。这三个方面是实现生态文明的区域协调发展的路径,其中组织协调是前提,利益协调是保障,产业协调是基础。

2.4.2.1　环境规制分权结构

我国环境管理机制具有很强的属地特征,采用传统的行政区划为环境管理行政单元,环境管理的行政职能划分:操作由地方政府负责,环境保护部作为国务院职能部门主要负责协调监督。环境问题具有很强的区域性,某一行政区划单位境内的空气污染、水污染、辐射污染和一定程度上的土地污染都可能超越行政区划的边界,影响到其他行政区划单位。区域间的环境行为相互影响,而环境质量的改善又具有比较明显的公共产品性质,有很强的溢出效应,如果相关管理制度安排和政策手段不能有效体现这类溢出效应,则一方面导致地方政府在追求局部利益目标下的区域不可持续发展,另一方面无法对有效的环境管理行为提供持续的激励,影响环境改善行为的不断改进。环境保护行为存在的正外部性和污染的负外部性无法体现在相关制度和政策安排中,造成政策缺乏效率,有可能使得环境绩效差的政府搭便车,管理力度强的地方效果不能最优,从而挫伤一些地方政府保护环境的积极性,减少环保资金的投入。① 在工业文明背景下,政府环境规制或管理职能主要停留在减少污染排放等技术性的生态修补层面及地方化的环境问题,并且往往从属于经济、社会发展职能。中国特色社会主义生态文明将生态文明与社会主义物质文明、精神文明和政治文明并列为和谐社会建设的重要内容和任务,这意味着,在生态文明视角下,环境规制或管理职能与经济、社会发展职能同等重要。

政府职能结构的演变往往要求相应的政府治理结构的调整,显然,如何对工业文明下的政府治理结构加以调整,以适应政府环境规制职能地位上升的需要,是目前亟待解决的问题。对我国生态治理低效问题的因素分析,通常指向地方政府的不作为,"中国环境政策实施的最大障碍在地方"。② 而且,《2007 年全国公众环境意识调查报告》显示,60% 左右的被访者对中央政府的环境工作满意,对地方政府的环境工作不满意,这与经济分权和垂直的政治管理体制这一政府治理结构密切相关。出于经济增长和财政增收的需要,负责具体实施的地方政府倾向于放松环境规制,降低本地企业在环境保护方面的运行成本,并吸引本地之外的企业,从而形成所谓的地方政府环境规制"逐底竞争"的现象。在中国的分权结构下,如果节能减排等环境问题游离考核体系之外,中国的环境规制则实质上处于完全分权状态。所以,当前的政府治理结构形成的激励机制导致地方政府对生态的忽视,缺乏必要的合作机制来解决跨界污染问题,进而恶化具有地理外溢效应的生态问题。在生态文明视野下的政府治理结构的调整,需要从刺激中国经济经济增长长期一枝独秀而包括环境问题在内的公共服务却相对滞后的中国式分权的基本治理结构出发,在多级政府框架下考虑政府生态职能的实现。对于生态问题而言,大量环境问题具有明显的地理外溢效应,而这种外溢效应的地理边界并不与传统的行政区划所吻合,因此,政府生态职能的履行必然涉及中央政府和地方政府、地方政府之间关系的协调。实际上,对于跨越行政边界的区域性污染,一种可能的解决途径是地区间自愿合作,这是地方政府之间关系的协调。例如,相对于地方政府竞争,地

---

① 万薇等:《中国区域环境管理机制探讨》,《北京大学学报(自然科学版)》2010 年第 46 卷第 3 期,第449—456 页。

② OECD:《世界经济中的中国:中国治理》,清华大学出版社,2007 年。

方政府之间开展环境政策设计的合作能够提高居民的福利吗？如果不能,合作成功所依赖的条件是什么？

鉴于上述分析,本书将在第 2 篇关注政府环境规制分权结构这一组织协调问题,结合中国式分权的政府治理结构基本特征,讨论生态文明建设背景下,在政府生态职能地位上升的职能结构变动情形下,研究生态职能分权结构的优化,探寻合理的生态职能分权结构,构建良好的中央政府和地方政府的垂直协调关系和地方政府之间横向协调关系,从而为生态文明视野下的区域协调提供良好的组织协调前提。

2.4.2.2 生态补偿机制

区域管理与合作有助于解决污染问题,以及由于跨界污染引发的利益冲突和纠纷,在区域管理制度安排下,可以同时考虑合作与补偿,从而能够为各相关利益方提供切实的激励,有利于激励区域内环境保护行为的改进。流域生态环境保护问题实际上是流域内上下游生态环境服务供给者与生态服务需求者之间合理的利益关系问题,具有典型的跨行政区特性,是我国区域经济协调发展和生态文明建设中必须面对的重大问题,本书研究的生态补偿以流域生态补偿为例进行重点分析。流域环境承载力极其脆弱,一旦水源被污染,便会威胁全流域尤其是承载着高密度人口和经济能量的下游地区,产生倍加的负外部性。因为倍加的外部性,水系上游需承担全流域生态屏障义务,即一方面要防止环境容量超载而威胁全流域尤其是高度集约化的下游地区(减少负外部效益),另一方面还要努力修复和保护上游生态环境以为全流域尤其是下游地区提供"环境服务"(增进外部正效益)。同时,流域经济具有极高的关联性,下游地区需要上游地区充当生态屏障,包括吸碳增氧、涵养水土和保护水源等,上游地区需要下游地区的经济"反哺",包括产业辐射、市场支撑和生态补偿等。[①]

流域生态补偿是指为了达到流域水资源环境改善的目的,生态环境改善的供给方与生态环境改善的需求方进行等价交换的契约行为,是解决流域生态问题的重要手段。环境容量对流域经济的影响尤其是对上游经济发展的限制,随着近年来环境主义和可持续发展观的兴起而得到强化。流域上游地区群众生活水平一般较为贫困,在经济高速增长刺激下,上游地区为了缩小与发达地区的经济差距而想方设法谋求生产快速发展,忽视流域水资源环境的保护和治理。在产业选择、资源利用手段等方面对流域的生态环境(如畜牧养殖业、矿产业、化工业等污染产业的发展)施加不利影响。而生态平衡一旦被打破,就会出现严重的水土流失,生物多样性丧失,土壤理化性质改变和地下地表水资源遭受污染。最终形成破坏生态环

---

① 代明,丁宁,覃成林,陈向东:《基于马克思级差地租理论的流域经济梯度差异分析》,《马克思主义研究》2010 年第 12 期,第 65—74 页。

境,影响人与自然和谐发展的局面。借助流域生态补偿可以协调生态环境保护与经济利益之间的分配关系,改善流域水资源环境,保障区域生态安全,促进人与自然和谐发展。可以加强区域政府沟通、协商机制,扩大区域政府间的交流与合作,增加上游居民收入,扩大上游就业机会,拉动上游落后地区共同发展。

生态补偿及流域生态补偿研究在 20 世纪六七十年代兴起,国外生态补偿和流域生态补偿研究较为成熟,大多结合实际案例,已基本形成完整研究体系。在国内,"城乡"、"东中西"、"山区平原"、"陆海"等地域经济差异研究较多,相比之下,流域经济差距及其生态补偿却较少受到关注,有待强化和补足。我们将在第 3 篇关注流域生态补偿,即利益协调问题,进行生态利益补偿机制研究。

2.4.2.3 工业区域布局

污染问题与污染传输本身不受行政辖区界线的限制,大气污染、流域水污染、海洋环境污染、生物多样性等问题多为跨行政区划的环境问题,但这些跨界污染是指污染物物理意义上的跨界,而不包括由于资源消耗型产品的贸易、废弃物转移和污染型产业的转移造成的污染跨界转移。贸易可能会鼓励污染型产业从环保政策严的国家或地区转移到那些环保政策较为宽松的区域,而这些污染型产业在环保政策较为宽松的区域可能排放更多的污染。因此,落后地区在发展过程中必然面对这样的事实,即在自由贸易的情况下,具有严格环境规则的发达地区可能会专业化生产并出口"干净型"产品,并从环境规则较松的落后地区进口污染密集型产品,从而向落后地区转移污染产业。[1]"污染天堂"假说在比较优势理论基础上加入污染问题进行分析,认为低收入地区的低环境标准成为比较优势,污染型行业必然会选择从环境规制强度大的区域转移到环境规制强度小的区域。这一假说成立的前提是环境规制强度是影响产业转移的唯一或最重要的因素。实际上,产业在考虑转移时,不仅会考虑到环境规制的影响,还需要考虑诸如劳动力成本、市场等其他因素,如果其他因素的影响都比较大,这时就只能说有"污染天堂"效应[2],而不能说污染型行业就一定会从环境规制强度大的区域转移到环境规制强度小的区域。但是,因发展水平和环境标准差异,落后地区工业化过程中不可避免地要承接发达地区的产业转移及其带来的污染转移。

Lucas、Wheeler 和 Hettige 在研究中发现,随着一个国家逐渐变得富裕,其单位国内生产总值所排放的污染将减少,这是伴随着该国产出构成变得环保而产生的,同时还发现污染密集型制造业比重增加最多的国家也是最贫穷的国家。因此

---

① 李小平,卢现祥:《国际贸易、污染产业转移和中国工业 CO_2 排放》,《经济研究》2010 年第 1 期,第 15—26 页。

② Copel 和 Taylor 认为"污染天堂"效应和"污染天堂"假说是有区别的,"污染天堂"效应是指当环境规制强度增大,导致成本收益变化,从而对产业的布局转移产生影响。见 Copeland, B. R. and Taylor, M. S., "Trade, Growth, and the Environment", Journal of Economic Literature, no. 42, 2004, pp. 7-71.

他们一致认为经合组织成员国对污染密集型产业严格的监管导致了重大的区位转移,结果加快了发展中国家工业污染速度。[1] 假定政府是政治投机的,因贸易自由化污染性产品出口关税降低使得污染产业的专业部门利益受损,这时候政治投机的政府就可能会在贸易自由化发生之后通过弱化环境规制强度来补偿这些在贸易自由化当中利益受损的部门。而且,一旦贸易竞争对手选择了非最佳环境规制标准,福利最大化的政府就有可能通过战略性调整自身的环境规制标准,以谋求产业转移和出口贸易所带来的经济效益。[2] 因此,随着发达国家环境规制强度的增强,污染密集型产业从发达国家向发展中国家转移的趋势将不可避免。目前,"污染天堂"假说和"污染天堂"效应的研究主要集中在国家层面,就一国内环境规制强度对工业布局影响的研究不多。另外,在国际产业转移的大背景下,中国是否成为外商投资的"污染天堂"问题受到越来越多国内学者的关注。但是,已有的关于中国的实证研究主要集中在对外贸易和 FDI 对国内环境的影响,而国内区域间产业转移的生态环境效应分析非常少见。

中国东部地区产业向中西部地区转移的过程中,通过产业转移,完成污染转移、能耗转移的可能性是始终存在的。虽然国内环境规制强度统一遵循国家标准,但中西部地区为了吸引更多的产业,在承接东部产业转移的过程中,在实际产业环境规制强度上可能有所放松。在生态文明的视角下,产业优化布局除了要考虑到工业文明下强调的基于生产要素的比较优势原则、存在的聚集经济效应和缩小区域差距之外,还应该考虑生态环境保护的目标,并将之与经济、社会发展并重。我国四大主体功能区的划分已经注意到这一问题,但是,在当前的政府治理结构下,产业转移仍然以 GDP 增长为导向,如何在生态文明视角下对工业区域优化布局的战略目标、动力机制、实现路径进行分析并提出相关政策建议,在我国区域之间是否存在着污染天堂效应等,将是第 4 篇研究的内容。

除上述三个重点问题外,由于政府调控与管理区域经济总是以政策为工具的,我们将在第 5 篇全面总结上述三个方面研究的政策结论并提出未来生态文明的区域协调发展政策导向。

2.5　本章小结

区域经济协调发展与生态文明建设都是社会经济发展到一定阶段后对发展提出的新要求。中国的区域发展战略随着发展形势的变化不断调整,在不同经济发

---

[1]　Lucas, R. E. B., Wheeler, D. and Hettige, H., "Economic Development, Environmental Regulation and the International Migration of Toxic Industrial Pollution: 1960—1988", in International Trade and the Environment. Patrick Low, Ed, Discuss. paper 159, Washington, DC: World Bank, 1992, pp. 67-86.

[2]　Esty, D. C., "Revitalizing Environmental Federalism", Michigan Law Review, vol. 95, no. 3, 1996, pp. 570-653.

展时期,区域战略重点有所不同。从区域发展背景角度分析,迄今为止的中国区域战略变化明显地分为六个阶段,即内地建设战略阶段(1949—1964 年)、三线建设战略阶段(1965—1972 年)、战略调整阶段(1973—1978 年)、沿海发展战略阶段(1979—1991 年)、区域协调发展战略阶段(1992—2006 年)、生态文明的区域协调发展战略阶段(2007 年至今)。将生态文明与协调发展结合起来是中国社会经济发展到一定阶段后的必然产物,其不仅仅强调区域之间的协调均衡,更强调人与自然和谐发展。人与自然的关系是文明的基础,在物质文明、精神文明、政治文明与生态文明之间存在着一种内在的关系,即生态文明是其他三种文明的基础。

　　生态文明取向的区域经济协调发展是人口、资源、环境约束下区际经济与社会、政治、文化和生态等因素关联互动的科学发展,它包括经济效率、社会公平、生态平衡、政治联合和文化融合五方面要求。提高经济效率主要从生产力发展的角度体现区域经济发展目标的要求,是区域经济协调发展的前提,实现社会公平、政治联合、文化融合和生态平衡主要从生产关系调整的角度体现区际关系协调目标的要求,是区域经济协调发展的基础。从传统工业文明到社会主义生态文明,我国需要经历生态工业文明的过渡阶段。对于区域经济协调发展,传统工业文明只关注经济效率,导致社会不公和生态危机,生态工业文明可以兼顾效率与公平,但无法彻底解决生态失衡问题,生态文明下则可以实现经济效率、社会公平和生态平衡。而不论区域协调发展处于哪个阶段,政治联合和文化融合一直作用于其过程。所以,生态文明取向的区域经济协调发展新内涵就表现为"五位一体"的发展要求及其相互关系。

　　区域经济协调发展是经济集聚发展及其带来的社会不公、生态失衡等区际关系恶化问题之间矛盾斗争的过程和结果。经济效率与其他目标的关系体现了市场与政府的关系,需要市场一体化和政府制度创新的相互作用。现阶段,我国正积极建设社会主义生态文明,但仍处于生态工业文明的过渡阶段,不能放弃工业化和城市化,不能阻碍经济和人口集聚,但也不能任由社会和生态等问题恶化,要对传统工业文明进行扬弃和超越,逐步实现社会公平和生态平衡。现阶段,我国正重点解决经济效率与社会公平的矛盾,这应该主要通过土地、人口等市场一体化和落后地区人力资本政策来解决。实现上述"五位一体"的要求,关键在于解决政府环境规制分权结构不合理、生态补偿机制缺失和流域生态补偿,以及产业转移过程中的"污染天堂"效应等问题。这些问题的解决是由生态工业文明向社会主义生态文明迈进的必然要求,是生态文明的区域经济协调发展战略的主要内容和实现机制。因此,环境规制分权结构、生态补偿机制、工业区域布局构成后续三篇重点研究的内容,第 5 篇将在这三部分的基础上总结政策含义。

第2篇　区域组织协调篇

在传统工业文明背景下，政府生态职能往往从属于经济、社会发展职能，而在生态文明视角下，生态职能则与经济、社会发展职能并列。政府职能结构的演变往往要求相应的政府分权结构的调整。早在20世纪80年代初，我国已经将环境保护列为基本国策，但是，经济分权和政治集权的"中国式分权"及其激励机制使得地方政府在环境规制上进行"逐底竞争"，而且各行政区之间缺乏必要的合作机制来解决跨界污染问题，因而恶化了具有地理外溢效应的生态问题。所以，在生态文明视野下的政府治理结构的调整，需要从中国式分权的基本治理结构出发，即需要在多级政府框架下考虑政府生态职能的实现。

本篇包括第3~5章，侧重于从生态文明取向的环境规制分权结构角度探讨区域组织协调问题。本篇将结合中国式分权的政府治理结构基本特征，讨论生态文明视野下政府环境规制分权结构的优化，构建良好的中央政府和地方政府的垂直协调关系，从而为生态文明视野下的区域协调提供良好的组织制度基础。第3章探讨中国式分权下的环境标准政府层级选择问题，在回顾已有文献的基础上，结合中国式分权分析地方政府财政激励与晋升激励对环境规制强度的影响，并结合考核体系的转变分析地方政府环境规制强度的演变，以期给出符合我国国情的环境治理标准的政府层级选择；第4章讨论环境标准实现过程的分权结构问题，针对跨界污染问题，主要从技术标准（过程监管）和减排标准（结果监管）出发，引入地方政府在执行过程中的自由裁量权，分析这种结构对跨界污染的影响，以及分权结构优化的方向；第5章则从混合治理结构出发探讨中央政府和地方政府在环境治理成本分担方式中存在的问题。

3 中国式分权下的环境标准设定主体研究

环境标准的设定实际上是给出了生态政策的目标,这是生态政策设计的第一步。在多级政府体系下,环境标准的设定主体应该是哪一级政府,这是目前环境规制分权结构研究的核心,十多年来,有大量的相关文献。本章将在已有研究回顾的基础上,结合中国式分权的实际,提出环境标准设定主体选择的思路。

3.1　环境标准设定主体的政府层级选择:基于文献的分析

环境标准应该由中央政府还是地方政府设定的争论以生态问题的地理溢出和地方异质性为基础,要考虑到可能存在的经济增长与生态保护之间的替代关系,并结合政策制定所嵌入的政治体制展开分析。

3.1.1　地理溢出与地方异质性:环境规制分权结构分析的基准

生态外部性的地理范围和地方异质性是环境规制分权结构研究及其争论的出发点。传统观点认为,生态问题,特别是在跨界污染情形下,在分权体系中,地方政府不会考虑其他地区的福利,导致其既有激励又有能力进行"搭便车"行为,从而产生比集权体系更高水平的污染排放和无效率的资源配置[1],这表明集权的必要性。最优政策要求各地区在考虑污染地理溢出效应后的污染治理边际成本等于其边际收益。由于不同地区在偏好、禀赋、技术、环境治理成本等方面的差异,最优政策往往是因地而异的。但是,由于政治原因导致差异化政策成本过高或者缺乏对应于最优解的地方条件信息,理论上的最优解很难在实践中实现。[2] 所以,环境联邦主义文献一般讨论与最优政策往相反方向偏离的两类政策:一是中央政府实施统一的政策,虽然可以考虑到行政区间的外部性,但忽视地方的异质性;二是

---

① Silva, E. C. D. and Caplan, A. J., "Transboundary Pollution Control in Federal Systems", Journal of Environmental Economics and Management, no. 34, 1997, pp. 176-179. Fredriksson, Per G. and Millimet, D. L., "Strategic Interaction and the Determinants of Environmental Policy across U. S. States", Journal of Urban Economics, no. 51, 2002, pp. 101-122.

② Oates, W. E., "A Reconsideration of Environmental Federalism", In: List J A, De Zeeuw A (eds) Recent advances in environmental economics, Edward Elgar Publisher, Cheltenham, UK, 2002, pp. 1-32.

决策权下放给地方政府,这样可以考虑地方异质性的成本与福利,但是难以考虑到行政区间的溢出效应。[1] 两类政策孰优孰劣,关键在于分析污染地理外溢情形下分权是否会产生"搭便车"效应,这种效应比统一政策在异质性条件下的效率损失大吗?

对于"搭便车"效应的存在性问题,Ogawa 和 Wildasin 对传统观点提出质疑,强调要深入分析各种情形下外部性的本质并精确识别无效率产生的过程与来源。[2] 他们在 Oates 和 Schwab 的资本竞争模型[3]的基础上,考虑污染跨界外溢,在自由流动、一体化、完全的资本竞争市场中,完全分权在一定条件下能够实现最优的资源配置,并没有形成"搭便车"。虽然由地方政府自主选择政策,但这并不意味着其不考虑政策选择所产生的外溢效应。地方政府会认识到,本地区资本税率的变动,会引致资本的流入(流出),进而减少(增加)其他地区污染排放对其的外溢效应。因此,地方政府制定税率政策时会考虑到税率对资本重新布局的影响以及这种重新布局所产生的"溢回"(spill back)效应。该模型拓展到存在偏好、禀赋、技术的地区间差异和多种流动资源以及生产率溢出效应等情形,结论亦成立。需要指出的是,模型结论与外溢效应大小无关,因此,即使对于 CO_2 等全球性污染,亦可以在完全分权结构下实现最优的资源配置。不过,如果存在外部效应的不对称(如上下游之间的外部性)或者地区间资本污染产出系数(如不同地区生产技术的污染密集度)不同,完全分权则无法产生最优的结果。所以,Ogawa 和 Wildasin 的结论表明,"搭便车"进而分权结构无效率的根源不是地区间外溢效应的存在,而是地区间外溢效应的不对称。[4] 这对 Oates 基于污染外部性的地理范围给出三种基准情形的分类[5]提出了质疑,更合适的分类应该是完全对称的外溢性污染物、非对称的外溢性污染物和地方性污染物。[6] Sigman、Hutchinson 和 Kennedy 基于美国跨界的空气污染和水污染方面的经验研究证实了这种跨界效应

①　Banzhaf, H. S. and Chupp, B. A., "Heterogeneous Harm vs. Spatial Spillovers: Environmental Federalism and US Air Pollution", NBER Working Paper, no. 15666, 2010.

②　Ogawa, H. and Wildasin, D. E., "Think Locally, Act Locally: Spillovers, Spillbacks, and Efficient Decentralized Policymaking", American Economic Review, no. 99, 2009, pp. 1206-1217.

③　Oates, W. E. and Schwab, M. R., "Economic Competition Among Jurisdictions: Efficiency Enhancing or Distortion Inducing?", Journal of Public Economics, no. 35, 1988, pp. 333-354.

④　Ogawa, H. and Wildasin, D. E., "Think Locally, Act Locally: Spillovers, Spillbacks, and Efficient Decentralized Policymaking", American Economic Review, no. 99, 2009, pp. 1206-1217.

⑤　一是全域性污染,全域内的各地区污染排放对自身和其他地区的环境质量影响是相同的,如 CO_2 排放、臭氧层空洞、生物多样性等问题。二是区域性污染,地方污染排放影响本地以及对其他行政区特别是相邻地区具有一定的外部性,如跨界的河流、SO_2 等。三是地方性污染,即本地环境质量仅受本地排放的影响,如本地饮用水质量、本地河流等。

⑥　Oates, W. E., "A Reconsideration of Environmental Federalism", In: List J A, De Zeeuw A (eds) Recent advances in environmental economics, Edward Elgar Publisher, Cheltenham, UK, 2002, pp. 1-32.

的存在。[1][2] Sigma 基于国别河流污染数据的固定效应回归结果表明,分权为区域性污染物排放提供更多"搭便车"的机会,更高的分权会导致更多具有地理外溢效应的区域性污染物的排放,这种效应对地理溢出效应不大的地方性污染并不明显。[3] 因此,其研究也无法否定集权的必要性。同时,Sigma 认识到"搭便车"问题会增加区域性污染的空间差异,发现联邦制国家(地方自主化程度高)污染水平的地理差异更高,这又支持 Oates 关于分权化更有利于政策的量身定裁。[4] 因此,在实践中,分权的正向效应与负向效应同时存在,但孰轻孰重,依然无法定论。

"搭便车"效应的存在意味着完全分权会造成效率损失,因此,需要进一步权衡这种福利损失和因地而异规制的福利所得。Dinan 等和 Oates 分析了溢出效应不明显的饮用水质标准的分权规制结构。以显著的地区异质性为出发点,其结论表明,地区规模不同和水污染治理的规模经济效应,导致不同地区水质达标的边际成本差异明显,分权体系的效率接近最优,而集权的统一政策是无效率的。[5][6] 但是,上述经验研究没有考虑到具有明显地理外溢效应的污染物,Banzhaf 和 Chupp 首次对主要环境政策在上述两难问题的两个方面(溢出效应和地方异质性)作了翔实的经验研究,给出了清晰的结论。[7] 在一个考虑到行政区间污染治理收益、边际治理成本函数斜率异质性和行政区间溢出效应的简化模型基础上,忽略溢出效应和忽略异质性的福利损失都部分地取决于边际治理成本曲线的斜率。如果它们缺乏弹性,则污染价格定价偏误造成的净损失较小。其以美国电力部门 SO_2、NO_x(氮氧化物)排放为例,计算了最优的差异化政策、次优的地方政策和统一政策[8]的强度和对应的社会福利水平,发现授权给地方的环境标准系统性地低于最优的污染价格,而集权政策设定的统一标准处于各行政区最优价格水平的平均水平;由于跨界溢出导致的问题明显大于异质性导致的问题,且统一政策附近的边际治理成本

① Sigman, H. A., "Transboundary Spillovers and Decentralization of Environmental Policies", Journal of Environmental Economics and Management, no. 50, 2005, pp. 82-101.

② Hutchinson, E. and Kennedy, P. W., "Borderline Compliance in Environmental Policy: Interstate Pollution and the Clean Air Act", University of Victoria Working Paper., 2006.

③ Sigman, H. A., "Decentralization & Environmental Quality: An International Analysis of Water Pollution", NBER Working Paper, no. 13098, 2007.

④ Oates, W. E., "A Reconsideration of Environmental Federalism", In: List J A, De Zeeuw A (eds) Recent advances in environmental economics, Edward Elgar Publisher, Cheltenham, UK, 2002, pp. 1-32.

⑤ Dinan, T., et al., "Environmental Federalism: Welfare Losses from Uniform National Drinking Water Standards", In A. Panagariya, P. Portney and R. Schwab. Cheltenham (eds) Environmental and Public Economics: Essays in Honor of Wallace E. Oates, U. K: Edward Elgar, 1999.

⑥ Oates, W. E., "The Arsenic Rule: A Case for Decentralized Standard Setting?", Resources, Spring: 2002, pp. 16-17.

⑦ Banzhaf, H. S. and Chupp, B. A., "Heterogeneous Harm vs. Spatial Spillovers: Environmental Federalism and US Air Pollution", NBER Working Paper, no. 15666, 2010.

⑧ 此处的统一政策是指中央设定统一标准情形下的最优政策,而不是指现行统一政策的安排。

缺乏弹性,因而统一政策的福利水平明显优于地方决策。以 SO_2 为例,分权体系产生的损失占最优政策福利得益(597亿美元)的31.5%,而集权的统一政策则仅损失0.2%。因此,就空气主要污染物治理而言,集权式的统一政策更具优势。

从上文分析来看,地理外溢与地方异质性构成环境规制分权结构分析的基准,不同类型污染物的地理外溢效应程度、不对称性和地方异质性程度都不同,这表明需要不同程度的分权治理结构,从而需要相对弹性的环境规制分权结构的设计。当然,上述分析主要依赖于污染排放和治理特征,过于简化,而环境规制涉及经济、政治、法律等多个方面,需要在此基准上作进一步的拓展。例如,尽管就地理外溢与地方异质性的权衡而言,地方性的污染物应该支持分权体系,但质疑者认为,出于资本、市场竞争,分权体系可能会产生"逐底竞争"效应,导致环境污染规制放松。又如,地理外溢效应不对称的区域性污染物,分权化政策在跨界溢出效应中产生无效率的结果,需要一些救济手段修正这些负外部性,如中央集权式的庇古税和补贴、地区之间科斯式谈判及其他激励机制。[1] 但是,中央政府可能缺乏足够的信息确定庇古税和补贴水平,即使由中央政府制定标准,实际效果因为地方政府执行有自由裁量权而取决于具体执行过程[2],再考虑政府选票最大化等政治目标及选举制度后,问题会变得更为复杂;而科斯式谈判中的条约协商与执行过程往往障碍重重,面临高额成本。环境规制分权结构的复杂性催生相关的各条线索的研究。

3.1.2　地方政府经济竞争与环境规制的分权结构

对环境规制分权化的一个担忧来自于经济竞争可能导致地方政府放松环境规制,从而形成环境规制强度逐底竞争的形态,导致环境规制处于无效率状态,即使对于无跨界地理外溢的地方性污染而言。这是环境规制分权结构研究的焦点问题,有大量的理论和经验研究,探讨完全分权的环境规制是否有效率;是否存在环境规制的逐底竞争效应;如果得不到最优的结果,替代的政策是否比其更有效率。

3.1.2.1　理论研究

对于经济竞争情形下,完全分权的环境规制是否有效率有明显的两派意见。支持一方认为在完全分权体系中,经济竞争能够产生地方环境质量帕累托效率水平的供给。Oates 和 Schwab 首次在新古典框架下构建了一个行政区间的资本竞争模型,并结合中位数选民程序分析地方政府的资本税率和环境质量的选择。在社区内部同质且不面临缺乏有效税收工具制约的基本模型中,分权化的决策将吸

---

① Ogawa, H. and Wildasin, D. E., "Think Locally, Act Locally: Spillovers, Spillbacks, and Efficient Decentralized Policymaking", American Economic Review, no. 99, 2009, pp. 1206-1217.

② Sigman, H. A., "Transboundary Spillovers and Decentralization of Environmental Policies", Journal of Environmental Economics and Management, no. 50, 2005, pp. 82-101.

引资本的边际收益等于边际环境成本,从而是有效率的。[①] 总体来看,这类观点需要一系列严格的条件:地方政府足够的小以至于是资本市场价格的接受者,地方政府具有充分的政策工具来实现有效率的财政与规制决策,公共产出没有外溢效应[②]及新古典的生产函数。这一环境类似于完全竞争的私人市场,从而可以产生有效率的公共决策。[③] 但是,将模型拓展至缺乏有效的税收工具(如只能依赖于资本税)、Niskanen 型政府(追求预算最大化)、社区内异质性突出等情形,上述结论则并不成立。[④]

反对一方也基本上从放松这些假设条件出发进行分析。Markusen 等放松了生产函数的新古典假设,引入规模收益递增和运输成本,污染企业作为垄断者,企业获取垄断租金,与区域效用无关。[⑤] 两个区域[⑥]利用污染税竞争来吸引单一污染企业的投资。离散的区位选择依赖于税率,纳什均衡会产生过多或过少的污染水平(相对于社会最优水平),因而需要必要的中央政府干预来避免市场失败。不过,Markusen 等的社会最优水平的计算是针对非策略性行为,即假定企业不可流动,因此,这与其企业流动情形下的纳什均衡结果是不可比的。而环境规制分权结构研究所关心的是,企业可以流动假设下的策略性税率和帕累托最优税率之间的福利差异。Levinson 对 Markusen 等的模型作了进一步拓展[⑦],将垄断企业的利润纳入其布局区域的福利函数,表明企业可流动情形下纳什均衡的福利水平高于非策略性竞争(企业不可流动),接近帕累托最优(企业可流动)。纳什均衡与最优水平的差距是由垄断造成的,与环境规制的分权结构无关。

不同于 Oates 和 Schwab 将环境规制手段定义为行政区内的总排放量[⑧],类似

① Oates, W. E. and Schwab, M. R., "Economic Competition Among Jurisdictions: Efficiency Enhancing or Distortion Inducing?", Journal of Public Economics, no. 35, 1988, pp. 333-354.

② Oates, W. E., "A reconsideration of environmental federalism", In: List J A, De Zeeuw A (eds) Recent advances in environmental economics, Edward Elgar Publisher, Cheltenham, UK, 2002, pp. 1-32.

③ Oates, W. and Portney, P. R., "The Political Economy of Environmental Policy", in K. G. Mäler and J. R. Vincent(eds), Handbook of Environmental Economics: Environmental Degradation and institutional Response, Amsterdam, 2003, 325-353.

④ Oates, W. E. and Schwab, M. R., "Economic Competition Among Jurisdictions: Efficiency Enhancing or Distortion Inducing?", Journal of Public Economics, no. 35, 1988, pp. 333-354.

⑤ Markusen, J., et al., "Competition in regional environmental policies when plant locations are endogenous", Journal of Regional Economic, no. 56, 1995, pp. 55-77.

⑥ 在 Markusen 等(1993,1995)模型中,区域之间是一种 Bertrand 寡头竞争形式,区域个数对竞争性均衡的结果没有影响,即区域个数不是 Markusen 等(1993,1995)及 Oates 和 Schwab(1988)模型之间的关键区别。

⑦ Levinson, A., "A Note on Environmental Federalism: Interpreting Some Contradictory Results", Journal of Environmental Economics and Management, no. 33, 1997, pp. 359-366.

⑧ Oates, W. E. and Schwab, M. R., "Economic Competition Among Jurisdictions: Efficiency Enhancing or Distortion Inducing?", Journal of Public Economics, no. 35, 1988, pp. 333-354.

于 Wellisch、Glazer 采取直接的企业排放配额控制[1][2]，从而可以进行污染出口。分权规制涉及两类外部性，一是规制成本可能由居住在其他地区的企业主承担，二是规制力度的提高既增强企业迁入区居民的福利又给其带来污染的损害。因此，当上述外部性存在时，当企业迁入的边际福利较小时，地方政府的环境规制力度比中央政府的规制力度更强。虽然不会出现逐底竞争，但这是无效率的。Wellisch、Glazer 与 Oates 和 Schwab 核心的不同在于，前者通过工资方程给不可流动的居民分配污染租金的方式内部化污染的外部性（一种完全的庇古救济），但是后者的污染租金并不完全被污染地区所获取，通过溢出效应转移到居住在其他区域的企业主，因此地方政府有激励进行过度规制。所以，Kunce 和 Shogren 认为在分权体系下获得效率结果是非常困难的，他们在这种不存在完全庇古救济的次优情形下，结合地方环境标准设定和税收政策之间的重要关系做了近一步拓展，考虑到小型行政区有效率税收工具缺乏的现实，引入非环境公共品供应和资本税，结果表明，地方政府对资本税的依赖导致非环境公共品供给不足，当资本生产率与排放之间存在强互补性时，地方政府之间会进行无效率的竞相向下的环境规制竞争。[3]

上述理论分析建立在资本竞争的基础上，另外一类模型则是从基于市场份额竞争的环境倾销假说出发进行分析。地方政府为了保障本地厂商在自由贸易体系中的竞争优势，从而促进经济增长，可能会通过降低环境规制强度来降低企业经营成本。Ulph 以 Brander-Spencer 租金转移模型为基础，构建了一个简化环境倾销两阶段博弈模型，假定企业区位固定和不存在跨界污染，引入古诺产品市场竞争类型，地方政府的目标函数为企业利润与环境损害成本之差。[4] 显然，每一行政区的环境规制政策将影响自身与其他行政区的福利水平，地方政府采取企业排放限额的形式进行环境规制，在分权决策体系的子博弈纳什均衡中，排放限额设定的水平严格弱于简单庇古规则（边际损害成本和边际治理成本相等）所揭示的水平，这是环境倾销的一种定义，而联邦层级制定的最优政策的环境规制强度会比简单庇古规则（边际损害和治理成本相等）的情形要严格。此外，关于企业再布局的情形，Ulph 和 Valentin 的研究表明，企业区位固定模型中环境规制"逐底竞争"的激励强

① Wellisch, D., "Locational Choices of Firms and Decentralized Environmental Policy with Various Instruments", Journal Urban Economics, no. 37, 1995, pp. 290-310.

② Glazer, A., "Local Regulation May be Excessively Stringent", Regional Science and Urban Economics, no. 29, 1999, pp. 553-558.

③ Kunce, M. and Shogren, J. F., "On Inter jurisdictional Competition and Environmental Federalism", Journal of Environmental Economics and Management, no. 50, 2005, pp. 212-224.

④ Ulph, A., "Harmonization & Optimal Environmental Policy in a Federal System with Asymmetric Information", Journal of Environmental Economics and Management, no. 39, 2000, pp. 224-241.

度和企业布局内生模型相同。[①]

从上述理论分析来看,经济竞争对优化环境规制分权结构的影响依然没有达成共识,不过,当我们把假设条件进一步放松并接近现实时,完全分权的规制往往并不是帕累托最优的。这意味着必要的中央集权,而因为信息不对称或者政治上不具可行性而无法实施因地区而异的规制强度,通常的做法是实施全国统一的环境政策或者给出最低要求的环境政策。显然,在区域异质性的情况下,这一做法也不是最优的。Ulph 在环境倾销博弈模型的基础上分析了完全信息和不完全信息情形下这一替代方法的福利水平及其与分权政策的比较。在完全信息下,当行政区之间的污染损害成本差异明显时,类似于 Kanbur 等,统一税收或者政策相对于非合作产出而言并没有产生帕累托效率改进。[②] 不过,与 Kanbur 等不同的是,最低环境标准的政策亦无法实现帕累托效率的改进,这是由于为了满足最低标准,未达标地区加强规制强度的同时导致达标区域放松规制强度,最低标准的紧约束抵消了专业化于高污染密集度技术的地区的贸易得益。由于政府反应函数斜率的不同,最低环境税率的实施能够引发棘轮效应,从而能够确保效率提升。因此,政策工具的选择会直接影响最低要求环境规制的有效性。在信息不对称情形下,即中央政府对各行政区的污染损害信息不完全时,Ulph 将基本模型的两阶段博弈拓展到三阶段,在事先阶段 0,联邦政府面临三个制度性选择:一是完全分权化,州政府在阶段 1 自行制定政策,此时每个州只知道自己的损害成本;二是在阶段 1 政策由联邦这一级设定,但是给定联邦政府和州政府之间的信息不对称,联邦政府可能需要通过转移支付等手段给州政府提供激励使其显示其信息,这是此情形下的最优政策;三是在阶段 0 在联邦这一级设定政策,此时不存在损害成本的信息,每个州都是事先相同的,这将导致在州之间形成统一政策。分析结果表明,信息不对称缩小了不同事后环境特征的州之间的环境规制强度的差异(相对于完全信息下的政策设定),但是,这并不表明统一政策的合理性。数值模拟表明,事先统一政策与最优政策之间的差异随区域损害成本差异程度递增。从更为重要的福利视角来看,最优政策相对于完全分权政策的福利水平随州之间损害成本的差异程度递增,即凸显了协调的作用;而事先统一政策相对于完全分权政策的福利成本随州之间损害成本的差异呈指数增长,并在一定的临界值后侵蚀在联邦政府层级上协调环境政策所形成的所有福利。因此,受到实际因素的限制,中央政府在环境倾销的干预作用难以产生明显的帕累托效率改进。不过,Ulph 的结果也依赖于具体的参数选

① Ulph, A. and Valentini, L., "Is Environmental Dumping Greater When Firms Are Footloose?", Discussion Paper in Economics and Econometrics 9822, University of Southampton, 1998.

② Kanbur, R., et al. "Industrial Competitiveness, Environmental Regulation and Direct Foreign Investment", In: I. Goldin and A. Winters, (Eds), The Economics of Sustainable Development, OECD, Paris, France, 1995, pp. 289-301.

择,因此,无效率的统一政策和次优的完全分权政策之间的抉择需要进一步的经验研究。[1]

3.1.2.2　经验研究

经验研究在理论研究结论莫衷一是时显得尤为重要,经济竞争会导致完全分权的环境规制强度放松到社会最优水平之下吗?目前的经验研究集中在这一问题上,主要从"污染天堂"效应[2]和策略性环境规制决策两个方面进行研究。

就经济竞争模型而言,逐底竞争效应的存在前提是环境政策强度将影响(污染强度较高)企业经营成本进而影响企业区位决策,即存在污染天堂效应。因此,关于环境规制竞争、特别是"逐底竞争"的经验研究主要集中于环境规制强度对企业投资决策的影响上。如果两者不存在负相关关系,那么,基于竞争模型的微观基础似乎就并不存在。根据 Oates 的研究,这一经验研究可以分为两代。在关于汽车组装工厂的研究中[3],McConnell 和 Schwab 发现环境规制的区域差异对于国内工业分支企业的区位选择没有明显的影响[4],Tobey 发现环境规制的区域差异对出口模式和水平亦没有影响。[5] 因此,第一代研究认为环境规制本身对污染企业的区位选择的影响很小,基本上没有找到支持规制强度对竞争力有大的负面影响的证据。[6] 不过,第一代研究主要依赖于截面数据,无法控制难以观测到的异质性的影响,而这种异质性和内生性及加总的问题会造成对这种关系度量的偏离。[7] 在第二代研究中,主要使用微观数据、面板数据及面板数据估计模型等,强调对污染密集行业企业布局的分析,发现各类环境规制强度对企业区位布局、特别是对污染密集行业企业布局具有不可忽略的影响。[8] Henderson 利用面板数据和固定效应模型,研究臭氧规制的影响,发现达标区域和未达标区域之间工业区位选择模式的差

① Ulph, A., "Harmonization & Optimal Environmental Policy in a Federal System with Asymmetric Information", Journal of Environmental Economics and Management, no. 39, 2000, pp. 224-241.

② "污染天堂"效应和"污染天堂"假说的差别:前者是指环境规制对企业成本在边际上有影响,只是影响因素之一,但并不意味着企业的转移;后者则是指环境规制直接影响企业的区位选择,并起到决定性影响,导致企业布局的变化。

③ Oates, W. E., "A reconsideration of Environmental Federalism", In: List J A, De Zeeuw A (eds) Recent advances in environmental economics, Edward Elgar Publisher, Cheltenham, UK, 2002, pp. 1-32.

④ McConnell, V. D. and Schwab, R. M., "The Impact of Environmental Regulation on Industry Location Decisions: The Motor Vehicle Industry", Land Economics, no. 66, 1990, pp. 67-81.

⑤ Tobey, J. A., "The Effects of Domestic Environmental Policies on Patterns of World Trade: An Empirical Test", Kyklos no. 43, 1990, pp. 191-209.

⑥ Jaffe, A., et al., "Environmental Regulations & the Competitiveness of U. S. Manufacturing: What Does the Evidence Tell US?", Journal of Economic Literature, no. 33, 1995, pp. 132-163.

⑦ Levinson, A. and Taylor, M. S., "Unmasking The Pollution Haven Effect", International Economic Review, no. 49, 2008, pp. 223-254.

⑧ Jeppesen, T., et al., "Environmental Regulations and New Plant Location Decisions: Evidence from a Meta-Analysis", Journal of Regional Science, no. 42, 2002, pp. 19-49.

异明显,污染企业倾向于选择达标区域,从而避免未达标区域严格的环境政策。[①] Becker 和 Henderson 进一步发现,这种规制差异在企业规模层面和企业新老层面亦存在差异,新企业、大企业受规制多。[②] 不过,与 Becker 和 Henderson 的结论相反,Dean 等基于行业数据的研究表明,在基于企业规模的法令不对称、顺从不对称和执行不对称效应加总下,环境规制对小型制造业企业形成不利的影响,这种效应具有一定的持续性,但对大企业形成没有影响,因此,环境政策可能将小的新进入者置于单位成本劣势中。[③] Mulatu 等更为全面地将各种区位决定因素结合起来,包括新经济地理因素和 H-O 要素禀赋力量,分析环境规制和企业布局的关系,其计量模型注重理论模型强调的政府政策和行业特征交互作用,分析环境政策强度和行业污染密集度的相互作用对区位选择的影响,其研究结果表明存在"污染天堂"效应,其影响程度和其他区位决定因素相似。[④] 但其结果并不支持"污染天堂"假说。环境规制的放松并不能增加平均行业份额,而只是增加了污染行业的份额。在其他计量方法应用方面,List 等利用基于倾向评分配对(propensity score matching)的半参数计量方法,根据纽约州 1980—1990 年县级数据发现,空气质量规制对企业区位的选择影响明显,而传统的参数方法则存在低估的问题。[⑤] Levinson 和 Taylor 利用包含工具变量的 2SLS 估计和固定效应模型,控制住部门特征对贸易和治理成本的联立效应以及未观测到的异质性,使用 1977—1986 年美国规制强度和其与加拿大、墨西哥 130 个制造业的贸易流量数据,发现治理成本增加的产业大多经历了大幅的净进口增长,平均而言,相对于规制成本的进出口变动达到贸易量的 10%,稳健的高于截面数据和固定效应模型的结果。[⑥]

就竞争模型的微观基础而言,后期研究能且只能证明环境规制强度作为地方政府竞争性工具的潜在有效性,而并没有从根本上说明实际的地区环境规制强度决策对竞争性地区的反应。因为地区间的环境规制强度竞争是政府行为,而不是企业行为。[⑦]

---

① Henderson, J. V., "Effects of Air Quality Regulation", American Economic Review, no. 86, 1996, pp. 789-813.

② Becker, R. and Henderson, V., "Effects of Air Quality Regulation Polluting Industries", Journal of Political Economy, no. 108, 2000, pp. 379-421.

③ Dean, T. J., et al., Environmental Regulation as a Barrier to the formation of small manufacturing establishments: a Logitudinal examination, Journal of Environmental Economics and Management, 40, 2000, 56-75.

④ Mulatu, A., Florax, R., Withagen, C. and Wossink, A., "Environmental Regulation and Industry Location in Europe", Environmental and Resource Economics, no. 45, 2010, pp. 459-479.

⑤ List, J. A., et al., "Effects of Air Quality Regulation on the Destination Choice of Relocating Plants", Oxford Economic Papers, no. 55, 2003, pp. 657-678.

⑥ Levinson, A. and Taylor, M. S., "Unmasking the Pollution Haven Effect", International Economic Review, no. 49, 2008, pp. 223-254.

⑦ Konisky, D. M., "Regulatory Competition and Environmental Enforcement: Is There a Race to the Bottom?", American Journal of Political Science, no. 51, 2007, pp. 853-872.

即使经验研究认为规制强度对企业投资决策没有影响，如果地方政府认为存在这种影响，环境规制的逐底竞争依然有可能发生，如 Engel 基于美国的调研数据表明，88％的州环境署官员认为对企业布局的关注直接影响其州环境政策的制定。[①]相反，即使存在规制强度对投资决策的负面影响，如果地方政府自身认为环境保护是地方生活质量提高的重要投资，对经济增长具有促进作用，如有名的 Porter 假说[②]，那么，依然有可能不会发生逐底竞争。也有研究认为，居民的"用脚投票"方式促使地方政府通过竞争，在环境规制上发生棘轮效应，即通过"自下而上的标尺竞争"提高生态产品和服务的供给水平，即向上竞争（race to the up），如所谓的加利福尼亚效应。[③] 鉴于规制竞争是政府行为，最新的经验研究主要直接从地方政府规制强度的策略性竞争出发。这一类研究的基本框架以策略互动模型为基础，引入非对称效应。Fredriksson 和 Millimet[④] 发现州之间存在正向的互动行为，其中，若竞争者的规制强度更严格，那么该州的反应亦越大，反之则基本上没有反应，因此，规制竞争呈现"近朱者赤、近墨者未必黑"的态势，并不存在逐底竞争的效应。不过，Woods 发现，1997 年美国颁布《露天采矿控制和回填复原法》（*The Surface Mining Control and Reclamation Act*）后，各州对露天采矿的反应存在"遇弱变弱、遇强不变"的逐底竞争的效应。[⑤] 而 Konisky 做了进一步拓展，其提出两个假说，若存在逐底竞争效应，如果竞争州规制放松（相对于上一期），或者竞争州规制强度相对较弱，那么该州才会做出相应的反应，其针对清洁空气法案、清洁水法案以及资源保护和再恢复法案规制强度的回归结果，既有支持、亦有反对逐底竞争假说。[⑥] Levinson 及 Millimet 和 List 利用里根时期的分权作为"自然实验"机会，更为直接地检验"新联邦主义"下的竞争形态，结论并不支持逐底竞争效应的存在。[⑦][⑧] 不同

---

① Engel, K. H., "State Environmental Standard-Setting: Is There a 'Race' and Is It 'To the Bottom'?" Hastings Law Journal, no. 48, 1997, pp. 271-398.

② Porter 假说认为，恰当的环境规制可以激发被管制企业创新，有利于提升企业的竞争力。但是，这一假说并没有得到理论或者经验研究系统性的证明，而主要来自于部分国家部分行业的零星证据。

③ Vogel, D., "Trading up & Governing Across: Transnational Governance & Environmental Protection", Journal of European Public Policy, no. 4, 1997, pp. 556-571.

④ Fredriksson, Per G. and Millimet, D. L., "Strategic Interaction and the Determinants of Environmental Policy across U. S. States", Journal of Urban Economics, no. 51, 2002, pp. 101-122.

⑤ Woods, N. D., "Interstate Competition and Environmental Regulation: A Test of the Race to the Bottom Thesis", Social Science Quarterly, no. 86, 2006, pp. 792-811.

⑥ Konisky, D. M., "Regulatory Competition and Environmental Enforcement: Is There a Race to the Bottom?", American Journal of Political Science, no. 51, 2007, pp. 853-872.

⑦ Levinson, A., "Environmental Regulatory Competition: A Status Report and Some New Evidence", National Tax Journal, no. 56, 2003, pp. 91-106.

⑧ Millimet, D. and List, J., "A Natural Experiment on the 'Race to the Bottom' Hypothesis: Testing for Stochastic Dominance in Temporal Pollution Trends", Oxford Bulletin of Economics & Statistics, no. 65, 2003, pp. 395-420.

于已有基于回归技术的研究,Millimet 和 List 进行 NO_x、SO_2 排放与污染治理支出分布的跨期随机占优检验,发现在更一般的福利函数假定下(关于污染递减且凸的或者关于污染治理递增且凸),相对于初始的集权时期,分权期间的 NO_x、SO_2 排放与污染治理支出产生更高的福利水平。

从上述的经验研究结果来看,尽管第二代研究支持环境规制强度会影响企业的布局决策,但这不是产生环境规制逐底竞争的充分条件,至少从美国的结果来看。政府的目标可能不仅仅是更多的企业和更多的就业,因此,地方政府并不一定将环境措施作为经济竞争的工具。不过,这一结论拓展到其他国家和地区,是否依然成立,取决于进一步的研究,尤其对于与严格的效率条件偏离更多的发展中国家和地区,其牺牲环境换取经济、就业增长的动力更大,极有可能利用降低环境规制强度来作为经济竞争的措施。

3.1.3 政治体制与经济竞争的相互作用

前文关于规制竞争的讨论基本上假定政府是社会福利最大化或者遵循中位数选民原则[1][2],但是,事实上,为了获取政治支持,政府决策往往受到利益集团的影响,不同层级的政府可能与不同的利益集团发生联系,这将对不同层级政府的环境规制决策形成不同的影响。关于政治利益集团及相应的政治体制在不同的分权结构下对环境政策制定的影响的正式分析并不多见[3],环境规制分权结构的争论很大程度上忽视了政治体制的影响。因此,很有必要从政治体制角度研究。最近一些文献在资本竞争、市场份额竞争等模型的基础上引入政治力量、选举程序等因素进行分析,这也是环境规制分权结构研究的一个新方向。

Fredriksson 和 Gaston 将政治力量引入到环境规制分权结构的研究中,在资本竞争模型的基础上构建了一个包含工人、环保主义者及资本家游说集团的博弈论模型。[4] 均衡的排放标准由一个两阶段博弈决定:第一阶段,每个游说集团针对每一可行的政府排放规制水平,确定相应政治支持力度的承诺;第二阶段,政府选择相应的政策和获得游说集团的支持。假定政府最大化利益集团的效用,劳动力不可流动,资本在联邦体系内的行政区间自由流动,但不存在跨国流动,结论表明

① Oates, W. E. and Schwab, M. R., "Economic Competition Among Jurisdictions: Efficiency Enhancing or Distortion Inducing?", Journal of Public Economics, no. 35, 1988, pp. 333-354.

② Oates, W. E., "A Reconsideration of Environmental Federalism", In: List JA, De Zeeuw A (eds) Recent Advances in Environmental Economics, Edward Elgar Publisher, Cheltenham, UK, 2002, pp. 1-32.

③ Oates 和 Schwab(1988)认为政治力量的介入使得环境政策发生扭曲;Rauscher(1994)在其生态倾销模型中分析了出口产业利益集团的游说对关心产出和福利的政府决策的影响,他发现出口利益集团的游说激励很大,但是此类文献都没有讨论不同分权结构的环境规制比较。

④ Fredriksson, Per G and Gaston, N, "Environmental Governance in Federal Systems: The Effects of Capital Competition and Lobby Groups", Economic Inquiry, no. 38, 2000, pp. 501-514.

分权和集权体系下环境政策的强度是一致的。[①] 分权体系下的资本竞争对环境规制力度的影响等价于集权体制下资本家游说集团的形成及其游说的效应。在分权情形下,出于资本竞争的需要,工人完全承担游说成本;在集权情形下,不考虑资本竞争,工人削减其游说努力,而资本家出于降低规制强度的需要,形成游说集团,和工人共同承担游说成本。该理论推导的结论得到了欧盟国家、美国各州和跨国经验研究的支持。此外,在分权情形下,只要工人和环保主义者都形成游说集团或者都不形成游说集团,排放增加的边际收益等于边际社会成本,即环境规制水平是有效率的。但是,该模型并没有考虑到跨界污染问题,而且不同利益诉求群体结成游说集团的成本不尽相同,如果近一步放松这些条件,结论的稳健性有待进一步研究。

Roelfsema 将选举过程纳入 Brander 和 Spencer 的市场份额竞争模型中,并考虑污染的溢出效应,选民进行策略性的环境规制决策授权。[②] 在 Besley 和 Coate 策略性授权模型[③]的基础上,他构建一个两国一产品的三阶段博弈模型,三阶段依次为选民选择代理人进行授权,代理人设定环境政策,企业决定生产行为,在对称情形下,在非合作均衡中,当国外中位数选民很关注环境问题时(本国选民亦很关注),则本国选民会将其决策权授予比其更关注环境的代理人,制定更为严格的环境政策,从而形成地区间环境规制强度向上竞争的效应;反之,则授权给比其更不关注的代理人,从而形成地区间环境规制强度逐底竞争的效应。结合环境 EKC 曲线,高收入区域中位数选民对比低收入区域更关注环境问题,从而有更严格的环境规制力度,因此,高收入区域间容易形成环境规制向上竞争、低收入区域间容易形成环境规制逐底竞争的形态。但是,上述结论缺乏规范的经验研究的支持[④],也没有分析异质性程度较高的区域间环境规制决策权是如何授权的,会形成何种策略性行为。

以上分析都没有考虑地区间异质性的问题,不同区域的产业结构、污染损害程度差异不同,不同选区的利益诉求亦不一致,这在"少数服从多数"的联邦选举体系下,将会产生"多数偏倚"效应。[⑤] 该效应意味着由联邦政府确定的因州而异的环

① Grossman, G. M. and Helpman, E., "Protection for Sale", American Economic Review, no. 84, 1994, pp. 833-850.

② Roelfsema, H., "Strategic Delegation of Environmental Policy Making", Journal of Environmental Economics and Management, no. 53, 2007, pp. 270-275.

③ Besley, T. and Coate, S., "Centralized Versus Decentralized Provision of Local Public Goods: A Political Economy Analysis", Journal of Public Economics, no. 87, 2003, pp. 2611-2637.

④ Fredriksson 和 Millimet(2002)基于美国各州环境规制的非对称策略性反应的经验研究为该研究提供了一些间接的证据,即高收入的东北和西部区域之间形成明显的向上竞争效应,而收入相对低的 Mid-West 和南部区域间这一效应并不明显。

⑤ Fredriksson, P. G., et al., "Environmental Policy in Majoritarian Systems", Journal of Environmental Economics and Management, no. 59, 2010, pp. 177-191.

境规制强度政策可能不是最优的,需要权衡其和分权或者联邦统一税率等次优政策分别面临的多数偏倚、污染外溢性或者选区异质性造成的扭曲。在一些特定的情形下,分权或者联邦统一税率等扭曲政策可能会产生更接近于最优政策的福利水平,而具体结论取决于模型参数的设定。

上述模型在传统规制竞争模型的基础上分别引入游说集团、选举过程和选举制度安排,分析政治体制对环境规制分权结构的影响。从结论来看,即使将条件放松到选区内群体异质性突出、存在不完全竞争市场或者污染跨界外溢效应的情形下,都在传统规制竞争模型的基础上进一步给出了环境政策标准分权化制定的合理性,并对集权的合理性提出了新的质疑或者给出了更为狭隘的适用区域。当然,上述模型都建立在完全联邦制国家和西方式民主的基础上,中央政府和地方政府均向其辖区内选民或者利益集团负责,这些结论在单一制国家及地方政府的代理人向上负责而不是向下负责的情形下是否依然成立,值得进一步的研究。

3.1.4　结语

综上所述,环境标准设定主体的政府层级选择是一个涉及技术、经济和政治的复杂过程。地理外溢性这种技术上的外溢性是我们分析的基本前提。根据上文的分析,我们建议将生态问题分为三种类型:一是地理外溢对称性,二是地理外溢非对称性,三是无地理外溢性。具体而言,以两个地区为例,地区 i 的生态质量 q_i 为

$$q_i = q(e_i, \beta_{ji} e_j) \qquad (3\text{-}1)$$

式中,e_i 和 e_j 为地区 i 和地区 j 的污染物排放;β_{ji} 度量地区 j 的污染物排放对地区 i 生态质量造成的影响,是测度外溢效应的指标,$1 \geqslant \beta_{ji} \geqslant 0$。当 $\beta_{ji} = \beta_{ij} > 0$ 时,两个地区的污染地理外溢是对称的,即对应于第一种情形,如同处于一个湖泊的地区或者共用一个水库的地区;若 $\beta_{ji} = \beta_{ij} = 1$,这对应于 Oates 的全域性污染[①],如 CO_2 排放等,因此,全域性污染实际上是对称地理外溢的一种特殊情况。当 $\beta_{ji} \neq \beta_{ij}$ 时,两个地区的污染地理外溢是不对称的,尤其是流域的上、下游地区和风向的上、下风地区,其中下游(风)地区对上游的外溢效应为 0,此时属于单向跨界污染,对非对称的跨界污染研究主要是关注单向跨界污染情形。[②] 当 $\beta_{ji} = \beta_{ij} = 0$ 时,两个地区的污染无地理外溢性,即对应于 Oates 的地方性污染。[③]

对于非对称的地理外溢情形,已有的理论研究和经验研究都表明分权规制下会形成上游(风)地区的"搭便车"效应,因此,需要中央政府通过标准设定的干预去

---

①　Oates, W. E., "A Reconsideration of Environmental Federalism", In: List JA, De Zeeuw A (eds) Recent advances in environmental economics, Edward Elgar Publisher, Cheltenham, UK, 2002, pp. 1-32.

②　在非对称跨界污染情形下,我们可以设定 $\beta_{ji} = \beta_{ij} + \alpha$,因此可以很容易转化为单向污染情形。

③　Oates, W. E., "A Reconsideration of Environmental Federalism", In: List JA, De Zeeuw A (eds) Recent advances in environmental economics, Edward Elgar Publisher, Cheltenham, UK, 2002, pp. 1-32.

修正这种外部性。当然,在实践中,中央政府很难实施最优的因地而异的标准,这需要权衡统一政策和完全分权政策的得益与损失。Banzhaf 和 Chupp 基于美国电力部门 SO_2 和 NO_x 排放的研究是完全建立在污染外部性和治污成本的技术分析基础上,几乎没有考虑美国背景的政制、经济、文化环境,因此其研究具有一定的普遍适用性,解决这种非对称跨界污染的外部性是第一位的,而各地区在治理成本上的差异并不太重要。[①] 所以,对于地理外溢非对称且地理外溢性较大的生态问题,由中央政府设定标准,甚至设定统一的标准是很有必要的。

对于对称的地理外溢情形,虽然目前的理论研究就其在分权规制下会产生"搭便车"效应存在质疑,也缺乏经验研究来支撑。不过,从 Ogawa 和 Wildasin 的研究[②]来看,资本重新布局对环境污染"溢出效应"的 100％的"溢回",是建立在自由流动、一体化、完全的资本竞争市场假设上的,如果一个国家对这种假设偏离较为严重的话,搭便车效应将依然存在,中央政府对标准设定的干预在这种情形下也依然是必要的。当然,和非对称地理外溢效应的区别是,这种干预的适用条件更为苛刻。[③]

对于无地理外溢效应情形,由于不需要考虑外部性所造成的效率扭曲,因此地区异质性的重要性凸显,应该由地方政府自行决定其标准。但是,新的质疑来自于经济竞争可能导致地方政府放松环境规制的担忧,当然这种担忧也适用于存在地理外溢效应的生态问题。

这种担忧的微观基础是经济增长和生态保护之间可能存在的潜在冲突,近期的经验研究也基本上证实了环境规制对资本布局、市场份额的负面效应。但是,在经济增长和生态保护之间存在冲突的情况下,经济竞争是否会导致环境标准放松的"逐底竞争"效应,在理论研究上取决于模型的假设。完全竞争市场的假设能够得到分权有效率的结论,而一旦假设条件放松,分权体系下获得效率结果是非常困难的。因此,这取决于现实条件与完全竞争市场距离有多远。关于市场体系相对完善的美国的绝大部分经验研究都没有找到充分的证据证明地方政府环境规制"逐底竞争"。但是,这对于偏离完全竞争市场更远的发展中国家,如中国,是否依然成立,这依赖于具体的经验研究,尤其经济落后的地区而言,其牺牲环境换取经济、就业增长的动力更大,极有可能利用降低环境规制强度来作为经济竞争的措

①　Banzhaf, H. S. and Chupp, B. A. , "Heterogeneous Harm vs. Spatial Spillovers: Environmental Federalism and US Air Pollution", NBER Working Paper No. 15666, 2010.

②　Ogawa, H. and Wildasin, D. E. , 2009, "Think Locally, Act Locally: Spillovers, Spillbacks, and Efficient Decentralized Policymaking", American Economic Review, 99, 1206-1217.

③　对称地理外溢和非对称地理外溢在规制上的另一个重要区别体现在地区合作上,前者在非合作博弈中能够形成囚徒困境,这意味着最优情形下两者福利均有所增进,保证了基于重复博弈无名氏定理机制的区域合作的实现;而后者的非合作博弈往往无法形成囚徒困境,导致无名氏定理的失效,需要引入单边支付机制,复杂化了地区合作机制的设计。

施。因为信息不对称、执行成本等问题,对于分权规制的替代通常是统一的中央干预,这一方面有助于修正生态倾销引致的低效率,另一方面也导致无法兼顾区域差异的效率损失,这将又要面临两种损失的权衡。需要指出的是,分权规制有效的研究实际上都隐含着以美国为代表的联邦国家地方选举制度的前提,即地方政府官员向辖区内的选民负责,其行为动机是最大化自己的选票,因而需要最大化中位数选民的效用,根据中位数选民的要求平衡经济增长和生态保护。所以,在地区竞争中,分权是否会导致无效率的结果还需要结合以选举为核心的政治体制进行分析。

最近一些关于环境分权结构的新研究也发现,包括环境标准设定在内的环境政策的制定是嵌入到一定的政治体制中的,将游说集团、选举过程和选举制度安排等政治体制引入传统规制竞争模型中,表明以选举制度为核心的政治体制会深刻影响中央及地方政府的生态政策制定。尽管这些新的进展大多在传统规制竞争模型的基础上进一步给出了环境政策标准分权化制定的合理性,并对集权的合理性提出了新的质疑或者更为狭隘的适用区域。但是,在没有简单设定地方政府或者中央政府行为动机与中位数选民效用最大化一致时,部分模型表明了分权的无效率性,如欠发达地区因为中位数选民对生态问题的不关注而导致地区之间形成环境规制逐底竞争的效应;相对于其他政策,多数偏倚效应的存在在一定程度上促进了中央统一政策福利结果与社会最优的接近性。而且这些模型都建立在完全联邦制国家和西方式民主的基础上,各种利益游说集团力量均衡,所以难以适用于单一制国家。

所以,基于经济增长和生态保护可能存在的冲突,尤其是在短期内,这种冲突可能更为显著,即使对于无地理外溢生态问题而言,对完全竞争条件的偏离过多或者政府动机与中位数选民效用最大化不一致,分权规制均难以形成有效率的生态政策标准。单一制国家的地方选举制度不同于联邦制国家,地方官员的任命往往来自于中央政府的决定。显然地方官员最主要的晋升激励来自于中央而不是地方。中国目前就是实施以向上负责为主的政治体制。在这一体制下,地方官员的行为是最大化中央对其的考核目标。那么,对于嵌入到这样一种政治体制的环境政策设计而言,我们应该从中央政府的考核体系作为切入点,分析考核体系的设计对地方政府行为和地区间环境规制竞争形态的影响。通过对中国特定政治体制下的地方环境规制竞争行为的分析,结合不同地理外溢性的讨论,我们可以给出一个相对合理的环境标准设定的政府层级方案。

3.2　中国式分权与环境标准的设定主体

上文通过文献综述的方式分析了环境联邦主义文献在环境标准设定在政府层级选择上的研究进展和启示。本节则在此基础上,结合中国式分权,通过对中国特定政治体制下的地方环境规制竞争行为的分析来提出中国环境标准设定的政府层级选择思路。

经济分权和垂直的政治管理体制是中国经济高速增长的重要原因[1]，在这一体制下，GDP 作为重要且定义清晰、度量方便的指标，成为地区竞争及官员晋升最主要的依据[2]，地方政府的环境保护、公共服务质量、社会公正等多维任务难以通过对经济增长的单目标激励来完成，甚至可能因为暂时的冲突而被替代了。[3] 因此，在中国的分权结构下，如果环境问题游离考核体系之外，中国的环境规制则处于完全分权状态。[4] 因而，已有研究总是强调，出于经济增长的需要，负责具体实施的地方政府倾向于放松环境规制，降低本地企业在环境保护方面的运行成本，并吸引本地之外的企业，从而形成所谓的地方政府环境规制"逐底竞争"的现象。

　　所以，首先，我们需要经验证据检验这一现象的存在性。如果存在，就环境联邦主义理论而言，这意味着需要进一步集权。在中国的分权体系下，集权的方向有两个层次：第一个层次是中央设定标准、实施严格的考核，但其余仍由地方负责具体实施；另一层次则更为激进，包括具体的治理过程都需要上移至中央。前者的改革成本相对较小；后者的治理效果虽有可能在中央强势干预下得以保证，但是信息不对称将导致执行成本等问题突出，且难以适应不同省份的特征，亦面临棘手的治理费用分担问题。[5] 因此，如果前者的治理效果较为明显，必是更受欢迎的选择。显然，这亦需要具体的经验研究。

　　2003 年科学发展观的提出，强调"以人为本"的可持续发展，环境问题的重要性日益突出，考核体系随之逐步调整，如"十一五"规划首次将二氧化硫和化学需氧量这两项"主要污染物排放总量减少 10％"明确为约束性指标，而不是"预期性目标"，并将减排总体目标在省份之间进行分解，要求"各地区要切实承担对所辖地区环境质量的责任，实行严格的环保绩效考核、环境执法责任制和责任追究制"。在这种行政发包制和考核体系的作用下[6]，省际环境规制的竞争形态是否会发生转变呢？同时，进入与没有进入约束性指标的污染物排放规制强度的竞争形态的演进路径是否一致？这一背景为我们提供了一个很好的"准试验"机会。如果污染物（特别是进入约束性指标的污染物）排放规制的竞争形态向趋优逆转，这就意味着第一个层次具有可行性。因此，研究地方环境规制"逐底竞争"的存在性、各种竞争

---

　　[1]　Blanchard, O. and Shleifer, A., "Federalism with and Without Political Centralization: China Versus Russia", IMF Staff Papers, no. 48, 2001, pp. 171-179.

　　[2]　Li, H. and Zhou, L., "Political Turnover and Economic Performance: the Incentive Role of Personnel Control in China", Journal of Public Economics, no. 89, 2005, pp. 1743-1762.

　　[3]　陆铭等：《中国的大国经济发展道路》，中国大百科全书出版社，2008 年。

　　[4]　长期以来，我国地方环保部门的运转资金和监督职能由地方政府实现，高层领导亦由地方政府提名，直到近期才要求更高一级环保部门的认可（OECD，2007）。

　　[5]　Oates, W. E., "A Reconsideration of Environmental Federalism", In: List JA, De Zeeuw A (eds) Recent advances in environmental economics, Edward Elgar Publisher, Cheltenham, UK, 2002, pp. 1-32.

　　[6]　周黎安：《转型中的地方政府》，上海格致出版社、上海人民出版社，2009 年。

形态及其演进,具有积极意义,这为分析在生态文明建设过程中环境规制结构所存在的问题以及如何构建合理的规制结构提供必要的经验事实。

不过,据我们所知,目前这一方面的国内研究仍以定性讨论为主,定量的经验研究并不多见,李永友、沈坤荣[1]和肖宏[2]的定量研究表明省际环境规制竞争存在策略性行为,但是两者的结论并不一致,更为重要的是,尚未分析更应关注的环境规制的具体竞争形态。本节致力于上述问题的解决,分为三个部分:第一部分是计量模型的设定和数据,重点介绍对规制竞争中竞争者新的定义方式,确定了选用规制的衡量方法;第二部分是实证结果及分析;第三部分是结论及思路。

3.2.1 计量模型的设定和数据

3.2.1.1 计量模型的设定和估计方法

上述环境规制的策略性互动模式的分析依赖于空间滞后模型,为了验证这种非对称的策略反应,通常选择两区制模型。具体设定如下:

$$E_{it} = \delta_1 d_{it} \sum_{j=1}^{30} \omega_{ij} E_{jt} + \delta_2 (1-d_{it}) \sum_{j=1}^{30} \omega_{ij} E_{jt} + \beta X_{it} + \alpha + \mu_i + \lambda_t + \varepsilon_{it} \quad (3-2)$$

$$d_{it}^1 = \begin{cases} 1, \text{如果} \sum_{j=1}^{30} \omega_{ijt} E_{jt} < \sum_{j=1}^{48} \omega_{ijt-1} E_{jt-1} \quad \text{其中} i \neq j \\ 0, \text{其他} \end{cases}$$

$$d_{it}^2 = \begin{cases} 1, \text{如果} E_{it} > \sum_{j=1}^{30} \omega_{ijt} E_{jt} \quad \text{其中} i \neq j \\ 0, \text{其他} \end{cases}$$

式中,E_{it} 表示第 i 省第 t 期环境规制强度;ω_{ij} 为非负权数,其构成的权数矩阵 W 刻画了行政区间的空间过程;X_{it} 为控制变量;μ_i 和 λ_t 分别表示空间和时间固定效应;ε_{it} 为误差项;d_{it} 为二元指示变量,这里共采用两种指示变量,用 d_{it}^1 和 d_{it}^2 来标记,刻画两种情况下省份策略行为间的非对称反应,其中 d_{it}^1 仅当 i 省的竞争者的规制强度下降时为 1,d_{it}^2 仅当 i 省的规制强度大于其竞争者时为 1;斜率 δ_1 衡量竞争者环境规制强度下降或环境规制强度大于竞争者的省份的反应强度,而斜率 δ_2 则衡量竞争者环境规制强度提升或者环境规制强度弱于竞争者的省份的反应强度。考虑到我国环境规制强度存在的省际负向竞争,在直接分析省际环境规制竞争形态方面,我们在已有研究基础上作进一步的拓展,根据 δ_1 和 δ_2 的显著性水平及其取值给出具体竞争形态的描述(见表 3-1)。

---

① 李永友,沈坤荣:《我国污染控制政策的减排效果——基于省际工业污染数据的实证分析》,《管理世界》2008 年第 7 期,第 7—17 页。

② 肖宏:《环境规制约束下污染密集型企业越界迁移及其治理》,复旦大学博士论文,2008 年,第 219—223 页。

表 3-1　竞争形态的表述

δ_1	δ_2	竞争形态	δ_1	δ_2	竞争形态
正	不显著	逐底竞争	负	负	差别化 A
正	负	逐底竞争	不显著	正	竞相向上
正	正	模仿	不显著	负	差别化 C(遇强则弱)
负	不显著	差别化 B(遇弱则强)	不显著	不显著	无策略性行为
负	正	竞相向上			

注：差别化 A 型策略为遇弱则强，遇强则弱；差别化 B 型策略为遇弱则强，遇强则无响应；差别化 C 型策略为遇强则弱，遇弱则无响应。

　　"逐底竞争"表示当竞争者放松环境规制强度或竞争者规制强度较低时，该省采取跟随策略，也放松规制，其他情况下该省不表现出明显的策略行为，可以概括为一种省份间争相降低规制强度的恶性竞争。"向上竞争"有两种情况，当竞争者加强规制或竞争者规制强度较高时，该省份采取跟随策略；同时，当竞争者放松环境规制强度或竞争者规制强度较低时，该省份采取差异化策略或者无策略性反应。"模仿"表示当竞争者加强规制强度或竞争者规制强度较高时，该省跟随加强规制；竞争者放松规制或竞争者规制强度较低时，该省跟随放松规制，表现为一种模仿竞争者，缩小与其规制强度差异的行为。"差别化"与"模仿"相反，即描述扩大与竞争者规制强度差异的行为，可以细化为三种。"差别化 A"指当竞争者放松规制或竞争者规制强度较低时，该省加强规制；当竞争者加强规制或竞争者规制强度较高时，该省则放松规制，是一种完全差别化策略。"差别化 B"指当竞争者放松规制或竞争者规制强度较低时，该省加强规制强度；反之，该省没有明显策略行为，程度较 A 而言较弱。"差别化 C"指当竞争者加强规制强度或竞争者规制强度较高时，该省放松规制；反之，该省无明显策略行为。需要指出的是，差别化 C 型竞争策略接近于逐底竞争的形态，导致规制强度较小或者放松的省份进一步放松规制，逐步成为污染排放的聚集地，这可能出现省际环境规制强度的差距扩大。而差别化 B 型策略则接近于竞相向上的策略，不过，这也可能导致省际环境规制强度的差距扩大。

　　式(3-2)的估计主要存在两个方面的问题。一是 E_{jt} 的内生性问题，根据理论模型，各省份环境规制强度是被联立决定的，显然，E_{jt} 的内生性不容回避，OLS 的估计是有偏的。[1] 目前关于环境规制竞争文献的处理方式是工具变量法。[2] 但是，

　　[1]　Brueckner, J. K., "Strategic Interaction Among Local Governments: An Overview of Empirical Studies", International Regional Science Review, no. 26, 2003, pp. 175-188.

　　[2]　Fredriksson, Per G. and Millimet, D. L., "Strategic Interaction and the Determinants of Environmental Policy across U. S. States", Journal of Urban Economics, no. 51, 2002, pp. 101-122; Levinson, A., "Environmental Regulatory Competition: A Status Report and Some New Evidence", National Tax Journal, no. 56, 2003, pp. 91-106; Konisky, D. M., "Regulatory Competition and Environmental Enforcement: Is There a Race to the Bottom?", American Journal of Political Science, no. 51, 2007, pp. 853-872; Konisky, D. M., "Assessing State Susceptibility to Environmental Regulatory Competition", Working Papers, 2007.

合适的工具变量的确定是这一方法首先面临的困难,更为关键的是,工具变量估计可能导致我们关注的空间滞后被解释变量与指示变量的交互项参数估计值落到参数空间之外,这一点被已有研究所忽视。[①] E_{jt} 内生性问题的另一解决途径是利用空间计量方法[②],给出式(3-2)的简化式,利用最大似然估计方法给出一致无偏估计,而且,关键参数受到最大似然函数中的雅各比项的限制,从而有效解决工具变量方法所产生的困境。

二是数据的空间过程问题。在式(3-2)中,除了我们关注的被解释变量的空间滞后过程之外,解释变量亦可能存在空间自相关的问题,还可能存在空间误差依赖性问题,这可能由遗失的解释变量在空间上存在相互依赖性所造成的。[③] 不过,Manski 表明,同时包含上述空间过程的模型存在参数无法识别的问题。[④] LeSage 和 Pace 认为在这种情况下,最好的方式是排除空间自相关误差项,而包含空间滞后解释变量、被解释变量的模型(即空间 Durbin 模型)在绝大多数情况下能够给出无偏的系数估计,这和空间 Durbin 模型引入空间滞后解释变量密切相关,误差项的空间自相关来源于遗失变量的空间自相关,而空间滞后解释变量则与空间自相关的遗失变量相关,从而在一定程度上解决误差项空间自相关的问题。[⑤] 因此,根据 LeSage 和 Pace,空间 Durbin 模型适用于绝大多数数据空间过程,除非数据仅为空间误差或包含空间滞后的空间误差过程。显然,在我们关注的策略互动模型中,是不能忽视空间滞后被解释变量的,因此,空间 Durbin 模型可以较好地解决这一问题。[⑥]

根据上述思路,我们给出两区制空间 Durbin 模型:

$$E_{it} = \delta_1 d_{it} \sum_{j=1}^{30} \omega_{ij} E_{jt} + \delta_2 (1 - d_{it}) \sum_{j=1}^{30} \omega_{ij} E_{jt} + \beta X_{it}$$

$$+ \sum_{j=1}^{30} \omega_{ij} X_{jt} \theta + \alpha + \mu_i + \lambda_t + \varepsilon_{it} \tag{3-3}$$

与式(3-2)相比,式(3-3)增加了空间 Durbin 项 $\sum_{j=1}^{30} \omega_{ij} X_{jt}$,$\theta$ 为待估参数。Elhorst 和 Freret 给出了空间 Durbin 固定效应模型的估计方法。[⑦]具体而言,根据式

① Elhorst, J. P. and Fréret, S., "Evidence of Political Yardstick Competition in France Using a Two-Regime Spatial Durbin Model with Fixed Effects", Journal of Regional Science, no. 5, 2009, pp. 1-21.

② Anselin, Luc, "Spatial Econometrics: Methods and Models", Boston: Kluwer Academic Publishers, 1988.

③ Brueckner, J. K., "Strategic Interaction Among Local Governments: An Overview of Empirical Studies", International Regional Science Review, no. 26, 2003, pp. 175-188.

④ Manski, C. F., "Identification of Endogenous Social Effects: The Reflection Problem", Review of Economic Studies, no. 60, 1993, pp. 531-542.

⑤ LeSage, J. P. and Pace, R. K., Introduction to Spatial Econometrics, CRC Press/Taylor & Francis Group, 2009.

⑥ 在式(3-3)设定下,本章绝大多数估计结果的误差项不存在 5% 以上显著性水平的空间自相关性。

⑦ Elhorst, J. P. and Fréret, S., "Evidence of Political Yardstick Competition in France Using a Two-Regime Spatial Durbin Model with Fixed Effects", Journal of Regional Science, 2009, pp. 1-21.

(3-3),假定误差项正态分布,利用限制条件 $\sum_i \mu_i = \sum_t \lambda_t = 0$,可以得到关于 β、δ_1、δ_2、θ 和 σ^2 似然函数:

$$\log L = -\frac{30T}{2}\ln(2\pi\sigma^2) + \sum_{t=1}^{T}\ln\left|I_N - \delta_1 D_t W - \delta_2(I_N - D_t)W\right|$$

$$-\frac{1}{2\sigma^2}\sum_{i=1}^{30}\sum_{t=1}^{T}\left[E_{it}^* - \delta_1\left(d_{it}\sum_{j=1}^{30}\omega_{ij}E_{jt}\right)^* - \delta_2\left((1-d_{it})\sum_{j=1}^{30}\omega_{ij}E_{jt}\right)^*\right.$$

$$\left. - X_{it}^*\beta - \sum_{j=1}^{30}\omega_{ij}X_{jt}^*\theta\right]^2 \tag{3-4}$$

上式中,D_t 为 t 时期二元指示变量矩阵,W 为空间邻接性矩阵,$*$ 表示各变量作了面板数据估计常用的去均值化处理的转换值。我们首先分离出式(3-4)中与 δ_1 和 δ_2 无关的项,给出关于 δ_1 和 δ_2 的最优数值解[①],然后,根据 δ_1 和 δ_2 的数值 ML 估计值,可以得到 β、θ 和 σ^2 的 ML 估计值。

3.2.1.2　数据说明和变量选择

我们采用 1998—2002 年和 2004—2008 年全国 30 个省份(不含西藏及香港、澳门和台湾地区)的面板数据。其中分地区的各项经济指标和各种污染物的排放量数据都来自 1999—2009 年(不含 2003 年)的《中国统计年鉴》,并采用 GDP 平减指数剔除物价对财政收支和人均 GDP 的影响,采用工业增加值平减指数剔除物价对工业增加值的影响。环境规制强度的度量通常选择污染密集度[②]、治污费用支出[③]和治污执法次数[④]等指标来衡量。这里依据 Cole 和 Elliott 的研究方法,采用工业增加值与排放量的比值来度量规制强度。[⑤] 理由如下:第一,考核体系采纳的指标就是排放量的减少,政府治理环境也主要盯住各污染物的排放量,所以使用排放量更为直接和准确。[⑥] 第二,我国分地区分类型的污染治理费用数据缺失较多,

---

① δ_1 和 δ_2 不存在闭式解。

② Cole, M. A. and Elliott, R. J., "Do Environmental Regulations Influence Trade Patterns? Testing Old and New Trade Theories", The World Economy, no. 26, 2003, pp. 1163-1186.

③ Fredriksson, Per G. and Millimet, D. L., "Strategic Interaction and the Determinants of Environmental Policy across U. S. States", Journal of Urban Economics, no. 51, 2002, pp. 101-122.

④ Brunnermeier, S. B. and Cohen, M. A., "Determinants of environmental innovation in US manufacturing industries", Journal of Environmental Economics and Management, no. 45, 2003, pp. 278-293.

⑤ Cole, M. A. and Elliott, R. J., "Do Environmental Regulations Influence Trade Patterns? Testing Old and New Trade Theories", The World Economy, no. 26, 2003, pp. 1163-1186.

⑥ 尽管环境质量、舒适度的提升才是最终目标,但是这一目标的影响因素过于复杂,不如减排量的度量简化及影响因素简单,因此,后者作为考核目标更为清晰,减少信息不对称和不确定性的干扰,更有利于激励地方政府的努力。另外,也有学者建议使用去除量与总排放量之比来衡量,这一指标的缺陷可用一个例子说明。例如,两个工业增加值均为 10 亿元的区域 A 和区域 B,这两个区域的总排放量分别为 10 吨和 30 吨,去除量分别为 5 吨和 20 吨,去除率分别为 50% 和 67%,而排放强度为 0.5 吨/亿元和 1 吨/亿元,显然,我们不能认定去除率高的区域 B 的规制强度大于区域 A。

难以满足我们的研究需要。规制强度越高表征完成单位工业增加值的排污量越小,该地方政府对环境的控制越严格。此外,我们也选择工业污染治理投资与工业增加值的比值来度量总体环境规制强度。

前面介绍了 Konisky 在假说中提到的两种情况,即竞争者的规制加权平均逐年下降和规制加权平均小于本省。所以,模型采用这两种指示变量来分析两种情况下,各省环境规制强度对竞争者的响应。此外,根据 Konisky[①] 及 Fredriksson 和 Millimet[②] 的假设,地方政府应对环境规制竞争的承受能力可以通过该地区的经济实力体现,因此我们选取人均实际 GDP、失业率、实际财政收入、人口密度和工业比重等反映地区经济属性的变量作为模型的控制变量。首先,人均实际 GDP、实际财政收入和人口密度用于表现该地区的经济发展程度,显然越发达的地区应对经济竞争的压力越小,通过放松本地规制吸引投资的动机越小,环境规制出现"逐底竞争"的可能性越小。其次,失业率反应该地区经济的健康程度,失业率越低,吸引资本的压力越小,同样越不可能参与"逐底竞争"。最后,工业比重反映该地区的污染密集程度,地区经济中工业比重越大,则发展受污染管制的影响越大,越有可能倾向于利用环境规制作为经济竞争的政策工具。已有研究基本上没有关注控制变量的内生性问题。我们主要通过以下三个方面来解决这一问题。首先,时间和空间固定效应模型解决了部分因省略变量(omitted variables)引起的内生性,时间固定效应控制了随时间变化的共同冲击的影响,而空间固定效应则控制了不随时间变化的省份异质因素的影响。其次,空间 Durbin 模型引入空间滞后解释变量,空间滞后解释变量在一定程度上与空间自相关的省略变量相关,从而也可在一定程度上解决省略变量的问题。最后,考虑到部分变量与规制强度之间可能存在的联立性,我们用上一期的控制变量对本期的规制力度回归,结果与使用当期控制变量的回归模型无明显差异,这在一定程度上解决了联立性产生的内生性问题。

在空间关系上,考虑行政区间环境规制竞争的主要理论基础是相邻省份间的溢出效应模型和经济竞争模型,从而采用省份空间邻接性矩阵,即给一个省份的所有空间不相邻的省份赋 0,给所有空间相邻的省份赋 1。在权重关系上,为防止权重的选取对估计结果产生系统影响,根据 Fredriksson 和 Millimet[③]、Elhorst 和 Freret[④],考虑到环境污染的跨界效应(即相邻地区间的影响明显大于不相邻地

① Konisky, D. M., "Assessing State Susceptibility to Environmental Regulatory Competition", Working Papers, 2007.

② Fredriksson, Per G. and Millimet, D. L., "Strategic Interaction and the Determinants of Environmental Policy across U. S. States", Journal of Urban Economics, no. 51, 2002, pp.101-122.

③ Fredriksson, Per G. and Millimet, D. L., "Strategic Interaction and the Determinants of Environmental Policy across U. S. States", Journal of Urban Economics, 51, 2002, pp.101-122.

④ Elhorst, J. P. and Fréret, S., "Evidence of Political Yardstick Competition in France Using a Two-Regime Spatial Durbin Model with Fixed Effects", Journal of Regional Science, 2009, pp.1-21.

区），我们采用两种权重设定方式，以便相互印证结果。一种为平均权重，赋给每个相邻省份相等的权重值，用 $\sum_j \omega_{ijt} E_{jt}$ 表示竞争者的规制强度；另一种为人均 GDP 权重，即按人均 GDP 给每个相邻的省赋权重，$\omega_{ijt} = \mathrm{PGDP}_{jt} / \sum_{j \in J_i} \mathrm{PGDP}_{jt}$，其中 J_i 表示 i 省的所有相邻竞争者的集合。平均权重下，各相邻省份的影响力相同，是较为简单的情况；而人均 GDP 权重则更多考虑了各省的经济影响，给经济较发达的省份更大的权重，这是因为理论假设环境规制的竞争动机主要来自省份间经济竞争的需要。

样本期的断点选择主要原因：首先，基于我们的分析目的，中央在 2003 年提出了"科学发展观"，2006 年出台的"十一五"规划纲要首次强调主要污染物排放目标的约束性，断点应该在 2003 年之后，从图 3-1 各类污染物规制强度的省份均值的斜率基本上在 2005 年前后发生了明显的转变。如果从 2005 年或 2006 年开始的数据样本期偏小，缺乏稳定性，加之为了追求与前一个时间阶段的对称性，从而后一样本期从 2004 年开始。[①] 其次，考虑到国家统计局在 2004 年经济普查后对数据进行了调整，该年前后的数据难以保持连续性。工业废水中的 COD 和氨氮排放量在 1998—2002 年间数据缺失较多，因此我们仅在后一样本期的回归中考虑了这两种指标。

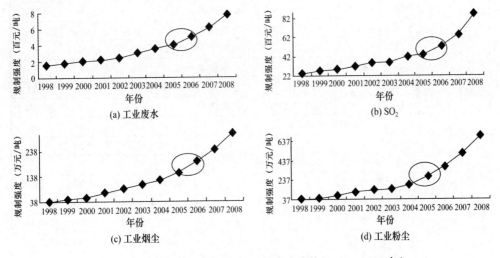

图 3-1　各类污染物省份排放规制强度均值（1998—2008 年）

[①]　Chow 断点检验表明，上述指标基于时间归回以 2004 年或 2005 年为断点的检验均通过 0.7% 以上的显著性水平检验。如果以 2005 年为断点，考虑到存在与上一期的对比，我们的样本期需从 2004 年开始。出于结果稳健性的考虑，我们也计算了 2005—2008 年样本期的回归结果，支持我们的结论。

3.2.2 实证结果及分析

利用两区制空间 Durbin 固定效应模型,同时控制住空间和时间的双向固定效应[①],我们得到不同指标衡量的规制强度策略互动模型的估计结果。从 DW 统计量来看,分布于 1.80~2.15,因此很好地控制了空间及时间上的自相关问题,调整后的 R^2 较高,模型拟合结果较好。考虑到篇幅的限制、控制变量的估计结果与预期,以及已有研究结果相吻合或者不显著,在此只给出我们关注的省份策略反应斜率的估计值(见表 3-2 和表 3-3)。

表 3-2 环境规制强度省际竞争形态的估计结果(1998—2008 年)

规制类型	指示变量	权重	1998—2002 年				2004—2008 年			
			δ_1	δ_2	R^2	竞争形态	δ_1	δ_2	R^2	竞争形态
工业治污投资	d^1	平均	−0.31	−0.39	0.64	无	0.02	−0.17	0.71	无
		人均 GDP	−0.32[b]	−0.23	0.64	差别化 B	−0.11	−0.00	0.71	无
	d^2	平均	−0.12	−0.55[a]	0.61	差别化 C	0.11	−0.50[b]	0.63	差别化 C
		人均 GDP	−0.04	−0.63[a]	0.61	差别化 C	0.02	−0.27	0.63	无
工业废水排放	d^1	平均	−0.44[a]	−0.30	0.94	差别化 B	0.11	0.80	0.96	无
		人均 GDP	−0.47[a]	−0.11	0.94	差别化 B	0.23[b]	1.33[a]	0.97	模仿
	d^2	平均	0.13	−0.49[a]	0.91	差别化 C	−0.13	0.69[a]	0.95	竞相向上
		人均 GDP	0.06	−0.36[b]	0.92	差别化 C	−0.02	0.51[a]	0.95	竞相向上
工业SO$_2$排放	d^1	平均	−0.28[b]	0.10	0.97	差别化 B	−0.14	−0.19	0.96	无
		人均 GDP	−0.27[b]	0.15	0.97	差别化 B	−0.00	0.09	0.96	无
	d^2	平均	−0.02	−0.45[a]	0.97	差别化 C	−0.08	−0.02	0.94	无
		人均 GDP	−0.09	−0.36[b]	0.97	差别化 C	−0.05	0.65[a]	0.94	竞相向上
工业烟尘排放	d^1	平均	−0.16	0.38	0.96	无	0.11	0.52	0.98	无
		人均 GDP	−0.14	0.35	0.96	无	0.10	0.51	0.98	无
	d^2	平均	−0.12	0.05	0.97	无	0.03	0.03	0.97	无
		人均 GDP	−0.12	0.11	0.96	无	0.00	0.02	0.97	无
工业粉尘排放	d^1	平均	0.09	−0.49	0.95	无	−0.77[a]	−0.30	0.99	差别化 B
		人均 GDP	0.27[a]	−0.09	0.95	逐底竞争	−0.87[a]	−0.90	0.99	差别化 B
	d^2	平均	0.20	0.25[b]	0.94	竞相向上	−0.34[a]	−0.32[b]	0.96	差别化 A
		人均 GDP	0.38[a]	0.16	0.94	逐底竞争	−0.34[a]	−0.21	0.98	差别化 B

注:上标 a、b 分别表示通过 1% 和 5% 以上显著性水平的检验。

[①] LM 检验表明存在地理空间上的相互依赖性,因此需要选择空间计量方法进行估计;各具体模型的空间和时间双向固定效应基本上在 5% 的显著性水平上通过 LR 检验。

表 3-3　COD 和氨氮排放规制强度省际竞争形态的估计结果（2004—2008 年）

指示变量	权重	COD				氨氮			
		δ_1	δ_2	R^2	竞争形态	δ_1	δ_2	R^2	竞争形态
d^1	平均	−0.46[a]	0.70[a]	0.95	竞相向上	−0.44[a]	−0.02	0.95	差别化 B
	人均 GDP	−0.20	0.92[a]	0.94	竞相向上	−0.19	0.54[a]	0.94	竞相向上
d^2	平均	−0.45[a]	1.23[a]	0.92	竞相向上	−0.40[a]	0.85[a]	0.92	竞相向上
	人均 GDP	−0.22[a]	1.64[a]	0.93	竞相向上	−0.27[a]	1.40[a]	0.93	竞相向上

注：上标 a、b 分别表示通过 1% 和 5% 以上显著性水平的检验。

3.2.2.1　实证结果

第一，根据表 3-2，基于治理工业污染投资强度衡量的省际规制强度竞争在 1998—2002 年主要表现为差别化的竞争态势。当竞争者放松环境规制强度时，相应省份的策略反应为负，即实施差别化 B 型策略，提升自身规制强度。而规制强度小于竞争者的省份遇强则弱，倾向于差别化 C 型策略，选择放松规制强度，这一结果在不同权重的设定下均是稳健的。在 2004—2008 年，这种以差别化 C 型策略为主的竞争形态基本消失了，省份间基本上不存在两种区制下的环境规制策略性行为，只在平均权重下，规制强度低于竞争者的省份仍然采取差别化 C 型战略。

第二，根据表 3-2，工业废水排放省际规制强度竞争形态在 1998—2002 年亦主要表现为差别化战略。当竞争者放松规制强度时，相应省份则采取遇弱则强的差别化 B 型策略，而规制强度小于竞争者的省份采取遇强则弱的差别化 C 型策略。因此，在这一期间，工业废水排放规制强度的省际差异将呈扩大趋势。在 2004—2008 年，工业废水排放规制强度的省际竞争形态亦发生了转变。基于规制强度变动的省际竞争形态在平均权重设定下表现为无策略性行为；在人均 GDP 的权重设定下，则采取模仿策略。不过，从具体的参数值来看，向规制强度放松的竞争者的趋同程度远小于向规制强度提升的竞争者的趋同程度，因此这一模仿策略将使得各省份的规制强度提高到相对高的水平。而基于规制强度大小的竞争形态在不同权重的设定下均表现为竞相向上，结果稳健。规制强度大于竞争者的省份没有策略性反应，而规制强度小于竞争者的省份采取跟随策略。根据表 3-3，在 2004—2008 年，工业废水排放中的 COD 和氨氮排放规制强度省际竞争在不同指示变量、权重设定下基本上体现为明显的竞相向上态势。

第三，1998—2002 年 SO_2 排放规制强度省际竞争形态与工业废水排放规制强度的竞争形态是一致的。也就是说，规制强度小于竞争者的省份采取遇强则弱的差别化 C 型策略，而面临竞争者放松规制强度的省份采取遇弱则强的差别化 B 型策略。因此，在这一期间，SO_2 污染规制强度的省际差异也将呈扩大趋势。而在 2004—2008 年，几乎不存在基于环境规制大小的省际策略性行为，不过，在人均 GDP 权重的设定下，规制强度低于竞争者的省份做出正向响应，表现为一个竞相向上的态势。

第四，就工业烟尘排放规制强度的省际竞争形态而言，1998—2002 年和

2004—2008 年两个样本期内,省份之间不存在基于环境规制强度大小、变动的策略性行为,这一结果在不同权重的设定下都非常稳健。

第五,从工业粉尘排放规制强度的省际竞争形态来看,1998—2002 年,在人均 GDP 权重的设定下,当竞争者放松规制强度时,省份亦倾向于放松规制,即出现逐底竞争的情形,但在平均权重设定下没有策略性行为。而基于规制强度大小的省际竞争形态在不同权重的设定下表现为截然相反的结果,在平均权重下表现为竞相向上,而在人均 GDP 的权重下表现为逐底竞争。[①] 在 2004—2008 年,工业粉尘排放规制强度的省份竞争形态发生了明显的转变,形成了以差别化 B 型策略为主的竞争态势,即对于竞争者规制强度弱于自身或者竞争者放松规制的省份,选择进一步维持或者强化自身环境规制力度的策略。

3.2.2.2　结果分析

根据上述实证结果,我们可以发现:

第一,在 1998—2002 年,治理工业污染投资强度、工业废水排放、SO_2 排放规制强度的省际竞争形态基本一致。环境规制强度小于竞争者的省份倾向于差别化策略,进一步放松自身的规制强度,而对于竞争者放松环境规制力度时,相应省份亦倾向于差别化策略,选择增强规制。上述差别化战略的选择很大程度上与我国省份经济、社会发展差异明显的特征相关[②],在对环境关注程度、减排技术的使用、环保资金来源等方面存在明显的省际差异。例如,对于规制强度弱的欠发达省份而言,污染治理投资资金来源单一且不足,环境关注程度较低,在缺乏定量考核的前提下,更愿意牺牲环境来换取经济发展,进一步放松规制强度来吸引转移产业。而当竞争者放松规制时,发达省份利用相对充裕的环保投入和逐步成熟的减排技术及在居民环境关注程度高的压力下,通过强化规制强度、提高环境水平这一途径来进一步提升竞争优势。

第二,在 1998—2002 年,除了工业粉尘排放之外,并没有出现完全逐底竞争的省际环境规制竞争态势。不过,基于环境规制强度大小的省际竞争呈现差别化 C 型策略,环境规制强度小于竞争者的省份试图通过放松环境规制以期获取吸引投资的竞争优势;而规制强度大于竞争者的省份则无策略性行为,如上文所述,差别化 C 型策略接近于环境规制的逐底竞争。而且,与基于环境规制强度变动的差别化 B 型策略竞争结合起来,可能会形成如下循环:环境规制强度弱的省份倾向于放松规制,而面对竞争者放松规制,则环境规制强的省份进一步强化规制力度。因此,上述策略行为会造成不同省际环境规制强度的差距扩大。这一方面会通过规

---

①　相对于平均权重,人均 GDP 权重的设定导致经济越发达省份的竞争影响力越大,提高了竞争者的规制强度(已有研究及我们的回归结果表明,人均 GDP 与环境规制强度具有显著的正相关关系),更容易引发相应省份的竞相到底。

②　沈坤荣,付文林:《税收竞争——地区博弈及其增长绩效》,《经济研究》2006 年第 6 期,第 16—26 页。

制强度大的省份来提升治污投资强度,另一方面则可能导致规制强度放松省份成为治污投资强度的洼地和污染排放的新聚集地。[①] 1998—2002 年,治理工业污染投资强度、工业废水、SO_2、烟尘、粉尘排放规制强度的省际变异系数分别增加了 36%、12.9%、0.8%、17.5% 和 43.2%。如果存在治污投资强度边际收益递减或者边际成本递增的规律,那么,省际规制强度差距的进一步扩大,导致污染治理的边际收益和边际成本的省际差距进一步扩大,规制强度小的省份的治污边际收益不断高于规制强度大的省份,而其边际成本则不断低于规制强度大的省份,从而愈加偏离最优的边际收益或者边际成本省际相等的情形,不利于减排的成本效率提升。

第三,整体来看,在两个样本期里,工业废水排放规制的竞争形态要优于工业废气排放规制,这可能和两类污染排放物的外部性差异有关。废水排放在地区间的流动性弱于废气排放,即前者外部性弱于后者。同时,工业废水排放的外部性主要通过河流等明确有形的渠道实现,工业废气排放的外溢有赖于无形的大气流动,缺乏明确的渠道,因此就地方政府相关责任核定而言,前者更容易明确,从而更容易将其外部性内部化。所以,平均来看,工业废水排放的外溢程度弱于工业废气,我们的分析结论与溢出效应模型也是相吻合的,亦和李永友、沈坤荣的结论相一致。[②]

最后也是最重要的,相对于前一样本期,除工业烟尘排放之外[③],其余指标的规制强度竞争形态在 2004—2008 年发生了明显转变。其中,工业废水排放规制强度的省际竞争基本上转变为明显的竞相向上形态,而且工业废水排放中的 COD 和氨氮排放省际规制强度的竞相向上形态非常稳健;工业 SO_2 规制强度的省际竞争亦在一定情况下表现为竞相向上的态势;治污投资强度的规制亦从差别化 C 型策略转变为非策略性行为;最后工业粉尘排放规制强度的省际竞争从以逐底竞争为主的态势转变为以差别化 B 型策略为主。从上述转变来看,2004—2008 年的环境规制强度省际竞争趋于竞相向上、差别化 B 型策略等良性竞争行为或者无策略性行为。而且,从不同的规制指标来看,只有工业废水及其主要污染物与工业 SO_2 排放的规制竞争开始出现竞相向上的情形,而这两项指标恰恰与“十一五”规划中约束性指标相对应。总之,从这种转变来看,随着科学发展观的深入实践,中央政府将具体的污染物减排指标细化到相应省份,环境绩效考核的作用不断深化,省际规制竞争趋优,而且进入约束性考核体系的污染物排放规制的省际竞争趋优程度最高。这表明,在我国这种经济分权、政治集中的分权结构中,在对上负责的晋升体系下,如果具体规制缺乏明确的考核目标和体系,尤其是对于和已有 GDP、财政收入等考核目标可能存在替代关系的环保而言,没有有效的“用脚投票”机制的制约,

---

① 我国环境规制强度较弱的内陆地区的污染排放占全国份额上升的现象得到计量研究的支持。

② 李永友,沈坤荣:《我国污染控制政策的减排效果——基于省际工业污染数据的实证分析》,《管理世界》2008 年第 7 期,第 7—17 页。

③ 一直无策略性行为。

很难通过地方政府竞争来实现相应的社会目标,形成有效率的资源配置。而一旦将考核目标和体系明确化,以及对该考核目标赋予一定程度的权重,在晋升激励的作用下,地方政府之间将会形成趋优的竞争形态,形成所谓的"自上而下的标尺效应",而且,考核目标越明确,这种效应亦越明显。[①] 这一结果意味着,在我国,对于污染排放的规制,特别是外溢效应并不是非常大的污染物[②],可以在第一个层次实行集权,即由中央政府设定具体的标准,而由地方政府自行决定具体的实施,可以充分发挥地方政府的信息优势,提高污染物减排的治理成本效率。

3.2.2.3 其他证据:经济增长率与省份环境规制竞争响应的敏感性分析

需要指出的是,减排目标的出现势必增加考核体系的复杂性,如各目标间的权重设计等。更为复杂的是,一旦多目标在长期与短期之间存在矛盾,如根据环境库兹涅茨曲线,经济发展水平落后地区在短期内可能会面临经济增长与减排的矛盾,因此,考核体系的调整不仅仅是减排目标的加入,还将涉及经济增长其他目标的调整以及相应的配套措施,特别是处理好经济增长和减排之间在短期内出现的矛盾。实际上,随着科学发展观实践的深入,一种以区域划分为基础的考核体系逐步形成,如主体功能区的思路,根据区域特征,对不同区域的多目标任务赋予不同的权重,达到减少目标维数、避免子目标间冲突的目的,充分发挥考核目标的激励作用。那么,在这种考核体系调整的思路下,经济增长速度不同区域的环境规制竞争响应是否不同,如经济增长率低于竞争者的省份是否更倾向于环境规制的策略性行为呢?而随着考核体系的调整,这种策略性行为模式是否会发生转变?在此,我们尝试分析省份环境规制竞争响应的敏感性在1998—2002年和2004—2008年两个样本期的变动,以期为上文的分析给出进一步的证据。

遵循Konisky[③]的思路[④],不过,我们利用式(3-2)进行不同特征区域的非对称

---

① 例如,同样以工业废水作为载体,COD排放进入到约束性目标,其规制强度的省际竞争行为的优化程度高于氨氮。

② 即使SO₂排放进入约束性目标,但是其在空间的外溢性要高于废水排放,其规制的省际竞争形态的转变不如工业废水排放规制来的彻底。

③ Konisky, D. M., "Assessing State Susceptibility to Environmental Regulatory Competition", Working Papers, 2007.

④ Konisky曾从区域异质性出发,提出相应的假说:经济规模小、经济增长速度慢、资本流动性强、污染密集度高的州,环境规制竞争的压力越大,越有可能参与环境规制竞争,形成逐底竞争效应。首先,经济规模小的经济体通过放松规制可以获得比大经济体更高的边际收益,同样也可能因为严格规制导致资本外流带来更高的边际损失,而大经济体经济一般更为多元化,有助于缓解来自于污染性行业利益集团的压力。其次,对于经济增长速度缓慢或者经历衰退的地区而言,可能更愿意放松规制来促进经济增长,而经济增长状况健康的地区以环境为代价获取经济增长的压力相对较弱。再次,从产业结构来看,"松脚型"(footloose)行业比重高的地区,为了避免本地相关行业资本的外流,可能更倾向于放松环境规制,也更容易受相关行业利益集团的影响。Konisky基于美国的经验研究仅支持规模小的州的环境规制竞争压力大的假说,后三类假说缺乏具有说服力的证据。

响应分析。在此选择人均 GDP 增长率的高低进行指示变量的设计。① 在唯 GDP 论英雄的情形下,我们有如下假说:经济增长率低于竞争者时,该省份环境规制的竞争压力越大,对环境规制竞争相应的敏感性越强,而经济增长率低于竞争者时,这种敏感性相对较弱。因此,如果这种假说成立,应该有 δ_1 显著异于 0,而 δ_2 不显著异于 0。基于双向固定效应的两区制空间 Durbin 固定效应模型估算结果见表 3-4,报告了 δ_1 和 δ_2 在 5% 以上的显著程度。

　　从表 3-4 来看,在 1998—2002 年,工业废水和工业粉尘排放规制强度的省际竞争中,经济增长率小于竞争者的省份的竞争压力明显,竞争响应的敏感性突出,而增长率高于竞争者的省份则没有相应的反应。此外,其他规制变量没有出现符合假说的结果。而在 2004—2008 年,经济增长率高于竞争者的省份,其响应的敏感性反而突出,而经济增长率小于竞争者的省份的敏感性则基本消除,因此基本上不支持上述假说。这一转变和我们前面基于环境规制竞争形态的转变是相吻合的。这表明,在突出生态文明建设和"资源节约型、环境友好型"社会构建时,除了在环境领域引入约束性指标之外,在考核体系上有了进一步调整,特别是主体功能区思路的提出,不同主体功能区的考核目标和机制发生调整,经济增长率在某些区域的考核体系中的权重下降,以及中央政府相应转移支付的跟进,可以转变以往的地方政府激励模式,反而部分经济增长率较快但环境承载力不高或者需要进一步转型提升的省份将面临更大的环境保护压力,环境规制竞争响应的敏感性得以提升。

表 3-4　基于经济增长率的省份环境规制竞争响应的敏感性

规制变量	权重	1998—2002 年		2004—2008 年	
		δ_1	δ_2	δ_1	δ_2
治污投资	平均	不显著	不显著	不显著	不显著
	人均 GDP	不显著	不显著	不显著	不显著
工业废水	平均	显著	不显著	不显著	显著
	人均 GDP	显著	不显著	不显著	显著
SO$_2$	平均	不显著	不显著	显著	显著
	人均 GDP	不显著	不显著	不显著	显著
工业烟尘	平均	不显著	不显著	不显著	不显著
	人均 GDP	不显著	不显著	不显著	不显著
工业粉尘	平均	显著	不显著	不显著	不显著
	人均 GDP	显著	不显著	不显著	显著

---

① 当人均 GDP 增长率低于竞争者时,赋 1 值,否则赋 0 值。

3.2.3　结论及思路

随着环境联邦主义研究的兴起,基于环境治理的分权结构和激励体系的理论研究结论模棱两可,往往因为模型设定、参数选择的不同而不同,因此需要相应的经验研究。地方政府的环境规制强度竞争行为也是这一领域关注的焦点,直接关系到环境治理的分权结构设计。我们结合中国经济分权、政治集中的分权结构特征,考虑 1998—2008 年中国政府执政理念的提升及污染物排放考核体系的转变,将样本分为 1998—2002 年和 2004—2008 年两期,分析中国治理工业污染投资规制、工业废水排放规制、工业 SO_2 排放规制、工业烟尘排放规制、工业粉尘排放规制强度的省际竞争形态及其演变。考虑到在已有研究中,环境规制的策略互动估计模型通常选择工具变量法的缺陷,本章引入 Elhorst 和 Freret 的两区制空间 Durbin 固定效应模型进行估计[①],主要得到如下结论:

在 1998—2002 年,除了工业粉尘排放规制在平均权重且第一种指示变量下表现为逐底竞争,以及工业烟尘排放规制不存在策略性行为之外,其他环境规制强度的省际竞争以差别化策略为主,这可能与省份差异明显有关。基于环境规制强度变动的省际竞争基本上表现为遇弱则强的差别化 B 型策略,基于环境规制强度大小的省际竞争基本上表现为遇强则弱的差别化 C 型策略,这种策略组合可能导致环境规制偏弱省份"自暴自弃"的恶性循环。这一阶段的环境规制可能导致环境规制强度省际差距的扩大,进而不利于减排的成本效率提升。

在 2004—2008 年,除了工业烟尘排放规制之外,其他环境规制的省际竞争发生了明显的转变,竞争行为趋优,逐步形成"标尺效应"。竞相向上的强度、稳健型程度呈 COD、氨氮、工业废水和工业 SO_2 递减,而工业粉尘排放省际规制强度竞争从以逐底竞争为主的态势转变为差别化 B 型策略,治污投资强度的规制亦从差别化 C 型策略转变为非策略性行为。这一转变和执政党发展理念的提升、科学发展观的深入实践、环境绩效考核作用的不断深化的时机密切吻合。而且,随着考核体系的调整,基于不同经济增长率省份的环境规制竞争敏感性的分析也支持这一转变。此外,进入减排约束性指标的污染物排放规制省际竞争行为优于未进入约束性指标的污染物排放规制,空间外溢性低的污染物排放规制省际竞争行为优于空间外溢性高的污染物排放规制。

3.3　本章小结

环境标准设定主体的政府层级选择是一个涉及技术、经济和政治的复杂过程。

---

①　Elhorst, J. P. and Fréret, S. , "Evidence of Political Yardstick Competition in France Using a Two-Regime Spatial Durbin Model with Fixed Effects", Journal of Regional Science, 2009, pp. 1-21.

以地理外溢为分析起点,我们建议将生态问题分为地理外溢对称性、非对称性和无地理外溢性三种类型。对于地理外溢非对称且地理外溢性较大的生态问题,由中央政府设定标准,甚至设定统一的标准是很有必要的;对于对称的地理外溢情形,干预的适用条件取决于现实对自由竞争假设的偏离程度;对于无地理外溢效应情形,地区异质性的重要性凸显,应该由地方政府自行决定其标准,新的质疑来自于经济竞争可能导致地方政府放松环境规制。

尽管近期的经验研究基本上证实了环境规制对资本布局和市场份额的负面效应,但是这并没能直接证明分权体系下地方政府之间会形成逐底竞争。在理论研究方面,分权体系的效率取决于现实条件与完全竞争市场的距离,这会落脚到经验研究上。绝大部分关于市场体系相对完善的美国的经验研究并没有找到充分的证据证明地方政府环境规制"逐底竞争",但是这并不意味着偏离完全竞争市场更远的发展中国家亦如此。

同时,环境标准设定在内的环境政策的制定是嵌入到一定的政治体制中的,将游说集团、选举过程和选举制度安排等政治体制引入到传统规制竞争模型中,大部分研究进一步给出了环境政策标准分权化制定的合理性。但是,模型的结论对政府行为动机的假设较为敏感。而政治集中的单一制国家地方官员最主要的晋升激励来自于中央,地方官员的行为是最大化中央对其的考核目标。这需要以中央政府的考核体系作为切入点,分析考核体系的设计对地方政府行为和地区间环境规制竞争形态的影响。

环境治理的分权结构和激励体系的理论研究结论模棱两可,经验研究非常必要。本章结合中国经济分权、政治集中的分权结构特征,考虑 1998—2008 年中国政府执政理念的提升及污染物排放考核体系的转变,将样本分为 1998—2002 年和 2004—2008 年两期,利用两区制空间 Durbin 固定效应模型,分析 1998—2008 年中国环境规制强度的省际竞争形态及其演变。

在 1998—2002 年,环境规制强度的省际竞争以差别化策略为主:基于环境规制强度变动的省际竞争基本上表现为遇弱则强的差别化策略,基于环境规制强度大小的省际竞争基本上表现为遇强则弱的差别化策略,这种策略组合可能使得环境规制偏弱省份"自暴自弃"的恶性循环。这导致环境规制强度省际差距的扩大,不利于整体减排的成本效率提升。在 2004—2008 年,科学发展观实践的不断深入、环境绩效考核作用的不断强化和考核体系的调整,环境规制的省际竞争发生了明显的转变,竞争行为趋优,逐步形成"标尺效应",基于不同经济增长率省份的环境规制竞争敏感性的分析也支持这一转变。趋优程度与空间外溢性、是否进入约束性目标密切相关。

基于文献分析和经验研究,在我国经济分权、政治集中的分权结构下,环境污染的治理需要一定程度的集权。不过,对于主要污染物,特别是外溢效应并不是非常大的污染物减排规制,可以在第一个层次实行集权,即由中央政府制定具体、明确、具有约束力的考核体系,而具体的规制工作可由地方政府自行实施,从而避免在第二层次的集权中,中央政府的直接干预在信息劣势方面需要支付不必要的成本,造成污染减排的效率损失。当然,考核体系的改变,不仅仅是增加减排的约束性目标,还需要其他目标的调整和相关措施的配套。我们的研究也表明,需要基于主体功能区思路的考核体系的形成,以及财政转移支付的跟进等配套措施,以降低经济增长率低于竞争对手的省份对环境规制压力的敏感性,提高部分经济增长率高但环境承载力弱或者经济转型任务迫切的省份对环境规制压力的敏感性,从而避免环境规制逐底竞争。

4 跨界污染、执行与环境规制的分权结构优化

第 3 章主要讨论标准设定的政府层级选择,而环境目标的最终实现依赖于政策工具类型的选择和具体的执行,以及资金的筹措。跨界污染,尤其是非对称跨界污染的存在,以及由其引发的"搭便车"效应,表明在一定情况下需要中央政府的干预。尽管分权会导致过度跨界污染,那么集权就必然能减少跨界污染吗?两种方向相反的治理结构会必然对跨界污染产生相反的作用吗?在实践中,环境目标的实现依赖于中央政府和地方政府选择不同的政策工具来协同执行,这需要突破早期研究集中于完全集权或者完全分权的简单两分法,考虑如何构建合理的环境治理集权、分权混合结构(环境治理公共部门组织结构)来实现资源的优化配置。[①]环境目标的实现过程进一步复杂化了环境规制的分权结构设计,不同层级决策主体的顺序和使用的工具类型、不同层级政府在执行层面的信息不对称、中央转移支付规则都会影响环境政策的有效性和资源配置的效率。跳出或者中央政府、或者地方政府的简单两分法争论之后,如何在更接近现实的情形下设计合理的政府环境治理内部组织结构的研究仍充满挑战。

考虑中国式分权的特征,混合结构中有两种方式:一种方式是考虑到中央政府对技术标准的监督成本远低于对地方政府执行和企业具体治污行为的监督成本[②],由中央政府设定技术标准、地方政府负责具体执行,这实际上是对治污过程的监管;另一种方式是由中央政府直接限定每个地区的排放总量,由地方政府自行决定区域内部污染排放的配置,这实际上是对治污结果的监管。本章在第一种方式下引入地方政府在执行过程中的自由裁量权并由跨界污染引致的"搭便车"行为,分析这一形式的效率问题,并提出基于转移支付时机选择的解决方式和存在的问题。同时,我们构建一个简单的理论模型描述第二种方式下处于上游的地方政府在满足中央政府减排要求的过程中是如何在跨界污染区和非跨界污染区配置其

---

① Silva, E. C. D. and Caplan, A. J., "Transboundary Pollution Control in Federal Systems", Journal of Environmental Economics and Management, no. 34, 1997, pp. 173-186.

② Hutchinson, E. and Kennedy, P. W., "State Enforcement of Federal Standards: Implications for Interstate Pollution", Resource and Energy Economics, no. 30, 2008, pp. 316-344.

污染的,并利用中国城市层面的工业废水排放数据讨论这一方式的有效性和存在的问题,并提出解决的方向。

4.1 标准集权化设定下的地方政府执行和中央政府转移支付

本节从地方政府在执行过程中的自由裁量权和不可契约化出发,探讨如何优化非对称跨界污染规制的分权结构设计,来获取最有效率的资源配置。我们从中国治理跨界污染的实际出发,在 Hutchinson 和 Kennedy、Silva 和 Caplan 的基础上[1][2],构建一个包含中央政府和两个地方政府的非对称跨界污染博弈模型,分析中央政府先行设定具体的标准、地方政府负责具体的执行这一形式的效率水平和中央政府转移支付的时机选择问题。本节分为六个部分:第一部分讨论地方政府的自由裁量权与"搭便车"效应的存在;第二部分交代模型的结构和相关假定;第三部分给出社会最优情形的条件,作为比较分析的基准;第四部分是分析中央完全先行模式和转移支付 Stackelberg 追随模式两种分权结构的效率水平,刻画不同分权结构下中央和地方政府的行为特征;第五部分对中央转移支付做了进一步的具体分析,包括讨论转移支付的必要性和资金流向问题;第六部分是结论。

4.1.1 地方政府的自由裁量权与"搭便车"效应的存在

在实践中,环境目标的实现不仅仅是环境标准的设定,也依赖于环境标准的执行,涉及中央政府和地方政府选择不同的政策工具来协同执行,而并不是简单的完全集权或者完全分权。实际上,考虑到信息可获性、地区差异和执行成本,通常由地方政府负责标准的具体执行。在地方政府执行过程中,对违规企业的惩罚活动包括从简单的口头警告、罚款、停产整顿到关闭等。在日常执行中,警告等非正式执行活动更为重要,有近 90% 的执行活动是非正式的。[3] 但是,只有正式的执行活动(如有赖于一定程度的司法力量)才能被中央政府所确认,非正式执行很难被中央政府所追溯,因此,地方政府的执行行为具有明显的不完全契约性[4],其信息不能完全被第三方所确认。因而,中央政府监督能力受限,而地方政

① Hutchinson, E. and Kennedy, P. W. , "State Enforcement of Federal Standards: Implications for Interstate Pollution", Resource and Energy Economics, no. 30, 2008, pp. 316-344.

② Silva, E. C. D. and Caplan, A. J. , "Transboundary Pollution Control in Federal Systems", Journal of Environmental Economics and Management, no. 34, 1997, pp. 173-186.

③ Brown, R. S. and Green, V. , "Report to Congress: State Environmental Agency Contributions to Enforcement and Compliance", Environmental Council of the States, Washington, DC, 2001.

④ Lin, Ceen-Yenn Cynthia, "Three Essays on the Economics of the Environment, Energy and Externalities", PhD Dissertations, Harvard University, 2006.

府可以在执行层面具有一定的自由裁量权①，即使在停产整顿这种正式执行过程中，也有停产期限选择的决定权，这种自由裁量权可以帮助其放松边界地区企业的规制执行强度。②

　　在我国，地方政府的执法手段包括警告、罚款、限期治理、停产停业、吊销证书和行政处分。根据陆新元等的调研，罚款、限期治理和警告的使用频率最高，分别接近60％和在20％、10％以上，三种方式总计占到90％以上。而这三种方式在具体处理过程中的弹性大，这意味着地方政府的自由裁量权大。③ 而且，政府治理结构、环境监管基础设施的不完善进一步加大了地方政府的自由裁量权。一方面，在当前的治理结构下，地方政府对本地环境负责，其被赋予了很大的责任和权力，同时，我国环境法律法规规定过于笼统，对于执行主体、管理对象的权利、义务、责任不明确或者不科学，如2000年修订的《中华人民共和国大气污染防治法》确认了大气污染物总量控制和排污许可证制度，但是针对各地区的具体实施细则却长期没有出台，国务院、国家发展和改革委员会、环境保护部等出台的政策性文件偏导向型而缺乏强制性与责任追究机制，因此，相关法律、标准难以被地方政府有效执行；另一方面，我国环境监测的基础设施有待加强，没有形成对污染源排放的统一的连续监测系统（CEMS），因为技术、管理、资金等问题，各地监测系统差别很大，排放监测数据难以作为执法的依据，从而进一步弱化了中央政府的监督作用。④ 所以，在我国，地方政府执行行为的不完全契约性更为明显。

　　因此，当地方政府在执行上具有一定自由裁量权时，很有必要研究中央政府如何管理跨界污染的问题，特别是如何破解常见的"上有政策，下有对策"。所以，这需要突破早期研究中的简单两分法，考虑到地方政府在执行过程中的自由裁量权，研究如何构建合理的污染治理集中、分治的混合结构（环境治理公共部门组织结构）来实现资源的优化配置。⑤

　　与上述问题紧密相关的文献是 Hutchinson 和 Kennedy 的努力。他们从地方政府执行层面的不可契约化出发进行分析，构建一个跨界污染情形下包含中央政

　　① Brown, R. S. and Green, V. , "Report to Congress: State Environmental Agency Contributions to Enforcement and Compliance", Environmental Council of the States, Washington, DC, 2001.

　　② Sigman, H. A. , "Transboundary Spillovers and Decentralization of Environmental Policies", Journal of Environmental Economics and Management, no. 50, 2005, pp. 82-101.

　　③ 陆新元等：《中国环境行政执法能力建设现状调查与问题分析》，《环境科学研究》2006年第19卷，第1—11页。

　　④ Dudek, D. J. ，秦虎，张建宇：《以 SO_2 排放控制和排污权交易为例分析中国环境执政能力》，《环境科学研究》2006年第19卷，第44—58页。

　　⑤ Silva, E. C. D. and Caplan, A. J. , "Transboundary Pollution Control in Federal Systems", Journal of Environmental Economics and Management, no. 34, 1997, pp. 173-186.

府、地方政府和污染企业的空间博弈模型,中央政府作为 Stackelberg 领导者设定标准,地方政府负责执行。结果表明,在非合作均衡中,地方政府会放松位于下风(游)州边界企业的违法惩罚力度,从而产生高于任一给定中央政府标准的跨界污染。[①] 更严格的标准一方面可以减弱地方政府执行强度的歧视性水平,另一方面也会降低整体的执行强度。因而,中央政府面临着边界地区更强执行强度和非边界地区更弱执行强度的权衡。在非合作均衡中,离边界较远的企业的惩罚力度高于最优水平,因此,这为中央政府提高标准提供了可操作的空间。其次优政策是设立比最优标准[②]更严格的标准,在该标准下,整体上执行强度相对较弱,总体排放和跨界污染亦相应减少,从而接近于最优水平,但是,歧视性执行依然存在,跨界污染水平仍高于最优水平,无法形成社会最优的资源配置。不过,Hutchinson 和 Kennedy 虽然在形式上讨论上下游(风)地区之间的关系,但是,其基于圆形地区分布的假定,实质上表现为对称的跨界污染,如将其模型中的地区数设定为 2,就出现典型的对称跨界污染,因此,该模型并没有真正分析我们更为关心的非对称跨界污染问题。另外,其模型仅仅设定中央政府具有设定标准的权力,而没有考虑中央政府的其他能力,也未能找到一个能够获得社会最优资源配置的解决方案。

对于后一个问题,Silva 和 Caplan、Caplan 和 Silva、Nagase 和 Silva、Silva 和 Yamaguchi 等考虑到中央政府具有地区间再分配的转移支付能力[③④⑤⑥],发现在分权先行体系下,地方政府作为 Stackelberg 先行者选择治理支出水平,中央政府则是 Stackelberg 追随者,选择税率和区域之间的转移支付,能够形成有效率的资源配置。因此,中央政府转移支付能力的引入有可能破解 Hutchinson 和 Kennedy 的难题。[⑦] 不过,Silva 等人的一系列研究也发现,转移支付的时机选择至关重要,因为在集权先行体系下,中央政府作先行作出决策(包括转移支付),地方政府则作为 Stackelberg 追随者,却无法形成最优配置。两种体系的差异实际上是 Rotten

① Hutchinson, E. and Kennedy, P. W. , "Borderline Compliance in Environmental Policy: Interstate Pollution and the Clean Air Act", University of Victoria Working Paper, 2006.

② 最优标准是指地方政府在执行标准时考虑到其生产的所有污染,包括外溢到其他行政区的污染。

③ Silva, E. C. D. and Caplan, A. J. , "Transboundary Pollution Control in Federal systems", Journal of Environmental Economics and Management, no. 34, 1997, pp. 173-186.

④ Caplan, A. J. and Silva, E. C. D. , "Federal Acid Rain Games", Journal of Urban Economics, no. 46, 1999, pp. 25-52.

⑤ Nagase, Y. and Silva, E. C. D. , "Optimal Control of Acid Rain in a Federation with Decentralized Leadership and Information", Journal of Environmental Economics and Management, no. 40, 2000, pp. 164-180.

⑥ Silva, E. C. D. and Yamaguchi, C. , "Interregional Competition, Spillovers and Attachment in a Federation", Journal of Urban Economics, no. 67, 2010, pp. 219-225.

⑦ Hutchinson, E. and Kennedy, P. W. , "Borderline Compliance in Environmental Policy: Interstate Pollution and the Clean Air Act", University of Victoria Working Paper, 2006.

Kid 定理（不肖子定理）的体现,中央政府先作出再分配决策时,对地方政府而言这是给定的,其决策将独立于再分配而追求自身利益最大化,导致地方治理投入与中央政府污染税率之间形成替代关系;而当中央政府作为 Stackelberg 追随者时,其对区域间转移支付的决策根据地方政府的污染治理支出进行调整,实现区域间的效用水平均等化,因此地方政府在做治理决策时不得不考虑到中央政府进行区域间再分配的能力。不过,Silva 等人的研究都建立在中央政府能够得到地方政府执行情况完全信息的基础上。但是,如上文所述,地方政府执行行为存在明显的不可完全契约化,地方政府对其不同区位企业的差别化对待的信息难以被第三方证实,在这一情形下,转移支付及其时机选择的有效性,有待进一步讨论。

针对上述问题,我们从地方政府在执行过程中的自由裁量权和不可契约化出发,探讨非对称跨界污染规制的分权结构的优化。我们从目前大部分国家,包括中国治理跨界污染的实际出发,在 Hutchinson 和 Kennedy、Silva 和 Caplan 的基础上[1][2],构建一个包含中央政府和两个地方政府的非对称跨界污染博弈模型,分析中央政府先行设定具体的标准、地方政府负责具体的执行这一形式的效率水平和中央政府转移支付的时机选择问题。

4.1.2 模型的结构和相关假设

如图 4-1 所示,由上游 u 地区和下游 l 地区组成一个国家,各地区的长度标准化为 1,由一个中央政府和两个地方政府来管理。假设两个地区各含有一个代表性消费者,其效用函数设定如下:

$$u_j(W_j), W_j = I_j - v(G_j), j = u, l \tag{4-1}$$

式中,I_j 表示 j 地区的货币化收入;$v(G_j)$ 表示 j 地区污染物 G_j 所带来的用货币衡量的损失;$u(W)$ 表示关于财富 W 严格递增且严格凹;$v(G)$ 表示关于 G 严格递增且严格凸。中央政府和地方政府都是仁慈的政府,最大化辖区内居民的福利。

企业 i 在生产 y_i 的过程中需要消耗 $\mu y_i^2/2$ 的成本 $(\mu>0)$ 和排放 y_i 单位的污染物,即一单位产出形成一单位污染排放。非对称的跨界污染流向如图 4-1 所示,上游 u 地区可以分为两个区域,污染跨界区为离边界 $r(0<r<1)$ 距离以内的地区,该地区的污染排放会有 $1-\alpha$ 部分 $(0<\alpha<1)$ 转移到下游地区,而距离边界 r 以上的地区为非污染跨界区,该地区污染物的排放主要影响其自身;下游地区则为非污染跨界区。

① Hutchinson, E. and Kennedy, P. W., "Borderline Compliance in Environmental Policy: Interstate Pollution and the Clean Air Act", University of Victoria Working Paper, 2006.

② Silva, E. C. D. and Caplan, A. J., "Transboundary Pollution Control in Federal Systems", Journal of Environmental Economics and Management, no. 34, 1997, pp. 173-186.

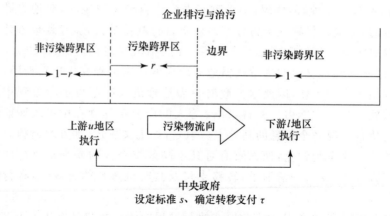

图 4-1 模型结构示意

在污染治理方面,结合当前我国跨界污染治理结构,考虑到中央政府对技术标准的监督成本远低于对地方政府执行和企业具体治污行为的监督成本[1][2],因此由中央政府设定技术标准 s,规定企业处理 $100(1-s)\%$ 的污染物,货币化成本为 $\sigma(1-s)^2/2,0<s<1$。标准的实现除了设备购置之外还需要设备运行,取决于企业的努力程度 m_i;货币化成本 $\delta m_i^2/2, m_i \in [0,1]$。排放达到标准 s 的概率为 m_i,失败则将多增 k 部分,$k \in (0,1-s]$,因此,i 企业预期污染物的排放:$G_i(s,m_i,y_i) = (s+(1-m_i)k)y_i$。地方政府的责任是执行中央政府的标准,对违规企业进行惩罚。地方政府所具有的自由裁量权及地方政府的全部执行行为难以完全被第三方所确认,因此,上游地区政府会有可能利用这种不完全契约性对污染跨界区和非污染跨界区实施差别化的规制强度,设其对两类区域内企业的违规行为的罚款额分别为 F_{u1} 和 F_{u0}。而对于下游地区而言,没有可以转移的污染,因此其对区域内所有企业的违规行为实施统一的罚款额度 F_l。另外,中央政府具有在两个地区实施再分配的权利,进行转移支付。

根据上述设定,上游和下游地区的财富分别为

$$W_u = \int_0^r [\pi + (1-m_{u1})F_{u1}]\mathrm{d}x + \int_r^1 [\pi + (1-m_{u0})F_{u0}]\mathrm{d}x - \tau_u$$
$$- v\left(\int_0^r \alpha G_{u1}(s,m_{u1},y_{u1})\mathrm{d}x + \int_r^1 G_{u0}(s,m_{u0},y_{u0})\mathrm{d}x\right) \tag{4-2}$$

$$W_l = \int_0^1 [\pi + (1-m_l)F_l]\mathrm{d}x + \tau_u$$
$$- v\left(\int_0^r (1-\alpha)G_{u1}(s,m_{u1},y_{u1})\mathrm{d}x + \int_0^1 G_l(s,m_l,y_l)\mathrm{d}x\right) \tag{4-3}$$

---

[1] Hutchinson, E. and Kennedy, P. W., "State Enforcement of Federal Standards: Implications for Interstate Pollution", Resource and Energy Economics, no. 30, 2008, pp. 316-344.

[2] 因为技术标准通常与相应的治污设备相对应,有无设备的信息获取成本较低。

上游和下游地区的受污染量分别为

$$G_u = \int_0^r \alpha G_{u1}(s, m_{u1}, y_{u1})\,\mathrm{d}x + \int_r^1 G_{u0}(s, m_{u0}, y_{u0})\,\mathrm{d}x \tag{4-4}$$

$$G_l = \int_0^r (1-\alpha) G_{u1}(s, m_{u1}, y_{u1})\,\mathrm{d}x + \int_0^1 G_l(s, m_l, y_l)\,\mathrm{d}x \tag{4-5}$$

企业最大化其利润函数为

$$\pi = y_i - \mu y_i^2/2 - \delta m_i^2/2 - (1-m_i)F_i - \sigma(1-s)^2/2 \tag{4-6}$$

根据一阶条件,有

$$y_i = 1/\mu, \quad m_i = F_i/\delta \tag{4-7}$$

式(4-7)表明,在我们的模型中,企业的产出是外生的,与企业的边际成本系数相关,这样可以使我们的研究更能聚焦于地方政府执行问题;企业治污努力的边际成本等于地方政府的惩罚力度,且与惩罚力度呈正比,越高的惩罚力度将引致越高的企业努力程度。

4.1.3　社会最优情形

在本部分,我们给出社会最优的资源配置,为分析提供一个必要的基准。中央政府选择 F_{u1}、F_{u0}、F_l、τ_u 和 s 最大化两个地区的效用水平:

$$
\begin{aligned}
\max\Big\{ & u\Big\{\int_0^r [\pi + (1-m_{u1})F_{u1}]\mathrm{d}x + \int_r^1 [\pi + (1-m_{u0})F_{u0}]\mathrm{d}x - \tau_u \\
& - v\Big(\int_0^r \alpha G_{u1}(s, m_{u1}, y_{u1})\mathrm{d}x + \int_r^1 G_{u0}(s, m_{u0}, y_{u0})\mathrm{d}x\Big)\Big\} \\
& + u\Big\{\int_0^1 [\pi + (1-m_l)F_l]\mathrm{d}x + \tau_u \\
& - v\Big(\int_0^r (1-\alpha) G_{u1}(s, m_{u1}, y_{u1})\mathrm{d}x + \int_0^1 G_l(s, m_l, y_l)\mathrm{d}x\Big)\Big\}\Big\}
\end{aligned}
\tag{4-8}
$$

根据我们对效用函数和污染损害函数的假设,最优解存在且唯一,因而可以根据一阶条件给出社会最优配置的一组条件。

命题 4-1　社会有效率的资源配置由下列条件给出:

$$u'(W_u^*) = u'(W_l^*) \quad W_u^* = W_l^* \tag{4-9}$$

$$F_{u0}^* = \frac{kv'(G_u^*)}{\mu} \tag{4-10}$$

$$F_{u1}^* = \frac{k[\alpha v'(G_u^*) + (1-\alpha)v'(G_l^*)]}{\mu} \tag{4-11}$$

$$F_l^* = \frac{kv'(G_l^*)}{\mu} \tag{4-12}$$

$$2\sigma(1-s^*) = [v'(G_u^*)(\alpha r - r + 1) + v'(G_l^*)(-\alpha r + r + 1)]/\mu \tag{4-13}$$

式(4-9)给出了地区间收入再分配的效率规则,即两个地区的边际效用相等,进而根据效用函数的严格递增性,有两个地区的财富均等化。式(4-10)可以改写为 $\delta m_{u0}^* = \dfrac{kv'(G_u^*)}{\mu}$,因此,最优条件下,对企业的惩罚使得其努力的边际成本与其造成的边际损害相等,这是纯公共品生产的萨缪尔森条件的体现,式(4-11)和式(4-12)也表达了相同的含义。最后,根据式(4-13),社会最优标准 s 设定在实现标准的边际成本等于该标准所引致的边际损害相等的水平上。

进一步来比较最优情形下不同类型地区的惩罚力度差异和污染物水平。结合命题 4-1,利用反证法,我们可以得到命题 4-2。

命题 4-2 在社会最优的资源配置且 $\alpha \neq 1$ 下,有 $G_u^* < G_l^*$,$F_{u0}^* < F_{u1}^* < F_l^*$。

根据命题 4-2,最优情形下,上游地区的污染物水平低于下游地区;上游地区非跨界污染区的执行强度小于下游地区,而上游跨界污染区的执行强度介于两者之间。因此,在非对称跨界污染情形下,统一的执行强度并不能形成最有效率的结果[①],需要对上游的跨界污染区实施更为严格的惩罚力度。

4.1.4 两种分权规制情形的分析

我们在这里讨论两种分权规制情形。一种是目前常见的中央政府作为 Stackelberg 领先者的情形,即中央领先模式,中央政府在第一阶段确定标准 s 和转移支付 τ_u;地方政府第二阶段负责执行,上、下游地区分别选择 F_{u1}、F_{u0} 和 F_l。另一种情形则是一个三阶段博弈,中央政府在第一阶段确定标准 s;地方政府在第二阶段选择执行强度;最后中央政府在第三阶段根据观测到的两地区污染水平和努力成本进行转移支付。两种类型的关键性区别在于转移支付的实现时机不同。

4.1.4.1 中央完全先行模式

为了构造这一分权规制模式的子博弈精炼均衡,我们首先考虑第二阶段。上游地区在给定 F_l、s 和 τ_u 的情况下选择 F_{u1}、F_{u0} 来最大化:

$$u\left\{\int_0^r [\pi + (1-m_{u1})F_{u1}]\mathrm{d}x + \int_r^1 [\pi + (1-m_{u0})F_{u0}]\mathrm{d}x - \tau_u \right.$$
$$\left. - v\left(\int_0^r \alpha G_{u1}(s,m_{u1},y_{u1})\mathrm{d}x + \int_r^1 G_{u0}(s,m_{u0},y_{u0})\mathrm{d}x\right)\right\} \qquad (4\text{-}14)$$

下游地区在给定 F_{u1}、$F_{u0}s$ 和 τ_u 的情况下选择 F_l 来最大化:

$$u\left\{\int_0^1 [\pi + (1-m_l)F_l]\mathrm{d}x + \tau_u \right.$$
$$\left. - v\left(\int_0^r (1-\alpha)G_{u1}(s,m_{u1},y_{u1})\mathrm{d}x + \int_0^1 G_l(s,m_l,y_l)\mathrm{d}x\right)\right\} \qquad (4\text{-}15)$$

---

① 这与 Hutchinson 和 Kennedy(2008)的结果不一致,后者假设完全对称的跨界污染,从而每个地区的污染水平相同,进而在最优情形下并不存在歧视性的惩罚力度。

上述优化问题的一阶条件经过整理后,我们可以得到第二阶段两个地区博弈的纳什均衡,见命题4-3。

命题4-3　第二阶段博弈的纳什均衡由式(4-16)～式(4-18)联立构成:

$$\hat{F}_{u0} = \frac{kv'(\hat{G}_u)}{\mu} \tag{4-16}$$

$$\hat{F}_{u1} = \frac{k\alpha v'(\hat{G}_u)}{\mu} \tag{4-17}$$

$$\hat{F}_l = \frac{kv'(\hat{G}_l)}{\mu} \tag{4-18}$$

与社会最优条件比较而言,式(4-17)表明上游地方政府并不会考虑其跨界污染,对企业的惩罚使得其努力的边际成本与其在本地区造成的边际损害相等。根据式(4-16)～式(4-18)和式(4-10)～式(4-12),我们可以得到命题4-4。

命题4-4　在中央领先模式下,给定标准 s 和转移支付 τ_u,有 $\hat{F}_l > \hat{F}_{u0} > \hat{F}_{u1}$ 和 $\hat{G}_u < \hat{G}_l$ 及 $G_u^*(s) < \hat{G}_u(s), G_l^*(s) < \hat{G}_l(s); \hat{F}_{u1}(s) < F_{u1}^*(s), F_{u0}^*(s) < \hat{F}_{u0}(s), F_l^*(s) < \hat{F}_l(s)$。

命题4-4可以通过反证法求得,其表明在中央领先模式下,上游地区的污染水平低于下游地区,而上游地区将大幅度放松其对跨界污染地区的执行强度,并低于其对非跨界污染地区的执行强度,这就形成了"搭便车"效应。与最优情形比较而言,给定标准 s,两个地区的污染水平都会上升,从而提高了各地区污染的边际损失,进而要求提高对非跨界污染区的执行强度。

对式(4-16)～式(4-18)关于 s 进行全微分,并利用克莱姆法则,可以得到命题4-5。

命题4-5　$\mathrm{d}\hat{F}_{u1}/\mathrm{d}s > 0; \mathrm{d}\hat{F}_{u0}/\mathrm{d}s > 0; \mathrm{d}\hat{F}_{u1}/\mathrm{d}s = \alpha(\mathrm{d}\hat{F}_{u0}/\mathrm{d}s)$。

根据命题4-5,中央政府面临提高标准 s 和执行强度进而努力程度之间的替代关系,中央政府标准提高会导致上游地方政府执行强度下降,进而引致企业努力程度下降,这体现了"上有政策,下有对策"的现象。而且,上游地区跨界污染区这种替代关系弱于非跨界污染区($0 < \alpha < 1$),即相同程度的标准放松,意味着上游非跨界污染区惩罚力度的提高大于跨界污染区。

作为 Stackelberg 领先者,中央政府考虑到第二阶段地方政府反应的纳什均衡,选择标准 s 和转移支付 τ_u 最大化式(4-8),进而得到命题4-6所示的子博弈精炼均衡。

命题4-6　中央完全先行模式的子博弈精炼均衡由式(4-16)～式(4-18)及式(4-19)、式(4-20)构成。

$$u'(\hat{W}_u) = u'(\hat{W}_l) \tag{4-19}$$

$$\frac{rk(1-\alpha)v''(\hat{G}_l)}{\delta\mu}\frac{\mathrm{d}\hat{F}_{u1}}{\mathrm{d}s} + 2\sigma(1-\hat{s})$$

$$-\frac{v'(\hat{G}_u)(\alpha r - r + 1) + v'(\hat{G}_l)(-\alpha r + r + 1)}{\mu} = 0 \tag{4-20}$$

显然,根据命题 4-6,在非对称跨界污染情形下,中央领先模式的子博弈精炼均衡并不等价于最优条件,即当地方政府在执行过程中具有自由裁量权时,即使由中央政府制定标准并具有转移支付的能力,也不能保证形成最优的资源配置。为了比较这一模式下的次优情形与社会最优情形,可以很容易证明 $2\sigma(1-\check{s})-\dfrac{v'(\hat{G}_u)(\alpha r-r+1)+v'(\hat{G}_l)(-\alpha r+r+1)}{\mu}$ 随 s 递减,结合 $\dfrac{rk(1-\alpha)v''(\hat{G}_l)}{\delta\mu}\dfrac{\mathrm{d}\hat{F}_{u1}}{\mathrm{d}s}>0$,我们有如下命题。

命题 4-7 $\check{s}>s^*$。

命题 4-7 表明,在中央领先模式下的技术标准要弱于社会最优情形下的技术标准。给定标准 s,有 $G_u^*(s)<\hat{G}_u(s)$,$\hat{F}_{u1}<F_{u1}^*(s)$,为了修正上游地方政府忽视污染跨界部分而造成跨界污染区执行强度对最优情形的偏离[见式(4-20)的左边第一项],根据命题 4-7,在次优中,中央政府不得不通过降低技术标准来提升地方政府的执行强度,进而提高企业治污努力水平。

4.1.4.2 转移支付 Stackelberg 追随模式

在转移支付 Stackelberg 追随模式下,模型演变为一个三阶段的动态博弈,为了得到这一模式的子博弈精炼均衡,我们首先求解第三阶段的优化问题,即中央政府选择转移支付来最大化两个地区居民的效用水平。由于地方政府的歧视性政策难以被第三方所确认,因此,中央政府只能在这一阶段根据观测到的上游地区各自的总体努力成本(C_u 和 C_l)和污染水平(G_u 和 G_l)来进行地区间的再分配,以求最大化下面的效用函数:

$$u\{1/2\mu-C_u-\sigma(1-s)^2/2-\tau_u-v(G_u)\}+u\{1/2\mu-C_l-\sigma(1-s)^2/2+\tau_u-v(G_l)\} \tag{4-21}$$

根据一阶条件,经整理得

$$\tilde{\tau}_u=\frac{1}{2}[\tilde{C}_l-\tilde{C}_u+v(\tilde{G}_l)-v(\tilde{G}_u)] \tag{4-22}$$

其中,$C_u=\displaystyle\int_0^r[\delta(F_{u1}/\delta)^2/2]\mathrm{d}x+\int_r^1[\delta(F_{u0}/\delta)^2/2]\mathrm{d}x$,$C_l=\displaystyle\int_0^1[\delta(F_l/\delta)^2/2]\mathrm{d}x$

在第二阶段,上、下游地方政府考虑到中央政府随后进行的再分配方案[式(4-22)],分别选择 F_{u1}、F_{u0} 和 F_l 最优化各自代表性居民的效用函数,这一阶段的纳什均衡由下面三个式子联立而得

$$\tilde{F}_{u1}=\frac{k[\alpha v'(\tilde{G}_u)+(1-\alpha)v'(\tilde{G}_l)]}{\mu},\tilde{F}_{u0}=\frac{kv'(\tilde{G}_u)}{\mu},\tilde{F}_l=\frac{kv'(\tilde{G}_l)}{\mu} \tag{4-23}$$

在第三阶段,中央政府选择标准 s 最大化两个地区的总效用,结合上述的纳什均衡,可得

$$2\sigma(1-\tilde{s})=[v'(\tilde{G}_u)(\alpha r-r+1)+v'(\tilde{G}_l)(-\alpha r+r+1)]/\mu \tag{4-24}$$

从而,我们可以得到这一模式的子博弈精炼均衡,见命题4-8。

命题 4-8 转移支付 Stackelberg 追随模式下的子博弈精炼均衡由式(4-22)～式(4-24)组成,并等价于社会最优的资源配置。

命题 4-8 表明,即使在地方政府执行层面的信息不可被第三方确认的情形下,转移支付 Stackelberg 追随模式依然能够实现最优的资源配置。这一模式与中央领先模式的本质区别在于转移支付的时机安排。中央领先模式下,转移支付安排在先,那么在第二阶段,地方政府的决策将独立于中央政府转移支付的安排,最大化自身的福利水平而忽视其对其他地区的外部性;而在转移支付 Stackelberg 追随模式下,中央政府可以在地方政府的决策之后选择转移支付,支付金额依赖于地方政府的决策,因此,这会对地方政府偏离最优的行为形成可置信的惩罚,从而促使第二阶段地方政府遵循最优的方式。因此,我们通过转移支付的引入和时机的选择,可以解决 Hutchinson 和 Kennedy 中跨界污染规制分权的混合结构①无法达成最优的问题。不过,与 Silva 和 Caplan 等一系列文章②不同的是,他们强调中央政府作为 Stackelberg 追随者的重要性,但是我们的结论并没有否定中央政府可以在某些决策上 Stackelberg 先行于地方政府,如标准的决策,而是只需要将转移支付放在地方政府的决策之后即可。这一结论具有积极的政策含义。因为现行的决策顺序往往由中央政府先行决定标准和转移支付,进而由地方政府作出执行决策,即中央领先模式,这难以达到资源的优化配置,所以很有必要改革当前的转移支付时机安排,选择转移支付 Stackelberg 追随模式来诱导地方政府有效率地解决跨界污染问题。

4.1.5 关于转移支付的进一步讨论

上文论述了转移支付时机选择的重要性,下面我们讨论转移支付的必要性及转移支付的流向。

4.1.5.1 转移支付的必要性

如果没有转移支付,会形成社会最优的情形吗? 那么,问题转化为在式(4-2)和式(4-3)中分别剔除 $-\tau_u$ 和 $+\tau_u$ 后最大化式(4-8)。

命题 4-9 不存在转移支付情形下,① 最优性条件可以由式(4-10)～式(4-12)及式(4-25)构成:

$$u'(\overline{W}_u)/u'(\overline{W}_l)[\sigma(1-\bar{s})-v'(\overline{G}_u)(\alpha r-r+1)/\mu]$$

① Hutchinson, E. and Kennedy, P. W., "Borderline Compliance in Environmental Policy: Interstate Pollution and the Clean Air Act", University of Victoria Working Paper, 2006.

② Silva, E. C. D. and Caplan, A. J., "Transboundary Pollution Control in Federal Systems", Journal of Environmental Economics and Management, no. 34, 1997, pp. 173-186.

$$+[\sigma(1-\bar{s})-v'(\overline{G}_l)(-\alpha r+r+1))/\mu]=0 \qquad (4\text{-}25)$$

② $2u(W^*)\geqslant u(\overline{W}_u)+u(\overline{W}_l)$；③ $\bar{s}>s^*$。

根据命题 4-2，有 $\overline{W}_u>\overline{W}_l$，因此，命题 4-9①表明，不存在转移支付的最优性条件与转移支付下的社会最优并不等价。实际上，不存在转移支付情形下，需要在社会最优情形下加了一条新的约束条件 $\tau_u=0$，决策变量可选范围的缩小意味着我们有命题 4-9②，即转移支付的缺失，无法达到两个地区效用水平均等化后才能实现的社会最优。最后，根据式(4-25)和式(4-13)，我们有命题 4-9③，即不存在转移至支付情形下，中央政府将进一步放松其规制标准。因此，转移支付的引入，可以解决 Hutchinson 和 Kennedy 在仅靠中央政府制定标准来部分内部化外部性、进而无法实现社会最优情形的问题。[①]

4.1.5.2 转移支付的流向

转移支付在形成社会最优的过程中起着不可或缺的作用，那么谁给谁转移支付呢？上文的分析假定上下游地区经济上是对称的，即各自产出的边际成本相等，因此，最优情形下，转移支付为

$$\tau_u^*=\frac{1}{2}\left(\frac{F_l^{*\,2}}{2\delta}-\frac{rF_{u1}^{*\,2}+(1-r)F_{u0}^{*\,2}}{2\delta}+v(G_l^*)-v(G_u^*)\right) \qquad (4\text{-}26)$$

根据命题 4-2，显然有 $\tau_u^*>0$。因此，这意味着上游需要向下游进行转移支付，体现了污染者付费的原则。如果我们将模型作进一步拓展，引入上下游经济不对称，如结合中国的实际情况，上游产出的边际成本大于下游产出的边际成本，不妨设 $\mu_u>\mu$。最优情形的转移支付为

$$\bar{\tau}_u=\frac{1}{2}\left(\frac{1}{2\mu_u}-\frac{1}{2\mu}+\frac{\overline{F}_l^2}{2\delta}-\frac{r\overline{F}_{u1}^2+(1-r)\overline{F}_{u0}^2}{2\delta}+v(\overline{G}_l)-v(\overline{G}_u)\right) \qquad (4\text{-}27)$$

此时，$\bar{\tau}_u$ 符号的选择取决于两地经济发展差距 $\left(\frac{1}{2\mu}-\frac{1}{2\mu_u}\right)$ 和两地污染治理努力成本及污染损害成本差异 $\left(\frac{\overline{F}_l^2}{2\delta}-\frac{r\overline{F}_{u1}^2+(1-r)\overline{F}_{u0}^2}{2\delta}+v(\overline{G}_l)-v(\overline{G}_u)\right)$ 的大小。因此，即使出现下游转移支付上游地区的情况($\bar{\tau}_u<0$)，也只是因为两地经济发展差距过大，仁慈的中央政府需要均等化地区间的收入差距，而不是因为污染跨界的原因。所以，在经济对称假定下，污染者受补偿的形式(即要求 $\tau_u<0$)，无法形成社会最优，污染者付费原则是达成社会最优的必要条件。转移支付数额的确定也应该"桥归桥、路归路"，跨界污染赔偿归跨界污染赔偿，经济发展差距归经济发展差距。

当然，社会最优性条件要求中央政府具有绝对权威和可以进行任何数额的地区间收入再分配。如果中央政府在转移支付中受到一定的限制，如转移支付

---

① Hutchinson，E. and Kennedy，P. W.，"Borderline Compliance in Environmental Policy：Interstate Pollution and the Clean Air Act"，University of Victoria Working Paper，2006.

只能占当地产出一定的比例 β，我们不妨假设 $\tau_u \leqslant \beta/2\mu$，其中，$0<\beta<1$，那么当且仅当 $\beta/2\mu \geqslant \tau_u^*$ 时，能够获得社会最优解，否则，$\tau_u = \beta/2\mu$，无法获得社会最有效率的资源配置。

4.1.6　模型的政策含义

环境问题的解决不仅是标准设定的问题，更依赖于标准的实施。关于非对称跨界污染的规制问题，完全分权或者完全集权这种传统两分法的环境分权结构研究难以解释中央政府和地方政府共同参与的实践，更难以发挥指导作用。我们从包括中国在内的大部分国家的实际出发，构建了一个中央政府和地方政府共同进行环境规制的动态博弈模型，讨论了在地方政府于执行层面存在自由裁量权且难以契约化的情形下，非对称跨界污染规制的分权结构优化问题。

结论表明，在非对称跨界污染情形下，社会最优的资源配置要求各地区实施差别化的执行强度，其中上游地区的跨界污染区域执行强度要强于非跨界污染区域，下游地区的执行强度大于上游地区。不过，在完全分权或者中央政府完全先行模式（中央政府先确定标准和转移支付，地方政府再执行）下，上游政府会放松其对跨界污染区域的执行强度，因此，即使中央政府直接干预标准设定也不能保障社会最优的资源配置的形成。我们的模型表明，中央政府标准的提高会引致上游地方政府执行强度的下降，即地方政府可以利用其执行层面难以契约化的特征，对中央政府的政策采取"上有政策，下有对策"的策略性反应。在中央政府完全先行模式下，为了纠正上游地方政府对最优情形的偏离，中央政府不得不通过降低标准来激励上游地方政府提升对跨界污染区域的执行强度。在转移支付 Stackelberg 追随模式（即中央政府先制定标准、地方政府再执行，中央政府最后进行转移支付）下，三阶段动态博弈的子博弈精炼均衡表明，虽然地方政府执行层面的信息难以被第三方确认，但是能够得到社会最优的情形。因此，在中央政府的相关职能中，转移支付的时机选择至关重要，应该在地方政府行动之后进行，从而可以影响地方政府执行强度的决策，避免其偏离最优行为。最后，进一步分析表明，中央政府具有完全转移支付的能力是形成社会最优的必要条件，但这一点在我国的财政分权体系下是无法实现的。一方面，无论是以前的财政包干制还是现行的分税制，中央财政收入只占地方财政总收入的一部分，如某一比例 β，因此，如上文所述，中央政府并不具有完全转移支付能力的现实限制了社会最优成立的范围。另一方面，完全的转移支付能力在形成均等化的社会分配的同时，也使财政增收对地方政府的激励作用丧失殆尽[1]，这对于一个仍处于发展中、二元结构明显、剩余劳动力丰富的国家而言，可能并不是一件好事，我们仍需要对地方政府有一定的激励去推动经济增

---

① 本节的模型聚焦于跨界污染问题的治理，而没有引入经济增长问题，因此未能体现出这一点。

长。合理转移支付的前提是中央政府对各地区污染水平以及由此造成的损失的信息是完全的,这可能因为各地区污染水平的检测技术、管理差异而难以实现,中央政府很难获取完全的地方信息,从而影响了这一机制的效果。另外,转移支付的流向要遵循污染者付费的原则,上游地区的过度跨界污染对下游地区的损害,应该由上游地区赔偿,这需要建立在中央政府绝对权威并具有完全转移支付能力的基础上,因为这种机制并不是完全自动可实施的,上游地区在社会最优情形下的福利得益低于非合作情形。尤其是考虑到我国流域内部普遍存在的经济发展不对称的现实,特别是表现为上游经济落后于下游的情形,在中央政府难以缩小地区间收入差距的情况下,如难以通过上文的转移支付方式均等化,因为地区经济差距造成的不平等。根据环境库兹涅茨曲线,落后的上游地区更倾向于用环境换取经济增长,而下游地区对环境问题更为关注,所以,基于污染者付费的原则在上游地区更难以落实。

所以,尽管在我们的模型中,通过引入中央政府的转移支付和相应时机的选择,可以纠正地方政府利用自由裁量权在跨界污染治理中偏离最优的行为,但是由于中央转移支付能力的不完全和实施机制的非自动化,而且在中国流域内部普遍存在的上游经济水平落后于下游地区的现实,污染者付费原则的可操作性不强。而我们的研究表明,基于地区间合作的生态补偿流向是受益者付费的原则,恰好与前述转移支付的流向是相反的,这可能更适合应用于解决我国的上下游地区之间跨界污染纠纷问题。[①] 所以,我们可能还需要考虑构建一个新的跨界污染治理模型,提升区域经济差距的重要性,并结合环境库兹涅茨曲线,考虑利益相关方的合作方式。

4.2　减排指标设定的集权化对非对称跨界污染的影响

上文表明治污技术标准的集权化难以解决跨界污染问题,本节分析减排指标设定的集权化和地方政府自行决定区域内污染排放的规制结果对跨界污染问题的影响。由中央政府直接限定每个地区的排放总量,这实际上是对治污结果的监管。这种方式能否有效解决非对称的跨界污染呢?目前很少有理论研究或者经验研究来回答这一问题。中国政府为了解决国内污染日益严重的问题,在"十一五"规划中首次将主要污染物的全国减排量作为硬约束。但是,各地区"十一五"规划对主要污染物减排量的规定是无法实现国家目标的。因此,中央政府将减排目标设定从"自下而上"的分权化转变为"自上而下"的集权化,在2006年发布的《国务院关

---

① 在我们的模型中,中央政府对环境标准的规定实际上给出了污染排放的产权归属,规定了各地区减排的义务,因此需要污染者付费。而在我国常见的上下游环境保护合作方面,由于上游地区相对落后,即处于弱势地位,历史排放量小,一般认为其更应该具有排放的权利,因此下游需要为从上游减排中获取的利益付费。

于"十一五"期间全国主要污染物排放总量控制计划的批复》(国函〔2006〕70号)中,决定由国家发改委和国家环保总局对各省份的减排指标做出具体规定。这为我们的研究提供了一个很好的"自然试验"机会。而且,从该批复来看,指标分配原则是"综合考虑各地环境质量状况、环境容量、排放基数、经济发展水平和削减能力以及各污染防治专项规划的要求,对东、中、西部地区实行区别对待"。可见,这项政策没有考虑跨界污染问题,从而保证了这一政策冲击的外生性。

本节将利用这一次政策"准试验"机会,分析中央政府限制地区排放总量这种集权方式对工业废水排放跨界污染的影响。本节分为以下五个部分:第一部分是通过一个简单的理论模型,描述处于上游的地方政府在满足中央政府减排要求的过程中,是如何在跨界污染区和非跨界污染区配置其污染的;第二部分是计量经济模型设定和数据说明;第三部分是基于水质和城市工业废水排放的实证结果;第四部分是利用企业层面数据给出稳健性检验;第五部分是结论与政策启示。

4.2.1 理论分析:一个简单的污染治理决策模型

我们假设流域上游行政区可以分为非跨界污染区和跨界污染区两个区域,前者的污染排放 E_0 全部留在本行政区,而后者的污染排放 E_1 只有 α 部分($0<\alpha<1$)留在本行政区。假设上游行政区的两个区域各有 1 单位的污染排放,总污染带来的货币化效用损失为 $V(E_0+\alpha E_1)$,$V'>0$,$V''>0$;治理 m 单位污染需要支付 $C(m)$ 的成本,$C'>0$,$C''>0$。因而上游行政区面临治污成本和治污所带来的效用增进之间的权衡。中央政府设定上游行政区的污染排放总量 E,$0\leqslant E\leqslant 2$。上游行政区分别在非跨界污染区和跨界污染区选择减少排放 m_0 和 m_1 来满足这一约束。所以,上述问题可以简化为如下所示的规划问题:

$$\text{Min} \quad C(m_0)+C(m_1)+V[(1-m_0)+\alpha(1-m_1)]$$
$$st. \quad (1-m_0)+(1-m_1)\leqslant E; \quad m_0\in[0,1]; \quad m_1\in[0,1] \quad (4\text{-}28)$$

假设 $V'(1+\alpha)<C'(0)$,这意味着没有中央政府的减排目标限制时,上游行政区不会减少其污染物排放,从而使我们可以更清晰地描述中央政府减排指标的设定对上游行政区减排行为的影响。[①] 上述规划问题的解见命题 4-10。

命题 4-10 根据式(4-28)及相关假设条件,存在一个 $\overline{E}\in(1,2)$,满足 $C'(2-\overline{E})-C'(0)=(1-\alpha)V'[(\alpha-1)+\overline{E}]$,当 $E\in(\overline{E},2]$ 时,则 $m_0^*=2-E$,$m_1^*=0$;当 $E\in[0,\overline{E}]$,则 m_0^* 由 $C'(m_0^*)-C'(2-E-m_0^*)+(\alpha-1)V'[1-\alpha+\alpha E+(\alpha-1)m_0^*]=0$ 给出,$m_1^*=2-E-m_0^*<m_0^*$。

---

① 放松该假设对模型的结论没有本质性的影响。而从各省份自身在"十一五"规划中的减排安排来看,在与废水排放相关的 COD 减排方面,31 个省份中只有 5 个省份明确提出减少这一污染物的排放,只有 1 个省份的减排指标高于后来中央政府设定的指标。

命题 4-10 表明,当中央政府设定的减排量较小时,即 E 较大时,上游行政区只会治理其非跨界污染区,因为此时非跨界污染区治污边际收益和边际成本之间的差额大于跨界污染区;当中央政府设定的减排量较大时,非跨界污染区治污边际收益和边际成本之间的差额小于跨界污染区,此时上游行政区会对两个区域同时进行污染治理,不过,非跨界污染区的减排量仍大于跨界污染区。而且,跨界污染的外部性越大,则下游开始治理污染所对应的临界值 $\overline{E}$ 越小,即需要更严格的排放限制标准。我们设定成本与效用函数的具体形式,得到如图 4-2 所示的数值模拟结果,更清晰地表现了上述理论推导的结果。

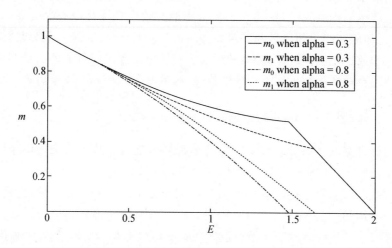

图 4-2 数值模拟结果$[C(m)=-\ln(1-m)]$

根据命题 4-10,我们可以证明,当 $E\in(\overline{E},2]$ 时,$\mathrm{d}m_0^*/\mathrm{d}E=-1$,$\mathrm{d}m_1^*/\mathrm{d}E=0$;当 $E\in[0,\overline{E}]$ 时,$\mathrm{d}m_0^*/\mathrm{d}E=[-C''(m_1^*)-\alpha(\alpha-1)V''(\,\cdot\,)]/[C''(m_0^*)+C''(m_1^*)+(\alpha-1)^2V''(\,\cdot\,)]$,$\mathrm{d}m_1^*/\mathrm{d}E=[-C''(m_0^*)-(1-\alpha)V''(\,\cdot\,)]/[C''(m_0^*)+C''(m_1^*)+(\alpha-1)^2V''(\,\cdot\,)]<0$。因此,比较静态分析表明,当中央政府设定的减排量较小时,进一步限制只会促使上游地方政府削减非跨界污染区的污染排放,而不影响跨界污染区的排放;当中央政府设定的减排量较大时,进一步的限制则会减少跨界污染区的排放,而对非跨界污染区的影响则不确定,取决于函数的设定形式。所以,理论分析表明,减排指标设定的集权化并不一定能够减少跨界污染,这取决于减排量的大小,以及由此引发的不同区域治污边际成本和边际收益的差异,减排量较大的上游行政区才会降低其跨界污染区的污染排放。这种集权方式在治理跨界污染方面失效的原因在于,命令型的政策依赖于行政区去落实,而行政区界限与污染地理外溢界限是很难一致的。因此,行政区可以在实施过程中采取在本区域内区别对待的对策来实现自身的利益最大化。

4.2.2　计量经济模型设定和数据来源

本节利用主要跨省流域国控断面水质数据和城市层面未处理工业废水排放数据来测度减排指标集权化设定对跨界污染的影响。在跨界水质计量经济模型中，我们引入两个虚拟变量：一是水质观测国控断面省界 B_i，若观测国控断面为省界断面的赋值为 1，否则为 0；二是表征减排指标设定主体改变这一政策冲击的虚拟变量 T_{it}，在集权化设定之前赋值为 0，否则为 1。两个虚拟变量分别控制了边界和集权化对所有国控断面水质的共同影响，而其交互项系数则测度了集权化对省界断面水质异于非省界的影响。这是最为关注的系数。在城市工业废水排放的计量模型中，除了引入表征减排指标集权化设定的虚拟变量 T_{it} 之外，我们将省份内部下游边界城市或者以河为省界的临河边界城市定义为跨界污染区，对虚拟变量 B_i 做了调整，给跨界污染区域赋值为 1，其余为 0。因此，这两个虚拟变量的交互项也捕获了集权对上游地区跨界污染区域工业废水排放异于非跨界污染区域的影响。两个计量模型的基本设定如下：

$$y_{it} = \beta_0 + \alpha_i + \beta_1 B_i + \beta_2 T_{it} + \beta_3 B_i \cdot T_{it} + \varepsilon_{it} \tag{4-29}$$

这是一个面板数据模型，y_{it} 表示 i 断面 t 年水质或者 i 城市 t 年未达标工业废水排放量；α_i 为不可观测的个体异质性；ε_{it} 为随机扰动项；β 为待估参数。在工业废水排放模型中，我们还将引入城市人均 GDP 等控制变量。在我们的模型中，存在一些影响水质、废水排放行为且不随时间变动（或者随时间变动极为缓慢）的可观测或者不可观测的因素，如观测断面在水系中的位置（上、中、下游）、所在地区居民的整体环境偏好等，我们选择固定效应模型来消除这些时不变因素对模型的影响，避免重要遗失变量造成估计结果有偏。同时，考虑到控制变量较少，而且水质或者废水排放行为具有一定的持续性，我们引入上一期的被解释变量作为解释变量、构造动态面板模型对于更精确的估计是必要的[1]，见式(4-30)：

$$y_{it} = \beta_0 + \alpha_i + \beta_1 B_i + \beta_2 T_{it} + \beta_3 B_i \cdot T_{it} + \lambda_1 y_{it-1} + \cdots + \lambda_p y_{it-p} + \varepsilon_{it} \tag{4-30}$$

被解释变量滞后项的引入会带来内生性问题，导致 OLS 估计有偏，而最大似然估计的一致性则有赖于初始条件的选择，考虑到横截面个数远大于时期数，Arellano 和 Bond(1991)的差分广义矩估计方法[2]可以解决这一动态面板模型参数的估计问题。

考虑到国函〔2006〕70 号主要对水质中的 COD 做了限制，因此水质数据选取我国主要跨省流域长江、海河、黄河、辽河、松花江、淮河、珠江水系各国控断面五日

---

　　①　沈艳，姚洋：《村庄选举和收入分配——来自 8 省 48 村的证据》，《经济研究》2006 年第 4 期，第 97—105 页。

　　②　Arellano，M. and Bond，S.，"Some Tests of Specification for Panel Data：Monte Carlo Evidence and an Applicat ion to Employment Equations"，Review of Economic Studies，no. 58，1991，pp. 277-297.

生化需氧量（biochmical oxygen demand，BOD_{it}）年均值①，共有 420 个观测断面，样本期为 2004—2009 年，数据来源于 2005—2010 年的《中国环境年鉴》。城市人均未达标工业废水排放量（E_{it}）、人均 GDP（$pgdp_{it}$）数据来自于相应年份的《中国城市统计年鉴》，样本城市为 277 个，样本期为 1990—2009 年。由于国函〔2006〕70 号文于 2006 年下半年颁布，因此我们以 2006 年为界，2006 年以前（含 2006 年）作为分权期，2006 年以后作为集权期。水质模型中的省界断面的确定是根据 2005 年《中国环境年鉴》，工业废水排放模型及产业布局模型中的边界城市（跨界污染区）则以地级行政区为基础，根据二级河流流向，由 GIS 软件 ARCVIEW 给出，如图 4-3 所示。

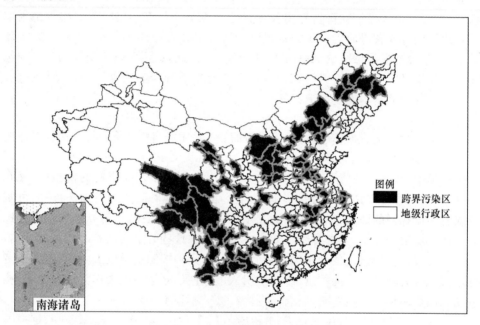

图 4-3　跨界污染区的分布

4.2.3　实证结果分析

4.2.3.1　基于断面水质的分析

从不同样本期和不同子样本统计特征（见表 4-1）来看，平均而言，省界断面的 BOD（生化需氧量）含量明显高于非省界断面，这在一定程度上表明了可能存在的"搭便车"效应。从我们关心的集权之后的变化来看，省界断面和非省界断面 BOD 含量均值分别下降 1.8 mg/L 和 2.9 mg/L，而且前者标准差的下降幅度远小于后

---

①　水质数据中没有 COD 指标，我们用 BOD 替代。

者。结合图 4-4 所示的核密度估计,非省界断面的 BOD 含量削减程度显著高于省界断面,且其往更低均值集中的程度更高,从而省界断面在集权期间的水质改善程度显著弱于非省界断面,这和我们的理论分析是一致的。

表 4-1　BOD 含量在不同样本期的子样本的统计特征表

均值单位:mg/L

指标	$B=1$		$B=0$	
	$T=1$	$T=0$	$T=1$	$T=0$
均值	6.54	8.30	4.91	7.79
标准差	9.49	12.47	11.73	22.13
样本量	363	372	862	848

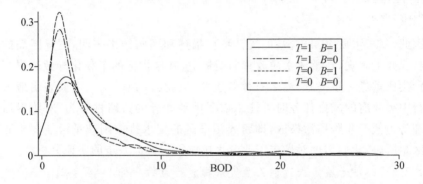

图 4-4　BOD 含量在不同样本期的子样本核密度估计

注:为了图示清晰,我们将显示区间设定为 0~30 mg/L。

　　但是,简单的均值、标准差的比较无法剔除难以观测到的时不变因素或者时变因素的影响,我们利用式(4-29)和式(4-30)进行回归,结果见表 4-2。结果(1)是固定效应模型回归结果,集权化之后整体的 BOD 含量具有显著的下降,即 T 的系数显著为负,但从我们关注的交互项 $B\cdot T$ 来看,其系数虽然为正,却并不显著。结果(2)和结果(3)是两个动态模型的回归结果,Sargan 检验表明工具变量在统计意义上是有效的,而且序列相关检验表明不能拒绝一阶序列相关,但拒绝了二阶序列相关的零假设,所以很有必要引入动态模型。在考虑动态效应之后,集权化对 BOD 合理的负向影响程度进一步提升,同时,交互项系数已有所提升,且通过 10% 以上的显著性水平检验。从数值上来看,在结果(2)中,省界断面 BOD 含量减少量低于非省界断面近 2.3 mg/L,而在控制年份固定效应之后[见结果(3)],前者显著低于后者 2.2 mg/L,两个结果相差不大。这意味着集权化虽然提高了整体的水质,但是省界断面水质的改善程度显著低于非省界断面。

表 4-2 基于水质的面板数据回归结果

变量	(1)		(2)		(3)	
T	-2.75^{***}	(0.46)	-3.77^{***}	(0.66)	-3.60^{***}	(0.69)
$B \cdot T$	1.09	(0.84)	2.27^{*}	(1.23)	2.16^{*}	(1.24)
BOD(-1)			0.28^{***}	(0.03)	0.30^{***}	(0.03)
常数项	7.88^{***}	(0.27)	6.08^{***}	(0.45)	5.63^{***}	(0.45)
年份固定效应	No		No		Yes	
Sargan			758^{***}		758^{***}	
估计方法	FE		GMM		GMM	
样本量	2445		1584		1584	

注：固定效应和差分 GMM 方法剔除了时不变的 B_i；括号内为标准差；***、** 和 * 分别表示 1%、5% 和 10% 的显著性水平检验。

因此，基于水质 BOD 含量的统计特征描述和回归结果表明，省界断面的水质改善状况并不乐观，在整体水质改善的前提下，减排指标的集权化导致跨界污染地区的污染比重进一步提升，尚未有效解决跨界污染问题。这一现象表明地方政府在执行中央政府的减排任务时可能采取了因地而异的策略性行为，对跨界污染区的治理努力低于非跨界污染区，即跨界污染区的废水排放削减量可能弱于非跨界污染区。所以，我们需要对城市工业废水排放行为做进一步的实证分析。

4.2.3.2　基于城市未达标工业废水排放行为的分析

表 4-3 给出了基于式(4-29)和式(4-30)的城市人均未达标工业废水排放的回归结果。从基于固定效应模型估计的回归结果(1)来看，集权化的政策冲击变量 T 的系数显著为负，跨界污染区与政策冲击变量的交互项系数为正，但未通过 15% 以上的显著性水平检验。在回归结果(2)中，我们进一步引入对数形式的人均 GDP 及其平方项两个控制变量，用以控制环境库兹涅茨曲线（EKC）的影响。[1][2] 上述控制变量在回归结果(2)中的符号符合预期，即我国城市层面未达标工业废水排放具有环境库兹涅茨曲线的效应，越过一个临界值后，经济发展水平的提高会降低废水排放。不过，集权化的政策冲击符号虽然仍为负，但是变得不显著了，这表明集权化的改革对整体减排的直接影响可能并不大，废水排放下降的直接贡献者可能是经济的增长。但是，政策冲击和跨界污染区的交互项显著为正，显著性水平有所提高，通过 15% 的显著性水平检验。因此，这意味着集权化后，设定为跨界污

---

① Grossman, G. M. and Krueger, A. B., "Economic Growth and the Environment", Quarterly Journal of Economics, no. 110, 1995, pp. 353-377.

② 我们也曾在模型中加入人口密度、第二产业比重、财政收入等常见的城市经济、社会特征指标，但是在引入人均 GDP 的影响之后，均不显著，故未放入模型中。

染区的城市的削减量显著小于非跨界污染区,而且从数值上来看,集权化政策可能反而造成跨界污染区更高的未达标废水排放。

表 4-3　基于城市人均未达标工业废水排放行为的回归结果

变量	(1)	(2)	(3)	(4)	(5)	(6)	(7)	(8)
T	−0.78***	−0.28	−1.80***	−0.54**	−1.28***	−0.43	−2.61***	−1.10***
	(0.16)	(0.26)	(0.17)	(0.23)	(0.23)	(0.37)	(0.25)	(0.32)
$B \cdot T$	0.47	0.50a	0.65*	0.77**	0.90*	0.94*	1.24**	1.43***
	(0.35)	(0.35)	(0.40)	(0.39)	(0.50)	(0.49)	(0.57)	(0.55)
Lnpgdp		2.85		7.20***		6.71**		10.28***
		(2.13)		(2.11)		(2.77)		(2.65)
Lnpgdp2		−0.19*		−0.51***		−0.43***		−0.72***
		(0.12)		(0.12)		(0.16)		(0.16)
$E(-1)$			−0.34***	−0.34***			−0.35***	−0.37***
			(0.03)	(0.03)			(0.04)	(0.04)
$E(-2)$			−0.54***	−0.54***			−0.55***	−0.56***
			(0.02)	(0.02)			(0.03)	(0.02)
$E(-3)$			−0.50***	−0.50***			−0.52***	−0.53***
			(0.03)	(0.03)			(0.03)	(0.03)
常数项	2.02***	−7.52	5.39***	−16.55*	2.35***	−22.88*	6.26***	−27.19**
	(0.09)	(9.89)	(0.19)	(9.45)	(0.13)	(12.56)	(0.26)	(11.46)
Sargan			655***	702***			465***	501***
估计方法	FE	FE	GMM	GMM	FE	FE	GMM	GMM
样本类型	全样本	全样本	全样本	全样本	中西部	中西部	中西部	中西部
样本量	1938	1932	830	827	1252	1246	536	533

注:固定效应和差分 GMM 方法剔除了时不变的 B_i;括号内为标准差;***、**、* 和 a 分别表示 1%、5%、10% 和 15% 的显著性水平检验;Hausman 检验支持固定效应模型。

考虑到未达标工业废水排放可能存在的动态性,动态面板模型的估计结果见回归结果(3),Sargan 检验表明工具变量在统计意义上是有效的,而且序列相关检验表明不能拒绝三阶序列相关、但拒绝了四阶序列相关的零假设,这表明引入动态模型是必要的。在结果(3)中,政策冲击变量和交互项都显著且符合预期,与静态模型比较来看,集权化更大幅度地降低了整体未达标工业废水的排放,尽管交互项的系数也更大,显著性水平亦有所提高。所以,在废水排放整体下降的背景下,跨界污染区的废水排放比重则会显著上升,污染行为在地理位置上发生了相对转移。在回归结果(4)中,我们在动态模型中引入了对数形式的人均 GDP 及其平方项两个控制变量,上述变量系数符号符合预期,且均通过 1% 以上的显著性水平检验。类似于静态模型,集权化政策冲击的影响程度明显下降,但是依然显著,而交互项系数显著为正且在数值上有所提升,通过5%以上的显著性水平检验。从程度来看,集权化政策冲击对减少工业废水排放的直接效应显著,但并不大,小于其对跨界污染地区工业废水排放行为的影响。因而,与静态模型回归结果(2)类似,从政策改革的直接效应来看,集权化政策反而导致跨界污染地区更多的废水排放。

结合我国减排指标的省份差异,考虑到中西部地区污染物削减比例小于东部地区,其环境治理的边际成本低于东部地区[①],根据上文理论模型的预测,中西部地区在跨界和非跨界污染区的减排努力上的差异可能更为显著。我们将样本分为东部和中西部地区两个子样本,分别根据式(4-29)和式(4-30)作回归,见回归结果(5)~回归结果(8)。我们发现,在东部地区的子样本中,我们关注的跨界污染区与政策冲击变量的交互项系数均不显著,因而这种差异并不显著。[②] 在中西部地区的子样本中,无论是静态模型还是动态模型以及是否控制来自经济增长的影响,交互项系数均显著为正,且通过10%以上的显著性水平检验。这种东部与中西部地区的差异与我们的理论模型的预测是一致的。从数值上来看,在不同计量模型设定的情形下,中西部子样本的集权化政策冲击的影响均大于全样本。尤其是在控制住经济增长和环保投入的影响后,这种差异依然存在。这可能与环境 EKC 效应有关,东部地区经济发展水平较高,其财力基础、经济转型的要求致使其进入自觉减排阶段,中西部地区经济发展水平相对落后,完全依赖于经济增长来解决环境问题的基础尚未完全具备,因而在回归结果上表现为政策冲击的影响更大。从交互项系数值来看,中西部地区子样本的数值也明显高于全样本,即控制其他影响因素后,集权致使中西部省份在跨界污染区减排得更少,这种地区内部区别对待的程度高于全样本,这也和我们的理论预期是一致的,简单的减排指标设定集权化并未能减少跨界污染。

这种东部地区与中西部地区的差异带来两方面的问题。一方面,集权化政策冲击致使中西部地区"被动性"减排,并不符合其自身最优的经济增长、环境变化的路径,会面临中西部地区的抵制,因此,中央政府在与地方政府有关减排指标设定的博弈中会做出适当让步,即放松中西部地区的减排限制,根据我们的理论模型和实证结果,这意味着中西部地区会有更少的跨界工业废水减排。另一方面,根据我国主要流域的走向,中西部地区处于东部地区的上游,因而上述集权化的政策难以有效降低东部地区所面临的跨界污染问题。跨界污染外部性的扭曲依然存在,并

---

① 在样本期内,东部地区和中西部地区人均工业废水排放量的均值分别为 27.3 t/人和 16.8 t/人,而东部地区达标量为 25.8 t/人,中西部地区为 14.9 t/人,因此东部地区的治理量远高于中西部地区。同时,我们根据赵来军(2007)整理的淮河流域四省 1992—2000 年的工业污水治理费用(TC)和工业废水处理量(W),利用固定效应模型估计治污成本模型,得到 $\ln(TC)=1.91\ln(W)-11.9$,解释变量通过 1% 以上的显著性水平检验,$R^2=0.8$,因此,有 $TC=0.000\,007W^{1.91}$,呈边际成本递增的形态,东部地区的边际治理成本高于中西部地区。

② 因为关键变量并不显著,限于篇幅,我们没有报告东部地区的回归结果,如有需要,可向作者索取。

没有因为集权而弱化,并使得东部地区还需要在较高的边际治污成本上治理过高的上游转移而来的污染。因此,这两个方面的问题构成了一个合作的套利机会,即东部地区可以通过支付上游地区的跨界污染区废水处理的部分成本,显然这一支付低于东部地区自行治理的成本,同时降低了上游地区跨界污染区的污染治理边际成本,从而可以提高上文模型中的临界值 $\bar{E}$,进而促进上游地区在较低的排放限制下开始治理跨界污染区的废水排放,减少跨界污染。当然,合作方式还有补偿限制重污染产业发展的损失、援助发展低污染产业等其他方式。[①]

4.2.4　其他证据：基于 COD 排放密集型产业布局的分析

上文从主要跨省界流域 COD 含量和城市未达标工业废水排放行为的分析表明,减排指标集权化设定对控制跨界污染的作用有限。为了进一步表明上述结论的稳健性,我们利用 2002—2007 年工业企业数据库分析 COD 排放密集型产业在地级市层面布局在集权化前后的变化。

根据转折年份 2006 年二位数工业行业的 COD 排放与工业总产值的比重,以整个工业行业的加权平均水平为界,将高于这一水平的行业被定义为 COD 排放密集型产业,数据来源于《中国环境统计年鉴 2007》。根据这一标准,总计有造纸及纸制品业等 13 个行业。同时,将每一年份的工业企业数据库中的微观工业企业总产值根据两位数行业加总到地级行政区层面（包含地级市、地区、州、盟,不含直辖市及其辖区、县、市）,共有 333 个地级行政区,并将每一年份每一地级行政区所有 COD 排放密集型产业的数据汇总,得到 i 地级行政区 t 年份 COD 排放密集型产业的总产值（O_{ipt}）,从而得到相应的 COD 排放密集型产业比重（$S_{ipt} = O_{ipt}/O_{it} \times 100\%$）和专业化指数 $[\mathrm{Spe}_{ipt} = (O_{ipt}/O_{pt})/(O_{it}/O_t)]$,其中 O_{it}、O_{pt} 和 O_t 分别为 i 地级行政区 t 年的工业总产值、t 年全国 COD 排放密集型产业总产值和全国工业总产值。

表 4-4　COD 排放密集型产业比重和专业化指数在不同样本期子样本的统计特征表

指标	S_{ipt}				Spe_{ipt}			
	$B=1$		$B=0$		$B=1$		$B=0$	
	$T=0$	$T=1$	$T=0$	$T=1$	$T=0$	$T=1$	$T=0$	$T=1$
均值	31.50	31.74	31.42	30.42	1.17	1.21	1.16	1.16
标准差	17.80	19.16	17.77	17.48	0.67	0.73	0.67	0.67
样本量	329	83	1 000	250	332	83	1 000	250

---

① 张可云,张文彬:《非对称外部性、EKC 和环境保护区域合作——对我国流域内部区域环境保护合作的经济学分析》,《南开经济研究》2009 年第 3 期,第 25—45 页。

根据集权化政策冲击和边界城市分类的 S_{ipt} 和 Spe_{ipt} 的均值和标准差见表 4-4。显然,就 COD 排放密集型产业比重来看,集权前后,跨界污染区的均值从 31.5% 增加到 31.7%,而非跨界污染区的均值则从 31.4% 下降到 30.4%;就 COD 排放密集型产业专业化指数来看,跨界污染区的均值从集权前的 1.17 增加到集权后的 1.21,而非跨界污染区则有轻微下降。因此,平均而言,相对集权之前,集权之后跨界污染区的 COD 排放密集型产业比重与专业化指数无论相对于非跨界污染区还是相对于其自身而言,都有明显的上升,这意味着污染密集型产业在集权之后进一步往跨界污染区转移了。就标准差而言,无论是比重还是专业化指数,跨界污染区的标准差在集权之后都有所扩大,而非跨界污染区的标准差几乎没有变动,这意味着跨界污染区的污染产业比重与专业化程度变动具有明显的差异。为了进一步刻画上述变动方式,我们引入式(4-29)对 S_{ipt}、Spe_{ipt}、$G_{S_{ipt}}$(S_{ipt} 的变化率)和 $G_{Spe_{ipt}}$(Spe_{ipt} 的变动)、进行回归。考虑到聚集效应的影响,我们在控制变量中引入滞后一期污染产业总产值对数(Lnyp),回归结果见表 4-5。

表 4-5　基于 COD 排放密集型产业比重和专业化指数的回归结果

变量	S_{ipt}			Spe_{ipt}			$G_{S_{ipt}}$	$G_{Spe_{ipt}}$
	(1)	(2)	(3)	(4)	(5)	(6)	(7)	(8)
T	−1.049***	−0.732*	−0.855[a]	−0.030***	−0.014	−0.023	−0.036**	−0.026*
	(0.397)	(0.425)	(0.545)	(0.015)	(0.016)	(0.021)	(0.018)	(0.015)
$B \cdot T$	1.129[a]	0.228	1.452[a]	0.043[a]	0.009	0.056[a]	0.063**	0.043[a]
	(0.761)	(0.750)	(1.011)	(0.029)	(0.028)	(0.039)	(0.031)	(0.029)
Lnyp (−1)	0.657***	−1.125**	0.747***	0.023**	−0.055***	0.027***	0.019	0.012
	(0.258)	(0.582)	(0.303)	(0.010)	(0.022)	(0.012)	(0.014)	(0.011)
S_{ipt} (−1)							−0.033***	
							(0.014)	
Spe_{ipt} (−1)								−0.93***
								(0.039)
常数项	21.08***	48.07***	20.93***	0.827***	2.030***	0.812***	0.075	0.901
	(3.943)	(9.714)	(4.457)	(0.151)	(0.373)	(0.170)	(0.227)	(0.156)
R^2	0.01	0.07	0.01	0.01	0.06	0.01	0.40	0.02
估计方法	FE	FE	FE	FE	FE	FE	FE	FE
样本类型	全样本	东部	中西部	全样本	东部	中西部	全样本	全样本
样本量	1321	392	929	1321	392	929	1311	1321

注:固定效应方法剔除了时不变的 B_i;括号内为标准差;***、**、* 和 a 分别表示 1%、5%、10% 和 15% 的显著性水平检验。

　　根据回归结果(1),在全样本下,集权后地级行政区 COD 排放密集型产业的比重有显著下降,通过 1% 以上的显著性水平检验,在控制上一期污染性产业产值的影响后,下降幅度为 1.05 个百分点,但是从我们关注的交互项系数来看,集权后的跨界污染区的 COD 排放密集型产业的比重则显著上升,通过 15% 以上的显著性水平检验,而且从幅度上超过了整体的下降幅度,提升了 0.08 个百分点。因此,这表明集权后跨界污染区其污染密集型产业的比重反而进一步提升。我们进一步将样本分为东部和中西部两个子样本,东部地区的回归结果见回归结果(2),我们发现集权后东部地区 COD 排放密集型产业的比重整体上有显著下降,但是交互项变得不显著了,而且在数值上也明显低于全样本,这表明集权对东部跨界污染区污染产业比重的额外影响并不显著。这和上文基于东部地区废水排放行为的分析结果也是一致的。回归结果(3)表明,集权后中西部地区的地级行政区 COD 排放密集型产业的比重平均而言有所下降,但是幅度低于全样本近 0.2 个百分点,同时,交互项系数为正,数值上则有所提升,通过 15% 的显著性水平检验,这意味着集权导致中西部地区跨界污染区的污染产业比重提升了 0.6 个百分点,远高于全样本的结果。因此,中西部地区在集权之后对跨界污染区和非跨界污染区的污染产业布局采取了区别对待措施。这和上文对中西部地区城市工业废水排放行为的分析结论也是一致的。此外,有意思的是,污染产业产值的滞后期对全样本及西部地区污染产业比重的影响为正且显著,体现了聚集经济的正向效应。但是,其对东部地区污染产业比重的影响为负且显著,这可能意味着东部地区已经进入主动治污的发展阶段,开始削减污染密集型产业主要布局区域的污染型产业。从回归结果(7)来看,基于 COD 排放密集型产业专业化指数见回归结果(4)~回归结果(6),与基于 S_{ipt} 回归结果基本一致,即集权之后整体的 COD 排放密集型产业专业化指数有所下降,但是跨界污染区的专业化指数则显著上升,中西部地区上升的幅度和显著性高于东部地区。最后,回归结果(7)和回归结果(8)分别对污染密集型产业比重变化率和专业化指数变动做回归,结果表明:跨界污染区的污染型产业比重在集权之后亦显著上升,通过 5% 以上的显著性水平检验;专业化指数的变动也类似,通过 15% 的显著性水平检验。

所以,从 COD 排放密集型产业布局的演变来看,中央政府对减排指标的集权化设定并没有削减跨界污染区的污染密集型产业在其工业产值中的比重,反而得以进一步提升,跨界污染区的污染密集型产业专业化指数显著上升,这类产业在集权之后向跨界污染区转移。这一效应在东部地区并不显著,而在中西部地区幅度较大,较为显著。这一结论从产业布局的视角进一步印证了上文基于跨省流域水质和城市未达标工业废水排放的分析结论,表明我们分析结论的稳健性。

4.2.5 结论性评述

在环境联邦主义的研究中,已有部分经验研究发现跨界污染引致的外部性会随分权程度的扩大而扩大,因而,跨界污染问题引致的外部性是支持中央集权的重要依据。① 那么,治理结构从分权转变为集权就必然能降低跨界污染吗?本章利用中国"十一五"期间减排指标设定集权化这一治理结构变化的"准试验",分析集权对跨界污染的影响。

我们的理论模型表明:上游行政区针对减排指标设定的集权化,会对其内部跨界污染程度不同的区域采取差别化的治理努力,并不一定减少跨界污染,这与减排程度、上游行政区跨界污染区和非跨界污染区的污染治理边际成本等密切相关。基于静态面板和动态面板数据的经验研究表明,根据长江等主要跨省流域的国控断面 BOD 含量,集权在促进总体水质变好的前提下,跨界污染区削减量的幅度并不大,导致跨界污染区污染比重上升。而从城市人均未达标工业废水排放行为来看,跨界污染区的减排量亦显著小于非跨界污染区,在控制住经济增长的影响之后,从直接效应来看,集权反而导致了更大的跨界废水排放。进一步,从 COD 排放密集型产业在地级行政区的布局来看,在集权之后,跨界污染区的 COD 排放密集型产业比重与专业化指数显著上升,污染密集型产业的布局更倾向于跨界污染区,这一趋势将导致未来跨界污染区域更多的工业废水排放。而且,中西部地区集权之后的跨界污染效应从幅度和显著性上都明显大于全样本的结果,东部地区基本上不存在这种效应,这和中西部地区面临相对较小的减排限制相关,也与理论模型的预测相一致。所以,我们的经验研究就污染型产业布局、工业废水排放、水质三个相互联系的环节证明了减排指标设定的集权化并未有效解决跨界污染问题,保证了结论的稳健性。此外,我们还发现,在工业废水排放处理上,经济发展比集权改革的直接效应更大,东部地区开始进入自主治污的发展阶段,污染密集型产业产值高的地区开始主动降低其比重。因此,经济增长依然是解决环境问题的重要工具,体现了环境 EKC 的政策含义。

4.3 本章小结

非对称跨界污染的治理需要中央政府在一定程度的干预,环境目标的最终实现依赖于中央政府和地方政府选择不同的政策工具来协同执行,本章突破早期研究集中于完全集权或者完全分权的简单两分法,考虑中国式分权的特征,分析了以下两种治理方式:一是由中央政府设定技术标准、地方政府负责具体执行;二是由中央政府直接限定每个地区的排放总量,由地方政府自行决定区域内部污染排放的配置。

本章在第一种方式下引入地方政府在执行过程中的自由裁量权,并考虑由跨界污染引致的"搭便车"行为,构建了一个中央政府和地方政府共同进行环境规制

---

① Oates, W. E., "A Reconsideration of Environmental Federalism", In: List JA, De Zeeuw A (eds) Recent advances in environmental economics, Edward Elgar Publisher, Cheltenham, UK, 2002, pp. 1-32.

的动态博弈模型。结论表明,社会最优的资源配置要求各地区实施差别化的执行强度。地方政府执行活动的难以契约化导致地方政府执行努力和中央政府标准之间的相互替代,对中央政府的政策采取"上有政策,下有对策"的策略性反应。中央政府在标准设定上的直接干预并不能保障社会最优的资源配置的形成,其具有完全转移支付的能力是形成社会最优的必要条件。转移支付的时机选择至关重要,应在地方政府执行强度决策之后进行。转移支付的流向要遵循污染者付费的原则,转移支付的设计应该"桥归桥、路归路",环境赔偿归环境赔偿,地区收入均等化归地区收入均等化。但是,考虑到我国流域内部普遍存在的经济发展不对称的现实,特别是表现为上游经济落后于下游的情形,基于污染者付费的原则在上游地区更难以落实。

针对第二种方式,本章的理论模型表明,上游行政区会采取差别化的治理努力,而不一定会降低跨界污染。基于中国"十一五"期间减排指标设定集权化改革的"准实验",我们利用面板数据分析集权对跨界污染的影响。结果表明,集权并未削减更多主要流域的省界国控断面 BOD 含量,反而导致跨界污染区更多的未处理工业废水排放和更高的污染密集型产业比重与专业化程度。中西部地区集权之后的跨界污染效应在幅度和显著性上更为明显,而东部地区不存在这种效应,与我们的理论模型预测一致。

上述结论表明:简单的环境治理指标集权化设定或许在总体减排上有一定的效果,但不能从根本上解决跨界污染问题。这是本章对环境联邦主义研究的主要贡献。在中国,集权对于环境规制而言有一定的必要,但是解决跨界污染还需要其他配套措施。实际上,减排指标的集权化设定使得污染排放成为稀缺的资源并给予其明确的产权归属。结合我国中西部与东部地区在环境治理边际成本差异、经济发展水平差异及上、下游关系,存在一个可行的跨界污染治理合作的套利空间,即通过下游的东部地区帮助上游的中西部地区的跨界污染区发展经济,提供污染治理援助,降低其污染治理成本来解决跨界污染,或者引入排污权交易等市场化的方式,激励上游地区削减其跨界污染区的污染物排放。因此,在减排指标的集权化设定下,探索构建利益相关方之间的环境保护合作制度是解决中国跨界污染问题的重要途径。

5 环境规制执行成本分担问题

在实践中，非对称跨界污染的广泛存在，以及在我国分权治理结构下难以避免的以生态环境为代价的地方政府间的经济竞争，使得中央政府有必要进行干预，环境治理结构表现为集权、分权混合结构。满足环境标准的过程是有成本的，在混合治理结构下，我们面临环境治理成本在不同层级政府之间的分配问题。而目前的文献主要关注不同政府层级之间环境规制职能的分工问题，却很少涉及环境标准执行成本的分担问题。[①] 在第 4 章中，我们只是简单假定由地方政府完全承担环境标准的执行成本，而中央政府在其决策中考虑到地方政府的执行成本。那么，完全由地方政府承担执行成本而中央政府在其决策中却不考虑这种成本支出的方式是否合理，如何形成合理的环境标准执行成本的政府层级分担方案，是本章的研究内容。

环境标准执行成本在政府层级之间的分担问题关系着环境标准设定是否有效率、环境标准执行成本是否有效率、地方财力与环境职能之间的匹配性及环境执行机构的独立性等，这些都直接影响环境规制的有效性。

5.1 双重道德风险与过度规制

中央政府和地方政府之间的双重道德风险可能会恶化环境规制的效率。在跨界污染情形下，在由中央政府设定最低标准、地方政府负责执行（设定至少高于最低标准的具体标准）的制度安排中，Segerson 等分析了执行成本分担问题的重要性。由于跨界外部性的存在，为了避免地方政府设定偏离最优的过松的标准，需要中央政府设定标准（最低标准）。如果中央政府完全不承担成本，机会主义动机使其选择过度规制，制定过高的标准；如果中央政府完全承担成本，地方政府则将失去创新和成本最小化的正确激励。这便是因为成本分担问题引致的不同政府层级之间的双重道德风险问题。Segerson 等考虑到跨界外部性和双重道德风险，构建

① Segerson, K., et al., "Intergovernmental Transfers in Federal System: an Economic Analysis of Unfunded Mandates", In: Braden, J. B. and Proost, S. (eds), The Economic Theory of Environmental Policy in a Federal System, Edward Elgar Publisher, Cheltenham, UK, 1997, pp. 43-65.

了一个包含中央政府和地方政府在环境政策形成过程中的互动行为的博弈模型，表明完全由中央政府支付和完全由地方政府支付两种规则分别会导致中央政府和地方政府的道德风险，均会形成过度规制的无效率，而当且仅当跨界外部性足够大时，中央政府完全支付才有可能形成有效率的标准设定。[1]

在 1995 年《无资助命令改革法案》(*Unfunded Mandate Reform Act*)出台之前，美国国会在 1986—1994 年通过了多达 72 项无中央资助的中央命令[2]，地方政府认为这种命令极大加重了地方财政支出的负担，地方财政缺乏足够的能力去承担这种日益增长的执行成本。例如，俄亥俄州的哥伦布市政府估算其 2000 年执行联邦政府环境政策的支出占其城市预算的 1/4 以上。在我国，地方政府对本辖区的环境问题负责，因此，地方政府承担了大部分环境标准的执行成本。2008 年，我国财政支出在环境保护方面的支出为 1 451.36 亿元(决算数)，其中中央财政支出为 66.21 亿元，仅占 4.56％。在这一分担方式下，如果中央政府并不考虑地方政府的执行成本，势必造成环境标准过紧问题，从而导致地方政府缺乏激励执行标准。在实践中，如果中央政府并不承担相应成本，很难保证其决策能够完全考虑到地方的执行成本问题。因此，我们需要寻找一种合适的执行成本分担方式来破解这种双重道德风险所导致的效率损失问题。

5.2　地方财力与环境职能之间的匹配性

在我国，法律明确规定地方政府是本辖区环境治理的主体，承担绝大多数环境治理的执行成本。2008 年，地方环境保护财政支出占环境保护总支出的 95.44％，地方财力与环境职能之间的匹配问题尤为重要，如果地方财力与其需要履行的职能并不匹配，地方政府自然难以完成其执行任务。所以，不同成本分担方式通过这一途径影响环境规制的效率。我们从地方总体财力、地方财政支出结构及地方不同政府层级财力结构角度出发讨论这一问题。

从中央和地方的财力分配来看，根据图 5-1，在 1994 年分税制改革之后，我国地方财政收入占国家总收入的比重从 1993 年的 78％下降到 1994 年的 44％，中央政府对财政收入的控制力明显上升而地方政府的控制力明显下降。但是，地方财政支出的比重并没有在 1994 年出现明显的拐点，且总体上呈增长的趋势，到 2009 年接近 80％。因此，从支出角度来看，地方政府依然居于完全主导地位，分税制改革并没有改变这一点。就环境保护支出而言，该项指标地方财政支出比重超过整体比重近 16 个百分点，而剔除掉中央政府在国防、外交上的支出之后，只超过整体

---

① Segerson, K., et al., "Intergovernmental Transfers in Federal System: an Economic Analysis of Unfunded Mandates", In: Braden, J. B. and Proost, S. (eds) The Economic Theory of Environmental Policy in a Federal System, Edward Elgar Publisher, Cheltenham, UK, 1997, pp.43-65.

② 同上。

比重 10 个百分点,而且,中央政府在环境标准建设、环境科技等方面的投入并没有计入该项指标。所以,考虑到我国较高的财政支出分权结构的现实,在地方政府对环境问题负主要责任的情形下,地方政府试图要求中央政府承担更高的环境治理成本的份额的空间尽管有,但并不是很大。

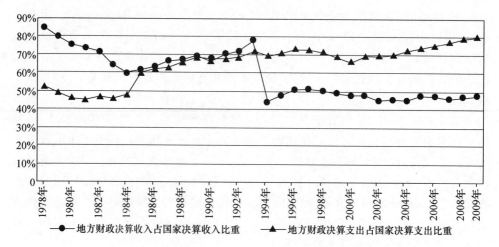

图 5-1　地方财政收入和支出占国家收入和支出的比重

数据来源:中经网统计数据库。

实际上,地方财力与环境职能之间匹配性的问题在于地方财政支出中分配给环境保护部分的支出和其履行环境职能之间的匹配性。在中国式分权结构下,出于财政收入激励和政绩考核需要,为增长而竞争导致地方政府公共支出的结构偏向于生产性基础设施建设,而一定程度上忽视了公共服务的支出。[1] 显然前者的投入可以直接产生 GDP 并能在短期内促进更多新的 GDP 及财政收入的产生;后者在短期内表现为财政支出的扩张,以及在短暂任期内难以转化为 GDP,因此,政府竞争会加剧财政分权对地方公共支出结构的扭曲。我国财政年鉴从 2007 年开始单独报告地方财政支出中的环境保护支出项目,由表 5-1 可见,2007 年和 2008 年我国地方政府环境保护支出分别为 961.23 亿元和 1 385.15 亿元,仅占地方本级财政支出的 2.51% 和 2.81%,仅高于主要依赖于中央财政的外交、国防、科学技术和文化体育与传媒四个项目的支出,可见,环境保护在地方政府财政支出中的比重偏低。根据陈斌等(2006),地方经费总体缺口达 40%,其中人员经费、公用经费、监督执法经费、仪器设备购置经费、基础设施经费缺口率分别为 12.9%、30%、50.8%、104.5% 和 146.2%,基础设施经费和仪器设备购置经费的缺口最大。[2] 所

---

① 傅勇、张晏:《中国式分权与财政支出结构偏向:为增长而竞争的代价》,《管理世界》2007 年第 3 期,第 4—12 页。

② 陈斌等:《环保部门经费保障问题调研》,《环境保护》2006 年第 11 期,第 62—66 页。

以，我国地方环保部门预算明显偏低，难以与其环境保护职能相适应。

表 5-1　地方政府财政支出决算表

项目　　　　　　　年份	2007		2008	
主要财政支出项目	数额/亿元	占支出比重/%	数额/亿元	占支出比重/%
一般公共服务	6 354.07	16.57	7 451.37	15.13
外交	1.50	0.00	1.57	0.00
国防	72.59	0.19	78.74	0.16
公共安全	2 878.33	7.51	3 463.99	7.03
教育	6 727.06	17.55	8 554.42	17.37
科技	858.44	2.24	1 051.86	2.14
文化体育与传媒	771.43	2.01	955.13	1.94
社会保障与就业	5 104.53	13.31	6 460.01	13.12
医疗卫生	1 955.75	5.10	2 710.26	5.50
环境保护	961.23	2.51	1 385.15	2.81
城乡社区事务	3 238.48	8.45	4 191.81	8.51
农林水事务	3 091.00	8.06	4 235.63	8.60
交通运输	1 133.13	2.96	1 440.80	2.93
工业商业金融等事务	2 815.04	7.34	4 092.47	8.31
本级支出	38 339.29		49 248.49	

数据来源：《中国财政年鉴 2008》《中国财政年鉴 2009》。

　　以上基于加总数据的分析可能忽视了省份之间的差异。从各省份地方政府支出来看，根据表 5-2，江苏省地方财政支出中的环境保护支出数额最高，其次为内蒙古、四川，最低的分别为西藏、海南、天津。由此可见，环境保护的财政支出数额并不和地区的发展水平相关，没有呈现明显的东、中、西的差异。而从人均环境保护支出来看，西部地区，尤其是西北地区的数值明显高于其他地区。最后，从各省份环保支出占其本级财政支出的比重来看，欠发达的中西部地区的比重明显高于东部地区，内蒙古、宁夏、青海最高，在 5% 以上，上海最低，不到 1%，与上文提及的美国城市环境保护支出占其财政预算收入的 10%～25% 有明显的差距。上述现象可能和环境保护支出统计中包含了退耕还林、退牧还草有关，这两项地方财政支出在 2008 年分别达到 301.33 亿元和 19.29 亿元，总计占地方财政环保支出的 23.15%。退耕还林工程涉及除山东、江苏、上海、浙江、福建、广东 6 个东部省份之外的其余 25 个大陆省份，其中长江上游地区、黄河上中游地区、京津风沙源区[①]，以

---

　　①　显然，内蒙古、河北、山西在环保支出及其比重方面远高于北京、天津的原因与其为京津风沙源区密切相关。

及重要湖库集水区、红水河流域、黑河流域、塔里木河流域等地区作为重点区域,而这些重点区域主要分布于我国西部地区。限于数据缺失,我们不妨假设在这两项支出 90%、80%、70%、60%属于西部地区的情形下,如果剔除这一支出项目,西部的环境保护支出、人均环境保护支出及环境保护支出占本级财政支出的比重发生了明显的变动。根据表 5-3,即使有 90%的地方退耕还林、退牧还草支出属于西部地区,剔除之后的西部地区人均环境支出和比重虽然明显下降,但是两项指标仍高于广东、福建等东部省份。另外,占本级财政支出的比重还超过天津、上海。我们再从 2008 年各省份环境治理投资占 GDP 的比重来看,根据表 5-2,最高的是宁夏,但仅为 2.81%,其次是为浙江,省份环境治理投资占 GDP 的比重偏低,且与经济发展程度也基本上没有正向关系。不过,从环境监测经费来看,江苏最高,广东次之,东部地区基本上高于中西部地区,人均环境监测经费则是内蒙古最高,东部地区仍有明显优势。因此,省份在环保支出内部结构方面存在一定程度的差异,可能是因为东部地区的环境治理水平相对较高,并将重点转向环境监测。

表 5-2　2008 年地方环保资金投入指标

省份	地方财政环保支出/万元	地方财政环保人均支出/元	环保支出占地方财政支出的比重/%	环境污染治理投资占 GDP 比重/%	环境监测经费/万元	人均环境监测经费/元
北京	354 688	209	1.81	1.46	13 435	7.9
天津	109 789	93	1.27	1.07	13 002	11.1
河北	763 556	109	4.06	1.29		
山西	642 863	188	4.89	2.03	13 512	4.0
内蒙古	796 815	330	5.48	1.74	25 144	10.4
辽宁	481 798	112	2.24	1.22	23 496	5.4
吉林	456 067	167	3.86	0.93	13 629	5.0
黑龙江	485 105	127	3.15	1.19	8 309	2.2
上海	250 758	133	0.97	1.12	18 045	9.6
江苏	951 795	124	2.93	1.31	64 129	8.4
浙江	465 183	91	2.11	2.42	39 002	7.6
安徽	547 367	89	3.32	1.57	13 948	2.3
福建	140 264	39	1.23	0.77	21 236	5.9
江西	318 377	72	2.63	0.6	9 723	2.2
山东	586 002	62	1.88	1.39	24 272	2.6
河南	758 510	80	3.32	0.6	17 840	1.9
湖北	409 194	72	2.48	0.8	7 169	1.3

续表

省份	地方财政环保支出/万元	地方财政环保人均支出/元	环保支出占地方财政支出的比重/%	环境污染治理投资占GDP比重/%	环境监测经费/万元	人均环境监测经费/元
湖南	417 066	65	2.36	0.82	14 724	2.3
广东	470 878	49	1.25	0.46	48 686	5.1
广西	279 740	58	2.16	1.3	10 922	2.3
海南	68 058	80	1.90	0.87	4 889	5.7
重庆	529 297	186	5.21	1.32	9 633	3.4
四川	791 451	97	2.68	0.81	25 277	3.1
贵州	404 391	107	3.84	0.7	6 233	1.6
云南	584 582	129	3.98	0.77	11 613	2.6
西藏	57 068	199	1.50	0.05	846	2.9
陕西	587 158	156	4.11	1.1	11 018	2.9
甘肃	468 469	178	4.84	0.98	3 529	1.6
青海	195 484	353	5.38	1.88	1 437	2.6
宁夏	175 067	283	5.39	2.81	2 515	4.1
新疆	304 671	143	2.88	1.13	7 613	3.6

数据来源：《中国财政年鉴 2009》、《中国环境统计年鉴 2009》、《中国环境年鉴 2009》、中经网统计数据库。

表 5-3　剔除退耕还林、退牧还草工程后的西部地区环保支出及其结构

项目	90%	80%	70%	60%	50%	现实
环保支出/万元	2 288 613	2 609 233	2 929 853	3 250 473	3 571 093	5 174 193
人均环保支出/元	63	71	80	89	98	142
比重/%	1.66	1.90	2.13	2.36	2.59	3.76

数据来源：根据《中国财政年鉴 2009》、中经网统计数据库数据计算而得。

　　为了进一步讨论省份环保投入差异的原因,我们选择人均 GDP、人均本级地方财政支出、单位 GDP 能耗、单位工业增加值能耗、单位工业增加值 SO_2 排放和单位工业增加值 COD 排放 6 个省份特征与上述环保资金投入的相对值做相关性分析,计算结果见表 5-4。简单的相关系数表明,表征省份经济发达程度的人均 GDP 和地方财政环保人均支出、环境污染治理投资占 GDP 比重不相关,而与环保支出占地方财政支出的比重呈显著的负相关,但与人均环境监测经费呈显著正相关,因此经济发达程度与环保投入的重要性并没有相关性。表征省份财力的人均本级地方财政支出则只与地方财政环保人均支出和人均环境监测经费正相关,因此地方

可支配财力仍是地方环保支出的重要保障。表征省份能耗强度、污染排放强度的指标与地方财政环保人均支出、环保支出占地方财政支出的比重和环境污染治理投资占 GDP 比重基本上呈显著的正相关，这意味着环境、能耗问题相对严重、环保压力大的省，其环保资金投入的相对值也较大，但是这些地区可能仍处于环保治理的初级阶段，在环境监测方面的投入相对较低，环保投入的资金需要压力较大。

表 5-4　省份环保资金投入与省份特征的相关系数

项目	地方财政环保人均支出	环保支出占地方财政支出的比重	环境污染治理投资占 GDP 比重	人均环境监测经费
人均 GDP	0.012 4	−0.473 5*	0.179 7	0.829 8*
人均本级地方财政支出	0.401 4*	−0.312 3	−0.022 9	0.505 1*
单位 GDP 能耗	0.662 0*	0.754 7*	0.467 2*	−0.276 8
单位工业增加值能耗	0.533 8*	0.745 0*	0.441 8*	−0.318 6
单位工业增加值 SO₂ 排放	0.426 7*	0.692 2*	0.374 5*	−0.334 8
单位工业增加值 COD 排放	0.244 6	0.323 9	0.404 7*	−0.288 7

注：省份特征指标根据中经网统计数据库相关数据计算而得；* 表示通过 5％以上显著性水平检验。

　　因此，从省份差异来看，地区经济的发达程度与地区人均环境保护财政支出和支出占本级财政支出比重并不呈正相关，即发达地区的支出结构并不优于欠发达地区，甚至不及欠发达地区。这和傅勇、张晏发现地方财政支出结构的扭曲并不会伴随经济增长而自动纠正[①]的结论是一致的。如果不对当前政府治理结构加以调整，通过经济增长并不能解决环境保护支出比重偏低的状况。同时，我们也发现，重大生态环境工程项目的开展也会深刻影响一个地区环境保护支出。上文提及的退耕还林、退牧还草工程对于加大西部地区环保支出和提高环保支出比重发挥了重要的作用，上述工程的实施很大程度上依赖于中央财政转移支付的支持。但是，目前转移支付在地方环境支出方面的诱导作用仍主要体现在少数工程上，没有形成全面、系统化的诱导机制。最后，地方可支配财力决定其环保资金投入，而节能减排压力大的省份在这方面投入的相对值也较大，同时这些省份往往也是欠发达省份，因此，拓宽这些地区的环保投入资金的增长空间的难度较高。

　　这种不匹配性在地方政府的不同层级之间亦表现出明显的差异。《中华人民共和国环境保护法》规定，"县级以上地方人民政府环境保护行政主管部门，对本辖区的环境保护工作实施统一监督管理"，因此，省、市、县三级政府都是本辖区环境保护治理主体，而且县级政府是环境治理最基层的政府机构。根据国家环境监察

---

　　① 傅勇、张晏：《中国式分权与财政支出结构偏向：为增长而竞争的代价》，《管理世界》2007 年第 3 期，第 4—12 页。

局和美国环保协会基于我国 8 个省(山西、辽宁、吉林、江苏、湖北、湖南、广东、海南)、4 个直辖市和 4 个其他城市(武汉、西安、郑州、马鞍山)为单位的调研表明,2004 年省、市、县三级环境执法机构的财政预算资金平均为 183.8 万元、236.5 万元和 64.8 万元,与 2003 年比较而言,省、市增长较快,而县级仅增长 1.5%;而就各级环境执法机构实际支配资金(包括专项资金、预算外资金)来看,省、市、县三级平均分别达到 220.7 万元、466.1 万元、185.1 万元,省、市两级的预算外资金大幅增长而县级预算外资金明显下降。因此,在实行《排污费征收使用管理条例》、《关于环保部门实行收支两条线管理后经费安排的实施办法》之后,相对于省、市两级,县级机构的经费压缩较多,且没有及时通过财政预算补充,资金缺乏保障。县级机构资金的缺乏直接导致县级环保执行机构人员素质结构偏低,中专学历以上(不含中专)人员比例仅为 63.1%,本科学历以上人员比例不到 10%;执法设备落后,县级机构设备估值平均仅为 44.86 万元,不到市级机构的 25%,人均车辆数为 0.08 辆,达到三级以上标准的仅为 59.3%。[1] 而在《国家环境监管能力建设"十一五"规划》执行以来,中期评估也表明县级环境监管能力建设总体仍较慢,达到建设标准的县级环境监测机构不到 17%;全国区县级环境监测机构平均 16 人,低于《全国环境监测站建设标准》的三级标准,环境监测的专业人才比例偏低;监测执法经费不足问题仍未有效缓解。[2] 基层环保部门的经费现状与其作为"处于环保'战场'的最前沿、是环保事业的根基和命脉"的地位极不匹配。

所以,因为政府治理结构中的激励扭曲和中央财政转移支付的诱导作用有待完善,地方财政支出中分配给环境保护部分的支出偏低,和其履行环境职能之间的不匹配性较高。而且,这种不匹配性在县级环境执法机构层面呈现更为突出的矛盾。目前环境标准执行成本的分担模式直接导致地方执行能力欠缺,执行效率低。

5.3　成本分担方式与环境执行机构的独立性

成本分担方式会影响环境执行机构的独立性,进而影响地方环境标准的执行能力。执行成本在不同政府层级之间的分配决定着各级地方政府执行经费的来源构成。在我国,在环境保护的政府支出中,地方政府居于绝对主导地位,而且,地方环境保护行政部门的资金来源明显依赖于预算外资金,包括排污费、行政收费和专项资金等,在 2003 年,排污费收入占地方环保经费来源的 51.3%。[3] 地方环保部门对排污费的依赖导致环保部门对企业征收排污费采取策略性行为,甚至故意放纵企业排污,从而获得收入,那么,环保部门由监督保护环境转变成倾向于放纵污

---

①　陆新元等:《中国环境行政执法能力建设现状调查与问题分析》,《环境科学研究》2006 年第 19 卷,第 1—11 页。

②　吴舜泽等,《国家环境监管能力建设"十一五"规划中期评估》,《环境保护》2009 年第 10 期,第 3—5 页。

③　根据陈斌(2006)的数据计算而得。

染。为了治理"乱收费"、预算外资金膨胀等问题,以及排污费收入与部门经费挂钩导致的诸多不利影响,我国在 2003 年颁布《排污费征收使用管理条例》、《关于环保部门实行收支两条线管理后经费安排的实施办法》,规定排污费必须纳入财政预算,列入环境保护专项资金进行管理,大多数用于治污项目补助,取消了排污费20%提留作机构自身能力建设的制度安排,并要求东部地区一步到位、中西部地区分三年完成。

环保机构收支两条线的改革之后,地方环境保护行政部门的经费来源将基本上依靠地方财政预算。而目前我国地方预算编制规则并没有对环境保护作出明确的规定,因此,地方环境保护行政部门在财力支配上对地方政府独立性基本丧失。这意味着地方环境保护行政部门的执行能力及其效率很大程度上取决于地方政府的意愿。如前文所述,在当前政府治理结构下,地方政府预算在不同支出项目上的安排具有一定程度的弹性,环境支出等公共服务的比重受到生产性服务支出的挤压,直接导致地方环境部门经费紧张。而且,由于在经费上完全依赖于地方政府,经费独立性的丧失也导致地方环境机构丧失执法的独立性,甚至还要为地方"创收"服务,因此,容易受到地方政府的干预。面临经济增长和环境保护之间的短期矛盾,地方政府,尤其是欠发达的地方政府可能出于经济增长的目的而直接干预环保机构的执法。例如,陆新元等在调研中发现[1],在认为环保执法机构处罚不合理的情形下,企业的最先选择是与执法机构所属环保部门协商和与政府协调,而不是法定的行政复议、行政诉讼。这些与法定的执法程序不相符的行为,在一定程度上表明了我国环境执法弹性较大,企业倾向通过与地方政府及其行政机构的协商这种非正规渠道来"摆平"处罚的可行性大,环保的执法受到地方政府不合理的干预。而且,在一些经济欠发达地区,环保部门还需要承担招商引资工作,被视为企业落户绊脚石的"环评在先"和"三同时"[2]制度无法得到保障;环保部门要处罚一些重大违法行为必须经过地方有关领导同意,甚至连日常到企业履行正常的环境检查义务也要经过相关部门批准。[3] 因此,如何提高地方环保机构在经费上的相对独立性也是迫切需要解决的问题。

5.4 本章小结

本章探讨了混合治理结构下,我国现有的环境标准执行成本在各层级政府之间的分担模式与我国环境治理存在的问题。

① 陆新元等:《中国环境行政执法能力建设现状调查与问题分析》,《环境科学研究》2006 年第 19 卷,第 1—11 页。
② 建设项目中的环境保护设施必须与主体工程同时设计、同时施工、同时投产使用制度。
③ 详见郭远明等:《地方环保局长"夹缝执法"》,《瞭望(新闻周刊)》2006 年 9 月;郄建荣:《基层环保薄弱状况尚未根本扭转:一线环境执法现状透析》,法制网 2009 年 9 月 2 日。

首先,在地方政府完全承担或者承担绝大部分环境标准执行时,除非环境地理外溢效应足够大,否则可能会出现中央政府的道德风险问题,即过度规制。因而在地理外溢效应并不明显的污染物治理方面,如果由中央政府设定标准,可以考虑中央政府也承担部分成本以避免过度规制问题。

其次,地方财力与环境职能之间并不匹配,这和政府治理结构中的激励扭曲导致的环境支出在地方财政支出中的比重偏低有关,也和当前的财政体制有关。尽管地方财政支出占国家财政支出比重提高的可能性很小,但是相当一部分地方财政支出实际上来自于中央财政的转移支付,这种转移支付对地方政府在环境支出方面的诱导作用有待加强。地方政府财力与职能的不匹配性在县级层面表现得最为突出,而这一层级也是环境治理职能的主要实施者,从而导致基层环境标准的执行能力的欠缺。

最后,2003 年以前,地方环境行政部门的经费主要来自于排污费和行政收费,之后则主要来自于地方财政预算,但是,这两种安排都无法使环境行政部门摆脱对地方政府的依赖。也就是说,地方环境行政部门难以保证其独立性。上述所有问题都要求改革我国环境执行成本分担方式。这方面的改革问题将在本书第 16 章讨论。

第3篇　区域利益协调篇

区域发展不协调、区际矛盾与冲突不断的一个基本原因是区域利益不协调。因此，如何通过各种手段协调不同区域之间的利益矛盾，是生态文明取向的区域经济协调发展的关键问题之一。

本篇包括第6~10章，侧重于从生态文明取向的区域生态补偿机制角度探讨区域利益协调问题。本篇研究的主要问题包括区域生态补偿机制建立的必要性、区域生态补偿方式、生态职能区划与生态补偿主体确定、区域生态补偿政策目标选择的理论与实践，以及案例研究。第一，在基本假定的基础上，在合作与非合作两种情形下建立理论模型来讨论区域生态补偿机制建立的必要性，并分析慈善式援助、治污直接援助、限产治污补偿、促产限污合作等区域生态补偿方式；第二，提出适应区域生态补偿需求的生态职能区的含义和划分标准，讨论谁补偿谁的问题，即区域生态补偿主体；第三，主要从农业非点源污染这一区域生态补偿政策目标选择的物质基础，以及成本收益理论这一政策目标选择的理论基础两方面展开实证研究；第四，以北京—冀北"稻改旱"工程为例，具体分析如何选择和确定区域生态补偿政策目标，实证检验了过程导向类流域生态补偿目标选择下流域生态补偿政策的效率，剖析政策执行时的主要影响因素和存在的关键问题；第五，以京津—冀北地区为例，分析区域生态补偿的依据，以及区域生态补偿额度的计算等内容。

6 区域生态补偿机制建立的必要性和补偿方式选择

本章将构建一个理论模型来讨论区域生态补偿机制建立的必要性。实际上，这种必要性已经得到普遍认同，本章的目的是由理论模型分析推导出适用于不同情况的区域生态补偿方式。

6.1 区域生态补偿机制的理论模型

理论分析首先给出区域生态补偿理论基础模型的基本假定，然后分析非合作、部分合作和完全合作三种情形下的经济和环境运行态势，最后给出相应的结论及启示。

6.1.1 基本假定

假定存在两个区域，分别是地区 1 和地区 2。为了简化模型，我们将污染的非对称负外部性简化为地区 2 的污染排放不影响地区 1 代表性家庭的效用，而地区 1 的污染排放影响地区 2 的代表性家庭。在流域内跨界污染研究中，地区 1 为上游地区，地区 2 为下游地区。根据 Selden 和 Song[①] 及 Casino[②] 在一区域模型中对代表性家庭偏好、生产技术和污染排放的设定，我们假定地区 1 和地区 2 的代表性家庭的即期效用分别为 $U(c_1) - \beta D[P(k_1, E_1)]$ 和 $U(c_2) - \beta D[P(k_2, E_2)] - \psi[P(k_1, E_1)]$。其中，$c_1$ 和 c_2 分别为地区 1 和地区 2 即期消费支出，$U' > 0, U'' < 0$ 且 $\lim_{c \to 0} U' = +\infty$；$\beta$ 是代表性家庭的环境意识参数，表示其对污染排放 P 所带来的负效用 $-D(P)$ 的重视程度，$D'(P) > 0, D''(P) > 0$ 且 $D(0) = 0$；$-\psi[P(k_1, E_1)]$ 表示地区 1 的污染排放给地区 2 带来的负效用，且地区 1 无须支付任何费用，这就是其污染排放对

---

① Selden, Th. M. and Song, D., "Neoclassical Growth, the J Curve for Abatement, and the Inverted U Curve for Pollution", Journal of Environmental Economics and Management, vol. 29, no. 2, 1995, pp. 62-68.

② Casino, B., "Kuznets Curves and Transboundary Pollution", IVIE Working Papers, 1999.

地区 2 造成的负外部性。[①] $\psi'(P)>0,\psi''(P)>0$ 且 $\psi(0)=0$。两个区域的即期效用函数差别主要体现在这一项上,由于不存在地区 2 污染排放对地区 1 的负外部性,因此,地区 1 的即期效用函数不存在这一项。污染是生产过程中的副产品,污染排放量 P 是关于资本 k 和治污支出 E 的可分函数,$\partial P/\partial k>0,\partial P/\partial E<0,\dfrac{\partial^2 P}{\partial k^2}$ $\geqslant 0,\dfrac{\partial^2 P}{\partial E^2}>0,\dfrac{\partial^2 P}{\partial k\partial E}=0,$ 且 $\lim\limits_{E\to 0}\partial P/\partial E=\gamma>-\infty$。[②] 生产函数 $Af(k)$ 是新古典的,$f'(k)>0,f''(k)<0,f(0)=0$,且满足稻田条件;δ 为资本折旧率;地区 1 和地区 2 的初始资本量分别是 $k_1(0)=k_{10}$ 和 $k_2(0)=k_{20}$,且 k_{10} 远小于 k_{20},即地区 1 为河北周边地区,地区 2 为北京,各区域资本积累方程为

$$\dot{k}_i = Af(k_i) - \delta k_i - c_i - E_i, \quad i = 1,2 \tag{6-1}$$

本章关注地区间的相互关系和作用,而且,本章的研究对象是环境污染问题,公共品特性突出,难以在私人市场中解决,故采用中央计划者模型的处理方法。假定这两个地区的政府都是仁慈的,地方政府(地方社会计划者)的目标就是寻求本地区代表性家庭在无限期内效用最大化。

关于两个地区的关系,有非合作和合作两种情形。非合作,即两个地区各自为政,虽鸡犬相闻但老死不相往来,资本和产出也完全不流动。合作是指两个地区作为一个整体共同采取策略行动以求总体福利的最大化[③],这也是大多数环境保护合作模型普遍选择的目标函数。我们不妨假定存在一个凌驾于两个地区之上的中央计划者,其目标是最大化两个地区代表性家庭的福利水平。这里涉及地区 1 和地区 2 的权重问题。在我们的案例中,与地区1(北京周边的张家口、承德地区,后文简称周边地区)比较,地区 2(北京)作为首都,可能会受到中央计划者更多的关注,但是,基于人权平等的观点,我们的模型赋予两个地区相同的权重,地区 2 作为首都的优势将在下文关于合作方式的分析中予以讨论。关于合作这一状态的讨论,本章分为两种情况:

---

① 对于这种非对称的外部性的成本分摊问题,存在两种极端的规则:一是无限主权原则(unlimited territorial sovereignty),即每个地区在自己管辖范围内有排他性的权利,即可以随意决定污染水平;二是无限领土完整原则(unlimited territorial integrity),在该规则下,负外部性来源地区必须控制自己的污染水平,且自己承担相应的成本。在实际中,负外部性来源地区通常选择中间地带(Barrett,1994)。在我们的案例中,有相应的国家法律、法规和条例规定各地区的污染排放问题。我们假定在这些规定之外,周边地区实行无限主权原则,可以在遵守国家相关法律、法规和条例的前提下,任意决定本地区的污染水平且不用承担负外部性的成本,因此对该外部性的补偿将遵循受益者付费的原则。

② Forster(1973)的模型利用 $\lim\limits_{E\to 0}\partial P/\partial E = -\infty$ 这一假设排出了污染支出的角点解,Selden 和 Song(1995)放松了这一假设,允许角点解的存在,得出治污投入与经济发展水平之间的"J"字型关系,进而证明了在一定条件下 EKC 的存在性,且是理性选择的结果。本模型沿用 Selden 和 Song(1995)的假定。前一文献见 Forster, B. A., "Optimal Consumption Planning in a Polluted Environment", Economic Record, no. 49, 1973, pp. 534-545. 后一文献见前页注①。

③ Barrett, S., Conflict and Cooperation in Managing International Water Resources, Policy Research Working Paper 1303, The World Bank, Washington DC, 1994.

一是假定资本和产出不流动,这种合作实际上只考虑环境负外部性内部化,这里称为部分合作;二是将上文关于资本和产出流动性的假定推广到另一个极端,即资本和产出可以完全流动,区域合作从环境领域扩展到经济领域,这里称为完全合作。

6.1.2 非合作的情形

在非合作的情形下,对于地区 1 的社会计划者而言,其无须考虑本地区污染排放对地区 2 的负外部性,其动态最优化问题为

$$V_1^*(k_{10}) = \max \int_0^\infty e^{-\rho t} [U(c_1) - \beta D(P(k_1, E_1))] dt \qquad (\text{问题 } 6\text{-}1)$$

$$\text{s.t.} \quad \dot{k}_1 = Af(k_1) - \delta k_1 - c_1 - E_1; E_1 \geqslant 0; \quad k_1(0) = k_{10} \qquad (6\text{-}2)$$

式中,ρ 为贴现率。由(问题 6-1)和式(6-2)构成系统(1),为了求解系统(1),定义现值 Hamiltonian 函数:

$$H_1 = U(c_1) - \beta D[P(k_1, E_1)] + \lambda_1 [Af(k_1) - \delta k_1 - c_1 - E_1] + q_1 E_1 \quad (6\text{-}3)$$

式中,λ_1 和 q_1 分别为 Hamiltonian 乘子和 Lagrange 乘子;c_1 和 E_1 为控制变量,最优性条件[1]为

$$U'(c_1) = \lambda_1 \qquad (6\text{-}4)$$

$$-\beta D'(P) \frac{\partial P}{\partial E_1} + q_1 = \lambda_1 \qquad (6\text{-}5)$$

$$\dot{\lambda}_1 = \lambda_1 [\rho + \delta - Af'(k_1)] + \beta D'(P) \frac{\partial P}{\partial k_1} \qquad (6\text{-}6)$$

$$\dot{k}_1 = Af(k_1) - \delta k_1 - c_1 - E_1 \qquad (6\text{-}7)$$

$$q_1 E_1 = 0, \quad q_1 \geqslant 0, \quad E_1 \geqslant 0 \qquad (6\text{-}8)$$

横截性条件为

$$\lim_{t \to +\infty} \lambda_1 k_1 e^{-\rho t} = 0 \qquad (6\text{-}9)$$

地区 2 社会计划者的动态最优化问题为

$$V_2^*(k_{20}) = \max \int_0^\infty e^{-\rho t} [U(c_2) - \beta D(P(k_2, E_2)) - \psi(P(k_1, E_1))] dt \quad (\text{问题 } 6\text{-}2)$$

$$\text{s.t.} \quad \dot{k}_2 = Af(k_2) - \delta k_2 - c_2 - E_2; E_2 \geqslant 0; k_2(0) = k_{20} \qquad (6\text{-}10)$$

地区 2 无法影响地区 1 的资本积累和治污支出,只能选择 c_2 和 E_2 这两个控制变量,不难发现,在我们使用的模型中,除了初始资本存量(即初始经济发展水平)不同之外,非合作情形下的两个地区的最优性条件是相同的。我们不妨主要考察地区 1 的消费支出、治污投入和资本积累的最优路径,再将相应的结论推广到地区 2。

---

[1] 根据 Mangasarian 充分性定理,我们对即期效用函数的假定保证条件式(6-4)~式(6-9)构成了求解系统(1)的充分性。参见 Mangasarian, O. L., "Sufficient Conditions for the Optimal Control of Nonlinear Systems", *SIAM Journal on Control*, no. 4, 1966, pp. 139-152.

由式(6-4)和式(6-5)可得

$$U'(c_1) + \beta D'(P)\frac{\partial P(k_1,E_1)}{\partial E_1} - q_1 = 0 \qquad (6\text{-}11)$$

只要在 (c_1,k_1,E_1) 趋向于 0 时,满足 $U'(c_1) > -\beta D'(P)\dfrac{\partial P(k,E_1)}{\partial E1}$[①],在 (c_1,k_1) 存在一个非空集合满足 $E_1(c_1,k_1)=0$,即存在角点解,该集合的边界 $c_1=C(k_1)$ 由下式给出:

$$U'(c_1) + \beta D'(P)\frac{\partial P(k_1,0)}{\partial E_1} = 0 \qquad (6\text{-}12)^{[②]}$$

如图 6-1 所示,构成角点解和内点解的 (c_1,k_1) 分别位于该向下倾斜曲线的左下方和右上方。处于角点解时的经济运动方程:

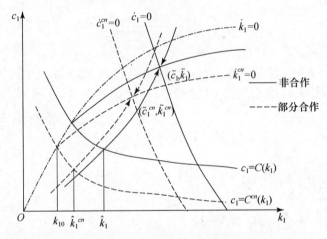

图 6-1　上游地区相图分析

$$\dot{c}_1 = \frac{U'(c_1)}{U''(c_1)}[\rho+\delta-Af'(k_1)] + \frac{\beta D'(P)\partial P/\partial k_1}{U''(c_1)}^{[③]} \qquad (6\text{-}13)$$

$$\dot{k}_1 = Af(k_1) - \delta k_1 - c_1^{[④]} \qquad (6\text{-}14)$$

当 $q_1=0$,即存在内点解时,由式(6-11)得

---

① 根据我们对即期效用函数和污染排放函数形式的假定,该条件满足。

② 由式(6-12)可得,对于相同的资本存量 k_1 而言,β 越大,污染边际负效用的绝对值 $D'(P)$ 越大,治污的边际产出 $\left(\left|\dfrac{\partial P}{\partial E_1}\right|\right)$ 越高,$c_1=C(k_1)$ 越小,即该曲线的位置越低,且有 $\dfrac{dc_1}{dk_1} = -\dfrac{\beta[D'(P)(\partial P/\partial E_1)(\partial P/\partial k_1)]}{U''(c_1)} < 0$。

③ 令 $\dot{c}_1=0$,由本式可得 $\dfrac{dc_1}{dk_1} = \dfrac{-Af''(k_1) + \beta\left[D''(P)\left(\dfrac{\partial P(k_1,0)}{\partial k_1}\right)^2 + D'(P)\dfrac{\partial^2 P(k_1,0)}{\partial k_1^2}\right]/U'(c_1)}{\beta D'(P)\dfrac{\partial P}{\partial k_1}U''(c_1)/U'(c_1)^2} < 0$。

④ 令 $\dot{k}_1=0$,由本式可得 $\dfrac{dc_1}{dk_1} = Af'(k_1) - \delta$,$\dfrac{d^2c_1}{dk_1^2} = Af''(k_1) < 0$。

$$U'(c_1) + \beta D'(P)\frac{\partial P(k_1,E_1)}{\partial E_1} = 0 \tag{6-15}$$

式(6-15)表明,在最优路径中,消费的边际效用等于治污投入的边际效用,并给出了 $E_1>0$ 时 E_1 和 c_1、k_1 的函数关系:$E_1 = E_1(c_1,k_1)$。[①] 进而有内点解时的经济运动方程:

$$\dot{c}_1 = \frac{U'(c_1)}{U''(c_1)}\left\{[\rho+\delta-Af'(k_1)] - \frac{\partial P[k_1,E_1(c_1,k_1)]/\partial k_1}{\partial P[k_1,E_1(c_1,k_1)]/\partial E_1}\right\}[②] \tag{6-16}$$

$$\dot{k}_1 = Af(k_1) - \delta k_1 - c_1 - E_1(c_1,k_1)[③] \tag{6-17}$$

我们假定稳态时该问题取内点解,则地区 1 的稳态通过令式(6-16)和式(6-17)等于 0 来决定:

$$[\rho+\delta-Af'(\tilde{k}_1)] + \frac{\beta D'(P)\partial P[\tilde{k}_1,E_1(\tilde{c}_1,\tilde{k}_1)]/\partial k_1}{U'(c_1)} = [\rho+\delta-Af'(\tilde{k}_1)]$$

$$-\frac{\partial P[\tilde{k}_1,E_1(\tilde{c}_1,\tilde{k}_1)]/\partial k_1}{\partial P[\tilde{k}_1,E_1(\tilde{c}_1,\tilde{k}_1)]/\partial E_1} = 0 \tag{6-18}$$

$$Af(\tilde{k}_1) - \delta\tilde{k}_1 - \tilde{c}_1 - E_1(\tilde{c}_1,\tilde{k}_1) = 0 \tag{6-19}$$

命题 6-1 系统(1)的均衡点 $(\tilde{c}_1,\tilde{k}_1,\tilde{E}_1)$ 是鞍点稳定的。当 k_{10} 充分小(小于 $\tilde{k}_1$[④])时,该系统在向稳态趋近的过程中,$\dot{c}_1>0$;$\dot{k}_1>0$;当 $k_1 \leqslant \hat{k}_1$ 时,$E_1=0$,

$$\dot{P} = \frac{\partial P(k_1,0)}{\partial k_1}\dot{k}_1>0,当 k_1>\hat{k}_1 时,E_1>0,\dot{E}_1 = \frac{-U''(c_1)\dot{c}_1-\beta D''(P)\frac{\partial P}{\partial k_1}\frac{\partial P}{\partial E_1}\dot{k}_1}{\beta D''(P)\left(\frac{\partial P}{\partial E_1}\right)^2+\beta D'(P)\frac{\partial^2 P}{\partial E_1^2}}>0,$$

$$\dot{P}_1 = \frac{\beta D'(P)\frac{\partial^2 P}{\partial E_1^2}\frac{\partial P}{\partial k_1}\dot{k}_1 - \frac{\partial P}{\partial E_1}U''(c_1)\dot{c}_1}{\beta D''(P)\left(\frac{\partial P}{\partial E_1}\right)^2+\beta D'(P)\frac{\partial^2 P}{\partial E_1^2}}。[⑤]$$

---

① $\frac{\partial E_1}{\partial k_1} = \frac{-D''(P)\frac{\partial P}{\partial k_1}\frac{\partial P}{\partial E_1}}{D''(P)\left(\frac{\partial P}{\partial E_1}\right)^2+D'(P)\frac{\partial^2 P}{\partial E_1^2}}>0;\frac{\partial E_1}{\partial c_1} = \frac{-U''(c_1)}{\beta D''(P)\left(\frac{\partial P}{\partial E_1}\right)^2+\beta D'(P)\frac{\partial^2 P}{\partial E_1^2}}>0$。

② 令 $\dot{c}_1=0$,由本式可得 $\frac{dc_1}{dk_1} = \frac{Af''(k_1)+\left(\frac{\partial^2 P}{\partial k_1^2}\frac{\partial P}{\partial E_1}-\frac{\partial^2 P}{\partial E_1^2}\frac{\partial E_1}{\partial k_1}\frac{\partial P}{\partial k_1}\right)\Big/\left(\frac{\partial P}{\partial E_1}\right)^2}{\frac{\partial^2 P}{\partial E_1^2}\frac{\partial E_1}{\partial c_1}\frac{\partial P}{\partial k_1}\Big/\left(\frac{\partial P}{\partial E_1}\right)^2}<0$。

③ 令 $\dot{k}_1=0$,由本式可得 $\frac{dc_1}{dk_1} = \frac{Af'(k_1)-\delta-\frac{\partial E_1}{\partial k_1}}{1+\frac{\partial E_1}{\partial c_1}}<Af'(k_1)-\delta$。

④ $\hat{k}_1$ 由鞍点路径和 $c_1=C(k_1)$ 的交点给出,因为假定稳态时的 $E_1>0$,因此,由 $\frac{\partial E_1}{\partial k_1}>0$ 且 E_1 关于 k_1 连续,有 $\hat{k}_1<\tilde{k}_1$。

⑤ 本章的命题证明比较复杂,我们已经公开发表了命题 6-1~命题 6-5 的证明。参见张可云、张文彬:《非对称外部性、EKC 和环境保护区域合作——对我国流域内部区域环境保护合作的经济学分析》,《南开经济研究》2009 年第 3 期,第 25—45 页。该文中的附录 1、2、4、5、6 分别证明的是命题 6-1~命题 6-5。

我们可以在空间(c_1,k_1)刻画该经济系统的运动状况。地区1(上游地区)经济发展水平较低,初始资本存量偏低,当其k_{10}小于$\hat{k}_1$时,则$E_1=0$,其基本上不考虑治污投入,经济在向稳态趋近的过程中,消费水平和资本存量不断增加,污染水平不断提高。提高环保意识(β)和治污效率$\left(\left|\dfrac{\partial P}{\partial E_1}\right|\right)$可以使曲线$c_1=C(k_1)$下移,使得地区1更早地参与环保投入。资本存量超过$\hat{k}_1$时,开始进行治污投入,治污投入的增长与治污效率$\left(\dfrac{\partial P}{\partial E_1}\right)$、资本增长对污染的直接效应$\left(\dfrac{\partial P}{\partial k_1}k_1\right)$正相关。污染水平能否降低取决于$\beta D'(P)\dfrac{\partial^2 P}{\partial E_1^2}\dfrac{\partial P}{\partial k_1}k_1$和$\dfrac{\partial P}{\partial E_1}U''(c_1)\dot{c}_1$两项的大小,若达到稳态之前,前者小于后者,则$\dot{P}<0$,那么污染水平和经济发展水平之间呈现倒"U"关系。如果假定污染排放关于治污投入是规模收益不变的,即$\dfrac{\partial^2 P}{\partial E_1^2}=0$,则EKC的顶点处于$k_1=\hat{k}_1$处。而对于地区2(下游地区)而言(见图6-2),经济发展水平较高,初始资本存量$k_{20}>\tilde{k}_1$,则其经济在向稳态趋近的过程中,消费水平和资本存量不断增加,治污投入为正亦不断增加,当污染排放关于治污投入是规模收益不变时,地区2肯定处于EKC的右半部分,即随着经济的发展,污染水平不断降低。由于处于非合作情形,地区2无法影响地区1关于消费、治污投入的决策,因此,只能忍受地区1不断增加的污染排放所带来的负效用。

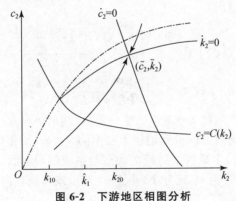

图6-2　下游地区相图分析

注:下游地区在非合作与合作状态下的经济运动路径是一致的。

6.1.3　合作的情形

合作情形下的两个地区的目标函数统一为

$$V^{C*}(k_{10},k_{20})=\max\int_0^\infty e^{-\rho t}\left\{\frac{1}{2}[U(c_1)-\beta D(P(k_1,E_1))]+\frac{1}{2}[U(c_2)\right.$$

$$\left.-\beta D(P(k_2,E_2))-\psi(P(k_1,E_1))]\right\}dt \qquad\text{(问题6-3)}$$

$$= \max \frac{1}{2} \int_0^\infty e^{-\rho t} \{ U(c_1) - \beta D[P(k_1, E_1)] - \psi[P(k_1, E_1)]$$

$$+ U(c_2) - \beta D[P(k_2, E_2)] \} dt$$

6.1.3.1 部分合作

在部分合作下,中央计划者面临的约束由式(6-2)和式(6-10)构成,结合其目标函数(问题6-3),构成系统(2)。定义现值 Hamiltonian 函数:

$$H^{cn} = U(c_1) - \beta D[P(k_1, E_1)] - \psi[P(k_1, E_1)] + U(c_2) - \beta D[P(k_2, E_2)] \quad (6-20)$$

$$+ \lambda 1[Af(k_1) - \delta k_1 - c_1 - E_1] + q_1 E_1 + \lambda_2[Af(k_2) - \delta k_2 - c_2 - E_2] + q_2 E_2$$

中央计划者选择 c_1、E_1、c_2 和 E_2 为控制变量。根据最优性条件,资本产出不流动的合作情形下与地区2相关的最优性条件,与非合作情形下是完全相同的,故不再重复。但是关于地区1发生了变化,显然在合作情形下,中央计划者将地区1对地区2造成的负外部性内部化,后者演化为

$$U'(c_1^{cn}) = \lambda_1^{cn} \quad (6-21)$$

$$-\beta D'(P) \frac{\partial P}{\partial E_1^{cn}} - \psi'[P(k_1^{cn}, E_1^{cn})] \frac{\partial P}{\partial E_1^{cn}} + q_1^{cn} = \lambda_1^{cn} \quad (6-22)$$

$$\dot{\lambda}_1^{cn} = \lambda_1^{cn}[\rho + \delta - Af'(k_1^{cn})] + \beta D'(P) \frac{\partial P}{\partial k_1^{cn}} + \psi'(P) \frac{\partial P}{\partial k_1^{cn}} \quad (6-23)$$

$$\dot{k}_1^{cn} = Af(k_1^{cn}) - \delta k_1^{cn} - c_1^{cn} - E_1^{cn} \quad (6-24)$$

$$q_1^{cn} E_1^{cn} = 0, \quad q_1^{cn} \geqslant 0, \quad E_1^{cn} \geqslant 0 \quad (6-25)$$

稳态由下列条件给出:

$$[\rho + \delta - Af'(\tilde{k}_1^{cn})] + \frac{[\beta D'(P) + \psi'(P)] \frac{\partial P[\tilde{k}_1^{cn}, E_1^{cn}(\tilde{c}_1^{cn}, \tilde{k}_1^{cn})]}{\partial k_1^{cn}}}{U'(c_1)}$$

$$= [\rho + \delta - Af'(\tilde{k}_1^{cn})] - \frac{\partial P[\tilde{k}_1^{cn}, E_1^{cn}(\tilde{c}_1^{cn}, \tilde{k}_1^{cn})]/\partial k_1^{cn}}{\partial P[\tilde{k}_1^{cn}, E_1^{cn}(\tilde{c}_1^{cn}, \tilde{k}_1^{cn})]/\partial E_1^{cn}} = 0 \quad (6-26)$$

$$Af(\tilde{k}_1^{cn}) - \delta \tilde{k}_1^{cn} - \tilde{c}_1^{cn} - E_1^{cn}(\tilde{c}_1^{cn}, \tilde{k}_1^{cn}) = 0 \quad (6-27)$$

结合横截性条件我们可以得到地区1在空间 (c_1, k_1) 的相位图,见图6-1。

命题6-2 系统(2)中地区2的经济动态与系统(1)相同,地区1的均衡点 $(\tilde{c}_1^{cn}, \tilde{k}_1^{cn}, \tilde{E}_1^{cn})$ 是鞍点稳定的。当 k_{10} 充分小(小于 $\hat{k}_1^{cn}$ 时),该系统在向稳态趋近的过程中,$\dot{c}_1^{cn} > 0; \dot{k}_1^{cn} > 0$;当 $k_1^{cn} \leqslant \hat{k}_1^{cn}$ 时,$E_1^{cn} = 0$,$\dot{P}^{cn} = \frac{\partial P(k_1^{cn}, 0)}{\partial k_1} \dot{k}_1^{cn} > 0$,当 $k_1^{cn} > \hat{k}_1^{cn}$ 时,$E_1^{cn} > 0$,

$$\dot{E}_1^{cn} = \frac{-U''(c_1^{cn})\dot{c}_1^{cn} - [\beta D''(P) + \psi''(P)] \frac{\partial P}{\partial k_1^{cn}} \cdot \frac{\partial P}{\partial E_1^{cn}} \dot{k}_1^{cn}}{\beta D''(P) \left(\frac{\partial P}{\partial E_1^{cn}}\right)^2 + \beta D'(P) \frac{\partial^2 P}{\partial E_1^{cn2}} + \psi''(P) \left(\frac{\partial P}{\partial E_1^{cn}}\right)^2 + \psi'(P) \frac{\partial^2 P}{\partial E_1^{cn2}}} > 0,$$

$$\dot{P}_1^{cn} = \frac{\beta D'(P) \frac{\partial^2 P}{\partial E_1^{cn2}} \frac{\partial P}{\partial k_1} \dot{k}_1 - \frac{\partial P}{\partial E_1^{cn}} U''(c_1)\dot{c}_1}{\beta D''(P) \left(\frac{\partial P}{\partial E_1^{cn}}\right)^2 + \beta D'(P) \frac{\partial^2 P}{\partial E_1^{cn2}} + \psi''(P) \left(\frac{\partial P}{\partial E_1^{cn}}\right)^2 + \psi'(P) \frac{\partial^2 P}{\partial E_1^{cn2}}} \circ$$

证明方法和过程与命题 6-1 相同。

6.1.3.2　完全合作

在完全合作下,资本、产出完全自由流动,中央计划者可以决定资本及产出在不同地区间的配置,面临的约束为

$$\dot{k}_1 + \dot{k}_2 = Af(k_1) + Af(k_2) - \delta(k_1 + k_2) - c_1 - c_2 - E_1 - E_2;$$

$$E_1 \geqslant 0; \quad k_1(0) = k_{10}; \quad E_2 \geqslant 0; \quad k_2(0) = k_{20} \qquad (6\text{-}28)$$

该约束和中央计划者的目标函数(问题 6-3)构成系统(3)。定义现值 Hamiltonian 函数:

$$H^{\infty} = U(c_1) - \beta D[P(k_1, E_1)] - \psi[P(k_1, E_1)] + U(c_2) - \beta D[P(k_2, E_2)] \qquad (6\text{-}29)$$

$$+ \lambda[Af(k_1) + Af(k_2) - \delta(k_1 + k_2) - c_1 - c_2 - E_1 - E_2] + q_1 E_1 + q_2 E_2$$

中央计划者选择 c_1、E_1、c_2 和 E_2 为控制变量,最优性条件为

$$U'(c_1^{\infty}) = \lambda^{\infty} \qquad (6\text{-}30)$$

$$U'(c_2^{\infty}) = \lambda^{\infty} \qquad (6\text{-}31)$$

$$-\beta D'(P)\frac{\partial P}{\partial E_1^{\infty}} - \psi'[P(k_1^{\infty}, E_1^{\infty})]\frac{\partial P}{\partial E_1^{\infty}} + q_1^{\infty} = \lambda^{\infty} \qquad (6\text{-}32)$$

$$-\beta D'(P)\frac{\partial P}{\partial E_2^{\infty}} + q_2^{\infty} = \lambda^{\infty} \qquad (6\text{-}33)$$

$$\dot{\lambda}^{\infty} = \lambda^{\infty}[\rho + \delta - Af'(k_1^{\infty})] + \beta D'(P)\frac{\partial P}{\partial k_1^{\infty}} + \psi'(P)\frac{\partial P}{\partial k_1^{\infty}} \qquad (6\text{-}34)$$

$$\dot{\lambda}^{\infty} = \lambda^{\infty}[\rho + \delta - Af'(k_2^{\infty})] + \beta D'(P)\frac{\partial P}{\partial k_2^{\infty}} \qquad (6\text{-}35)$$

$$\dot{k}_1^{\infty} + \dot{k}_2^{\infty} = Af(k_1^{\infty}) + Af(k_2^{\infty}) - \delta(k_1^{\infty} + k_2^{\infty}) - c_1^{\infty} - E_1^{\infty} - c_2^{\infty} - E_2^{\infty} \qquad (6\text{-}36)$$

$$q_1^{\infty} E_1^{\infty} = 0, \quad q_1^{\infty} \geqslant 0, \quad E_1^{\infty} \geqslant 0 \qquad (6\text{-}37)$$

$$q_2^{\infty} E_2^{\infty} = 0, \quad q_2^{\infty} \geqslant 0, \quad E_2^{\infty} \geqslant 0 \qquad (6\text{-}38)$$

横截性条件为

$$\lim_{t \to +\infty} \lambda^{\infty}(k_2^{\infty} + k_1^{\infty})e^{-\rho t} = 0 \qquad (6\text{-}39)$$

稳态由下列条件给出:

$$[\rho + \delta - Af'(\tilde{k}_1^{\infty})] + \frac{[\beta D'(P) + \psi'(P)]\dfrac{\partial P[\tilde{k}_1^{\infty}, E_1^{\infty}(\tilde{c}^{\infty}, \tilde{k}_1^{\infty})]}{\partial k_1^{\infty}}}{U'(\tilde{c}^{\infty})}$$

$$= [\rho + \delta - Af'(\tilde{k}_1^{\infty})] - \frac{\partial P[\tilde{k}_1^{\infty}, E_1^{\infty}(\tilde{c}^{\infty}, \tilde{k}_1^{\infty})]/\partial k_1^{\infty}}{\partial P[\tilde{k}_1^{\infty}, E_1^{\infty}(\tilde{c}^{\infty}, \tilde{k}_1^{\infty})]/\partial E_1^{\infty}} = 0 \qquad (6\text{-}40)$$

$$[\rho + \delta - Af'(\tilde{k}_2^{\infty})] + \frac{\beta D'(P)\dfrac{\partial P[\tilde{k}_2^{\infty}, E_2^{\infty}(\tilde{c}^{\infty}, \tilde{k}_2^{\infty})]}{\partial k_2^{\infty}}}{U'(\tilde{c}^{\infty})}$$

$$= [\rho + \delta - Af'(\tilde{k}_2^{\infty})] - \frac{\partial P[\tilde{k}_2^{\infty}, E_2^{\infty}(\tilde{c}^{\infty}, \tilde{k}_2^{\infty})]/\partial k_2^{\infty}}{\partial P[\tilde{k}_2^{\infty}, E_2^{\infty}(\tilde{c}^{\infty}, \tilde{k}_2^{\infty})]/\partial E_2^{\infty}} = 0 \qquad (6\text{-}41)$$

$$Af(\tilde{k}_1^\infty) + Af(\tilde{k}_2^\infty) - \delta(\tilde{k}_1^\infty + \tilde{k}_2^\infty) - 2\tilde{c}^\infty - E_1^\infty(\tilde{c}^\infty, \tilde{k}_1^\infty) - E_2^\infty(\tilde{c}^\infty, \tilde{k}_2^\infty) = 0$$
$$(6\text{-}42)$$

$$\tilde{c}_1^\infty = \tilde{c}_2^\infty = \tilde{c}^\infty \qquad (6\text{-}43)$$

在该系统中,由式(6-30)和式(6-31)可得,两个地区的即期消费相等,落后的地区1直接享受到和发达的地区2相同的消费效用。由式(6-34)和式(6-35)可得,地区1和地区2的资本存量存在一种函数关系,为了满足这一最优性条件所规定的关系,中央计划者将在期初对两个地区的初始资本存量之和进行重新分配。假定$k_{10}+k_{20}$足够大,以至于期初的c_1^∞及重新给其配置的资本k_1^∞亦足够大,位于$E_1^\infty(c_1^\infty, k_1^\infty)=0$的右上方,从而地区1将在期初便进行治污投入。如果当污染排放关于治污投入是规模收益不变时,地区1将在期初直接进入到EKC曲线的右半部分,即实现经济和环境保护的协调发展。

6.1.4　模型结论:治污投入、资本、消费和福利水平的比较

我们在动态EKC模型中引入非对称的地区外部性,扩展至两区域模型,分析了非合作、部分合作、完全合作三类情形下的k_i、c_i和E_i的最优路径和稳态水平,在此基础上,我们比较三种情形下各地区治污投入、污染水平和福利水平的变动。

6.1.4.1　治污投入和污染水平的比较

命题6-3　对于任意给定的$k_1>0$,有$C(k_1)>C^m(k_1)$;$C(k_1)>C^\infty(k_1)$。

证明　首先证明$C(k_1)>C^m(k_1)$对于任意给定的$k_1>0$,由式(6-21)和式(6-22)可得$U'(\tilde{c}^m)+\beta D'(P)\frac{\partial P}{\partial E_1^m}+\psi'[P(k_1,0)]\frac{\partial P}{\partial E_1^m}=0$,结合式(6-15),有

$$U'(c_1^m) + \psi'[P(k_1,0)]\frac{\partial P}{\partial E_1^m} = U'(c_1) \qquad (6\text{-}44)$$

进而有$c_1^m<c_1$;同理可得,对于任意给定的$k_1>0$,$C(k_1)>C^\infty(k_1)$。证毕。

命题6-3表明,相对于非合作情形,在合作情形下周边地区关于$E_1^m=0$和$E_1^\infty=0$的边界$C^m(k_1)$和$C^\infty(k_1)$更低,从而将更早地进行环保投入。同时,合作情形下周边地区的污染增长低于非合作($\dot{P}_1^m<\dot{P}_1$),周边地区将有更低的污染水平。

从而,北京因来自于周边地区污染负外部性的降低而将获得更高的效用。如果考虑资本完全流动下的合作,当两个地区初始资本存量之和足够大,周边地区将在期初便进行治污投入;若污染排放关于治污投入是规模收益不变,周边地区将在期初便在经济发展的同时降低环境污染水平。显然,就环境保护而言,完全合作下的境况最优,仅考虑污染外部性的部分合作次之,非合作效果最差。

6.1.4.2　稳态资本存量和消费水平的变动

命题6-4　$\tilde{k}_1^m<\tilde{k}_1$,$\tilde{c}_1^m<\tilde{c}_1$。

命题6-4表明,周边地区在非合作情形下的稳态资本存量和消费水平高于部

分合作情形下的稳态水平,即周边地区在部分合作情形下的经济发展水平不如非合作情形。这将影响其参与部分合作的积极性。在我们的模型中,北京的稳态水平在这两个情形下是一致的。

6.1.4.3　福利的变动

命题 6-5　(1) $V^{\infty *}(k_{10},k_{20}) \geqslant V^{cn *}(k_{10},k_{20}) \geqslant \frac{1}{2}\big[V_1^*(k_{20}) + V_2^*(k_{20})\big]$;
(2) $V_1^*(k_{10}) \geqslant V_1^{cn *}(k_{10},k_{20})$, $V_2^*(k_{20}) \leqslant V_2^{cn *}(k_{10},k_{20})$; (3) $V_1^{cn *}(k_{10},k_{20}) \leqslant V_1^{\infty *}(k_{10},k_{20})$, $V_2^{\infty *}(k_{10},k_{20}) \geqslant V_2^{cn *}(k_{10},k_{20})$。[①]

根据命题 6-5,完全合作的总体福利最大,不存在资本产出流动、仅考虑环境污染外部性的部分合作的总体福利次之,非合作的总体福利最差。相对于非合作情形下而言,在不存在资本、产出流动的合作中,周边地区的福利受损,自然,北京的福利增进。对于周边地区而言,过早地选择治污投入导致其面临更低的稳态资本存量和消费水平,有损其福利水平,因此,单纯考虑污染外部性且没有相应补偿的合作,除非有一个强有力的中央政府采取强制手段推动,否则是不可能实现的。不过,因为总体福利的增进,意味着周边地区和北京可以通过一定的机制实现合作,在两地区间合理分配合作所实现的增进福利。完全合作的状态下,周边地区将在期初被配置更多的资本[②],放松了其预算约束,从而将获得在部分合作情形下至少相同的福利水平,而北京则会出现资本外流,其福利水平不会高于部分合作下的福利水平,但是与非合作情形下比较而言,其福利的损益取决于资本流失造成消费下降的效用损失和从周边地区更低污染排放中获得效用增进之间的权衡。通常,前者更受重视,因此,对于北京而言,可能面临福利损失。若是这样,周边地区将比在非合作情形获得更高的福利。所以,对于北京而言,不存在进行全方面合作、完全一体化的激励。

6.1.5　模型启示

综上所述,完全合作下周边地区的污染排放最低,两个地区的总体福利水平最高,部分合作的污染水平和总体福利水平次之,非合作绩效最差。显然,合作相对于非合作而言,是帕累托改进的。我们构建的模型假定存在一个强有力的中央计划者,目标是以相等的权重最大化两个地区代表性家庭的福利,不存在交易成本,

---

① $V_1^*(k_{10})$、$V_1^{cn *}(k_{10},k_{20})$ 和 $V_1^{\infty *}(k_{10},k_{20})$ 分别表示地区 1 代表性家庭在非合作、部分合作和完全合作情形中最优化下的一生效用;$V_2^*(k_{20})$、$V_2^{cn *}(k_{10},k_{20})$ 和 $V_2^{\infty *}(k_{10},k_{20})$ 分别表示地区 2 代表性家庭在非合作、部分合作和完全合作情形中最优化下的一生效用;$V^{cn *}(k_{10},k_{20})$ 和 $V^{\infty *}(k_{10},k_{20})$ 分别表示均以 1/2 为权重的两个地区代表性家庭在部分合作和完全合作情形中最大化下的一生效用。

② 在市场经济环境下,根据生产函数的假定,地区 1 的资本边际报酬大于地区 2,则地区 2 的资本流向地区 1。

中央计划者清楚各地区代表性家庭的效用函数、生产函数及污染排放函数,可以决定两个地区代表性家庭的消费支出、资本积累和治污支出,的确可以通过统筹两个地区在环境和经济领域内的合作实现福利增进。另外,根据科斯定理这种帕累托改进可以通过市场交易等机制来实现,甚至可以达到帕累托有效。既然合作,尤其是完全合作相对于非合作而言是帕累托改进的,那么,为什么在现实中,北京与周边地区的环保合作收效甚微,而全方位的合作更是步履维艰呢?

首先,目前不存在一个能够很好统筹和协调两个地区的经济发展和环境保护的区域管理机构或者职能。这一级区域管理机构或者职能的缺失,一是无法出现合作模型中所强调的最大化两个地区居民福利之和的目标,地方政府各自为政,在本地区利益最大化的目标下进行经济发展和环境保护的策略选择;二是缺乏一个在合作机制的制定、执行过程中起监督并能强制合同执行作用的第三方,尤其是环境污染水平的评价,缺乏一个普遍被接受且具有法律意义上的体系,不利于合作合同的实施。目前,北京和周边地区的环保合作,主要表现为不存在隶属关系的地区间合作,因此,能否实现合作的关键在于合作是否是激励相容、自我实施的,特别是某些合作可能导致某一方受损,尽管整体福利最大化,这种合作也是难以实现的。

其次,对于完全对称(外部性对称、发展水平相同)问题,地区间共同保护环境使得各地区自身福利及整体福利均实现增进,地区间的协调与合作问题可以只针对关注的环境问题便可以实现互惠,更容易就某一特殊的环境问题达成一致。在我们的模型和将要分析的案例中,非对称外部性和 EKC 曲线的存在,导致整体福利的提高不能直接保证两个地区福利同时增进。在部分合作情形下,周边地区的福利相对于非合作情形而言是受损的;在完全合作下,北京的福利相对于部分合作而言也是受损的,如果更重视消费所带来的即期效用,其福利相对于非合作可能还是受损的。如果我们不考虑补偿或者制裁机制的存在,在缺乏区域管理机构和职能的情况下,对于北京而言,在部分合作情形下的福利水平最高,而且,完全合作能否实现的主动权在北京手中,但是完全合作的福利损失可能对最大的,所以,无论周边采取何种策略[1],北京的最优策略均是部分合作,而对周边而言,部分合作恰好是导致其福利水平最低的选择,若北京选择部分合作,周边地区没有能力选择完全合作,不得不选择非合作。因此,在缺乏强有力的区域管理机构的前提下,如果缺乏相应的补偿或者制裁手段,即不扩大制度涉及范围(institutional scope)和利用议题关联(issue linkage),我们的模型中所分析的两类合作政策均是无法实现的。[2]

---

① 如果地区 2 不采取完全合作,地区 1 无法选择完全合作的策略。

② 此处,我们的模型证明了 Mitchell 和 Keilbach(2001)关于制度涉及范围和非对称外部性之间关系的论断。参见 Mitchell, R. B. and Keilbach, P. M., "Situation Structure and Institutional Design: Reciprocity, Coercion, and Exchange", International Organization, vol. 55, no. 4, 2001, pp. 891-917.

再次，我们可以通过适当的补偿来诱导或者通过制裁来强迫相关地区来参与环境领域或进行全面的合作。例如北京在贸易、援助等方面对周边地区采取制裁手段，通常是不合适且无效的，这种制裁对于周边地区环境绩效优秀的企业及其居民是不公平的。而且对一个国家内部而言，制裁这一机制很难实施，中央政府不会无视地方政府间的"敌对"行为，而且北京作为首都的特殊地位，使得周边地区根本不可能明目张胆地以更多的环境污染来制裁北京，强迫其进行全面合作或者给予更多的补偿。对于北京而言，尽管在政治地位、经济实力上处于强势，但是也很难对周边地区实施可信的威胁强迫周边地区减少污染排放。补偿机制实际上是一种互利的交易行为，通过重新分配合作实现的帕累托改进部分的收益，受益地区弥补受损地区的福利损失。所以，无论是从区域和谐还是从效率的角度而言，补偿机制是首选。尽管根据科斯定理，即使不存在强有力的、无所不知的、仁慈的中央计划者，补偿这个重新分配收益的过程肯定是可行的，但是需要满足一系列严格的条件，如信息完全且对称、交易成本为零等[1]，而且需要一个第三方，能够监督合同的执行。[2] 双方可以选择 Nash 谈判解或者 Shapley 值法等方法进行合作利得的分配。[3] 上述证明了合作的必要性，而这些条件恰恰在现实中很难实现。例如，关于代表性家庭的效用函数、生产函数和污染排放函数的信息很难获取，而且在两个地区之间有明显的不对称，这样就很难估算两个地区相应的福利损失，自然无法得出相应的补偿额。而且信息不对称的存在，引发了两个地区更多的策略性行为，容易导致道德风险和逆向选择，提高了交易成本，降低了合作收益空间，阻碍合作政策的实现。相对于部分合作而言，完全合作是更优的，因此在理论上应该存在着一种合作收益的分配机制，使得两个地区均实现帕累托改进，且这种福利增进水平高于部分合作。但是，在完全合作的状态下，北京的福利损失和周边地区的福利增进更为复杂，涉及消费、本地污染、污染外部性等多个方面，而在部分合作中，北京的收益主要体现在环境污染的外部性降低上，周边地区的福利损失则主要是对非合作情形下最优行为的偏离，双方的损益比较明显。显然，部分合作中的补偿机制的设计面临更少的信息不完全、信息不对称和较低的交易成本。因此，出于这一方面的原因，北京也更倾向于选择部分合作，而在完全合作上一直没有很大的进展。

　　因此，在缺失区域管理机构或者职能的情况下，北京和周边地区的环境保护合作因缺乏合理的补偿机制而效果不大，全面的经济合作因为握有主动权的北京没

①　Maler，K. G.，"International Environmental Problems"，Oxford Review of Economic Policy，no. 6，1990，pp. 80-108.

②　Barrett，S.，Conflict and Cooperation in Managing International Water Resources，Policy Research Working Paper 1303，The World Bank，Washington，DC，1994.

③　Barrett，C. B. and Lee，D. R.，et al，"Institutional Arrangements for Rural Poverty Reduction and Resource Conservation"，World Development，vol. 33，no. 2，2005，pp. 193-197.

有足够的激励参与、且面临更复杂的补偿机制的设计而难以展开。

6.2 可供选择的区域生态补偿方式

区域生态补偿方式主要包括直接补偿与间接补偿,直接补偿呈现出一对一补偿(如广东省对江西省东江源地区地方政府转移支付类的跨界流域补偿①)、一对多补偿(如北京市政府对潮白河流域上游农户的补偿②)和多对多补偿(浙江省的排污收费③)的特征。间接补偿主要包括金融产业政策支持、异地开发、文化教育支持等。采用何种补偿方式应该从实际出发,不能一刀切,综合现金、实物、智力补偿方式的长处,帮助落后地区提高造血能力。④

区域生态补偿一般采取政府行政调控和经济激励、间接补偿和直接补偿、统一补偿支付价格和差别补偿价格等补偿方式。政府行政调控主要涉及对污染控制水平、方法或环境保护结果明确发布指令,既与过程导向政策目标选择相关也与结果导向政策目标相关。经济激励主要就环境保护现状通过财务、市场等激励措施进行生态补偿,因而更倾向于结果导向政策目标选择。间接补偿方式有两种含义:一种是就补偿主体而言,指没有补偿给上游流域生态补偿的直接提供者,而是补偿给第三方;另一种含义是通过优化或不破坏生态环境的其他生产生活方式帮助生态保护区生存和发展,从而客观上达到生态环境保护的目的。如果就第一种含义而言,既与过程导向政策目标选择相关也与结果导向政策目标相关。如果就第二种含义而言,则更倾向于过程导向政策目标选择。直接补偿方式是将对生态环境产生直接作用的行为与直接作用的结果作为补偿重点的补偿方式,既与过程导向政策目标选择相关也与结果导向政策目标相关。统一补偿支付价格和差别补偿价格方式的区别在于补偿支付方式不一样,补偿的依据既可以是过程也可以是结果,因而,既与过程导向政策目标选择相关也与结果导向政策目标相关。

一般认为,经济激励、直接、差别补偿价格方式的政策效率要高于政府行政调控、间接和统一补偿价格的方式。目前,市场化发达的美国、欧洲和澳大利亚等发达国家和地区主要实行经济激励的、直接的、差别补偿价格补偿方式,尽管大多为过程导向政策目标类区域生态补偿案例,但是也有向结果导向政策目标选择过度的倾向。我国是社会主义市场经济国家,政府行政调控的、间接的、统一补偿价格区域生态补偿方式较多,但结果导向政策目标选择鲜见。区域生态补偿方式主要

① 胡振鹏等:《江西东江源区生态补偿机制初探》,《江西师范大学学报(自然科学版)》2007年第3期,第206—209页。

② 李文洁:《北京市对张家口市开展生态补偿研究》,河北大学硕士学位论文,2010年。

③ 张鸿铭:《建立生态补偿机制的实践与思考》,《环境保护》2005年第2期,第41—45页。

④ 赵雪雁等:《甘南黄河水源补给区生态补偿方式的选择》,《冰川冻土》2010年第1期,第204—210页。

有政策补偿、资金补偿、实物补偿、技术补偿、教育补偿等。

北京与周边地区能否在环境保护中实现合作,主要取决于补偿机制的设计,下面将对几种可行的补偿方式进行深入的理论分析。第一种是补偿方式是北京提供一定的资金援助,期望周边地区降低污染排放,但援助不和污染排放水平挂钩,简称为慈善式援助;第二种补偿方式是北京直接承担部分治污投入,简称为治污直接援助;第三种方式是北京通过与周边地区协商,限制污染较重行业的发展,并给予补偿,简称为限产治污补偿;第四种方式是北京援助该地区经济发展,一方面促进其经济发展从而较快地进入到治污投入大于零的阶段,另一方面可以此为条件限制其污染排放,简称为促产限污合作。目前北京与周边地区在环境保护方面的合作方式基本上也可以归纳为上述四类。

6.2.1　慈善式援助

北京提供一定的资金援助,而周边地区降低污染排放,但北京不规定具体如何减少污染排放,这实际上是部分合作政策的一种实现方式,周边地区具有较大的自由选择权。由于周边地区在发展初始阶段的最优行为是不关注治污,因此不断提高的污染水平给北京带来不断提高的负效用。北京如果通过一定的协议给周边地区资金援助,并要求周边地区降低污染水平,从而减少环境污染外部性给其带来的负效用,所以只要这种援助带来的边际效用大于该投入用于本地区消费或者投资所带来的边际效用,则这种援助是很有必要的,且这种援助一直增加到两种边际效用相等时才停止。这也给出了这种方式实行的必要条件,即对周边地区资金援助给北京代表性家庭带来的边际效用大于等于同样投入留在北京的边际效用。若不满足这一条件,北京没有动力进行资金援助。不过,由于周边地区的生态环境对北京有重要意义,特别是作为北京的水源保护地,供水数量和质量直接影响北京这个城市的安全、稳定和发展,所以我们不妨假定存在这种援助的可能性。但是,这种资金援助可能很难在短期内取得效果,甚至出现短期内污染上升的情况。

根据上文的模型,我们假定这种援助是外生的,则对于周边地区而言增加了其初始资本存量,因此,其最优反应是处在鞍点路径的更高点上,除非援助足够的大,使周边地区的初始资本存量超过 $\hat{k}_1$,从而直接进入到治污阶段,但这种巨额援助显然是不可能的。那么,周边地区在其最优路径上将产生更高的污染水平,不过也将更早地进入治污阶段。因此,在这一合作方式下,周边地区的最优反应在短期内可能提高污染水平。根据信息的空间距离衰减规律,周边地区对于本地区的问题要比北京拥有更多的信息优势,这种信息不对称给其提供了伪装自己的偏好和能力的机会,从事逆向选择,如伪装成治污能力较弱类型,从而在获得援助的同时实现自己的最优路径。另外,由于信息不对称,援助地区不清楚受援地区的治污意愿和能力。如果受援地区具有较强的治污意愿或者能力的话,其可以从这种由于信息不对称造成的不确定性中获取收益。因此,在这个两期博弈中,较强类型的受援地区有激励伪装成较弱类型,建立较弱类型的声誉,从而在第二期中维持这种不确定性,并给出了相应的必要和充分条件。受援地区的这一行为必然将增加短期的污染。因此,北京对于这一问题,面临要么设计出一个说真话的机制但需要付出更高的成本,要么无能为力的尴尬,可见这一方式在自我实施性上不强。所以,这种合作方式会被目标更为明确、对周边地区的行为有一定限制条件的合作方式所替代,如下文的三种方式。

6.2.2 治污直接援助

北京直接承担部分治污投入也是部分合作政策的一种实现方式。和直接的资金援助相同,在这种方式中,只要该投入带来的边际效用大于该投入用于本地区消费或者投资所带来的边际效用,则这种投入是有必要的,且这种投入一直增加到两种边际效用相等时才停止。我们不妨假定存在这种可能性。

尽管从直观上,相对于慈善式援助而言,这种方式的目标更明确,手段也更具有针对性,可以避免慈善式援助中出现的逆向选择问题。相对于非合作情形,北京对周边地区的治污投入应该能起到减少该地区污染排放的作用。但是,这一方式在运行的过程中存在以下两个问题,可能会影响其效果。

第一,北京对周边地区的治污投入可能造成周边地区对之的依赖性。回到上文的模型,我们假定这种治污投入对周边地区而言是外生的。我们将污排放函数修正为 $P = P(k_1, E_1, E_A)$,其中,E_A 表示北京对周边地区的治污投入,则决定边界 $c_1 = C(k_1)$ 的式(6-12)变为

$$U'(c_1) + \beta D'[P(k_1, 0, E_A)] \frac{\partial P(k_1, 0, E_A)}{\partial E_1} = 0, \quad E_A > 0 \qquad (6\text{-}45)$$

当 $\frac{\partial^2 P(k_1, 0, E_A)}{\partial E_1 \partial E_A} \geqslant 0$,对于任意给定的 $E_1 \geqslant 0, E_A \geqslant 0$,则边界 $c_1 = C(k_1)$ 将上移。这意味在相同的资本存量上,北京的治污援助降低了周边地区的污染水平,提高了周边地区的边际负效用,同时如果两个地区的治污投入存在替代性或者可分的话,则周边地区将在更高的消费水平和资本存量的基础上进行治污投入,从而推后了其进入治污阶段的时期。当两个地区的治污投入存在互补性时,即 $\frac{\partial^2 P(k_1, 0, E_A)}{\partial E_1 \partial E_A} < 0$,则边界条件的移动是不确定的,但是,除非这种互补性足够的大,不然,边界曲线仍将上移。所以,周边地区会形成对北京治污投入的依赖,并在更高的发展水平上才进行治污投入。这样,即使在信息完全且对称的情况下,对于北京而言,将面临更长时间的治污援助,提高了其成本。

第二,信息不对称引致逆向选择和道德风险导致北京在周边地区面临更高的

治污成本。通常,这种援助的方式是援助方提供资金、设备、技术,而受援方则负责具体的运行。周边地区在本地区污染排放、治污成本上比北京要有更多的信息优势,存在明显的信息不对称。信息不对称将会导致逆向选择和道德风险。首先,周边地区有激励伪装成为治污能力较弱类型,夸大治污成本,如提出更多的设备需求、更大的人员编制等,通过这种逆向选择获得更多的治污投入,从而进一步提高治污成本,北京为了使其说真话必然也需要付出额外的成本,因此"伪装"成了"现实",而且有可能形成恶性循环。其次,这种方式在运作过程中实际上表现为一个委托代理的过程,北京是委托人,周边地区是代理人,我们不妨假定北京是风险中性的,而周边地区是风险厌恶的,北京很难观察到周边地区真实的努力程度,那么周边地区有激励在环保工作中采取偷懒的行为,或者不注重设备的维护等,这些直接影响了北京对周边地区环保投入支出的效果并提高了其成本。同样,北京可以设计一个激励相容的合同,引入激励相容约束,尽可能避免周边地区的道德风险,但是却要付出激励成本,而周边地区则要承担风险成本,损害了双方合作的积极性。

因此,尽管对周边地区直接的治污投入比一般的援助更具针对性,而且能在短期内见效,但是可能造成周边地区对之的依赖,且因为信息不对称引发的道德风险和逆向选择提高了这种投入的成本,损害了双方在这一合作方式下的福利增进效果。如果这些问题造成的损害足够大,以致这种投入的边际效用低于北京用于本地区消费或者投资所带来的边际效用,这种方式就失去了可行性。

6.2.3　限产治污补偿

北京通过与周边地区协商,限制污染较重行业的发展,并给予补偿,这种合作方式仍然是部分合作政策的实现。尽管这种方式已经涉及经济发展的问题,对污染行业的限制实际上是限制了这一地区的产出及资本积累,但是,对于北京而言,其关注的仍然是环境保护。对周边地区污染较重行业发展的限制,对于这些地区而言,无疑是一种福利损失,而北京则从环境改善中增进福利,所以,北京可以通过转移支付等方式给予周边地区补偿。在信息完全、对称及没有交易成本的情况下,补偿额应该达到足够使周边地区获得与非合作情形下相同的效用,同时北京愿意支付的补偿额必须使该补偿的边际效用与该补偿留在本地区的边际效用相等。这一方式对北京来说,是福利受益方;而且,鉴于其首都的特殊地位,即使在补偿不充分的情况下,周边地区出于自愿或者迫于某些压力而不得不对这些行业进行限制;此外,中央政府可能会给周边地区补偿,部分承担了北京的补偿成本。因此,对于北京而言,对于这一方式有一定的积极性,但是对于将经济发展放在第一位的周边地区而言,更多地将这种方式作为政治任务。

北京市大力推行的"稻改旱"工程就属于这一合作方式。① 该工程要求黑白红河流域的耕地改稻田为旱田,从而起到节约用水、增加供水量、减少水质污染的目的,但是会造成耕地产出下降。该项目及限产治污补偿这一方式也存以下两个问题。

第一,周边地区可能更晚进入到治污阶段。不妨假定这一项目对生产和污染的影响在我们的模型中表现为 A 下降到 A_1,$P_1(k_1,E_1)=\gamma P(k_1,E_1),0<\gamma<1$。这一生产函数和污染排放函数的调整,使得决定边界 $c_1=C(k_1)$ 的式(6-12)变为

$$U'(c_1)+\beta D'\left[\gamma P(k_1,0)\right]\frac{\partial \gamma P(k_1,0)}{\partial E_1}=0,$$
边界 $c_1=C(k_1)$ 将上移。同时,由于产出效率下降,资本积累和消费增长下降,因此,该地区可能更晚进入自愿治污的发展阶段。不过根据 $P=\frac{\partial P(k_1,0)}{\partial k_1}k_1$,我们可以发现,在 EKC 曲线左半段时,污染的增长速度将下降,从而给北京带来福利增进。

第二,这种补偿具有长期性,补偿金额递增,补偿压力大。对污染较高行业的限制,导致周边地区生产效率下降,面临更紧的预算约束,放缓了经济增长速度,降低了稳态的资本存量和消费水平,这一福利损失较大,北京很难给予一次性补偿,而且处于策略的考虑,如防范道德风险,也会选择分期补偿的形式。一旦补偿中止,则周边地区必然重新选择这些高产出的行业,所以,这类补偿要求具有长期性。根据命题 6-1,在向稳态趋近的过程中,资本存量和消费水平随时间递增,而这一合作方式下,资本积累和消费增长的速度慢于非合作情形,因此,两类方式下的资本存量和消费水平的差距会越来越大,需要补偿的金额也将随时间递增,如果考虑到通货膨胀等因素,补偿金额更大,补偿压力巨大。

第三,周边地区积极性不高,信息不对称问题突出。这一合作方式下,周边地区的福利受损,因此积极性不高,可能在一定程度上出于政治方面的原因参与其中。所以,激励问题也非常突出。显然,周边地区可能会隐藏其真实偏好,夸大损失,试图增加补偿额;而且,可能在合同执行时,利用对方信息劣势和监督成本较高的弱点,违背合同,偷偷发展被限制的行业。这种信息不对称问题提高了补偿成本且影响了合作效果。

6.2.4 促产限污合作

北京帮助周边地区发展低污染高产出的产业,在实现经济发展的同时降低污染。在我们的模型中,在非合作情形下,经济发展阶段,周边地区因为初始资本存量偏低,污染排放水平不高,更关注消费水平的提高,依靠自身的能力,没有

---

① 关于"稻改旱"工程,本书第 9 章与第 10 章会详细分析。

相应的技术和市场发展低污染高产出的行业,不可能实现经济发展和环境保护的协调。这种合作方式弥补了周边地区没有相应的技术和市场发展低污染高产出行业的缺陷。不妨假定这一项目对生产和污染的影响在模型中表现为 A 上升到 A_1;$P_1(k_1, E_1) = \xi P(k_1, E_1)$,$0 < \xi < 1$,这种调整和第三种方式限产治污补偿一样,将使曲线 $c_1 = C(k_1)$ 上移,但是由于生产效率提高,资本存量和消费水平的增长速度加快,有可能更早进入治污阶段和 EKC 的右半部分,而且面临更高的稳态资本存量和消费水平。在进入治污阶段之前,周边地区的污染增加速度也慢于非合作情形。因此,在这一合作方式下,周边地区将享受到环境改善和经济发展的双重得益,其对这一合作方式最有积极性。对于北京而言,可以从周边地区环境改善中获得福利增进。

至此,这种方式显示出比其他三类更多的优势。但是,我们的分析中没有考虑到周边地区发展低污染高产出行业对北京的影响。如果两个地区在低污染高产出行业上同质性很强,则周边地区的发展可能会对北京造成不利的影响。以都市郊区旅游业这一低污染高产出行业为例,北京周边地区和北京郊区共享一个市场,前者的发展就极有可能限制后者的发展。上文模型中的完全合作是一个极端的例子,假定两个地区生产完全相同的产品,造成了北京福利损失较大的后果。由于低污染高产出行业需要一定的资金规模、技术水平及发达地区市场的支撑,所以对于周边地区而言,这种合作方式实现主要依赖于加速一体化的途径,如加强交通基础设施的连接,便利资本、劳动力、产品和技术的流动。但是,由于目前周边地区和北京郊区的产业发展具有较高的同质性,北京在这一方面合作的积极性不高,甚至拖延这方面的合作。

因此,对于这一合作方式而言,关键在于寻找一个与北京、特别是北京郊区同质性较低的产业,更好是互补的产业,从而周边地区获得经济发展和污染下降的双重红利,而北京在不影响其自身经济发展的同时降低外部性带来的负效用。而且,具有信息优势的周边地区对这种方式表现出更高的积极性,有助于信息不对称造成的效率和福利损失。所以,这一合作方式是治本之策。

6.3 本章小结

本章在区域生态补偿机制基本假定基础上,从合作与非合作两种情形建立理论模型来讨论建立区域生态补偿机制的必要性,进而归纳出了几种可供选择的区域生态补偿方式。

首先,提出地区 2 的污染排放不影响地区 1 代表性家庭的效用,而地区 1 的污染排放影响地区 2 的代表性家庭,并根据 Selden、Song 及 Casino 的模型提出两区域模型中对代表性家庭偏好、生产技术和污染排放的设定。

其次,从非合作和合作(包括部分合作和完全合作)两种情形分析两个地区环境保护模型和目标函数。最后比较分析各地区治污投入、污染水平和福利水平的变动。结果表明：在治污投入和污染水平之间，合作情形下周边地区的污染增长低于非合作，周边地区将有更低的污染；周边地区在非合作情形下的稳态资本存量和消费水平高于部分合作情形下的稳态水平；完全合作的总体福利最大，不存在资本产出流动、仅考虑环境污染外部性的部分合作的总体福利次之，非合作的总体福利最差等。

最后，在理论模型分析的基础上提出了慈善式援助、治污直接援助、限产治污补偿、促产限污合作等可供选择的区域生态补偿方式。慈善式援助由于面临要么设计出一个说真话的机制便需要付出更高的成本、要么无能为力的尴尬，所以自我实施性不强。促产限污合作方式乃为治本之策。

7 生态职能区划与生态补偿主体的确定

生态系统具有明显的外部性,以区域作为尺度的区域生态系统的外部性更为显著。这种外部效应造成了不少区域性的生态问题,如跨界污染、区域生态冲突等。协调区域间关系,有效处理区域生态外部性问题正是区域生态补偿的主要目的。尽管国内外都非常关注生态补偿问题,近年来国内大量专家学者也对此进行了一些理论上的探讨或者实践上的摸索,但是由于我国生态补偿的研究起步较晚,生态系统类型复杂多样,而区域生态补偿比一般生态补偿更为复杂,我国的区域生态补偿还存在不少的问题,其中首要问题是区域生态补偿的主客体界定,即"谁补偿谁"的问题,这其中涉及区域生态补偿利益相关方的协调问题。近年有不少学者也试图解决这个问题,对区域生态补偿的主客体进行研究,但是目前已有的研究大部分是从微观层面来谈的,或者就主体论主体,就客体论客体,对二者结合起来研究的较少,或者就是针对某一特定区域界别其主客体,如某流域生态补偿中的主客体的界别。有些学者(杜振华、焦玉良[1]、王勇[2]等)已经认识到区域生态补偿的主客体问题看似简单,但因为各种因素的影响而难以辨别,条块分割的行政区划、部门体制使得生态补偿难以施行,生态补偿过程中常出现推诿扯皮甚至矛盾冲突,急需建立一种基于生态补偿的横向协调机制。主体功能区划的提出,为区域生态补偿提供了一个新的思路,即对国土空间进行功能分区,利用纵向和横向转移支付、专项资金等对限制开发区和禁止开发区进行重点补偿。国内的一些学者(如张金泉[3],刘传明[4],丁四保[5],王昱[6]等)也的确将主体功能区划作为区域生态补偿的指导,并进行了相关研究。即便如此,对于区域生态补偿的主客体及利益相关方识别

① 杜振华,焦玉良:《建立横向转移支付制度实现生态补偿》,《宏观经济研究》2004年第9期,第51—54页。

② 王勇:《流域政府间横向协调机制必要性诠析——兼论流域负外部性》,《大连干部学刊》2007年第10期,第25—27页。

③ 张金泉:《生态补偿机制与区域协调发展》,《兰州大学学报》2007年第5期,第115—119页。

④ 刘传明:《省域主体功能区规划理论与方法的系统研究》,华中师范大学博士学位论文,2008年。

⑤ 丁四保:《主体功能区的生态补偿研究》,科学出版社,2009年。

⑥ 王昱,王荣成:《我国区域生态补偿机制下的主体功能区划研究》,《东北师大学报(哲学社会科学版)》2008年第4期,第17—21页。

还是一个难题,而主体功能区划侧重的是纵向补偿上的指导,对于横向补偿难以给出指导性建议。为应对国内区域生态补偿实践的需要,迫切需要建立一个全国性的基于生态系统和政府职能的区划来作为区域生态补偿的基础,以识别区域生态补偿的主客体,指导区域生态补偿实践。生态职能区划或许是一种可行的解决办法。

7.1　生态职能区划

生态职能区划作为一种横向经济区划,为生态补偿主客体的确定提供了一个很好的思路。我们将在阐述生态职能区划的内涵、类型等基本问题的基础上,进一步阐明生态职能区划对于区域生态补偿的重大意义。

7.1.1　生态职能区划的概念与内涵

目前对于生态职能区还没有相关的阐述,与之接近的概念有生态功能区划、行政区划,但是差异还是比较大。生态职能区是生态职能区划的核心,因而首先应当对生态职能区进行定义。生态职能区是指以生态系统的保护和恢复为目的,打破行政区划界限,形成区域横向协调机制,有效行使政府生态职能的功能性区域。而生态职能区划是一个基于生态职能的区划,其目的是促进生态保护和政府生态职能的实施,依据的是生态系统的差异与联系和行政区划的差异与联系。基于以上考虑,将生态职能区划定义如下:生态职能区划是指根据生态服务功能空间分异与联系规律、区域分异与关联规律,将国土空间划分为不同的生态职能区。其目的是打破条块分割的部门管理体制,厘清生态系统中各政府的责任和权益,确保政府生态职能的有效行使,保护生态环境,维护环境公平和社会公平,促进区域协调,实现区域经济、环境和社会的协调、可持续发展。

生态职能区划包涵以下几个方面的内容。

首先,生态职能区划将生态系统的保护与恢复和政府的生态职能结合起来。政府的职能不仅仅包括促进经济发展、维护社会稳定和安全、保障人民生活,还应当包括保护生态环境。政府作为人类活动的重要主体之一,要对人类生存的环境承担相应的责任,不能只索取而不回报。政府应当履行生态职能,保护和修复生态环境,使其作为一种生态资本实现增殖。将生态系统的保护与恢复和政府的生态职能结合起来,既是政府职能转变的需要,也是生态环境保护的需要。若能保护生态环境,实现生态资本增值,不仅能达到人与自然和谐相处,也为经济社会的发展带来持久的生态支撑力,最终实现经济、社会和环境的全面、协调可持续发展。

其次,生态职能区划以生态服务功能空间分异与联系、区域分异与关联规律为依据,更偏重联系。由于区域之间存在物质流、能量流和信息流的联系,并由此导致区际之间生态服务功能的空间流转。所谓生态系统服务功能的空间流转是指一些服务功能可能会通过某些途径在空间上转移到系统之外的具备适当条件的地区并产生效能,这是生态服务的自然过程和内在机理,也是生态补偿的内在依据。①生态职能区划不仅注重生态服务功能和区域在空间上的差异性,将其分成不同类型的生态职能区,更注重区域生态系统之间的内部联系,尽最大程度保留这种联系,使之统一在一个生态职能区中,以便于区域内部的横向沟通和协调,达到区域生态系统的共建共享。

再次,生态职能区划是一个混合性区划和引导性区划。从区划单元内在关联性可以将区域划分为类型区(均质区)区划、功能区(极化区)区划和混合区区划;按照区划的主导功能用途划分,可分为管理型区划、引导型区划、管制型区划和认识型区划。②生态职能区划属于混合区划和引导性区划。这意味着生态职能区划兼有类型区和功能区的性质,其不只停留于对区划的认知,还要对其内部活动进行引导。

最后,生态职能区划是一个宏观性区划。与微观性区划侧重措施管理不同,生态职能区是一个宏观性的区划,侧重目标管理。这意味着生态职能区对国土空间进行划分,是从宏观层面上对生态系统保护和政府生态职能目标实现的引导和调控。

7.1.2 生态职能区划的类型

区划的标准和方法不同,划分类型和结果也不一样。借鉴"核心—边缘"模型及自然保护区中的"核心区—过渡区—实验区"③模式,可将生态职能区分为生态核心区、生态辐射区、生态边缘区三大类型。生态核心区是指生态系统重点建设和保护,提供生态环境服务的区域,重点要保护完整的、有代表性的生态系统及其相应的完整生态过程。生态辐射区是指受到生态核心区生态系统影响和辐射,接受生态环境服务的区域。生态边缘区是指远离生态核心区,与其他生态职能区毗邻的区域。

7.1.3 生态职能区划与其他区划的对比

生态职能区划和当前的很多区划都存在一定的联系,如主体功能区划、自然区划、自然保护区区划、行政区划、经济区划、生态功能区划等。可以说,生态职能区划是这些区划的融合,但是它们之间的差异也是显而易见的。表7-1对比几种区划的定义、目的、性质与地位和原则。

---

① 何承耕:《多时空尺度视野下的生态补偿理论与应用研究》,福建师范大学博士论文,2007年。
② 刘传明:《省域主体功能区规划理论与方法的系统研究》,华中师范大学博士论文,2008年。
③ 翟惟东,马乃喜:《自然保护区功能区划的指导思想和基本原则》,《中国环境科学》2000年第4期,第337—340页。

表7-1　生态职能区与其他区划比较

类型	定义	区划目的	性质与地位	区划原则
生态职能区划	生态职能区划是指根据生态服务功能空间分异与联系规律、区域分异与联系规律,将国土空间划分为不同的生态职能区	促进生态保护和政府生态职能的实施	引导型区划	生态系统完整性原则、便于管理原则、核心区与辐射区地域接近原则、可持续发展原则
生态功能区划	生态功能区划是指根据生态环境要素特征、生态服务功能空间分异规律及生态环境承载力,将一个区域划成不同生态功能区	保护和改善区域生态环境	管制型区划	可持续发展原则、发生学原则、区域相关原则、相似性原则、区域共轭性原则
主体功能区划	依据资源环境承载能力、现有开发密度和发展潜力,统筹考虑生态功能和经济社会发展方向,从区域空间开发适宜性的角度,将国土空间划分为优化开发、重点开发、限制开发和禁止开发四类主体功能区,而后按照主体功能定位,调整完善区域政策和绩效评价,规范国土空间开发秩序,形成合理的空间开发结构	整体经济的最优化;实现区域空间均衡(基本公共服务的均等化和大致相当的生活水准)和人口经济与资源环境之间的全面协调发展	管制型区划	相对一致性原则、适度突破行政区的原则、自上而下的原则可持续发展原则
自然区划	自然区划全称自然地理区划,是指根据自然地理环境及其组成成分空间分布的差异性和相似性和自然地理过程的统一性,将地表划分为具有一定等级关系的地域系统	科学分析和认识自然区域	认识型区划	发生统一性原则、相对一致性原则、空间连续性(区域共轭性)原则、综合性原则、主导因素原则等
行政区划	行政区划是国家结构体系的安排,是国家根据政权建设和行政管理的需要,根据有关法律规定,充分考虑地理条件、地区差异、经济联系、人口密度、民族分布、历史传统、风俗习惯等客观因素,将全国的地域划分为若干层次、大小不同的行政区域,并在各级行政区域设置对应的地方国家机关,实施行政管理	便于实施行政管理	管理型区划	政治原则、经济原则、民族原则、历史原则
经济区划	经济区划就是按照客观存在的不同水平、各具特色的地域经济体系或地域生产综合体划分经济区,并从客观和战略的角度协调各经济区之间的合理分工以促进各经济区内部形成合理的经济结构	实现区域的合理分工,实现整体经济的最优化	引导型区划	国民经济总体发展与地区条件相结合原则;经济中心与吸引范围相结合原则

资料来源:根据《区域生态环境建设的理论与实践研究》(关琰珠,福建师范大学博士论文,2003年)、《区域空间功能分区的目标、进展与方法》(谢高地等,《地理研究》2009年第5期,第561—570页)等整理。

7.2　区域生态补偿主体确定

生态职能区划与区域生态补偿密切相关,区域生态补偿以生态职能区划为基础,生态职能区划对于区域生态补偿的实施特别是区域生态补偿主体的确定具有指导作用。

7.2.1　生态职能区划与区域生态补偿

生态职能区划可作为区域生态补偿的区划基础,对于区域生态补偿的实施起着指导性作用。

首先,生态职能区划有利于识别区域生态补偿的利益相关方。生态职能区划将国土面积划分为不同类型的生态职能区,各生态职能区内分别划定生态核心区、生态辐射区和生态边缘区。一般而言,生态补偿的主要主体是生态辐射区,生态边缘区也承担相应的生态补偿责任,生态补偿的客体则是生态核心区。如此一来,则能识别区域生态补偿的利益相关方(这里主要是指空间上的宏观识别,不包括微观地确定某个企业、个人为利益相关方),明确区域生态补偿的主客体,"谁补偿谁"的问题也得以解决。

其次,生态职能区划有利于实现区域生态补偿的内部化。对于那些生态系统产权和利益享受者难以确定的,生态职能区划也能促进生态补偿的实现。因为生态职能区划将生态职能区作为一个整体,有利于实现区域生态补偿的内部化,减少生态补偿的交易成本。跨区域的生态补偿往往需要多次谈判磋商,不仅耗费大量的时间成本和金钱,而且效果也不尽如人意。在同一个生态职能区内进行生态补偿的责任、义务界定和补偿的协商较为容易,也能节省成本。

再次,生态职能区划有利于区域生态补偿的横向协调。已有的生态补偿政策大都是纵向上的政府财政转移支付,或者小范围区域的市场化探索,对于跨区域的生态补偿还没有形成一种有效的协调机制进行横向协调。生态职能区划以生态保护和修复为目标,打破行政区划限制,有利于区域间政府实现相互之间的协调,变竞争者为合作者,也有利于形成区域生态系统的共建共享机制。

最后,生态职能区划有利于区域政府生态补偿工作的开展。就目前来说,各级政府仍然是生态补偿的最主要利益相关方,生态补偿工作主要还是要依靠政府来开展,不管是促成横向的生态补偿协调机制,还是督促辖区内企业及公众的生态活动,即便是促成碳权、水权等交易平台的建设和管理,都需要政府在其中发挥积极的作用。而生态职能区划将生态保护和修复与政府的生态职能结合起来,有利于强化政府的生态责任意识,有利于政府正确认识辖区内的生态状况和自身定位、积极推进生态建设,从而有利于区域生态补偿工作的开展。

此外,生态职能区划是一个宏观性区划,以目标管理为主,建立在自然区划、行政区划、生态功能区划的基础上,是它们的有机结合,具有操作上的可行性。因而对于难以界定的生态补偿主客体问题,将会是一种新的解决思路。

7.2.2　生态职能区划与区域生态补偿主体的确定

区域生态补偿的主体一般包括国家、地方政府、社会及自身。国家补偿是指中央政府对生态建设付出努力的区域给予财政拨款和补贴;地方政府补偿也称区域间补偿,是指生态受益区向生态保护和建设区域提供的专项财政补贴;社会补偿是指各种形式的捐助、自然资源的开发利用者对生态恢复的补偿;自力(自我)补偿是指生态建设和保护区域对区内直接从事生态建设的个人和组织进行补偿。国家补偿和自力补偿主体明确,比较容易实施,但是区域间补偿则比较难实施。目前的区域生态补偿机制缺乏区域间的协商机制和沟通交流平台,由于缺少行政区域间的"中间人"对利益相关方之间的矛盾进行调和,行政区域间自发性的生态补偿协议的达成和相关矛盾的解决显得非常困难。特别是在生态资源所有者和受益者分离的情况下,各级政府同时作为所有者和受益者的代表,无疑应在生态补偿实践中承担着绝对主要的责任。政府应当成为生态补偿机制的总决策者,相关运作的管理者和监督者,以及各利益主体间的协调者。①

生态职能区划不仅为区域生态补偿的主体确定提供了依据,还明确了各类型区域政府的生态责任。生态核心区主要承担生态保护和修复的职能。区域内的政府应当把重心放在生态建设上,为生态辐射区和生态边缘区提供生态服务产品,并获得它们的补偿。如果生态核心区并没有对生态系统进行保护、修复,反而破坏生态系统,导致生态辐射区和生态边缘区都遭受到生态系统破坏带来的恶劣影响,如流域上游水源污染,造成下游水质型缺水,那么生态核心区不仅得不到生态辐射区和生态边缘区的补偿,反而应当给予它们补偿。生态辐射区主要承担生态服务付费的职能。区域内的政府应当把重心放在经济、社会发展上,同时保护好本区域内的生态环境、生态辐射区主要提供物质产品,用于交换生态核心区的生态服务产品(即付费)。生态边缘区是不同生态职能之间的过渡区域(或边缘性区域),与本生态职能区内的生态核心区的直接联系不太大(但也视情况而定,如森林类的生态职能区直接联系不大,但流域类型的生态职能区直接联系就比较大),除了承担部分生态服务付费的职能外,还可能作为另一生态核心区的边缘地带要承担部分的生态环境建设职能。

除了政府之外,所涉及区域生态补偿的主体还包括区域的企业、居民户等所有经济主体,并且,他们在补偿中的地位、作用、经济利益关系不一样。如果引入第三方,还包括金融机构、非政府组织、环境评估机构等。这些主体是区域生态补偿中

---

① 杨佳琛:《论政府在流域补偿机制中的角色与功用》,华东政法大学 2010 年硕士论文。

的微观主体,在政府的引导和监督下参与区域生态补偿。虽然生态职能区划中的各区域政府也可以作为生态补偿的微观主体,但是它们代表的是本区域的公共利益和诉求。

7.3　本章小结

　　本章在研究生态职能区划的同时讨论了区域生态补偿主体,认为与区域生态补偿存在密切联系的生态职能区划,是指根据生态服务功能空间分异与联系规律、区域分异与关联规律,将国土空间划分为不同的生态职能区,包括生态核心区、生态辐射区和生态边缘区等。另外,区域生态补偿主体包括区域内部的政府、企业、居民户等经济主体,主要解决了区域生态补偿中谁补偿谁的问题。

8 区域生态补偿政策目标选择的理论分析

面对政策目标选择这一世界性难题,基本遵循实践到理论,理论再回到实践的认识路径。流域生态补偿政策目标选择也不例外,但考虑到政策目标选择理论研究的复杂性,我们将在政策目标选择的物质基础上构建流域政策目标选择的理论基础。

8.1 政策目标选择的物质基础:农业非点源污染

人类对流域水环境的影响可以分为两大类,一类是点源污染,另一类是非点源污染。所谓点源污染,是指污染物通过水管、沟渠等途径直接进入水资源的污染方式,工业与城市污染物排放属于这一类。所谓非点源污染,是指污染物依托径流或雨水、雪水融化的运动,通过非直接的、放射状的方式进入水资源的污染方式,常常是土地利用的结果。显然,点源污染与非点源污染在排放地点、排放量和对水环境影响程度的识别等方面存在差异,因而需要制定不同的政策措施来应对,因此判断流域生态环境特征,即污染类型意义重大。

8.1.1 非点源污染的特征

与点源污染不同,非点源污染的很多特定属性将影响不同政策目标流域生态补偿政策的执行效果。这些属性主要包括以下几点。

第一,非点源污染径流与荷载的不可测性。与点源污染不一样,非点源污染的污染传播源不止一个,决策者不知道径流从哪里来,也不知道荷载会流到哪里去。尽管一个水域水质的影响是可测的,然而,非点源在地表产生并进入广范围的水系,加上污染过程的自然变异,这些水质影响的测度并不能说明污染从哪里进入水系,也不能说明他们是在哪块地产生的。或许,生产结果与水质的关联性指标能解决这一难题。但是,这样的关联在某一个地方存在,在其他地方也可能不会发生变化。那么,这需要政策制定者逐个检查生产者的生产过程,确定生产者是否有不当的生产行为。[①]

---

① Abrahams, N. and Shortle, J. S., "Uncertainty and the Choice between Compliance Measures and Instruments in Nitrate Nonpoint Pollution Control", Working paper, Department of Agricultural Economics and Rural Sociology, Pennsylvania State University, University Park, 2000.

显然,这种十分昂贵的监督过程增加了交易成本,即增加了流域生态补偿政策制定的难度。

第二,非点源污染的自然环境特殊性。在风、降水和气温等自然因素影响下,非点源污染具有自然环境特殊性。这一特性使政策制定复杂化,要求制定政策时对自然环境特殊性的考虑,很有可能使政策选择不能满足最大化成本收益的目标。例如,重大暴雨是水土流失产生的主要原因,如果政策选择时考虑平均状况的降雨而不是暴雨,那么保护水土流失的政策可能是低效率的。另外,因为径流与荷载的不可测,自然环境特殊性也有可能限制了生产决策预测水质模型的使用效率。[1]

第三,非点源污染的地理空间差异性。由于耕作方式、气候和水文特征在相对较小的地区间变化较多,非点源污染的特性随区位的不一样而发生变化。这为政策选择提出了巨大挑战,尤其当借助模型去测算径流和荷载时,位置特定的单个区域的信息必须考虑。然而,这种重要的地理位置特定的信息是很难获得的。因此,这些信息的缺失为径流与荷载估计带来了新的不确定性,进一步加大了政策选择的难度。[2]

第四,非点源污染的跨界性。具有长半衰期的化学品和沉积物(往往在水环境保持其属性的污染物)能影响远离水源地的水用户,因此,农业非点源污染通常可以影响远离水源地的地方。例如,长江上游农药等引起水质成分变化的行为会影响下游水用户的水质利用情况。这种污染的跨界性容易引起上下游利益博弈。如何降低上下游生态环境的信息不对称性,避免逆向选择和道德风险,降低交易成本,这既是流域生态补偿政策选择的主要内容,也是流域生态补偿政策选择的难点。[3]

第五,非点源污染水质破坏报告的困难性。和其他类型的污染一样,与水环境恶化相联系的经济损失常常很难把握。然而,水环境污染和经济损失之间关系的把握对确立水环境改善目标或者确定能最大化社会福利的激励标准是十分重要。例如,白河水中的硝酸盐含量能影响水底植物数量。因为它为有经济价值的鱼或其他水生物提供栖息地,因而水底植物数量有经济价值。但是,没有专门的水底植物数量市场,水环境改善价值的信息很难获取。[4] 即使水环境改善带来的好处能

[1]　Braden, J. B. and Segerson, K., "Information Problems in the Design of Nonpoint-Source Pollution", In C. S. Russell and J. F. Shogren (eds), Theory, Modeling and Experience in the Management of Nonpoint-Source Pollution, Dordrecht: Kluwer Academic Publishers, 1993, pp. 1-36.

[2]　Camacho, R., "Financial Cost-Effectiveness of Point and Nonpoint Source Nutrient Reduction Technologies in the Chesapeake Bay Basin", ICPRB Report, no. 8, 1991.

[3]　Carpentier, C. L., Bosch, D. J. and Batie, S. S., "Using Spatial Information to Reduce Costs of Controlling Nonpoint Source Pollution", Agricultural and Resource Economics Review, vol. 27, no. 1, 1998, pp. 72-84.

[4]　Crutchfield, S. R., Letson, D. and Malik, A. S., "Feasibility of Point-Nonpoint Source Trading for Managing Agricultural Pollutant Loadings to Coastal Waters", Water Resources Research, vol. 30, no. 10, 1994, pp. 2825-2836.

够被观察到,并能追溯到具体的源泉。但是,水环境改善的价值评估要求使用如旅游成本法、特征价格法、条件价值法等非市场价值技术评估技术。这些方法耗时长、成本高、信息量大,技术的可靠性也存在争议。因此,成本效益最大化的流域生态补偿政策需要更加方便、适用、客观、科学,能真实反映非点源污染水质破坏报告的方法。

第六,评估的时滞性。污染离开农田到水流域中的某个位置点也许要花费很长时间。这样的时滞对流域生态补偿政策的选择有两个方面的影响,一方面,被观测到的水环境指标值是过去政策调控的结果,或者是污染非起作用期的结果;另一方面,政策的结果不直接、不明显,加大了政策效率评价的难度。[①]

8.1.2 农业非点源污染是恶化水环境的重要源泉

进入 21 世纪以来,尽管中国在减少对水环境有害的农业土地利用方式等方面做了巨大努力,但农业非点源污染仍然是恶化水环境的重要源泉。这主要存在以下原因。

一方面,现代农业土地利用方式对水资源环境的直接破坏性大。随着科学技术的发展,农民为了提高农业土地的产出率,大量农业化肥施用技术应用于农业生产。然而,农业生产后留下的沉淀物、化学营养物、化学药剂借助径流交通媒介汇入江河流域,直接改变流域水环境的溶解氧、温度、浊度、pH 值、环境的污染浓度、鱼类种群、藻类水平、浮游动物和细菌浓度等指标值,对水资源原始有机构成造成巨大冲击,破坏原始水环境的合理结构。

另一方面,农业非点源污染的不确定性加大了流域生态环境改善的难度。首先,依据非点源污染的定义,农业污染不是源自一个点,而且,污染结果受生产技术、投入、距离、雨量、坡度、植被、农药性能及人工湿地、河岸缓冲区之类的环境保护实践等多种因素影响。但是,这些因素有的可以测量,有的人类对其认识还存在很多未知领域,最终也不知道污染来自何方,结果发生何处。其次,即使国家制定了相关政策,但非点源污染结果的不确定性不利于经济学常倡导的成本收益目标类政策工具的有效发挥,甚至使得现行的很多政策适得其反。最后,非点源污染的空间差异性要求降低污染物排放的技术方案因地而异,而国家颁布的政策往往是用于点源污染控制的统一技术方案,这种非点源污染的空间差异性特征也使得治理污染政策的效率大打折扣。

---

① Hanley, N., "Policy on Agricultural Pollution in the European Union", In J. S. Shortle and D. Abler (eds), Environmental Policies for Agricultural Pollution Control, Wallingford U. K.: CAB International, 2001, pp. 151-162.

8.1.3　流域生态补偿就是对农业非点源污染治理的补偿

西方学者自 20 世纪 60 年代关注环境保护以来,有大量文献专注于农业非点源问题研究,很多学者认为,农业非点源问题调控政策一般要分析三大问题,即缓解非点源污染工具的工作对象是什么(目标),缓解非点源污染的工具是什么(工具),促使工具实现最优化的路径是什么(机制)。[①] 结合西方学者生态补偿政策的研究成果,我们认为,流域生态补偿与农业点源污染缓解具有共同的目标,即生态环境保护或改善。另外,二者关系密切,在某种程度上,可以认为流域生态补偿是农业非点源污染缓解的有效选择之一。其主要原因如下。

第一,流域生态补偿政策目标与农业非点源污染治理的目标相关。Horan 认为,如果缓解农业非点源污染工具的工作对象定位于对污染排放的直接影响,容易产生道德风险问题。[②] 因此,主张工作对象不是真正的排放源,而根据与环境条件的相关性、时空范围内的可实施性与可定位性,把排放代理或特定位置点的环境绩效指标(由特定位置环境保护数据构成,如年度平均土地总损失)、与污染相关的农业生产投入或生产、环境介质中的环境污染物浓度作为工具的工作对象。而在生态补偿政策中,政策目标也就是由过程导向(由影响水资源环境最终结果的投入、生产技术等指标构成)和结果导向(由反映最终水资源环境改善的指标构成)两大类。两者相比较,前者指标范围更广、更加具体、更加细化,有的与后者相同或可与后者形成直接因果关系。

第二,流域生态补偿政策工具与农业非点源污染治理的工具类似。Horan 把缓解农业非点源污染的政策工具分为五类:税收/补贴类(如对购买农药、化肥的专门收费,土地休耕时对农作物的补贴)、标准类(农药注册)、市场类(排放贸易)、合同/契约类(土地休耕合同)、责任规则(疏忽责任规则)类。[③] 但是,与一般包括行政控制类(如生产投入标准、技术标准)、经济激励类(如税收、补贴的财政类,许可权证交易、排放权贸易等市场类)、道义劝告类的流域生态服务(广义的流域生态补偿)政策工具相比,尽管二者内容不一样,但形式、性质基本相同。

第三,流域生态补偿政策评价标准与农业非点源污染治理的路径相当。Braden 和 Segerson 认为促使缓解农业非点源污染工具的最优路径包括教育计划(道德劝告和技术援助)、执行环境友好资源节约创新研发计划、直接管制和经济

① Helfand, G. E. and House, B. W., "Regulating Nonpoint Source Pollution Under Heterogeneous Conditions", American Journal of Agricultural Economics, vol. 77, no. 4, 1995, pp. 1024-1032.

② Horan, R. D., "Differences in Social and Public Risk Perceptions and Conflicting Impacts on Point/Nonpoint Trading Ratios", American Journal of Agricultural Economics, vol. 83, no. 4 2000, pp. 934-941.

③ Horan, R. D., "Cost-Effective and Stochastic Dominance Approaches to Stochastic Pollution Control", Environmental and Resource Economics, vol. 18, no. 4, 2001, pp. 373-389.

激励。① 规范的流域生态补偿强调在成本收益最优的条件下达到生态环境保护的目的，实现的主要路径是绩效基础上的直接经济激励。但广义的流域生态补偿把范围扩大到管制与绩效、间接与直接、经济激励与其他激励相结合，把有利于环境生态改善的所有激励政策都称为生态补偿，因而最优路径也可以扩大到西方学者所认为的促使缓解农业非点源污染工具的四种最优路径。

因此，流域生态补偿就是农业非点源污染缓解政策的具体运用。

8.2　政策目标选择的理论基础：成本收益理论

径流、环境污染水平及污染对社会造成的经济损害常常很难量化到准确为人们所掌握的程度，决策者总是选择既可测度又能够改善流域水环境的目标作为流域生态补偿政策的目标，如可测度水质指标为基础的水质优化目标、预期的水量目标、与土地利用方式相关的生产投入目标及适合流域水环境要求的技术目标（前两类被称为结果导向类政策目标，后两类被称为过程导向类政策目标）。一般认为，评价这些政策目标的基本理论依据是成本收益理论，即在一定约束条件下，纯经济社会效应最大化。

8.2.1　假设条件

假设存在这样的情况：

（1）环境的污染度为：$\alpha = \alpha(r_1, r_2, \cdots, r_n, W)$，这里 α 为环境污染度（$\partial\alpha/\partial r_1 > 0$）；$r_i(i=1,2,\cdots,n)$ 是第 i 个农业生产点产生的污染径流量；W 是污染在运动过程中所发生的随机自然现象。

（2）从一个特定点产生的污染径流量是位置点生产行为的函数。生产行为要么由连续选择（技术应用率、灌溉率）确定，要么由非连续选择（化肥施用方式、庄稼类别等）确定。连续选择假定对应变化的投入使用，第 i 点投入的使用量 x_i，记为 $(m×1)$ 向量，为简化起见，非连续选择用标量 A_i 表示，代表不同的技术投入。第 i 点的污染径流量由函数 $r_i = r_i(x_i, A_i, v_i)$ 确定，v_i 是一个位置特定的、与污染径流量相关、反映自然现象的随机变量。

（3）技术生产率与污染径流量不相关。

（4）农户被假定风险中立，在一定投入与技术条件下，位置 i 点的预期收益由严格凹函数 $\pi_i(x_i, A_i)$ 确定，i 越大假定生产力越低，非点源污染越多。

（5）为简单起见，假定就投入和产出价格来说，农户没受到任何集体影响，投

---

① Braden, J. B. and Segerson, K., "Information Problems in the Design of Nonpoint-Source Pollution", In C. S. Russell and J. F. Shogren (eds), Theory, Modeling and Experience in the Management of Nonpoint-Source Pollution, Dordrecht: Kluwer Academic Publishers, 1993, pp. 1-36."

入与产出市场是自由竞争的。

(6) 由生产引起的损害成本由 $D(\alpha)$ 确定,其中 $D'(\alpha) \geqslant 0$。

8.2.2 模型推导

受技术条件约束的合意目标函数如下:

$$J(A) = \text{Max} \sum_{i=1}^{n} \pi_i(x_i, A_i) - E\{D(\alpha)\} \qquad (8\text{-}1)$$

最大化的必要条件:

$$\frac{\partial J}{\partial x_{ij}} = \frac{\partial \pi_i}{\partial x_{ij}} - E\left\{D'(\alpha)\frac{\partial \alpha}{\partial r_i}\frac{\partial r_i}{\partial x_{ij}}\right\} = 0 \quad \forall i,j \qquad (8\text{-}2)$$

$$\frac{\Delta J}{\Delta n} \approx \pi_n(x_n, A_n) - \{E\Delta D(\alpha)\} \approx 0 \qquad (8\text{-}3)$$

这时,$\Delta D(\alpha) = D[\alpha(r_1, \cdots r_n, W)] - D[\alpha(r_1, \cdots r_{n-1}, W)]$。

式(8-2)是让使用 x_{ij} 的私人利润的边际值等于生产投入利用的边际外部成本。如果外部性不考虑的话,就违背了式(8-2)。那么增加径流量的生产投入的利用水平很高,而减少径流量的生产投入的利用水平很低。由此产生的污染径流量将十分高,帕累托最优不能实现。

式(8-3)表示对预期纯收益的增量效应。如果第 n 点被定义为最优值,那么其他点将有负的增加效应。因为 $E\{\Delta D(\alpha)\} > 0$,边际点、$n$ 点和所有边际内点将获得正效应。如果外部损害被忽略,能带来利益的生产土地数量比其他方式的土地数量将多得多,其结果是增加了污染径流。由于行业生产增加了,因此周围环境的污染程度将高于经济上有效的污染程度。

因此,式(8-2)和式(8-3)共同决定了边际点有效率的生产规模。

最后,最优技术向量 A^* 由 A 值的有效分配方案和预期利润的比较决定的。当 $J(A*) - J(A') > 0$ 时,技术 A^* 比技术 A' 更有效。因而,最优技术向量满足条件:

$$J(A*) - J(A') \geqslant 0 \, \forall A' \qquad (8\text{-}4)$$

还原:

$$\pi[x_i(A_i), A_i^*] - \pi_i[x_i(A_i'), A_j'] \geqslant E\{D[\alpha(r_i^*, \cdots r_i^*, \cdots, r_n^*, W)]\}$$
$$- E\{D[\alpha(r_i^*, \cdots r_{i-1}^*, r_i(x_i(A_i'), A_j', v_i), r_{i+1}^*, \cdots, r_n^*, W)]\} \quad \forall A' \qquad (8\text{-}5)$$

这时,$r_i^* = r_i[x_i(A_i^*), A_i^*, v_i]$。

因此,由于技术对径流的影响,如果忽略外部性的话,技术将是没有效率的。

显然,生态流域补偿政策能设计成在流域水环境、径流、生产投入和技术约束条件下的成本最小(或收入最大)。然而,有学者证明,这两种情况都不是有效率的。一般把成本收益目标作为政策设计的准则。即在有限的资金条件下,资金分配给具有最小成本的农户,以满足外在的特定条件。那么,环境管理问题能转化为

$$\text{Max}J = \sum_{i=1}^{n} \pi_i(x_i, A_i) \tag{8-6}$$

约束条件为以周围环境、径流、生产投入为目标：

$$E\{\alpha\} \leqslant \alpha_0 \tag{8-7}$$

或

$$E\{r_i\} \leqslant r_{i0} \quad \forall i \tag{8-8}$$

或

$$Z_{ij} \leqslant \overline{Z}_{ij} \quad \forall i,j \tag{8-9}$$

这时，α_0 是被选择的、外在的周围环境目标值；r_{i0} 是生产中第 i 位置选择的、外在的径流目标值；$\overline{Z}_{ij}$ 是第 i 位置第 j 投入使用的目标值。

8.2.3 模型结论

一般按照拉格朗日最大化可求解最优条件，得到不同条件时的成本收益最大化条件。

(1) 以平均周围环境为目标的成本效益最优化条件：

$$\frac{\partial L}{\partial x_{ij}} = \frac{\partial \pi_i}{\partial x_{ij}} - \lambda E\left\{\frac{\partial \alpha}{\partial r_i}\frac{\partial r_i}{\partial x_{ij}}\right\} = 0 \, \forall i,j \tag{8-10}$$

$$\frac{\Delta L}{\Delta n} \approx \pi_n - \lambda E\{\Delta \alpha\} \approx 0 \tag{8-11}$$

$$\pi[x_i(A_i^*), A_i^*] - \pi_i[x_i(A_i'), A_j'] \geqslant \lambda E\{\alpha(r_i^*, \cdots r_i^*, \cdots, r_n^*, W)\}$$
$$- \lambda E\{\alpha(r_i^*, \cdots r_{i-1}^*, r_i', r_{i+1}^*, \cdots, r_n^*, W)\} \quad \forall i, \forall A_i' \tag{8-12}$$

(2) 以平均径流量为目标的成本效益最优化条件：

$$\frac{\partial L}{\partial x_{ij}} = \frac{\partial \pi_i}{\partial x_{ij}} - \lambda_i E\left\{\frac{\partial r_i}{\partial x_{ij}}\right\} = 0 \quad \forall i,j \tag{8-13}$$

$$\frac{\Delta L}{\Delta n} \approx \pi_n - \lambda[r_{n0} - E\{r_n\}] \approx 0 \tag{8-14}$$

$$\pi[x_i(A_i^*), A_i^*] - \pi_i[x_i(A_i'), A_j'] \geqslant \lambda_i E\{r_i^*\} - \lambda_i E\{r_i'\} \quad \forall i, \forall A_i' \tag{8-15}$$

(3) 以生产投入为目标的成本效益最优化条件：

$$\frac{\partial L}{\partial Z_{ij}} = \frac{\partial \pi_i}{\partial Z_{ij}} - \lambda_{ij} = 0 \quad \forall i,j \tag{8-16}$$

$$\frac{\partial L}{\partial y_{ij}} = \frac{\partial \pi_i}{\partial y_{ij}} = 0 \quad \forall i,j \tag{8-17}$$

$$\frac{\Delta L}{\Delta n} \approx \pi_n - \lambda_n[r_{n0} - E\{r_n\}] \approx 0 \tag{8-18}$$

$$\pi[x_i(A_i^*), A_i^*] - \pi_i[x_i(A_i'), A_j'] \geqslant \sum_{j=1}^{m'}[\lambda_{ij}(A_i^*)x_{ij}(A_i^*)$$
$$- \lambda_{ij}(A_i')x_{ij}(A_i')]\forall i, \forall A_i' \tag{8-19}$$

8.3 本章小结

　　本章首先从农业非点源污染来研究区域生态补偿政策目标选择的物质基础，认为农业非点源污染仍然是恶化水环境的重要源泉，提出流域生态补偿是农业非点源污染缓解的有效选择之一和具体运用。其次从成本收益理论即在一定约束条件下纯经济社会效应最大化理论研究区域生态补偿政策目标选择的理论基础，得出以平均周围环境为目标、以平均径流量为目标、以生产投入为目标等不同条件时的成本收益最大化条件。

9 区域生态补偿政策目标选择的经验研究
——以北京—冀北"稻改旱"工程为例

本章主要以北京—冀北"稻改旱"工程为例分析如何选择和确定区域生态补偿政策目标。我们将分析"稻改旱"工程及其对黑白红河流域水环境产生的影响,并利用计量方法分析该工程的经济效益。

9.1 "稻改旱"工程的背景

简单而言,"稻改旱"工程是指北京市与河北省政府在冀北黑白红河流域对上游地区农户一定资金补偿,而要求黑白红上游流域实行"三禁"(即在实施期间禁止种植水稻、禁止不合理施用化肥和禁止不合理使用农药),换得下游北京市水质、水量改善的一项跨界流域生态补偿的具体实践。我们将依据"稻改旱"工程的由来、执行状况、水资源结果等介绍"稻改旱"工程的背景。

9.1.1 "稻改旱"工程的由来

北京市在冀北张家山、承德地区(以下简称"张承地区")实行"稻改旱"工程起因于北京市降水量少、地表蓄水下降、地下水超采、用水经济社会压力大、上游耗水不经济且与北京发展差距大等方面的客观事实。

第一,长期以来,北京市降水量少,且雨水结构分配严重不均。1999 年以来,北京市遭受常年干旱,年平均降水 455 mm,仅为多年平均的 78%,年形成可利用水资源量 26 亿 m³,人均不足 300 m³。同时,丰枯水年间隔久,连枯最长达到 6 年,甚至 20 年。年内降水差别大,汛期(七八月间)能集中全年降水量的 85%。[①]

第二,地表蓄水量逐年下降,地表径流明显减少。从占北京市供水量 90% 的密云水库和官厅水库来看,两库情形都不乐观。密云水库是北京市重要地表水源地,承担全市 20% 以上的年供水量,50% 以上的市区供水量。但是,从 1999 年开始,北京市开始了近 10 年的干旱,密云水库蓄水量连年下降,目前甚至入库水量不到 20 世纪 60 年代的一半。即使在 2001 年,国务院批准实施《21 世纪初期首都水资源可持续利用规划》,在节水灌溉、治污、水土保持等方面和河北省张家口市、承

---

① 数据源自北京市水务局网站(www.bjwater.gov.cn)。

德市加强合作等一系列相关措施被执行后,到 2004 年 6 月份,密云水库蓄水量依然降低到 6.46 亿 m³,达到历史最低点。官厅水库情况更糟,除了水质明显下降外,入库水量更是逐年下降。20 世纪 50 年代平均入库水量为 20.2 亿立方米,60 年代约占 50 年代平均入库量的 65%,80 年代则为 40% 左右,90 年代以来则不到 20%。[①]

　　第三,地下水严重超采,平原地下水平均埋深逐年增加。除离城八区较远的地区以外,各区地下水都严重超采,最严重的丰台区居然达到 145.2%。自 20 世纪 90 年代以来,北京市形成了近 2 000 km² 的下降漏斗区。根据相关资料统计,1999—2006 年,北京市地下水资源储量减少了约 50 亿 m³。另外,1960—1997 年,平原地下水平均埋深增加近 10 m,到 2007 年,地下水深埋又增加近 10 m。[②]

　　第四,北京市人口增加迅猛,用水压力逐年增大。北京市是中国首都,每年有大量人口集聚北京,年增长人口早已超过北京市"十一五"规划年均增长控制在 20 万以下的限制,给北京市水资源承载力带来巨大压力。2001 年以来,北京市人口从 2001 年的 1 385.1 万猛增到 2009 年的 1 755 万,平均年增长率为 3%。全年供水(用水)总量从 2001 年的 38.9 亿 m³ 下降到 2009 年的 35.5 亿 m³,平均年下降率为 4%。[③]

　　第五,上游耗水不经济且与北京发展差距大。在降水量下降、地下水超采、蓄水能力下降和用水压力加大,加上再生水完全替代能力不够的情况下,北京市城市用水只有借助生态补偿的方式大量引进外来地表径流水。然而,经过调研与分析,专家认为,北京市上游冀北张承地区存在农业用水量不经济的客观事实。他们调研后指出,密云水库上游地区流域内农民具有种植水稻的历史习惯,在 20 世纪 90 年代后期,密云水库上游地区流域内种植水稻面积最多时曾达近 20 万亩,年用水量极大。不仅截留了大量的宝贵水资源,而且,农户大量农药、化肥的施用给密云水库水环境带来巨大安全隐患。同时,他们也指出,随着近年来北京市经济社会突飞猛进发展,与周边地区差距越来越大,尤其密云水库上游地区受地理、气候、交通、人才等条件制约,经济社会发展缓慢,形成了人口数量达到 270 万的贫困带。

　　因此,按照全面落实科学发展观和建设和谐社会的重大战略思想的基本要求,北京市水务局从 2003 年开始在密云水库上游地区积极推进水资源合作,优化调整上游地区产业结构,发展节水产业,按照直接、有偿的基本思路探索跨界区域生态补偿的实现机制,提出了"稻改旱"工程的基本思路。

---

① 数据源自北京市水务局调研资料。
② 数据源自北京市水务局网站(www.bjwater.gov.cn)。
③ 同上。

9.1.2 "稻改旱"工程的执行状况

北京市与赤城县的"稻改旱"流域补偿合作分三个阶段,第一阶段始于 2006 年年初,赤城县退出黑河流域的东万口、茨营子和东卯三个乡镇 1.74 万亩①水稻种植面积改种节水型农田作物,北京市按每亩 450 元补偿农户损失;第二阶段是 2007 年,赤城县再增加 1.16 万亩(共计 3.2 万亩)黑白红河流域水稻种植面积改种节水型农作物,北京市按每亩 450 元补偿农户损失;第三阶段是 2008 年至今,赤城县确定 3.2 万亩黑白红河流域水稻种植面积改种节水型农作物,北京市按每亩 550 元补偿农户损失,见表 9-1。

表 9-1　黑白红河流域"稻改旱"补偿

时间	面积/万亩	补偿标准/(元/亩)
2006 年 1—12 月	1.74	450
2007 年 1—12 月	3.6	450
2008 年 1 月—2011 年 12 月	3.6	550

资料来源:北京市发改委。

2006 年以来,黑白红河流域"稻改旱"工程顺利实施,主要表现在以下几个方面。

首先,履约效果好。为了保证"稻改旱"工程的顺利实施,北京市与赤城县所涉农户签订合约,规定黑白红河流域农户按约退出全部水稻种植面积,全部转换为节水型农作物种植。为了监督合约的完全履行,赤城县政府安排赤城县水务局负责检查督导"稻改旱"工程的执行情况、河流水量水质监测工作,监督各乡镇补偿款发放,协助各乡镇处理各种疑难问题。同时,安排各乡镇负责落实水源保护的各项内容,按照"谁退稻、谁受益"的原则,明确产权,管护责任落实到户,互相监督,补偿支付价款按合同规定按时发放到户,实现水稻零种植。北京市根据黑白红河流域水稻田种植分布图进行实地查看,GPS 定位与实地拍照证明"稻改旱"工程在黑白红河流域落实情况良好。

其次,理论上看,化肥、农药使用大量减少。当地农业生产中施用的大量化肥和农药是密云水库水质下降的一个重要来源,同时,大量化肥、农药的使用也严重污染了当地生态环境,破坏着当地生态环境平衡。根据我们到赤城县乡镇走访的结果,在"稻改旱"工程实施前,3.6 万亩水稻种植过程中每年大约施用磷酸二铵585 t、碳酸氢铵 2 685 t、尿素 1 090 t、杀虫剂 5 t 及除草剂 8 t。如果按化肥利用率为 30%,农药附着力为 20% 计算,每年从稻田流失到生态系统的磷酸二铵 410 t、碳酸氢铵 1 880 t、尿素 1 555 t、杀虫剂 6 t 及除草剂 3.3 t。根据水稻田的渗漏规律(渗

---

① 1 亩≈666.7 m²。

漏量占全部需水量的 40%),每年进入地下水的磷酸二铵 245 t、碳酸氢铵 755 t、尿素 436 t、杀虫剂 1.9 t 及除草剂 3.1 t。实施稻改旱工程后,玉米田比稻田少施用化肥和农药,见表 9-2。每亩地少施用磷酸二铵 3.24 斤[①]、碳酸氢铵 76.85 斤、尿素 11.41 斤、杀虫剂 0.106 斤及除草剂 0.20 斤。同时,由于玉米与地下水、河流的水力联系较弱,大部分污染物积累在土壤中,被微生物分解,在很大程度上降低了进入生态系统农药和化肥的量。

表 9-2 "稻改旱"农药化肥施用量比较

作物类型	化肥/(斤/亩)			农药/(斤/亩)	
	磷酸二铵	碳酸氢铵	尿素	杀虫剂	除草剂
水稻	34.02	156.53	90.68	0.34	0.64
玉米	30.78	79.68	79.27	0.24	0.44
差额	3.24	76.85	11.41	0.10	0.20
年消减量	166.9	3 957.8	587.6	5.2	10.3

资料来源:赤城县黑白红河流域现场调查。

再次,"稻改旱"节水潜力巨大。根据北京市发改委提供的资料显示,"稻改旱"工程执行以后,在枯水年,水稻的毛灌溉定额 855 mm,玉米的毛灌溉定额 354 mm,枯水年节约灌溉用水 334 m³/亩;在平水年,水稻的毛灌溉定额 714.5 mm,玉米的毛灌溉定额 286.3 mm,平水年节约灌溉用水 285.6 m³/亩,按黑白红流域 3.6 万亩计算,枯水年节约灌溉用水 1 202.4 万 m³,平水年节约灌溉用水 1028.2 万 m³。

最后,黑白红河流域湿地恢复较好。"稻改旱"工程执行过程中,供水统一管理,大型灌溉区在黑白红河道均通过水闸控制取水灌溉。由于水闸长期关闭,在原来水稻种植区、特别是靠近河川的低洼区出现生长有大量芦苇、蒲草、柳树的涝洼湿地。涝洼湿地的大面积形成对密云水库上游地区生态环境保护具有重大影响。一方面,涵养地下水、调节地表径流。当河道流量过大时,一部分进入湿地储存,枯水时,水便回流河道。另一方面,湿地具有强大的净化和沉积作用,适当分解有毒物质。另外,草鱼、鲢鱼、青蛙、野鸭、大雁等野生动物的大量出现,也为密云水库生态环境改善产生了积极影响。

固然,"稻改旱"工程取得了一定成效。但是,对应过程导向类政策目标的流域生态补偿政策对流域水资源环境改善的作用更恰当体现在排除"稻改旱"工程以外其他影响因素(如自然气候等)后,政策本身外对黑白红河流域水资源环境产生的内在影响,即这一政策本身对黑白红河流域水资源环境改善的贡献及其自己的成本收益效率。

---

① 1 市斤 = 500 g。

9.2 黑白红河流域水环境

密云水库上游流域主要指黑白红河密云水库所控制的部分,位于北纬 40°49′~41°38′和东经 115°25′~117°35′,流经面积 15 788 km²,约占密云水库流域的 88%。密云水库流域由潮河、白河流域水系组成,潮河发源于河北承德丰宁,流经丰宁、滦平。白河发源于张家口沽源,流经沽源、崇礼、赤城,由密云注入水库。白河上游有黑河、红河、汤和、天河、马营河等。本次研究只探讨密云水库上端黑白红河流域的生态补偿——"稻改旱"工程问题。

9.2.1 黑白红河流域水环境的自然地理特征

黑白红河流域位于华北平原与内蒙古高原的过渡地带,东南侧靠燕山西端,南侧为军都山,西屏大马群山,北接坝上高原。流域地形西北高、东南低,西北以海拔 1 000~2 300 m 的中山为主,东南部多分布低山、丘陵和少量平原河滩地。属暖温带季风型大陆性半湿润半干旱气候,四季分明,干旱冷暖变化明显。冬季寒冷干燥,春季干旱多风,夏秋湿热多雨。全年降水量为 488.9 mm,且多集中在 7~9 月,占全年降雨的 70% 左右,多雨年与少雨年之比为 2.4∶1,全年平均气温 9~10℃,昼夜温差大于 12℃。土壤主要为褐土,植被以原始次生林和人工森林为主。

9.2.2 黑白红河流域 2003—2009 年的出境水量特征

2003 年以来,黑白红河流域出境水流量月度数据中,最大值为 2158.8 万 m³/月,最小值为 348.19 万 m³/月,平均出境水流量为 687.4 万 m³/月。

总体来看,出境水流量较稳定,隐隐存在逐年递减的趋势。2005 年以前,出境水流量逐年递减;2005 年以后,逐年出境水流量有波动的趋势,除 2008 年出境水流量高于 2005 年以外,2007 年、2009 年的出境水流量都比 2005 年低,见图 9-1。

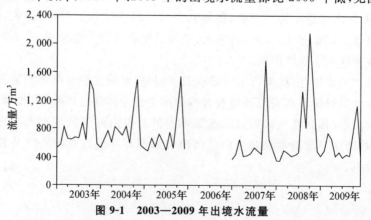

图 9-1　2003—2009 年出境水流量

一年中,出境水流量较大的月份在 10 月或 11 月,两个月的出境水流量基本上能到达全年出境水流量的 1/3。1 月与 12 月出境水流量较低,两个月的出境水流量仅约占全年的 1/10。每年 5—9 月是黑白红河流域的农业种植期,这一期间约占全年出境水流量的 1/3。

"稻改旱"工程实施以前,每年平均提供出境水流量 9 120.24 万 m^3;2006 年实施"稻改旱"工程以后,每年平均提供出境水流量 7 622.97 万 m^3,平均每年少向下游提供出境水流量 1 457.27 万 m^3。在 5—9 月,"稻改旱"工程实施以前,每年平均提供出境水流量 3 447.17 万 m^3,2006 年实施"稻改旱"工程以后,每年平均提供出境水流量 2 654.44 万 m^3。前后对比,每年 5—9 月平均出境水流量减少 792.73 万 m^3。

9.2.3　黑白红河流域 2003—2009 年的水质特征

黑白红河流域 2003—2009 年的水质可以从北京市水文总站提供的 2003 年 1 月—2009 年 12 月的总硬度、总碱度、氨氮、硝酸盐氮、BOD、总磷、总氮、高锰酸钾浓度测量值来反映。

9.2.3.1　总硬度

从北京市水文总站提供的 2003—2009 年黑白红河流域总硬度的测量值来看,在黑白红河流域总硬度测量月度数据中,最大值为 293 mg/L,最小值为 154 mg/L,平均值为 232.7 mg/L。

总体来看,水质总硬度较为稳定,除 2003 年总值稍高,2009 年总值稍低以外,其他年限的总值基本上在年度均值(2 792.3 mg/L)周围波动,见图 9-2。

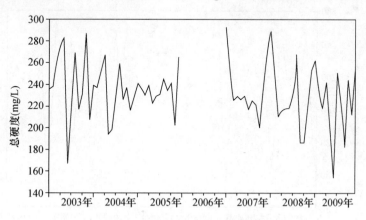

图 9-2　2003—2009 年水质总硬度

一年中,水质总硬度春冬两季要高于夏秋两季,但差别不是很悬殊;农业施肥期间,水质总硬度月均值(222.07 mg/L)低于年度月均值(232.69 mg/L)。

"稻改旱"工程实施以前,水质总硬度月均值为 235.9 mg/L,高于年度月均值

的 1.4%。2006 年以后，水质总硬度月均值为 229.5 mg/L，比年度月均值下降约
1.3%。两者相比较，下降 6.39 mg/L，约占年度均值的 2.7%。在农业施肥和农药
使用期间，"稻改旱"工程实施以前，水质总硬度月均值为 235.89 mg/L，略高于年
度月均值；"稻改旱"工程实施以后，水质总硬度月度均值为 229.5 mg/L。两者相
比较，相差 6.39 mg/L，约占年度均值的 2.7%，降低较少。

9.2.3.2　总碱度

从北京市水文总站提供的 2003—2009 年黑白红河流域总碱度的测量值来看，在
黑白红河流域总碱度度测量月度数据中，最大值为 266 mg/L，最小值为 98 mg/L，
平均值为 191.55 mg/L。

总体来看，水质总碱度较为稳定。一年中，第一季度月均值较低，季度月均值
为 150.06 mg/L，第二至四季度月均值相当，分别为 205.7 mg/L、208.7 mg/L、
201.8 mg/L，均在年度月均值（191.55 mg/L）之上。农业施肥和使用农药期间的
月均值为 208.9 mg/L，高于年度月均值。

"稻改旱"工程实施以前后，水质总碱度变化趋势不明显，见图 9-3。"稻改旱"工
程实施以前，水质总碱度月均值为 191.47 mg/L；2006 年以后，水质总碱度月均值为
191.63 mg/L。两者相比较，上升 0.16 mg/L，约占年度均值的 0.08%。"稻改旱"
工程实施以前，农业施肥和使用农药期间，水质总碱度月均值为 216.1 mg/L，高于
年度月均值 12.8%；"稻改旱"工程实施以后，水质总碱度月均值为 201.8 mg/L，低
于年度月均值 5.3%。两者相比较，绝对值差距为 14.3 mg/L，相对于年度月均值
下降 7.5%。水质总碱度具有改善的趋势。

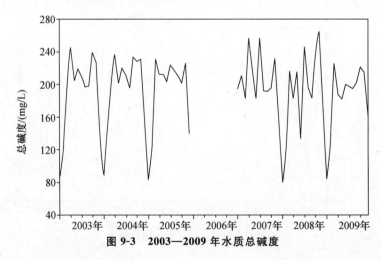

图 9-3　2003—2009 年水质总碱度

9.2.3.3　氨氮

从北京市水文总站提供的 2003—2009 年黑白红河流域氨氮的测量值来看，在黑
白红河流域总碱度度测量月度数据中，最大值为 1.57 mg/L，最小值为 0.021 mg/L，

平均值为 0.389 mg/L。

总体来看,具有较明显的下降趋势,见图 9-4。一年中,上下半年水质氨氮相当,其中第二季度最高,季度月均值为 0.53 mg/L;第一季度最低,季度月均值为 0.25 mg/L;第四季度月均值为 0.31 mg/L,比年度月平均值略低;第三季度月均值也在年度月均值之上,为 0.46 mg/L。农业施肥和使用农药期间,月均值为 0.54 mg/L,高于年度月平均值 0.389 mg/L。

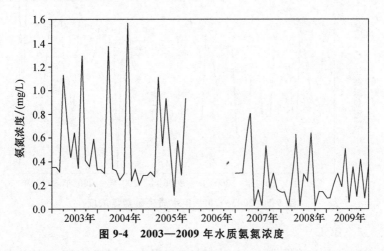

图 9-4　2003—2009 年水质氨氮浓度

"稻改旱"工程实施以前,水质氨氮月均值为 0.52 mg/L,高于年度月均值的 35%。2006 年以后,水质氨氮月均值为 0.25 mg/L,比年度月均值下降约 35%。两者相比较,下降 0.27 mg/L,约占年度均值的 70%。农业施肥和使用农药期间,"稻改旱"工程实施以前,水质氨氮月均值为 0.73 mg/L,高于年度月均值的 88%;"稻改旱"工程实施以后,水质氨氮月均值为 0.34 mg/L,低于年度月均值的 13%。两者相比较,下降 0.39 mg/L,相当于年度月均值的 100%。水质氨氮浓度具有明显降低的趋势。

9.2.3.4　硝酸盐氮

从北京市水文总站提供的 2003—2009 年黑白红河流域硝酸盐氮的测量值来看,在黑白红河流域硝酸盐氮测量月度数据中,最大值为 5.94 mg/L,最小值为 1.14 mg/L,平均值为 3.79 mg/L。

总体来看,水质硝酸盐氮呈上升趋势,呈"N"形,见图 9-5。一年中,冬春季浓度较高,季度月平均值分别为 4.16 mg/L、4.18 mg/L,第三季度也在年度均值之上,为 3.97 mg/L,夏季月均值在年度月均值以下。2006 年前后均呈上升趋势。农业施肥和使用农药期间,月均值为 5.2 mg/L,高于年度月均值。

"稻改旱"工程实施以前,水质硝酸盐氮浓度月均值为 3.35 mg/L;2006 年以后,水质硝酸盐氮浓度月均值为 4.24mg/L,高于"稻改旱"工程实施以前的数值,上升

0.89 mg/L,约占年度均值的 24%。农业施肥和使用农药期间,"稻改旱"工程实施以前,水质硝酸盐氮月均值为 4.86 mg/L,低于年度月均值;"稻改旱"工程实施以后,水质硝酸盐氮月均值为 5.54 mg/L,高于年度月均值。两者相比较,上升 0.68 mg/L,相对年度月均值而言,占年度月均值的 20%。水质硝酸盐氮浓度上升趋势显著。

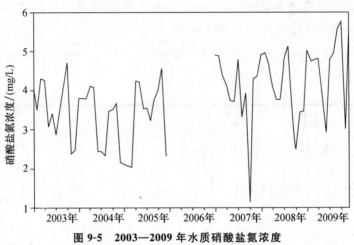

图 9-5　2003—2009 年水质硝酸盐氮浓度

9.2.3.5　BOD

从北京市水文总站提供的 2003—2009 年黑白红河流域 BOD 的测量值来看,在黑白红河流域 BOD 测量月度数据中,最大值为 4.3 mg/L,最小值为 0.5 mg/L,平均值为 1.51 mg/L。

总体来看,水质 BOD 较为稳定,呈"S"状波动,见图 9-6。一年中,秋季浓度最高,月平均值为 2.14 mg/L,其他季节月均值都在年度月均值之下,冬季月均值最低,约为 1.11 mg/L。农业施肥和使用农药期间,月均值为 1.47 mg/L,低于年度月均值。

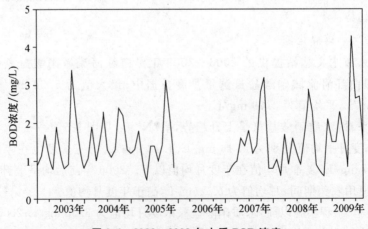

图 9-6　2003—2009 年水质 BOD 浓度

"稻改旱"工程实施以前,水质 BOD 月均值为 1.46 mg/L;2006 年以后,水质 BOD 月均值为 1.56 mg/L。两者相比较,上升 0.1 mg/L,约占年度均值的 6.8%。农业施肥和使用农药期间,"稻改旱"工程实施以前,水质 BOD 月均值为 1.25mg/L;"稻改旱"工程实施以后,水质 BOD 月均值为 1.17 mg/L,均低于年度月均值。但是,"稻改旱"工程实施以后,水质 BOD 浓度下降 0.08 mg/L,约占年度均值的 5.3%,变化不是很明显。

9.2.3.6　总磷

从北京市水文总站提供的 2003—2009 年黑白红河流域总磷的测量值来看,在黑白红河流域总磷测量月度数据中,最大值为 0.206 mg/L,最小值为 0.015 mg/L,平均值为 0.049 mg/L。

总体来看,水质总磷较为稳定,呈"S"状波动,见图 9-7。一年中,春冬两季较为接近,且都低于年度月均值,为 0.02 mg/L 左右。第二、三季度月均值在年度月均值以上,三季度最高,第二、三季度分别为 0.058 mg/L、0.094 mg/L。农业施肥和使用农药期间,月均值为 0.0812 mg/L,超过年度月均值 67%。

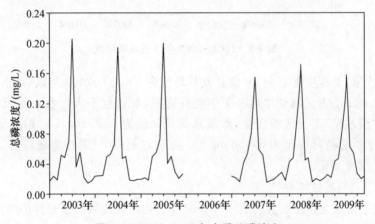

图 9-7　2003—2009 年水质总磷浓度

"稻改旱"工程实施以前,水质总磷月均值为 0.05 mg/L;2006 年以后,水质总磷月均值为 0.048 mg/L。两者相比较,降低 0.002 mg/L,约占年度均值的 4%。农业施肥和使用农药期间,"稻改旱"工程实施以前,水质总磷月均值为 0.085 mg/L;"稻改旱"工程实施以后,水质总磷月均值为 0.078 mg/L,均远高于年度月均值。两者相比较,在农业施肥和使用农药期间,下降 0.007 mg/L,约占年度均值的 14.3%。水质总磷浓度有降低,且幅度较大。

9.2.3.7　总氮

从北京市水文总站提供的 2003—2009 年黑白红河流域总氮的测量值来看,在黑白红河流域总氮测量月度数据中,最大值为 8.96 mg/L,最小值为 2.85 mg/L,

平均值为 4.97 mg/L。

总体来看,水质总氮较为稳定,"S"状特征明显,见图9-8。一年中,上半年总氮浓度高于下半年总氮浓度,但夏季更为明显,月平均值为 6.13 mg/L;秋季月均值也在年度月均值之上,为 5.23 mg/L,冬季最低;在年度月均值之下,为 3.65 mg/L。农业施肥和使用农药期间,月均值为 6.05mg/L,高于年度月均值。

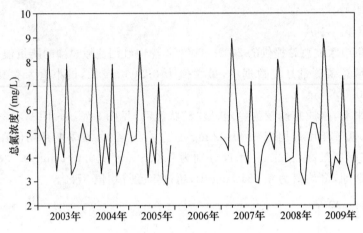

图 9-8   2003—2009 年水质总氮浓度

"稻改旱"工程实施以前,水质总氮月均值为 5 mg/L;2006 年以后,水质总氮月均值为 4.94 mg/L。两者均约等于年度月均值,变化也不大。农业施肥和使用农药期间,"稻改旱"工程实施以前,水质总氮月均值为 6.05 mg/L;"稻改旱"工程实施以后,水质总氮月均值为 6.058 mg/L。可见,"稻改旱"工程实施以后,水质总氮浓度几乎没有变化。

9.2.3.8   高锰酸钾

从北京市水文总站提供的 2003—2009 年黑白红河流域高锰酸钾的测量值来看,在黑白红河流域高锰酸钾测量月度数据中,最大值为 5.7 mg/L,最小值为 1.4 mg/L,平均值为 3.55 mg/L。

总体来看,水质高锰酸钾较为稳定,呈"S"形变化,2003—2006 年有两个"V"形,但逐年在上升;2006—2009 年,也是有两个"V"形,但逐年在上升,见图9-9。一年中,夏秋两季浓度较高,秋季达到月均值 4.17 mg/L,夏季季度月均值最大,为 4.37 mg/L;其他两季较低,春季为 2.99 mg/L,冬季为 2.67 mg/L。农业施肥和使用农药期间,月均值为 4.37 mg/L,高于月均值。

"稻改旱"工程实施以前,水质高锰酸钾月均值为 3.78 mg/L;2006 年以后,水质高锰酸钾月均值为 3.33 mg/L,均接近年度月均值,两者相较,减少 0.45 mg/L,约占年度均值的 12.7%。农业施肥和使用农药期间,"稻改旱"工程实施以前,水质高锰酸钾月均值为 4.82 mg/L;"稻改旱"工程实施以后,水质高锰酸钾月均值为

3.91 mg/L,均高于年度月均值。在农业施肥和使用农药期间,降低 0.91 mg/L,约占年度均值的 26％。可见,"稻改旱"工程实施以后,水质高锰酸钾浓度有所改善。

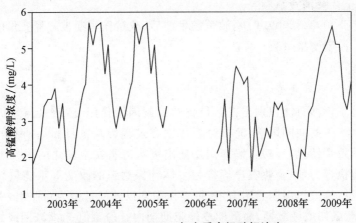

图 9-9 2003—2009 年水质高锰酸钾浓度

9.3 "稻改旱"工程对水环境的影响

正如前所述,流域生态补偿政策目标选择的效率评价包括流域水环境改善与成本收益两个方面,本节通过计量回归方法对黑白红河流域水环境改善的主要因素进行识别,分析过程导向流域生态补偿政策目标选择的效率影响因素和"稻改旱"工程对流域水环境改善的内在影响。我们将依次介绍回归模型、数据来源与处理、上游流入水量影响因素及政策的内在作用、黑白红河流域水质影响因素及政策的内在作用等内容。

9.3.1 回归模型

9.3.1.1 基本模型

本书利用以下模型分析"稻改旱"工程政策执行的效率:

$$y_t = \beta_0 + \beta_1 T + \gamma_i X_i + c_1 y_{t-1} + \varepsilon_t \tag{9-1}$$

y_t:被解释变量,分别表示为 2003—2009 年灌溉期或施肥(药)期的出境水流量、2003—2009 年灌溉期或施肥(药)期的水质指标,如总硬度、总碱度、氨氮、硝酸盐氮、BOD、总磷、总氮、高锰酸钾等的浓度。

β_0:常数项。

T、y_{t-1}:分别表示"稻改旱"工程执行期和解释变量的滞后项。

X_i:表示 2003—2009 年灌溉期或施肥期的自然、农业、工业及其他主要经济行为指标,如温度、降水、湿度、农业增加值、化肥使用量、农药使用量、工业增加值、工业废水排放、规模以上企业水消费、工业粉尘排放、SO_2 排放、工业烟尘排放、工业氨氮排放、工业 BOD 排放、城市污水排放、地区总产值、第三产业增加值、全社会投资总额、全社会消费总额等。

β_1：表示 2003—2009 年中，政策发生前后，政策作用期被解释变量的变化率。

γ_i、c_1：控制变量系数。

ε_t：误差项。

9.3.1.2　拓展模型

上述基本模型只能识别出在已量化的控制因素作用下，政策与未识别因素对出境水流量产生的共同影响，简单分析建立在过程类政策目标基础上的流域生态补偿政策的效率情况。但是，解释变量如出境水流量发生变化的因素可能还包括像政府环境执行力度、企业农户等行为主体环保意识的改变等难能量化指标。因此，我们假设，政策作用期为实施组，每年作用期以外的月份为对照组，引入虚拟变量 R，表示灌溉期或施肥期，灌溉期或施肥期期内月份赋值 1，灌溉期或施肥期期外月份赋值 0。依据政策评价的基本方法得到以下拓展模型：

$$y_t = \beta_0 + \beta_1 T + \beta_2 R + \beta_3 TR + \gamma_i X_i + c_1 y_{t-1} + \varepsilon_t \qquad (9\text{-}2)$$

这时，β_1 表示为 2003—2009 年中，政策发生前后，政策作用期以外月份被解释变量的变化；β_2 表示无论有没有执行政策，政策执行期和政策执行期以外月份被解释变量的变化；β_3 表示政策发生的真正效率（政策发生前后，政策作用期被解释变量变化与作用期以外月份被解释变量变化的差）。其他变量、系数含义与式(9-1)相同。

9.3.2　数据来源与整理

"稻改旱"工程效果评价相关数据主要是北京市发改委、水文总站及赤城县水务局、环保局、统计局、气象局、农业局提供的原始资料，有些数据我们借助 MAT-LAB 软件，按照三次样条插值法把年度、季度数据变成高频度的月度数据。

(1) 2003—2009 年(不含 2006 年)黑白红河流域水环境数据：出境水流量、水质数据(包括总硬度、总碱度、氨氮、硝酸盐氮、BOD、总氮、总磷和高锰酸钾浓度的月度数据)。

(2) 2003—2009 年(不含 2006 年)黑白红河流域自然因数数据：降水、温度和相对湿度的月度数据。

(3) 2003—2009 年(不含 2006 年)黑白红河流域农业类指标：第一产业增加值、农业人口、农药使用量、化肥施用量的月度数据。

(4) 2003—2009 年(不含 2006 年)黑白红河流域工业类指标：工业增加值、规模以上企业水消费量和反映工业污染的城镇生活污水、工业废水、SO_2、烟尘、工业粉尘、工业 BOD 及氨氮排放量等指标的月度数据。

（5）2003—2009 年(不含 2006 年)黑白红河流域主要经济社会类指标：地区生产总值、总人口、第三产业增加值、社会消费品零售总额、全社会固定资产投资额等指标的月度数据。

（6）政策类指标："稻改旱"工程执行前用 0 表示，"稻改旱"工程执行后用 0 表示，每年农业灌溉期或施肥期用 1 表示，非农业灌溉期或施肥期 0 表示。黑白红河流域农业生产灌溉期为每年 5—9 月，施肥期为每年 4—7、9 月份。2006 年只有部分农户参与"稻改旱"工程(1.74 万亩)，到 2007 年以后全部农户才参与进来，因此，我们模型运算时，排除了每个指标的 2006 年数值。

（7）数据的统计说明。数据的均值、中位数、最大值、最小值、标准差、观测值的描述性统计指标见表 9-3 与表 9-4。

表 9-3　数据的描述性统计（一）

项目	平均值	中位数	最大值	最小值	标准差	观测数
氨氮浓度	0.536	0.47	1.57	0.021	0.423	30
城市生活污水排放量	196 667.2	84 974.5	939 946	45 764	259 624.6	30
地区总产值	16 309.1	11 931	39 566	5 745	10 120.22	30
工业 SO_2 排放量	28.569 33	24.22	73.52	2.82	19.792 7	30
工业废水排放量	590 244.1	573 889	1 345 853	20 559	318 878.8	30
出境水流量	563.999	541.34	830.3	393.72	130.21	30
工业氨氮排放量	9.55	9.32	13.33	6.12	2.03	30
高锰酸钾浓度	3.79	2.7	14.9	1.4	3.58	30
工业 BOD 排放量	93.03	69.67	194.14	7.11	71.85	30
工业粉尘排放量	30.16	28.66	56.69	3.58	14.3	30
工业烟尘排放量	33.42	32.62	104.91	3.14	25.54	30
工业增加值	6 336.4	4 577	16 529	2 137	3 979.21	30
化肥施用量	352.35	129.99	1 260.99	3.3	415.67	30
相对湿度	57.07	59	75	37	12.38	30
农药使用量	11.26	2.65	48.45	0.94	15.53	30
农业人口	251 589.1	251 585.5	258 371	245 581	5 164.14	30
第一产业增加值	5 555.8	2 124	32 882	815	8 006.45	30
政策执行	0.5	0.5	1	0	0.51	30
交互项	0.5	0.5	1	0	0.51	30
规模以上企业水消费量	165 614.5	141 544	385 678	84 973	78 758.12	30
降水量	30.77	14.1	144.9	3.3	35.75	30
施肥期	1	1	1	1	0	30

续表

项目	平均值	中位数	最大值	最小值	标准差	观测数
第三产业增加值	5 034.3	4 354.5	10 932	892	2 629.3	30
温度	17.41	16.8	23.7	11.3	3.45	30
全社会固定资产投资	18 529.03	12 637	59 977	2 039	14 467.7	30
社会消费品零售总额	5 270.17	4 497.5	10 624	1 855	2 618.6	30
硝酸盐氮浓度	3.83	3.78	5.59	2.33	0.81	30
总氮浓度	4.56	4.28	8.44	3.05	1.2	30
总碱度浓度	222.07	225.5	283	154	28.23	30
总磷浓度	0.098	0.079	0.34	0.01	0.086	30
总硬度浓度	223.93	225	280	154	23.98	30

表 9-4 数据的描述性统计(二)

项目	平均值	中位数	最大值	最小值	标准差	观测数
氨氮	0.39	0.3	1.57	0.02	0.32	72
城市生活污水排放量	204 740.3	93 523	1 345 794	23 195	295 778.2	72
地区总产值	18 356.99	11 234.5	84 029	1 378	17 716.8	72
工业 SO_2 排放量	37.38	35.02	93.51	2.82	25.1	72
工业废水排放量	629 938.9	536 367	1 676 192	20 559	396 219.1	72
出境水流量	699.3	586	2 158.8	348.19	358.93	72
工业氨氮排放量	2.66	1.6	14.9	0.7	2.581	72
高锰酸钾	8.0	7.79	13.33	4.22	2.50	72
工业 BOD 排放量	86.1	46.7	217.06	6.9	69.8	72
工业粉尘排放量	26.79	24.65	58.95	1.26	16.43	72
工业烟尘排放量	30.48	27.21	104.91	1.16	24.75	72
工业增加值	6 583.18	4 623	25 642	760	5 443.44	72
化肥施用量	318.14	58.8	3 412.8	0	531.31	72
相对湿度	56.47	58	89	31	16.99	72
农药使用量	5.58	1.31	48.45	0	11.32	72
农业人口	251 598.8	251 229.5	259 461	244 287	5 236.92	72
第一产业增加值	5 525.06	1 740	40 031	104	9 135.81	72
政策执行	0.5	0.5	1	0	0.51	72
交互项	0.166 7	0	1	0	0.375	72
规模以上企业水消费量	5 531.21	4 795.5	15 256	892	3 329.5	72

续表

项目	平均值	中位数	最大值	最小值	标准差	观测数
降水量	1.66	1.35	6.3	0.2	1.19	72
施肥期	6.82	7.6	23.7	−8.9	11.53	72
第三产业增加值	9 327.43	2 160	59 977	0	13 856.97	72
BOD浓度	1.66	1.35	6.3	0.2	1.19	72
温度	6.82	7.6	23.7	−8.9	11.53	72
全社会固定资产投资额	9 327.43	2 160	59 977	0	13 856.97	72
社会消费品零售额	5 511.11	4 743	14 495	1 129	3 377.18	72
硝酸盐氮浓度	3.98	4.11	5.94	1.14	1.03	72
总氮浓度	4.33	4.34	8.44	2.18	1.1	72
总碱度浓度	232.69	230.5	293	154	27.53	72
总磷浓度	0.08	0.07	0.34	0.01	0.07	72
总硬度浓度	224.98	225	280	154	23.9	72

9.3.3　入境水量影响因素及政策的内在作用分析

我们分别在基本模型与拓展模型下分析入境水量的影响因素。在这两类模型中,依次考虑自然、农业、工业、主要经济社会影响等指标对入境水量的影响。

9.3.3.1　自然因素的分析

分析的基本模型以式(9-1)、式(9-2)为基础,即基本模型为

$$\text{flow} = \beta_0 + \beta_1 T + \gamma_1 \text{temperature} + \gamma_2 \text{humidity} + \gamma_3 \text{rain} + c_1 y_{t-1} + \varepsilon_t \quad (9\text{-}3)$$

拓展模型为

$$\text{flow} = \beta_0 + \beta_1 T + \beta_2 R + \beta_3 TR + \gamma_1 \text{temperature} + \gamma_2 \text{humidity} + \gamma_3 \text{rain} + c_1 y_{t-1} + \varepsilon_t$$
$$(9\text{-}4)$$

解释变量 flow 为2003—2009年(不含2006年)每年灌溉期(5—9月)的入境水流量,被解释变量中,T、y_{t-1}依次为"稻改旱"工程执行情况和解释变量的滞后期,temperature、humidity、rain 依次为月平均温度、相对湿度和降水量,β_0为常数项,γ_i、β_1、β_2、β_3、c_1为系数项;ε_t为误差项。

拓展模型在基本模型的基础上增加了灌溉期虚拟变量、政策与农业生产的交互项,目的:在对"稻改旱"工程有直接作用的灌溉期,检验"稻改旱"工程对出境水流量的真正影响。

基本模型中主要数据的均值、中位数、最大值、最小值、标准差、观测值的描述性统计指标见表9-5。

拓展模型中主要数据的均值、中位数、最大值、最小值、标准差、观测值的描述性统计指标见表9-6。

表 9-5　考虑自然因素的基本模型数据的描述性统计

项目	出境水流量	湿度	政策执行	降水量	温度
平均值	610.16	64.3	0.5	56.25	610.16
中位数	563.37	66.5	0.5	23.95	563.37
最大值	1 339.2	88	1.	201.5	1 339.2
最小值	393.72	38	0.00	3.3	393.72
标准差	203.69	14.62	0.51	60.56	203.69
观测数	30	30	30	30	30

表 9-6　考虑自然因素的拓展模型数据的描述性统计

项目	出境水流量	湿度	降水量	温度	政策执行	农业种植	政策执行与农业种植的交互项
平均值	699.30	56.47	33.84	6.82	0.5	0.25	0.13
中位数	585.99	58.00	11.05	9.3	0.5	0	0
最大值	2 158.80	89.00	201.5	23.7	1	1	1
最小值	348.19	31.00	0.10	−12.1	0	0	0
标准差	358.93	16.99	51.09	11.91	0.50	0.43	0.33
观测数	72	72	72	72	72	72	72

模型采用最小二乘法,对出境水流量取对数,使用 Eviews6.0 得到回归结果见表 9-7。在回归过程中,我们发现温度显著性效果不好,因此,仅保留降水量与湿度作为自然因素类指标。

表 9-7　出境水流量估计结果

项目	基本模型				拓展模型			
	(1)	(2)	(3)	(4)	(1)′	(2)′	(3)′	(4)′
常数	598.3267	3.955			8.1075	4.85	5.064	4.49
	(11.5)****	(2.84)***			(8.54)****	(8.2)****	(9.75)****	(5.3)***
政策执行	−154.55	−0.147	2.0481	0.418	−0.262	−0.13	0.3196	0.443
	(−2.54)***	(−1.24)****	(8.5)****	(3.5)****	(−2.44)***	(−1.44)	(3.36)***	(3.5)***
农业灌溉期					−0.4289	−0.1737	−0.0779	−0.092
					(−3.59)****	(−1.61)*	(−2.8)*	(−2.8)*
降水量	1.58	0.0014			0.0015	0.0023	0.0016	0.0015
	(3.1)****	(3.05)****			(1.71)**	(2.69)****	(2.3)***	(2.1)***
湿度					0.0136	0.0129		
					(4.72)****	(4.9)****		
交互项	−0.09	−0.12	−0.1324	−0.149				
	(−1.23)	(−1.47)*	(−1.9)**	(−2.0)***				

续表

项目	基本模型				拓展模型			
	(1)	(2)	(3)	(4)	(1)′	(2)′	(3)′	(4)′
化肥施用量						−0.0001	−0.0001	−0.0001
						(−1.8)**	(−2.4)***	(−1.6)*
农药使用量		−0.113	−1.111			−0.0094	−0.005	−0.005
		(−1.77)**	(−6.4)****			(−2.6)***	(−1.7)**	(−1.8)**
工业废水排放量			0.87	0.367			4.94E-07	425E-06
			(6.8)****	(5.1)****			(4.4)****	(3.4)****
规模以上企业水消费量			−1.295	−0.176			−1.73E-06	−876E-06
			(−7.9)****	(−1.7)*			(−4.5)****	(−1.7)**
全社会固定资产投资额				−0.091				
				(−1.8)**				
城市生活污水排放量								32E-05
								(2.33)***
第三产业增加值								−0.00003
								(−1.5)*
社会消费品零售总额								−0.00004
								(−2.1)***
AD-R²	0.4	0.51	0.85	0.71	0.51	0.6	0.68	0.77
DW值	2.07	2.1	1.81	1.93	1.65	2.0	1.77	1.94

注：****、***、**、*分别代表1％、5％、10％、15％的显著水平；(1)、(2)、(3)、(4)分别代表考虑自然、农业、工业及其他社会经济影响因子时高锰酸钾的水质浓度。

在基本模型中，每个变量都比较显著。政策执行、降水量的显著程度都在5％以下。从结果来看，降水量与出境水流量正相关。在其他条件不变的情况下，降雨量每增加1％，出境水流量会增加1.58％。政策执行与出境水流量负相关，即在2003—2009年(不含2006年)每年的灌溉期(5—9月)里，当仅仅控制住自然因素的降水量时，通过"稻改旱"工程增加出境水流量是没有效率的。

在拓展模型(见表9-7)中，湿度、政策执行、降水量、农业灌溉及常数项的显著性较好，都在10％显著水平下。降水量继续保持了在基本模型中与出境水流量之间的正向关系。在其他条件不变的情况下，降水量增加1％，出境水流量会增加0.0015％。湿度每增加1％，出境水流量只能增加0.014％。无论政策执行与否，灌溉期出境水流量的变化与灌溉期以外月份出境水流量变化的差额与出境水流量成反向关系，每减少1％就会增加0.26％的出境水流量。政策执行前后，灌溉期以外月份出境水流量变化是下降的，而政策执行前后，灌溉期出境水流量的变化与灌溉期以外月份出境水流量变化的差额对出境水流量影响不显著。因此,在只控制住自然因素的情况下,出境水流量与政策执行之间的反向关系主要是灌溉期以外因素造成的,政策的真正效果不明显,还需要进一步分析。

9.3.3.2 增加农业因素的分析

分析的模型仍然以式(9-1)、式(9-2)为基础,在基本模型中 X 增加了 2003—2009 年每年 5—9 月(不含 2006 年)的第一产业增加值、化肥施用量、农药使用量、农业人口等农业类指标,自然因素类指标中,基本模型保留了降水量指标;而拓展模型里则保留了降水量与湿度指标。模型修正如下:

基本模型:

$$\text{flow} = \beta_0 + \beta_1 T + \gamma_1 \text{humidity} + \gamma_2 \text{rain} + \gamma_3 \text{value1} + \gamma_4 \text{fertilizer} + \gamma_5 \text{pesticide} + \gamma_6 \text{population1} + c_1 y_{t-1} + \varepsilon_t \tag{9-5}$$

拓展模型:

$$\text{flow} = \beta_0 + \beta_1 T + \beta_2 R + \beta_3 TR + \gamma_1 \text{humidity} + \gamma_2 \text{rain} + \gamma_3 \text{value1} + \gamma_4 \text{fertilizer} + \gamma_5 \text{pesticide} + \gamma_6 \text{population1} + c_1 y_{t-1} + \varepsilon_t \tag{9-6}$$

其中,value1、fertilizer、pesticide 及 population1 依次表示为第一产业增加值、化肥施用量、农药使用量和农村人口量;其他变量与式(9-1)和式(9-2)中的含义相同。

主要数据的均值、中位数、最大值、最小值、标准差、观测值的描述性统计中,基本模型见表 9-8,拓展模型则见表 9-9。

表 9-8 增加农业因素的基本模型数据的描述性统计

项目	出境水流量	化肥施用量	农药使用量	农村人口	第一产业增加值	降水量
平均值	610.16	328.75	12.8	251 632	5 443	56.3
中位数	563.37	80.63	6.80	251 585.5	1 782.5	24.0
最大值	1 339.2	1 260.99	48.45	258 371	32 882	201.5
最小值	393.72	3.3	2.05	245 361	815	3.3
标准差	203.69	410.26	14.85	5 190	8 059	60.56
观测数	30	30	30	30	30	30

表 9-9 增加农业因素的拓展模型数据的描述性统计

项目	第一产业增加值	化肥施用量	农药使用量	农村人口
平均值	5 525.06	318.14	5.58	2 515 598.8
中位数	1 740	58.8	1.31	251 229.5
最大值	40 031	3 412.8	48.45	259 461
最小值	104	0	0	244 287
标准差	9 135.8	531.31	11.32	5 136.9
观测数	72	72	72	72

在回归过程中,对基本模型,湿度、第一产业增加值和化肥施用量不够显著,我们保留了降水量、农药施用量、政策执行等项指标。对拓展模型,农业人口、第一产业增加值不够显著,我们保留了降水量、湿度、化肥施用量、农药使用量、农业灌溉、政策和交互项等指标。模型采用最小二乘法,对出境水流值取对数,同时增加一项滞后值,使用 Eviews6.0 得到回归结果见后面的表 9-7。

从回归结果来看,在基本模型中,所有项都特别显著,除农药使用量的显著性为两颗星外,所有变量的显著性都在 1% 左右。其中,在其他条件不变时,每增加1% 降水,可增加 0.0014% 的出境水流量;每减少 1% 的农药使用量可增加 0.113%的出境水流量。政策与出境水流量依然负相关,即在 2003—2009 年(不含 2006年)每年的灌溉期(5—9 月)里,当仅仅控制住自然因素的降水和农业因素的农药使用量时,通过“稻改旱”工程增加出境水流量是没有效率的。

在拓展模型中,湿度、政策、降水量、农药使用量及常数项的显著性较好,都在5% 显著水平下,化肥施用量在 10% 显著水平下,农业灌溉的显著性稍差,但也能通过检验,见表 9-7。降水、湿度继续保持了原来拓展模型中与出境水流量之间的正向关系。在其他条件不变时,降水量每增加 1%,出境水流量会增加 0.0023%;湿度每增加 1%,出境水流量只能增加 0.113%。农药使用量与出境水流量是反向关系,每减少 1% 的农药使用量会增加 0.094% 的出境水流量。无论政策执行与否,灌溉期出境水流量的变化与灌溉期以外月份出境水流量变化的差额与出境水流量成反向关系,每减少 1% 就会增加 0.174% 的出境水流量。政策执行前后,灌溉期以外出境水流量的变化是下降的;而政策执行前后,灌溉期出境水流量变化与灌溉期以外月份出境水流量变化的差额对出境水流量影响不显著。因此,在只控制住自然与农业因素的情况下,出境水流量与政策之间的反向关系主要是灌溉期以外月份造成的,政策的真正效果不明显,还需要进一步分析。

9.3.3.3 增加工业因素的分析

分析的模型仍然以式(9-1)、式(9-2)为基础,在基本模型中 X 增加了 2003—2009 年(不含 2006 年)每年 5—9 月的工业增加值、规模以上企业水消费量和工业废水排放等工业因素类指标。基本模型保留了降水量、农药使用量指标;而拓展模型里则保留了降水量、湿度、化肥施用量、农药使用量指标。模型修正如下。

基本模型为

$$\text{flow} = \beta_0 + \beta_1 T + \gamma_1 \text{rain} + \gamma_2 \text{pesticide} + \gamma_3 \text{value2} + \gamma_4 W_{\text{consumption}} + \gamma_5 W_{\text{wastewate}} + c_1 y_{t-1} + \varepsilon_t \tag{9-7}$$

拓展模型为

$$\text{flow} = \beta_0 + \beta_1 T + \beta_2 R + \beta_3 TR + \gamma_1 \text{humidity} + \gamma_2 \text{rain} + \gamma_3 \text{fertilizer} \gamma_4 \text{pesticide} + \gamma_5 \text{value2} + \gamma_6 W_{\text{consumption}} + \gamma_7 W_{\text{wastewate}} + c_1 y_{t-1} + \varepsilon_t \tag{9-8}$$

式中,value2、$W_{\text{consumption}}$、$W_{\text{wastewate}}$ 依次表示为工业增加值、规模以上企业水消费量、

工业废水排放量;其他变量、系数与(9-5)和(9-6)中含义相同。

主要数据的均值、中位数、最大值、最小值、标准差、观测值的描述性统计中,基本模型见表9-10,拓展模型见表9-11。

表 9-10　增加工业因素的基本模型数据的描述性统计

项目	出境水流量	降水量	政策执行	农药使用量	工业废水排放量
平均值	610.16	56.25	0.5	12.8	659 345
中位数	563.37	23.95	0.5	6.8	580 798
最大值	1 339.2	201.5	1	48.5	1 428 936
最小值	393.72	3.3	0	2.1	169 451
标准差	203.693	60.56	0.51	14.9	342 497
观测数	30	30	30	30	30

表 9-11　增加工业因素的拓展模型数据的描述性统计

项目	工业增加值	规模以上企业水消费量	工业废水排放量
平均值	6 583.2	167 527.8	6 583.2
中位数	4 623	137 050.5	4 623
最大值	25 642	440 620	25 642
最小值	760	30 181	760
标准差	5 443.4	100 293.9	5 443.4
观测数	72	72	72

模型采用最小二乘法,对出境水流量取对数,增加滞后量,使用 Eviews6.0 获得计算结果。

在回归过程中,对基本模型(见表9-7),最后保留的指标包括政策执行、农药使用量、规模以上企业水消费量和工业废水排放量。其中,所有指标的显著性都在四个星号以上。农药使用量、规模以上企业水消费量与出境水流量负相关,在其他条件不变的情况下,每降低1%的农药使用量、规模以上企业水消费量将分别增加1.111%和1.295%的出境水流量。而工业废水排放量与出境水流量成正相关关系,每增加1%的工业废水排放就增加0.87%的出境水流量。政策执行这时也与出境水流量成正相关关系,这表明只有在增加控制住工业影响因素后,"稻改旱"工程本身的政策效果才能反映出来,即工业用水对出境水流量的影响很重要。因此,鉴于黑白红河流域工业对出境水流量有相当大的作用,为了增加出境水流量要充分考虑上游区域工业企业水使用情况,既要合理利用废水,变废为宝,更重要的是要在上游工业企业中节水。

对于拓展模型,除农业灌溉、农药使用量显著水平在5%以上,交互项不够显著外,其他指标都特别显著。农业灌溉、降水量、化肥施用量和农药使用量继续保持原来拓展模型的特征,工业废水排放量与出境水流量正相关,规模以上企业水消费量与出境水流量负相关。在其他条件不变的情况下,每增加1%的工业废水排放量将会增加 4.94E-07％的出境水流量,每减少 1％规模以上企业水消费量也会增加 1.73E-06％的出境水流量。政策执行前后,灌溉期以外出境水流量的变化是上升的;而政策执行前后,灌溉期出境水流量变化与灌溉期以外月份出境水流量变化的差额对出境水流量影响显著,显著水平为两个星号,但与出境水流量成反向关系。因此,在只控制住自然、农业、工业因素的情况下,出境水流量与政策之间的正向关系主要是灌溉期以外月份造成的,"稻改旱"工程政策的真正效果是反向的。为了正确识别政策的效果,我们增加其他社会经济因素指标,以便进一步分析。

9.3.3.4　增加其他社会经济因素的影响分析

分析的模型仍然以式(9-1)、式(9-2)为基础,在基本模型中 X 增加了 2003—2009 年(不含 2006 年)每年 5—9 月的地区生产总值、第三产业增加值、全社会固定资产投资额、社会消费品零售总额和城市生活污水排放量五个反映主要经济社会影响的指标。基本模型保留了降水量、农药量、规模以上企业水消费量、工业废水排放量等指标;而拓展模型里则保留了降水量、化肥施用量、农药使用量、规模以上企业水消费量、工业废水排放量等指标。

模型修正后基本模型为

$$\text{flow} = \beta_0 + \beta_1 T + \gamma_1 \text{rain} + \gamma_2 \text{pesticide} + \gamma_3 W_{\text{consumption}} + \gamma_4 W_{\text{wastewate}} + \gamma_5 \text{GDP}$$
$$+ \gamma_6 \text{value3} + \gamma_7 \text{investment} + \gamma_8 \text{consumption} + \gamma_9 \text{sewage} + c_1 y_{t-1} + \varepsilon_t \quad (9\text{-}9)$$

拓展模型为

$$\text{flow} = \beta_0 + \beta_1 T + \beta_2 R + \beta_3 TR + \gamma_1 \text{rain} + \gamma_2 \text{fertilizer} + \gamma_3 \text{pesticide}$$
$$+ \gamma_4 W_{\text{consumption}} + \gamma_5 W_{\text{wastewate}} + \gamma_6 \text{GDP} + \gamma_7 \text{investment}$$
$$+ \gamma_8 \text{consumption} + \gamma_9 \text{sewage} + c_1 y_{t-1} + \varepsilon_t \quad (9\text{-}10)$$

式中,GDP、value3、investment、consumption、sewage 依次表示为地区生产总值、第三产业增加值、全社会固定资产投资额、社会消费品零售总额和城市生活污水排放量;其他变量、系数与式(9-5)和式(9-6)中相同。

主要数据的均值、中位数、最大值、最小值、标准差、观测值的描述性统计中,基本模型见表 9-12,拓展模型见表 9-13。

表 9-12　增加其他因素的基本模型数据的描述性统计

项目	社会消费品零售总额	全社会固定资产投资额	第三产业增加值	地区生产总值	城市生活污水排放量
平均值	4 642.1	18 500.3	6 111.47	13 526.33	95 450.8
中位数	4 029.5	12 297	6 329.5	10 598.5	84 974.5
最大值	9 647	59 977	11 790	35 952	182 787
最小值	1 457	1 582	2 010	3 685	63 424
标准差	2 403.8	15 847.05	2 712.2	8 938.51	33 414.23
观测数	30	30	30	30	30

表 9-13　增加其他因素的拓展模型数据的描述性统计

项目	全社会固定资产投资额	社会消费品零售总额	第三产业增加值	地区总产值	城市生活污水排放量
平均值	9 327.4	5 511.1	5 531.2	183 567	85 865
中位数	2 160	4 743	4 795.5	11 234.5	82 282.5
最大值	59 977	14 495	15 256	84 029	182 787
最小值	0	1 129	892	1 378	23 195
标准差	13 857	3 377.2	3 329.5	17 716.8	38 246.3
观测数	72	72	72	72	72

模型采用最小二乘法,对出境水流值取对数,增加滞后量,使用 Eviews6.0 获得计算结果。

在回归过程中,对基本模型,除工业废水排放量、全社会固定资产投资额、规模以上企业水消费量及政策执行等几个指标显著性较好外,其他指标都很难通过检验,所以,我们对这些指标回归,得到结果如表 9-7 所示。其中,工业废水排放量、规模以上企业水消费量及政策执行保持了在原来模型中的特征,全社会固定资产投资额与出境水流量成反向变化的关系,在其他条件不变时,每减少 1% 的全社会固定资产投资额将会增加 0.091% 的出境水流量。政策执行时仍与出境水流量保持正向相关关系,这表明在增加控制住全社会固定资产投资额后,"稻改旱"工程政策执行有改善出境水流量的作用。

对拓展模型而言,除农业灌溉期、化肥施用量、第三产业增加值的显著性没有其他指标好以外,其他如政策执行、工业废水排放量等指标的显著性都很好。降水量、化肥施用量、农药使用量、规模以上企业水消费量、工业废水排放量等指标保持了原来与出境水流量间的相关关系。第三产业增加值和全社会消费总额与出境水流量成反向变化的关系,在其他条件不变时,每减少 1% 的第三产业增加值和社会消费品零售总额,将分别增加 0.000 031% 和 0.000 036% 的出境水流量。而城市生活污水排放量与出境水流量成正向关系,每增加 1% 的城市生活污水排放量就会增加 0.000 003 2% 的出境水流量。这表明,一方面要加强上游社会经济活动节水;另一方面也要充分利用废水,提纯净化废水变废为宝。政策执行前后,灌溉期以外出境水流量的变化仍然是上升的,显著水平依然是四个星号,但影响系数增加;而政策执行前后,灌溉期出境水流量变化与灌溉期以外月份出境水流量变化的差额对出境水流量影响显著性明显增强,显著水平由两个星号提升到四个星号,与出境水流量成反向关系没有改变。这进一步说明,"稻改旱"工程政策本身是没有效率的,尽管在基本模型中表明在灌溉期"稻改旱"工程是有效率的,但这个效率在拓展模型中表现为灌溉期以外月份存在节水。

9.3.3.5 基本模型政策因子大于0,拓展模型交互项系数却小于0的原因

到底是什么原因引致基本模型政策因子大于0,拓展模型交互项系数小于0的原因呢? 我们建立以下回归模型:

$$\log W_{consumption} = \beta_1 T + \beta_2 TR + \log value_2 + \log value_2(-1) \qquad (9-11)$$

式中,$W_{consumption}$、T、TR、$value_2$ 依次表示为规模以上企业水消费量、"稻改旱"工程执行政策、"稻改旱"工程执行政策与农业灌溉期的交互项和工业增加值。模型结果表明(详见表9-14),β_1 为-0.98小于0,这表明,在"稻改旱"工程政策执行后,规模以上企业水消费量在灌溉期的5—9月以外的时间段减少了水消费。规模以上企业水消费量在灌溉期的变化与在灌溉期以外月份变化的差额即政策对企业水消费的真正影响是显著的,系数 β_2 为 0.27 大于0,这表明黑白红河流域企业水消费在执行政策的灌溉期增加了。在灌溉期,可能工业用水比农业节水多,导致"稻改旱"工程政策执行效率下降,即存在前文所述的过程导向政策目标时降低政策效率的替代消费显现。因此,即使在 2003—2009 年,灌溉期的出境水流量有所改善,但这个改善来自于"稻改旱"工程政策作用期以外月份的贡献。

表 9-14 回归结果

变量	系数	T 统计	显著性
POLICE	$-0.982\ 478$	$-6.787\ 523$	0
POLICERURAL1	0.273 262	1.625 768	0.108 8
LOG(GONGYEZENGJIAZHI)	1.072 358	13.730 83	0
LOG(GONGYEZENGJIAZHI(-1))	0.370 262	4.731 985	0

9.3.3.6 分析结论

在基本模型中,在考虑到自然、农业、工业和其他经济社会发展指标时,黑白红河流域出境水流量的主要影响因子包括工业废水排放量、规模以上企业水消费量和全社会固定资产投资额三个指标,在政策作用期,"稻改旱"工程政策的执行对出境水流量增加有积极作用。

在拓展模型中,黑白红河流域出境水流量的主要影响因子包括降水量、化肥施用量、农药使用量、规模以上企业水消费量、工业废水排放量、社会消费品零售总额、第三产业增加值、城市生活污水排放量和"稻改旱"工程政策执行及农业灌溉期等变量指标。

当"稻改旱"工程在控制住自然降水、农业生产、工业生产及其他主要经济社会的影响因子时,政策执行后,灌溉期的出境水流量增加了。但因为存在替代消费显现,政策本身并没有对出境水流量的改善带来积极作用。也就是说,政策执行后,出境水流量有所增加,但这样的增加并不是来自"稻改旱"工程政策本身,而是来自于灌溉期以外月份的作用,即"稻改旱"工程对出境水流量的影响是没有效率的。模型计算结果见表9-7。

9.3.4 黑白红河流域水质影响因素及政策的内在作用分析

我们继续在式(9-1)、式(9-2)的基础上分析水质的影响因素和政策效率。依然依次考虑自然、农业、工业、主要经济社会影响等指标对入境水的总碱度、氨氮、BOD、总氮、总磷、高锰酸钾浓度的影响。

9.3.4.1 总碱度

(1) 自然影响因素分析

在基本模型中,解释变量为 2003—2009 年(不含 2006 年)每年施肥期 4—7、9月的水质总碱度浓度,被解释变量中的变量与系数的含义与式(9-1)、式(9-2)相同;而拓展模型增加了交互项,指标数据使用全年数据。主要数据的均值、中位数、最大值、最小值、标准差、观测值的描述性统计指标,对基本模型,见表 9-3;对拓展模型,见表 9-4。采用最小二乘法,借助 Eviews6.0 得到回归结果(见表 9-15)。

对基本模型,在回归过程中我们发现出境水流量、温度、湿度显著性效果不好,因此,仅保留降水作为自然因素类指标。降水显著性为四星级,与水质总碱度成反向变化关系。在其他条件不变的情况下每增加 1% 的降水量可降低 0.096% 的水质总碱度。但是政策执行在模型中不显著,这表明在只控制住自然因素的情况下,"稻改旱"工程政策对施肥期水质总碱度影响效果不明显。

对拓展模型,在回归过程中,只有农业施肥期、出境水流量显著性较好。其中,出境水流量与水质总碱度负相关。在其他条件不变的情况下,每增加 1% 的出境水流量与温度可对应降低 0.223% 的水质总碱度。农业施肥期与水质总碱度正相关。但是,政策执行与交互项的影响因子都不显著,这表明这时水质总碱度浓度的变化是否由"稻改旱"工程政策、施肥期以外月份引起不清楚。

(2) 增加农业影响因素的分析

分析模型仍然以式(9-1)、式(9-2)为基础,在基本模型中 X 增加了 2003—2009年(不含 2006 年)每年施肥期 4—7、9月的第一产业增加值、化肥施用量、农药使用量、农业人口等农业类因素指标;而拓展模型增加了交互项,指标数据使用全年数据。主要数据的均值、中位数、最大值、最小值、标准差、观测值的描述性统计指标,对基本模型,见表 9-3;对拓展模型,见表 9-4。采用最小二乘法,借助 Eviews6.0 得到回归结果(见表 9-15)。

表 9-15 水质总碱度估计结果

项目	基本模型				拓展模型			
	(1)	(2)	(3)	(4)	(1)′	(2)′	(3)′	(4)′
常数	9.346	13.29	6.203		7.253	6.207	2.081	1.443
	(5.9)****	(3.3)***	(3.6)****		(11.5)****	(11.6)****	(3.5)****	(2.2)***

续表

项目	基本模型				拓展模型			
	(1)	(2)	(3)	(4)	(1)′	(2)′	(3)′	(4)′
政策执行	0.086	0.194	0.265		−0.055	−0.106	0.172	0.213
	(1.5)	(1.2)	(3.3)****		(−0.68)	(−1.41)	(2.2)***	(2.7)****
农业施肥期					0.132	0.00043	0.135	0.152
					(1.5)*	(2.45)***	(1.76)**	(2.0)***
降水量	−0.096	−0.192	−0.07					
	(−3.3)****	(−3.4)***	(−2.7)***					
出境水流量					−0.223	−0.175		
					(−2.4)***	(−2.2)***		
化肥使用量		0.027	0.031		0.039		0.023	0.021
		(2.1)**	(1.9)**		(3.4)****		(2.3)***	(2.2)***
农药施用量					0.055	0.05		
					(2.3)***	(2.2)***		
工业废水排放量			0.182				0.217	0.214
			(2.7)***				(4.9)****	(5.0)****
城市生活污水排放量								0.058
								(2.0)***
交互项					−0.07	0.056	0.033	0.018
					(−0.58)	(0.49)	(0.323)	(0.18)
AD-R²	0.51	0.58	0.66		0.15	0.301	0.44	0.47
DW 值	2.65	2.86	2.71		1.78	1.85	1.98	1.9

注：****、***、**、* 分别代表 1%、5%、10%、15%的显著水平；(1)、(2)、(3)、(4)分别代表考虑自然、农业、工业及其他社会经济影响因子时的水质总碱度。

对基本模型，在回归过程中我们发现出境水流量、温度、第一产业增加值、湿度、农业人口、农药使用量要么显著性效果不好，要么与水质总碱度的相关关系不成立，因此，仅保留降水量、化肥施用量指标。结果表明，降水量与水质总碱度的关系保持原来的属性不变，而化肥施用量与水质总碱度浓度成正相关关系。在其他条件不变的情况下，每减少1%的化肥施用量可对应降低0.027%的水质总碱度。政策影响因子的显著性依然不好。

对拓展模型，在回归过程中，我们发现只有农业施肥期、出境水流量、农药使用量和化肥施用量指标较为显著。农业种植期、出境水流量保持原来特征未变，化肥施用量、农药使用量与水质总碱度成正向关系，在其他条件不变时，每减少1%的化肥施用量、农药使用量可对应降低0.039%、0.055%的水质总碱度。然而，政策执行、交互项等影响因子的显著性不好。这表明在只控制住自然、农业等影响因子时,水质总碱度的变化是否由"稻改旱"工程政策本身、由施肥期以外月份因素引起不清楚,即这时"稻改旱"工程政策本身对水质总碱度影响没有效率。

（3）增加工业影响因素的分析

分析模型仍然以式(9-1)、式(9-2)为基础,在基本模型中 X 增加了 2003—2009 年(不含 2006 年)每年施肥期 4—7、9 月的工业增加值、工业废水排放量、工业氨氮排放量等其他工业因素类指标。而拓展模型指标的数据使用 2003—2009 年(不含 2006 年)的全年数据。主要数据的均值、中位数、最大值、最小值、标准差、观测值的描述性统计指标,见表 9-3 和表 9-4。采用最小二乘法,借助 Eviews6.0 得到回归结果(见表 9-15)。

对基本模型,在回归过程中我们发现政策执行、降水量、化肥施用量和工业废水排放的显著性较好。结果表明降水量保持原来的属性不变,化肥施用量、工业废水排放量与水质总碱度成正相关关系。在其他条件不变时,每减少 1‰ 的化肥施用量、农药使用量、工业废水排放量可以相应降低 0.031‰、0.182‰ 的水质总碱度。与前面结果相比,政策执行因子表现为显著,为正向相关关系。这说明随着"稻改旱"工程政策实施,在继续控制工业影响因子后,水质总碱度在上升,即工业对水质总碱度浓度变化影响大。

对拓展模型,在回归过程中,我们发现政策执行、农业施肥期、化肥施用量、农药使用量和工业废水排放量比较显著。结果表明,农药使用量和化肥施用量继续保持与水质总碱度间原来的关系特征,而工业废水排放量与水质总碱度浓度成正向相关关系。在其他条件不变时,每减少 1‰ 的工业废水排放量可以降低 0.217‰ 的水质总碱度。农业施肥期影响因子在控制住工业因素后,显著性较好。政策执行影响因子也变得显著,表现为正向相关关系。这表明,在此时,"稻改旱"工程政策实施后,施肥期以外的水质总碱度变化是上升的。交互项影响因子依然不显著。这表明,在此时,"稻改旱"工程政策本身对改善水质总碱度仍然没有效率。

（4）增加其他主要经济社会影响因子的分析

分析模型仍然以式(9-1)、式(9-2)为基础,在基本模型中 X 增加了 2003—2009 年(不含 2006 年)每年施肥期 4—7、9 月的城市生活污水排放量、地区增加值、总人口、全社会固定资产投资额、社会消费品零售总额和第三产业增加值等其他主要经济社会影响因子类指标。而拓展模型指标的数据使用 2003—2009 年(不含 2006 年)的全年数据。主要数据的均值、中位数、最大值、最小值、标准差、观测值的描述性统计指标,见表 9-3 和表 9-4。采用最小二乘法,借助 Eviews6.0 得到回归结果(见表 9-15)。

对基本模型,在回归过程中我们发现增加的影响因子或者相关关系不对,或者不够显著,因此,其他经济社会发展的控制指标对水质总碱度影响不大。

对拓展模型,在回归过程中我们发现政策执行、农业施肥期、化肥施用量、工业废水排放量、城市生活污水排放量都比较显著。结果表明,农业施肥期、化肥施用量、农药使用量、工业废水排放量继续保持与水质总碱度间原来的特征,而城市生活污水排放量与水质总碱度成正相关关系。在其他条件不变时,每减少 1% 的城市污水排放量可以降低 0.058% 的水质总碱度。政策执行影响因子依然显著,表现为正向相关关系。这表明"稻改旱"工程政策实施后,施肥期以外月份的水质总碱度变化是仍然是上升的。交互项影响因子在继续控制住其他社会经济影响因子后,显著性仍然不好,这表明在控制住自然、农业、工业及其他经济社会影响因子后,政策本身对水质总碱度的改善不显著,即"稻改旱"工程政策本身对改善水质总碱度改善是没有效率的。

9.3.4.2 氨氮

（1）自然影响因素分析

在基本模型中,解释变量为 2003—2009 年（不含 2006 年）每年施肥期 4—7、9 月的水质氨氮浓度,被解释变量中的变量与系数的含义与式(9-1)、式(9-2)相同。而拓展模型增加了交互项,指标数据使用全年数据。主要数据的均值、中位数、最大值、最小值、标准差、观测值的描述性统计指标,对基本模型,见表9-3;对拓展模型见表9-4。采用最小二乘法,借助 Eviews6.0 得到回归结果（见表9-16）。

对基本模型,在回归过程中我们发现出境水流量、降水量、湿度显著性效果不好,因此,仅保留温度作为自然因素类指标。温度显著性较好,为三星级,与水质氨氮浓度成反向变化关系,在其他条件不变的情况下每增加 1% 的温度可降低 0.17% 的水质氨氮浓度。但是,政策执行在模型中不显著,这表明在只控制自然因素的情况下,"稻改旱"工程政策对施肥期氨氮影响效果不明显。

表 9-16 水质氨氮估计结果

项目	基本模型				拓展模型			
	(1)	(2)	(3)	(4)	(1)′	(2)′	(3)′	(4)′
常数	2.02		−2.998				−2.95	
	(1.7)**		(−1.2)*				(−3.5)****	
政策执行	−1.6	−0.36	−2.01	−2.663	−0.186	−1.384	−1.211	−1.34
	(−1.2)	(−1.33)*	(−4.7)****	(−5.4)****	(−0.4)	(−4.8)****	(−3.9)****	(−4.1)****
农业施肥期					0.483	0.583	0.267	0.229
					(1.8)***	(2.01)***	(2.1)**	(1.83)**
出境水流量					−0.189	−0.194		
					(−6.1)****	(−4.6)****		
温度	−0.17	−0.169	−0.136	−0.136	−0.065			
	(−2.6)***	(−3.1)****	(−2.2)***	(−2.0)**	(−2.5)***			
化肥施用量		0.123	0.111	0.117		0.076	0.052	0.305
		(1.48)*	(1.2)*	(1.1)*		(1.9)***	(1.3)*	(2.4)***

续表

项目	基本模型				拓展模型			
	(1)	(2)	(3)	(4)	(1)′	(2)′	(3)′	(4)′
农药使用量						0.193		
						(1.94)**		
工业氨氮排放量			1.901	2.104			0.905	0.663
			(2.1)***	(2.8)***			(2.1)**	(1.6)*
城市生活污水排放量				0.29				0.188
				(1.9)**				(2.9)****
交互项					−0.125	0.0862	−0.133	−0.125
					(−0.3)	(0.22)	(−1.43)*	(−1.79)**
AD-R²	0.28	0.4	0.45	0.55	0.24	0.37	0.42	0.37
DW 值	2.06	2.35	1.91	2.52	2.44	2.54	2.47	2.51

注：****、***、**、*分别代表 1%、5%、10%、15%的显著水平；(1)、(2)、(3)、(4)分别代表考虑自然、农业、工业及其他社会经济影响因子时的水质氨氮浓度。

对拓展模型,在回归过程中,只有农业施肥期、出境水流量、温度显著性较好。其中。农业施肥期与水质氨氮浓度正相关,出境水流量、温度与水质氨氮浓度负相关。在其他条件不变的情况下,每减少 1%的农业施肥量或增加 1%的出境水流量、温度可对应减低 0.483%、0.189%、0.065%的水质氨氮浓度。但是政策执行与交互项的影响因子都不显著,这表明在只控制自然类影响因子的情况下,水质氨氮浓度的变化是否由"稻改旱"工程政策本身、由施肥期以外月份因素引起不清楚。

(2)增加农业影响因素的分析

分析模型仍然以式(9-1)、式(9-2)为基础,在基本模型中 X 增加了 2003—2009 年(不含 2006 年)每年施肥期 4—7、9 月的第一产业增加值、化肥施用量、农药使用量、农业人口等农业类因素指标;而拓展模型增加了交互项,指标数据使用全年数据。主要数据的均值、中位数、最大值、最小值、标准差、观测值的描述性统计指标,对基本模型,见表 9-3;对拓展模型,见表 9-4。采用最小二乘法,借助 Eviews6.0 得到回归结果(见表 9-16)。

对基本模型,在回归过程中我们发现出境水流量、降水量、湿度、农业人口、第一产业增加值、农药使用量显著性效果不好,因此,仅保留温度、化肥施用量等指标。结果表明,温度与水质氨氮浓度的关系保持原来的属性不变,而化肥施用量与水质氨氮浓度成正相关关系。在其他条件不变时,每减少 1%的化肥施用量对应降低 0.123%的水质氨氮浓度。政策执行影响因子显著,表现为反向相关关系。这表明,水质氨氮浓度受化肥施用量的影响较大。同时,随着"稻改旱"工程政策的实施,水质氨氮浓度下降。

对拓展模型,在回归过程中我们发现降水量、温度、湿度、农业人口、第一产业增加值的显著性水平不好。因此,仅保留出境水流量、化肥施用量、农药使用量作为影响因子。其中,化肥施用量、农药使用量、农业施肥期与水质氨氮浓度成正向关系,政策执行、出境水流量与水质氨氮浓度成反向关系。在其他条件不变时,每减少1%的化肥施用量、农药使用量和每增加1%的出境水流量可对应降低0.076%、0.193%和0.194%的水质氨氮浓度。施肥期以外月份对水质氨氮浓度影响显著,表现为反向相关关系。而代表政策真正效率(等于政策发生前后,政策作用期水质氨氮浓度的变化与作用期以外水质氨氮浓度的变化的差)的交互项的系数显著性不好。这表明水质氨氮浓度的下降是施肥期以外月份产生的。在控制住自然和农业因素作用的情况下,尽管在基本模型显示水质氨氮浓度在政策执行后下降了,但这个下降是政策以外月份产生的,政策本身对水质氨氮浓度变化的影响不显著,即"稻改旱"工程政策没有效率。

　　(3)增加工业影响因素的分析

　　分析模型仍然以式(9-1)、式(9-2)为基础,在基本模型中 X 增加了2003—2009年(不含2006年)每年施肥期4—7、9月的工业增加值、工业氨氮排放量、工业废水排放量等其他工业因素类指标;而拓展模型指标的数据使用2003—2009年(不含2006年)的全年数据。主要数据的均值、中位数、最大值、最小值、标准差、观测值的描述性统计指标,见表9-3和表9-4。采用最小二乘法,借助Eviews6.0得到回归结果(见表9-16)。

　　对基本模型,在回归过程中我们发现政策执行、温度、化肥施用量和工业氨氮排放量的显著性较好。结果表明温度、化肥施用量与水质氨氮浓度的关系保持原来的属性不变,而工业氨氮排放量与水质氨氮浓度成正相关关系。在其他条件不变时,每减少1%的工业氨氮排放量可以降低1.92%的水质氨氮浓度。政策执行影响因子依然显著,表现为反向相关关系。表明在继续控制工业影响因子时,"稻改旱"工程政策实施后,水质氨氮浓度仍然表现为下降趋势。

　　对拓展模型,在回归过程中我们发现政策执行、农业施肥期、化肥施用量和工业氨氮排放量及交互项都比较显著。结果表明,农业施肥期、化肥施用量继续保持与水质氨氮浓度间关系的特征,而工业氨氮排放量与水质氨氮浓度成正相关关系。在其他条件不变时,每减少1%的工业氨氮排放量可以降低0.905%的水质氨氮浓度。政策执行影响因子依然显著,表现为反向相关关系。这表明"稻改旱"工程政策实施后,施肥期以外月份对水质氨氮浓度的变化是下降的。交互项系数为-0.133,显著性较好,表明工业影响因子对水质氨氮浓度有重大影响。这也说明,在控制住自然、农业、工业影响因子后,政策以外月份、政策本身对水质氨氮浓度的下降都产生了积极影响,即"稻改旱"工程政策对改善水质氨氮浓度是有效率的。

（4）增加其他主要经济社会影响因子的分析

分析模型仍然以式(9-1)、式(9-2)为基础,在基本模型中 X 增加了 2003—2009 年(不含 2006 年)每年施肥期 4—7、9 月的城市生活污水排放量、地区生产总值、总人口、全社会固定资产投资额、社会消费品零售总额和第三产业增加值等其他主要经济社会影响因子类指标;而拓展模型指标的数据使用 2003—2009 年(不含 2006 年)的全年数据。主要数据的均值、中位数、最大值、最小值、标准差、观测值的描述性统计指标,见表 9-3 和表 9-4。采用最小二乘法,借助 Eviews6.0 得到回归结果(见表 9-16)。

对基本模型,在回归过程中我们发现政策执行、温度、化肥施用量和工业氨氮排放量、城市生活污水排放量的显著性较好。结果表明温度、化肥施用量、工业氨氮排放量与水质氨氮浓度的关系保持原来的属性不变,而城市生活污水排放量与水质氨氮浓度成正相关关系。在其他条件不变时,每减少 1% 的城市生活污水排放量可以降低 0.29% 的水质氨氮浓度。政策执行影响因子依然显著,表现为反向相关关系。表明在继续控制其他主要经济社会影响因子时,"稻改旱"工程政策实施后,在施肥期,水质氨氮浓度仍然表现为下降趋势。这也进一步说明在控制住自然、农业、工业和其他经济社会影响因子后,"稻改旱"工程政策后,在施肥期,水质氨氮浓度得到了改善。

对拓展模型,在回归过程中我们发现政策执行、农业施肥期、化肥施用量、工业氨氮排放量、城市污水排放量及交互项都比较显著。结果表明,农业施肥量、化肥施用量、工业氨氮排放量继续保持与水质氨氮浓度间原来的关系,而城市污水排放量与水质氨氮浓度成正相关关系。在其他条件不变时,每减少 1% 的工业氨氮排放量可以降低 0.188% 的水质氨氮浓度。政策执行影响因子依然显著,表现为反向相关关系。这表明"稻改旱"工程政策实施后,施肥期以外的水质氨氮浓度仍然是下降的。交互项影响因子在继续控制住其他社会经济影响因子后,仍然表现为很好的显著性,且成反向相关关系。模型结果表明在控制住自然、农业、工业及其他经济社会影响因子后,政策以外月份、政策本身对水质氨氮浓度的下降都产生了积极影响,即"稻改旱"工程政策对改善水质氨氮浓度是有效率的。

9.3.4.3　BOD

（1）自然影响因素分析

在基本模型中,解释变量为 2003—2009 年(不含 2006 年)每年施肥期 4—7、9 月的水质生化需氧量,被解释变量中的变量与系数的含义与式(9-1)、式(9-2)相同。而拓展模型增加了交互项,指标数据使用全年数据。主要数据的均值、中位数、最大值、最小值、标准差、观测值的描述性统计指标,对基本模型,见表 9-3;对拓展模型,见表 9-4。采用最小二乘法,借助 Eviews6.0 得到回归结果(见表 9-17)。

对基本模型,在回归过程中我们发现降水量、湿度、温度显著性效果不好,因此,仅保留出境水流量作为自然因素类指标。出境水流量显著性较好,但也仅为一星级,与水质 BOD 浓度成反向变化关系,在其他条件不变的情况下,每增加 1% 的出境水流量可降低 2.01% 的水质 BOD 浓度。但是,政策在模型中不显著,这表明在只控制自然因素的情况下,"稻改旱"工程政策对施肥期 BOD 影响效果不明显。

对拓展模型,在回归过程中,只有降水量、出境水流量著性较好。其中,出境水流量、降水量与水质 BOD 浓度负相关。在其他条件不变的情况下,每增加 1% 的出境水流量、降水量可对应降低 1.59%、6.09% 的水质 BOD 浓度。但是,农业施肥期、政策执行与交互项的影响因子都不显著,这表明无论有没有"稻改旱"工程政策,施肥期月份与施肥期以外月份的 BOD 变化不明显,即农业施肥期对 BOD 影响不大。同时也说明,在只控制自然类影响因子的情况下,水质 BOD 浓度的变化是否由"稻改旱"工程政策本身、由施肥期以外月份引起不清楚。

表 9-17　水质 BOD 估计结果

项目	基本模型				拓展模型			
	(1)	(2)	(3)	(4)	(1)′	(2)′	(3)′	(4)′
常数	12.948			−4.123	2.082		−3.206	−12.21
	(2.62)*			(−2.4)***	(2.37)***		(−1.49)*	(−4.44)****
政策执行	−0.228		0.3487	0.624	−0.079		0.195	0.313
	(−0.539)		(2.67)***	(3.56)****	(−0.611)		(1.23)	(1.88)**
农业施肥期					0.235		0.175	0.154
					(1.31)		(1.02)	(0.886)
降水量					−0.197		−0.163	−0.077
					(−6.09)****		(−4.91)****	(−2.52)***
出境水流量	−2.01				−0.211		−0.053	−0.179
	(−2.6)*				(−1.59)*		(−1.38)*	(−1.34)*
工业废水排放量			0.01246	0.1821			0.306	0.71
			(1.77)**	(1.68)**			(2.67)***	(6.19)****
城市生活污水排放量				0.151				0.362
				(2.06)***				(2.24)***
交互项					0.033		0.415	0.074
					(1.81)		(2.12)***	(3.69)****
AD-R²	0.65		0.16	0.28	0.46		0.59	0.51
DW 值	1.68		2.24	2.47	1.85		1.75	1.17

注：****、***、**、*分别代表 1%、5%、10%、15% 的显著水平;(1)、(2)、(3)、(4)分别代表考虑自然、农业、工业及其他社会经济影响因子时的水质 BOD 浓度。

（2）增加农业影响因素的分析

分析模型仍然以式（9-1）、式（9-2）为基础，在基本模型中 X 增加了 2003—2009 年（不含 2006 年）每年施肥期 4—7、9 月的第一产业增加值、化肥施用量、农药使用量、农业人口等农业类因素指标；而拓展模型增加了交互项，指标数据使用全年数据。主要数据的均值、中位数、最大值、最小值、标准差、观测值的描述性统计指标，对基本模型，见表 9-3；对拓展模型见表 9-4。

在回归过程中，无论是在基本模型还是在拓展模型中，我们发现，任何农业影响因素指标要么相关性不好，要么不够显著，这表明农业类因素对水质 BOD 浓度的影响不大。

（3）增加工业影响因素的分析

分析模型仍然以式（9-1）、式（9-2）为基础，在基本模型中 X 增加了 2003—2009 年（不含 2006 年）每年施肥期 4—7、9 月的工业增加值、工业废水排放量、工业氨氮排放量等其他工业因素类指标；而拓展模型指标的数据使用 2003 年到 2009 年（不含 2006 年）的全年数据。主要数据的均值、中位数、最大值、最小值、标准差、观测值的描述性统计指标，见表 9-3 和表 9-4。采用最小二乘法，借助 Eviews6.0 得到回归结果（见表 9-17）。

对基本模型，在回归过程中，我们发现政策执行和工业废水排放量的显著性较好。结果表明工业废水排放量与水质 BOD 浓度成正相关关系。在其他条件不变时，每减少 1% 的工业废水排放量可以降低 0.012% 的水质 BOD 浓度。政策执行影响因子开始变得较为显著，但表现为正向相关关系。这表明在继续控制工业影响因子时，"稻改旱"工程政策实施后，水质 BOD 浓度表现为上升趋势。

对拓展模型，在回归过程中我们发现降水量、出境水流量、工业废水排放量及交互项都比较显著。结果表明，降水量、出境水流量与水质 BOD 浓度成反向相关关系，而工业废水排放量与水质 BOD 浓度成正相关关系。在其他条件不变时，每增加 1% 的降水量、出境水流量可以分别降低 4.91%、1.38% 的水质 BOD 浓度；每减少 1% 的工业废水排放量可以降低 2.67% 的水质 BOD 浓度。政策执行影响因子显著性依然不好，通不过检验。这表明"稻改旱"工程政策实施后，施肥期以外月份对水质 BOD 浓度影响不明显。交互项影响因子变得显著，与水质 BOD 浓度成正相关关系，表明"稻改旱"工程政策对水质 BOD 浓度有重大影响，而且恶化了水质 BOD 浓度水平。这也进一步说明，本来农业生产对 BOD 影响不明显，但是在政策执行后，BOD 的浓度反而增加了。

（4）增加其他主要经济社会影响因子的分析

分析模型仍然以式（9-1）、式（9-2）为基础，在基本模型中 X 增加了 2003—2009 年（不含 2006 年）每年施肥期 4—7、9 月的城市生活污水排放量、地区生产总值、总人口、全社会固定资产投资额、社会消费品零售总额和第三产业增加值等主要经济社会影响因子类指标;而拓展模型指标的数据使用 2003—2009 年(不含 2006 年)的全年数据。主要数据的均值、中位数、最大值、最小值、标准差、观测值的描述性统计指标,见表 9-3 和表 9-4。采用最小二乘法,借助 Eviews6.0 得到回归结果(见表 9-17)。

对基本模型,在回归过程中,我们发现政策执行、工业废水排放量、城市生活污水排放量的显著性较好。结果表明工业废水排放量与水质 BOD 浓度的关系保持原来的属性不变,而城市生活污水排放量与水质 BOD 浓度成正相关关系。在其他条件不变时,每减少 1% 的城市生活污水排放量可以降低 0.151% 的水质 BOD 浓度。政策执行影响因子依然显著,表现为反向相关关系。这表明在继续控制其他主要经济社会影响因子后,"稻改旱"工程政策实施后,水质 BOD 浓度仍然表现为下降趋势。这也进一步说明在控制住自然、农业、工业和其他经济社会影响因子后,"稻改旱"工程政策对水质 BOD 浓度的影响是积极的。

对拓展模型,在回归过程中,我们发现,除农业施肥期影响因子以外,政策执行、工业废水排放量、城市生活污水排放量及交互项都比较显著。结果表明,工业废水排放量继续保持与水质 BOD 浓度间原来的关系,而城市生活污水排放量与水质 BOD 浓度成正相关关系。在其他条件不变时,每减少 1% 的工业废水排放量可以降低 0.362% 的水质 BOD 浓度。农业施肥期影响依然显著性不够,进一步说明,农业施肥期对水质 BOD 浓度的影响不大。政策执行影响因子依然显著,表现为正向相关关系。这表明"稻改旱"工程政策实施后,施肥期以外月份的水质 BOD 浓度是升高的。交互项影响因子在控制住其他社会经济影响因子后,表现为较好的显著性,且成正向相关关系。说明在控制住自然、农业、工业及其他经济社会影响因子后,政策以外月份、政策本身对水质 BOD 浓度的下降都产生了消极影响,即"稻改旱"工程政策对改善水质 BOD 浓度水平是没有效率的。

9.3.4.4 总氮

(1) 自然影响因素分析

基本模型中,解释变量为 2003—2009 年(不含 2006 年)每年施肥期 4—7、9 月的水质总氮浓度,被解释变量中的变量与系数的含义与式(9-1)、式(9-2)相同。而拓展模型增加了交互项,指标数据使用全年数据。主要数据的均值、中位数、最大值、最小值、标准差、观测值的描述性统计指标,对基本模型,见表 9-3;对拓展模型,见表 9-4。采用最小二乘法,借助 Eviews6.0 得到回归结果(见表 9-18)。

表 9-18　水质总氮估计结果

项目	基本模型				拓展模型			
	(1)	(2)	(3)	(4)	(1)′	(2)′	(3)′	(4)′
常数		1.834	4.73		2.57	2.24	1.32	
		(11.45)****	(8.63)****		(4.55)***	(3.97)****	(12.97)****	

续表

项目	基本模型				拓展模型			
	(1)	(2)	(3)	(4)	(1)′	(2)′	(3)′	(4)′
政策执行	0.117	0.176	0.169		−0.056	0.089	0.102	
	(0.969)	(1.47)*	(1.76)**		(−0.741)	(2.21)*	(1.45)*	
农业施肥期					0.317	0.288	0.252	
					(3.82)****	(3.54)****	(3.2)****	
降水量	−0.285	−0.111			−0.054	−0.067	−0.08	
	(−18.6)****	(−2.23)**			(−2.99)****	(−3.64)****	(−5.53)****	
出境水流量	−0.00354				−0.157	−0.106		
	(−2.02)**				(−1.8)**	(−2.12)*		
化肥施用量		0.0004	0.05			0.0001	0.0001	
		(2.7)***	(2.82)***			(2.34)***	(2.26)***	
工业氨氮排放量			0.42				0.038	
			(2.11)**				(2.7)****	
交互项					0.047	0.138	0.089	
					(0.416)	(1.188)	(0.783)	
AD-R²	0.047	0.251	0.88		0.434	0.41	0.51	
DW值	2.23	2.102	1.93		1.668	1.716	1.58	

注：****、***、**、*分别代表1%、5%/、10%、15%的显著水平；(1)、(2)、(3)、(4)分别代表考虑自然、农业、工业及其他社会经济影响因子时的水质总氮浓度。

对基本模型，在回归过程中我们发现湿度、温度显著性效果不好，因此，仅保留出境水流量、降水量作为自然因素类指标。降水量比出境水流量显著性好，为四星级，降水量、出境水流量与水质总氮浓度成反向变化关系。在其他条件不变的情况下时，每增加1%的降水量、出境水流量可分别降低0.285%、0.00354%的水质总氮浓度。但是，政策执行在模型中不显著，这表明在只控制自然因素的情况下，"稻改旱"工程政策对施肥期水质总氮浓度影响效果不明显。

对拓展模型，在控制变量中，只有降水量、出境水流量著性较好。其中，出境水流量、降水量与水质总氮浓度负相关。在其他条件不变的情况下，每增加1%的出境水流量、降水量可对应减低0.157%、0.054%的水质总氮浓度。农业施肥期显著性较好，为四星级，与水质总氮浓度成正向关系，这表明无论有没有"稻改旱"工程政策，施肥期与施肥期以外月份水质总氮浓度变化较为显著，即农业施肥对水质总氮浓度影响较大。政策执行与交互项的影响因子都不显著，这说明，在只控制自然类影响因子的情况下，总氮水质浓度的变化是否由"稻改旱"工程政策本身、施肥期以外月份引起不清楚。

(2) 增加农业影响因素的分析

分析模型仍然以式(9-1)、式(9-2)为基础,在基本模型中 X 增加了 2003—2009 年(不含 2006 年)每年施肥期 4—7、9 月的第一产业增加值、化肥施用量、农药使用量、农业人口等农业类因素指标;而拓展模型增加了交互项,指标数据使用全年数据。主要数据的均值、中位数、最大值、最小值、标准差、观测值的描述性统计指标,对基本模型,见表 9-3;对拓展模型,见表 9-4。采用最小二乘法,借助 Eviews6.0 得到回归结果(见表 9-18)。

对基本模型,在回归过程中,我们发现出境水流量、温度、湿度、农业人口、第一产业增加值、农药使用量显著性效果不好。因此,仅保留降水量、化肥施用量等指标。结果表明降水量与水质总氮浓度的关系维持原来的特征不变,而化肥施用量与水质总氮浓度成正相关关系。在其他条件不变时,每减少 1% 的化肥施用量对应降低 0.000 4% 的水质总氮浓度。政策执行影响因子显著,为一星级,表现为反向相关关系。这表明,一方面,水质总氮浓度受化肥施用量的影响较大;另一方面,随着“稻改旱”工程政策的实施,在控制住农业影响因素后,水质总氮浓度表现出下降趋势。

对拓展模型,在回归过程中我们发现温度、湿度、农业人口、第一产业增加值、农药使用量的显著性水平不好。因此,仅保留出境水流量、降水量、化肥施用量作为影响因子。其中,化肥施用量、农业施肥期与水质总氮浓度成正向关系,出境水流量、降水量与水质总氮浓度成反向关系。在其他条件不变时,每减少 1% 的化肥施用量和增加 1% 的出境水流量、降水量可对应降低 0.000 1%、0.106% 和 0.067% 的水质总氮浓度。施肥期以外月份对水质总氮浓度影响显著,表现为正向相关关系。而代表政策真正效率(等于政策发生前后,政策作用期水质总氮浓度的变化与作用期以外水质总氮浓度的变化的差)的交互项的系数显著性不好。这表明水质总氮浓度的上升是施肥期以外月份产生的。在控制住自然和农业因素的作用下,尽管在基本模型中显示水质总氮浓度在政策执行后上升了,但这个上升是政策以外月份产生的。而“稻改旱”工程政策本身对水质总氮浓度变化的影响不显著,即“稻改旱”工程政策对水质总氮浓度影响也是没有效率的。

(3) 增加工业影响因素的分析

分析模型仍然以式(9-1)、式(9-2)为基础,在基本模型中 X 增加了 2003—2009 年(不含 2006 年)每年施肥期 4—7、9 月份的工业增加值、工业废水排放量、工业氨氮排放量等其他工业因素类指标;而拓展模型指标的数据使用 2003—2009 年(不含 2006 年)的全年数据。主要数据的均值、中位数、最大值、最小值、标准差、观测值的描述性统计指标,见表 9-3 和表 9-4。采用最小二乘法,借助 Eviews6.0 得到回归结果(见表 9-18)。

对基本模型,在回归过程中,我们发现化肥施用量和工业氨氮排放量的显著性较好。结果表明化肥施用量和工业氨氮排放量与水质总氮浓度成正相关关系。在其他条件不变时,每减少1%的化肥施用量和工业氨氮排放量可以相应降低0.05%和0.42%的水质总氮浓度。政策执行影响因子变得更为显著,为二星级,但表现为正向相关关系。表明在继续控制工业影响因子时,"稻改旱"工程政策实施后,水质总氮浓度表现为上升趋势。

对拓展模型,除交互项依然不显著外,降水量、农业施肥期、政策执行、化肥施用量、工业氨氮排放量比较显著。结果表明,降水量、农业施肥期、化肥施用量依然表现为原来特征不变,工业氨氮排放量与水质总氮浓度成正相关关系。在其他条件不变时,每减少1%的工业氨氮排放量可以降低0.038%的水质总氮浓度。政策执行影响因子依然成正相关关系。这表明"稻改旱"工程政策实施后,施肥期以外月份恶化着水质总氮浓度。交互项影响因子依然不显著,表明"稻改旱"工程政策对水质总氮浓度影响不显著。这也进一步说明,水质总氮浓度上升不是"稻改旱"工程政策本身引起的,而原因来自于其他方面。

(4) 增加其他主要经济社会影响因子的分析

分析模型仍然以式(9-1)、式(9-2)为基础,在基本模型中 X 增加了2003—2009年(不含2006年)每年施肥期4—7、9月的城市生活污水排放量、地区生产总值、总人口、全社会固定资产投资额、社会消费品零售总额和第三产业增加值等其他主要经济社会影响因子类指标;而拓展模型指标的数据使用2003—2009年(不含2006年)的全年数据。主要数据的均值、中位数、最大值、最小值、标准差、观测值的描述性统计指标,见表9-3和表9-4。采用最小二乘法,借助Eviews6.0得到回归结果(见表9-18)。在回归过程中,无论是在基本模型还是在拓展模型中,我们发现,任何主要经济社会影响因素指标要么相关性不好,要么不够显著,这表明其他主要经济社会影响对水质总氮浓度的影响不大。

9.3.4.5　总磷

(1) 自然影响因素分析

在基本模型中,解释变量为2003—2009年(不含2006年)每年施肥期4—7、9月的水质总磷浓度,被解释变量中的变量与系数的含义与式(9-1)、式(9-2)相同;而拓展模型增加了交互项,指标数据使用全年数据。主要数据的均值、中位数、最大值、最小值、标准差、观测值的描述性统计指标,对基本模型,见表9-3;对拓展模型见表9-4。采用最小二乘法,借助Eviews6.0得到回归结果(见表9-19)。

表 9-19　水质总磷估计结果

项目	基本模型			拓展模型			
	(1)	(2)	(3)	(1)′	(2)′	(3)′	(4)′
常数		−2.43	−4.242				
		(−5.0)****	(−11.1)****				

续表

项目	基本模型			拓展模型			
	(1)	(2)	(3)	(1)′	(2)′	(3)′	(4)′
政策执行	−0.013	−0.01	−0.123	−0.0289	−0.073	−0.089	−0.001
	(−1.04)	(−0.314)	(−2.38)***	(−0.312)	(−1.63)*	(−1.96)**	(−1.2)**
农业施肥期				0.925	0.65	0.665	0.024
				(9.31)***	(12.6)***	(12.78)****	(18.2)****
降水量			−0.039				
			(−1.57)*				
温度	−0.011						
	(−6.2)****						
出境水流量	−0.017	−0.132		−0.331	−0.414	−0.335	−0.006
	(−3.4)****	(−1.75)*		(−12.7)****	(−30.1)****	(−6.12)***	(−3.8)***
农药使用量		0.028	0.034		0.027	0.027	0.003
		(29.7)****	(20.2)****		(14.67)***	(14.8)****	(78.6)****
工业废水排放量			0.095			−0.04	0.002
			(3.24)***			(−1.49)*	(2.82)***
城市生活废水排放量							0.0021
							(2.12)***
交互项				−0.139	−0.076	−0.078	−0.003
				(−0.965)	(−1.099)	(−1.13)	(−1.8)**
AD-R²	0.54	0.99	0.91	0.81	0.95	0.95	0.97
DW 值	2.48	2.09	2.47	2.07	2.17	2.23	1.55

注：****、***、**、*分别代表 1%、5%、10%、15%的显著水平；(1)、(2)、(3)、(4)分别代表考虑自然、农业、工业及其他社会经济影响因子时的水质总磷浓度。

在基本模型中,结果显示,温度与出境水流量显著性效果较好,都为四星级,因此,仅保留出境水流量、温度作为自然因素类指标。其中,出境水流量、温度与水质总磷浓度成负相关关系。在其他条件不变的情况下,每增加 1% 的出境水流量和温度可对应降低 0.017%、0.011% 的水质总磷浓度。但是,政策执行影响因子在模型中不显著,这表明在只控制自然因素时,"稻改旱"工程政策对施肥期水质总磷浓度影响效果不明显。

对拓展模型,在控制变量中,只有出境水流量著性较好,为四星级。其中,出境水流量与水质总磷浓度负相关,在其他条件不变的情况下,每增加 1% 的出境水流量可对应降低 0.331% 的水质总磷浓度。农业施肥期显著性较好,为三星级,与水质总磷浓度成正向关系,这表明农业施肥期对水质总磷浓度影响较大。政策执行与交互项的影响因子都不显著,这说明,在只控制自然类影响因子时,总磷水质浓度的变化是否由"稻改旱"工程政策本身、施肥期以外月份引起不清楚。

（2）增加农业影响因素的分析

分析模型仍然以式(9-1)、式(9-2)为基础，在基本模型中 X 增加了 2003—2009 年(不含 2006 年)每年施肥期 4—7、9 月的第一产业增加值、化肥施用量、农药使用量、农业人口等农业类因素指标；而拓展模型增加了交互项，指标数据使用全年数据。主要数据的均值、中位数、最大值、最小值、标准差、观测值的描述性统计指标，对基本模型，见表 9-3；对拓展模型，见表 9-4。采用最小二乘法，借助 Eviews6.0 得到回归结果(见表 9-19)。

对基本模型，在回归过程中，我们发现温度、湿度、农业人口、第一产业增加值、化肥施用量显著性效果不好，因此，仅保留出境水流量、农药使用量等指标。结果表明出境水流量与水质总磷浓度的关系保持原来特征不变，而农药使用量与水质总磷浓度成正相关关系。在其他条件不变时，每减少 1% 的农药使用量对应降低 0.028% 水质总磷浓度。政策执行影响因子依然不显著。这表明，水质总磷浓度除受自然、农业等影响因子影响外，还可能受到其他影响因子的作用。

对拓展模型，在回归过程中，我们发现温度、湿度、降水量、农业人口、第一产业增加值、化肥施用量的显著性水平不好。因此，仅保留出境水流量、农药使用量作为影响因子。其中，农药使用量、农业施肥期与水质总磷浓度成正向关系，出境水流量与水质总磷浓度成反向关系。在其他条件不变时，每减少 1% 的农药使用量和增加 1% 的出境水流量可对应降低 0.027% 和 0.414% 的水质总磷浓度。施肥期以外月份因子对水质总磷浓度影响较显著，表现为负向相关关系。而代表政策真正效率(政策发生前后，政策作用期水质总磷浓度的变化与作用期以外月份水质总磷浓度变化的差)的交互项的系数显著性不好，表明水质总磷浓度在施肥期以外月份有所改善，但在施肥期政策效果不显著。

（3）增加工业影响因素的分析

分析模型仍然以式(9-1)、式(9-2)为基础，在基本模型中 X 增加了 2003—2009 年(不含 2006 年)每年施肥期 4—7、9 月的工业增加值、工业废水排放量等其他工业因素类指标；而拓展模型指标的数据使用 2003—2009 年(不含 2006 年)的全年数据。主要数据的均值、中位数、最大值、最小值、标准差、观测值的描述性统计指标，见表 9-3 和表 9-4。采用最小二乘法，借助 Eviews6.0 得到回归结果(见表 9-19)。

对基本模型，在回归过程中，我们发现降水量、农药使用量和工业废水排放量的显著性较好。结果表明，降水量、农药使用量与水质总磷浓度保持原来特征不变，而工业废水排放量与水质总磷浓度成正相关关系。在其他条件不变时，每减少 1% 的工业废水排放量可以相应降低 0.095% 的水质总磷浓度。政策执行影响因子变得更为显著，为三星级，但表现为反向相关关系。这表明在继续控制工业影响因子时，"稻改旱"工程政策实施后，水质总磷浓度表现为下降趋势。

对拓展模型,出境水流量、农业施肥期、政策执行、农药使用量、工业废水排放量比较显著。结果表明,出境水流量、农业施肥期、农药使用量与水质总磷浓度的关系表现为原来特征不变,工业废水排放量与水质总磷成正相关关系。在其他条件不变时,每减少1%的工业废水排放量可以降低0.004%的水质总磷浓度。政策执行影响因子依然成负相关关系。这表明"稻改旱"工程政策实施后,施肥期以外月份影响因子改善着水质总磷浓度。交互项影响因子依然不显著,这表明在控制住自然、农业、工业等影响因子外,"稻改旱"工程政策对水质总磷浓度影响不大。

(4) 增加其他主要经济社会影响因子的分析

分析模型仍然以式(9-1)、式(9-2)为基础,在基本模型中 X 增加了 2003—2009年(不含2006年)每年施肥期4—7、9月的城市生活污水排放量、地区生产总值、总人口、全社会固定资产投资额、社会消费品零售总额和第三产业增加值等其他主要经济社会影响因子类指标。而拓展模型指标的数据使用2003—2009年(不含2006年)的全年数据。主要数据的均值、中位数、最大值、最小值、标准差、观测值的描述性统计指标,见表9-3和表9-4。采用最小二乘法,对水质总磷浓度取对数,使用Eviews6.0得到回归结果(见表9-19)。

在回归过程中,我们发现,在基本模型中,任何主要经济社会影响因素指标要么相关性不好,要么不够显著。这表明,在施肥期,其他主要经济社会影响因子对水质总磷浓度的影响不大。

但是在拓展模型中,政策执行、农业施肥期、出境水流量、农药使用量、工业废水排放量、城市生活污水排放量等影响因子较为显著。其中,政策执行、农业施肥期、出境水流量、农药使用量、工业废水排放量与水质总磷浓度关系不变,而城市生活污水排放量与水质总磷浓度成正向相关关系。在其他条件不变时,每减少1%的城市生活污水排放量可以降低0.0021%的水质总磷浓度。这时,政策执行和交互项影响因子显著性较好,表明施肥期以外月份水质总磷浓度的变化以及施肥期间水质总磷浓度的变化与施肥期以外月份水质总磷浓度的变化间的差都具有下降的趋势,即"稻改旱"工程本身对水质总磷浓度改善具有重要作用。

9.3.4.6　高锰酸钾

(1) 自然影响因素分析

在基本模型中,解释变量为2003—2009年(不含2006年)每年施肥期4—7、9月的水质高锰酸钾浓度,被解释变量中的变量与系数的含义与式(9-1)、式(9-2)相同;而拓展模型增加了交互项,指标数据使用全年数据。主要数据的均值、中位数、最大值、最小值、标准差、观测值的描述性统计指标,对基本模型,见表9-3;对拓展模型,见表9-4。采用最小二乘法,借助 Eviews6.0 得到回归结果(见表9-20)。

在基本模型中,结果显示,降水量、温度与出境水流量显著性效果较好,都可通过显著性检验,因此保留降水量、温度、出境水流量作为自然因素类指标。降水量、温度、出境水流量与水质高锰酸钾浓度成负相关关系,在其他条件不变的情况下,每增加1%的降水量、温度、出境水流量可相应降低0.21%、0.078%和1.88%的水质高锰酸钾浓度。但是,政策执行影响因子在模型中不显著,这表明在只控制自然因素时,"稻改旱"工程政策对施肥期水质高锰酸钾浓度影响效果不明显。

表 9-20　水质高锰酸钾估计结果

项目	基本模型			拓展模型		
	(1)	(2)	(3)	(1)′	(2)′	(3)′
常数	13.86	15.53				
	(2.19)**	(3.1)***				
政策执行	−0.59	−0.49	−0.42	0.004	0.019	−0.123
	(−1.356)	(−1.408)	(−2.17)**	(0.038)	(0.24)	(−2.3)***
农业施肥期				0.261	0.243	0.174
				(1.62)*	(2.52)***	(2.7)****
降水量	−0.21	−0.248		−0.044		
	(−1.72)*	(−2.5)***		(−1.52)*		
温度	−0.078	−0.109		−0.017		
	(−1.86)**	(−3.1)***		(−2.37)***		
出境水流量	−1.88	−2.4	−1.26	−0.171	0.052	−0.534
	(−1.87)**	(−2.9)***	(−2.09)**	(−12.2)****	(2.96)****	(−8.4)****
化肥施用量		0.209	0.140		0.027	0.020
		(2.7)***	(1.69)*		(2.23)***	(2.6)***
工业废水排放量			0.788			0.307
			(2.63)***			(9.4)****
交互项				−0.173	−0.138	−0.13
				(−1.10)	(−1.09)	(−1.58)*
AD-R^2	0.78	0.86	0.99	0.35	0.51	0.94
DW 值	1.92	1.55	2.03	2.08	1.95	2.18

注:****、***、**、*分别代表1%、5%、10%、15%的显著水平;(1)、(2)、(3)、(4)分别代表考虑自然、农业、工业及其他社会经济影响因子时的水质高锰酸钾浓度。

对拓展模型,在控制变量中,降水量、温度、出境水流量著性较好,且也保持着基本模型中与水质高锰酸钾浓度相同的特性,在其他条件不变的情况下,每增加1%的降水量、温度、出境水流量可对应降低0.044%、0.017%、0.017%的水质高锰酸钾浓度。农业施肥期影响因子也通过了显著性检验,与水质高锰酸钾浓度成正向关系。政策执行与交互项影响因子都不显著,这说明,在只控制自然类影响因子时,水质高锰酸钾浓度的变化是否由"稻改旱"工程政策本身、施肥期以外月份产生不清楚。

（2）增加农业影响因素的分析

分析模型仍然以式（9-1）、式（9-2）为基础，在基本模型中 X 增加了 2003—2009 年（不含 2006 年）每年施肥期 4—7、9 月的第一产业增加值、化肥施用量、农药使用量、农业人口等农业类因素指标；而拓展模型增加了交互项，指标数据使用全年数据。主要数据的均值、中位数、最大值、最小值、标准差、观测值的描述性统计指标，对基本模型，见表 9-3；对拓展模型，见表 9-4。采用最小二乘法，借助 Eviews6.0 得到回归结果（见表 9-20）。

对基本模型，在回归过程中，我们发现温度、湿度、农业人口、第一产业增加值、化肥施用量显著性效果不好，因此，仅保留出境水流量、农药使用等指标。结果表明出境水流量与水质高锰酸钾浓度的关系维持原来特征不变，而化肥施用量与水质高锰酸钾浓度成正相关关系。在其他条件不变时，每减少 1% 的化肥施用量对应降低 0.209% 水质高锰酸钾浓度。政策执行影响因子依然不显著。这表明，水质高锰酸钾浓度除受自然、农业等影响因子影响外，还可能受到其他影响因子的作用。

对拓展模型，我们发现仅降水量、温度、出境水流量、农药使用量影响因子显著性与相关性较好。其中，降水量、温度、出境水流量与水质高锰酸钾浓度相关关系未发生改变。而化肥施用量也与水质高锰酸钾浓度成正向相关关系，在其他条件不变时，每减少 1% 的化肥施用量可对应降低 0.027% 的水质高锰酸钾浓度。施肥期以外月份影响因子以及代表政策真正效率（政策发生前后，政策作用期水质高锰酸钾浓度的变化与作用期以外水质高锰酸钾浓度变化的差）的交互项的系数显著性都不好。这表明在只控制住自然与农业影响因子时，施肥期以外月份影响因子和政策效率因子对水质高锰酸钾浓度变化的贡献不大。

（3）增加工业影响因素的分析

分析模型仍然以式（9-1）、式（9-2）为基础，在基本模型中 X 增加了 2003—2009 年（不含 2006 年）每年施肥期 4—7、9 月的工业增加值、工业废水排放量等其他工业因素类指标；而拓展模型指标的数据使用 2003—2009 年（不含 2006 年）的全年数据。主要数据的均值、中位数、最大值、最小值、标准差、观测值的描述性统计指标，见表 9-3 和表 9-4。采用最小二乘法，借助 Eviews6.0 得到回归结果（见表 9-20）。

对基本模型，我们发现出境水流量、化肥施用量和工业废水排放量的显著性较好。结果表明，出境水流量、化肥施用量与水质高锰酸钾浓度保持原来关系不变，而工业废水排放量与水质高锰酸钾浓度成正相关关系。在其他条件不变时，每减少 1% 的工业废水排放量可以相应降低 0.788% 的水质高锰酸钾浓度。这时，政策执行影响因子变得显著，为三星级，但表现为反向相关关系。表明在继续控制工业影响因子时，"稻改旱"工程政策实施后，水质高锰酸钾浓度表现为下降趋势。

对拓展模型，出境水流量、农业施肥期、政策执行、化肥施用量、工业废水排放量比较显著。结果表明,出境水流量、农业施肥期、化肥施用量与水质高锰酸钾浓度的关系表现为原来特征不变,工业废水排放量与水质高锰酸钾也成正相关关系。在其他条件不变时,每减少1%的工业废水排放量可以降低0.307%的水质高锰酸钾浓度。政策执行影响因子依然成负相关关系。这表明"稻改旱"工程政策实施后,施肥期以外月份改善了水质高锰酸钾浓度。交互项影响因子这时也变现为显著,与水质高锰酸钾浓度成负相关关系,这表明在控制住自然、农业、工业等影响因子时,"稻改旱"工程政策本身对水质高锰酸钾浓度影响是有效率的。

9.3.4.7 与水质改善相关的结论

综上所述,我们可以得到与水质改善相关的结论如下。

首先,水质测度指标较为复杂,我们选择总碱度、氨氮、BOD、总磷、高锰酸钾等指标作为识别影响区域生态补偿过程导向政策目标选择因素的基本指标,并得到以下主要结论。

就水质总碱度而言,在一般模型中,"稻改旱"工程的执行、降水量、化肥施用量、工业废水排放量是导致水质总碱度发生变化的主要影响因素。其中,$\beta_1 > 0$,水质总碱度的变化与区域生态补偿政策正相关,即区域生态补偿政策执行后水质总碱度不但没得到改善反而恶化了。在拓展模型中,政策执行、农业施肥用药期、工业废水排放量、城市生活污水排放量是导致水质总碱度发生变化的主要影响因素。其中,$\beta_1 > 0$,交互项不显著。即政策执行后,水质总碱度恶化的原因来自于政策作用期以外月份水质总碱浓度的上升,与"稻改旱"工程政策本身无关。

就水质氨氮浓度而言,在一般模型中,"稻改旱"工程的执行、温度、化肥施用量、工业氨氮排放量是导致水质氨氮浓度发生变化的主要影响因素。其中,$\beta_1 < 0$,水质氨氮浓度的变化与区域生态补偿政策负相关,即区域生态补偿政策执行后水质氨氮浓度得到了一定程度改善。在拓展模型中,政策执行、农业施肥用药期、工业氨氮排放量、城市生活污水排放量是导致水质氨氮浓度发生变化的主要影响因素。其中,$\beta_1 < 0$,$\beta_3 < 0$。即政策执行后,水质氨氮改善的原因既有来自于政策作用期以外月份的作用,也有"稻改旱"工程政策本身的作用。

就水质BOD浓度而言,在一般模型中,"稻改旱"工程的执行、工业废水排放量、城市生活污水排放量是导致水质BOD浓度发生变化的主要影响因素。其中,$\beta_1 > 0$,水质BOD浓度的变化与区域生态补偿政策正相关,即区域生态补偿政策执行后,水质BOD浓度不但没有改善反而恶化了。在拓展模型中,政策执行、降水量、出境水流量、工业废水排放量、城市生活污水排放量是水质BOD浓度发生变化的主要影响因素。其中,农业施肥用药变量不显著,$\beta_1 > 0$,$\beta_3 > 0$。即政策执行后,水质BOD恶化的原因既有来自于政策作用期以外月份的影响,也有"稻改旱"工程政策本身的影响。

就水质总氮浓度而言,在一般模型中,"稻改旱"工程的执行、化肥施用量、工业氨氮排放量是导致水质总氮浓度发生变化的主要影响因素。其中,$\beta_1 > 0$,水质总氮浓度的变化与区域生态补偿政策正相关,即区域生态补偿政策执行后,水质总氮浓度不但没有改善反而恶化了。在拓展模型中,政策执行、农业施肥用药期、降水量、工业氨氮排放量是导致水质总氮浓度发生变化的主要影响因素。其中,$\beta_1 > 0$,交互项不显著。即政策执行后,水质总氮恶化的原因主要来自于政策作用期以外月份的影响,"稻改旱"工程政策本身的影响不显著。

就水质总磷浓度而言,在一般模型中,"稻改旱"工程的执行、降水量、农药使用量、工业废水排放量是水质总磷浓度发生变化的主要影响因素。其中,$\beta_1 < 0$,水质总磷浓度的变化与区域生态补偿政策正相关,即区域生态补偿政策执行后,水质总磷浓度不但没有改善反而恶化了。在拓展模型中,政策执行、农业施肥用药期、出境水流量、农药使用量、工业废水排放量、城市生活污水排放量是水质总磷浓度发生变化的主要影响因素。其中,$\beta_1 < 0, \beta_3 < 0$。即政策执行后,水质总磷改善的原因既来自于政策作用期以外月份的影响,也有"稻改旱"工程政策本身的影响。

就水质高锰酸钾浓度而言,在一般模型中,"稻改旱"工程的执行、降水量、温度、出境水流量、化肥施用量、工业废水排放量是水质高锰酸钾浓度发生变化的主要影响因素。其中,$\beta_1 < 0$,水质高锰酸钾浓度的变化与区域生态补偿政策负相关,即区域生态补偿政策执行后,水质高锰酸钾浓度得到了一定程度的改善。在拓展模型中,政策执行、农业化肥用药期、出境水流量、工业废水排放量是水质高锰酸钾浓度发生变化的主要影响因素。其中,$\beta_1 < 0, \beta_3 < 0$。即政策执行后,水质高锰酸钾改善的原因既来自于政策作用期以外月份的影响,也有"稻改旱"工程政策本身的影响。

其次,过程类区域生态补偿政策目标选择时应该注意的主要方面仍是对上游农户替代行为的防范与监控。从我们的实证中看出,导致"稻改旱"工程政策低效率的因素很多,但前文所述的替代行为在北京冀北黑白红河流域生态补偿实践——"稻改旱"工程中表现得也很明显。一方面,导致水质发生变化的因素除了农业中化肥、农药的使用外,工业中的废水与废物排放、其他主要经济社会行为中所涉及的污水与污物的排放也能起到同样作用。另一方面,农业本身对水质改善的调控能力有限,工业排污是导致水质发生变化的主要因素。例如,水质 BOD 浓度发生变化主要来自于工业的影响,农业因子中的化肥、农药使用对其都不显著。其他诸如总碱度、高锰酸钾等基本上都是同时受到农业、工业和其他经济社会因素的作用。

再次,"稻改旱"工程执行后,水质指标发生变化的原因很复杂,并不必然就是"稻改旱"工程的直接结果。在我们的模型检验中,水质指标得到改善,但"稻改旱"工程本身没起作用的指标就有总碱度、总氮等。这一结论也证明了我们在前文所述的一个基本观点:选择过程导向区域生态补偿政策目标时,要保证所调控过程与水环境改善之间存在确定的、相一致线性关系。这告诉我们,只有加强对水环境不确定性的科学研究,才能为政策的有效执行提供有力保障。

9.4 "稻改旱"工程经济效益分析

"稻改旱"工程经济效益评价是评价过程导向政策目标选择的另一个主要评价指标。现行的"稻改旱"工程是北京市政府对上游农户的直接补偿,补偿资金来自于北京市政府,具有项目依托特征,环境改善与资金投入面临可持续性难题。因此,我们借鉴国外较为流行的市场导向的做法,评估"稻改旱"工程的下游支付意愿(willingness to pay, WTP),参考"稻改旱"工程政策带来的水环境改善效率,计算"稻改旱"工程项目收益,并结合实际的"稻改旱"工程成本,评价其经济效益。

9.4.1 方法选择

意愿调查价值评估法(contingent valuation method,CVM)在 1947 年最初由万初普(Wantrup)提出,他认为,水土流失的预防产生了一些在本质上是公共产品的外在市场福利,因此,评价这种福利大小的方法是通过调查去激发个人支付这些福利的愿意。[1] 1963,戴维斯(Davis)第一次把这种理念用于实践,并在猎人中调查估算狩猎鹅的福利。[2] 随后,此方法在选择价值和存在价值的估算中得到普及。尤其在 20 世纪 60 年代,因旅行成本法等条件揭示偏好方法不能估算选择价值、存在价值等非使用价值,意愿调查价值评估法在环境经济学文献中被公认为环境改善成本收入效益分析和环境影响评价等非市场价值估算的唯一方法。[3] 近来,很多发展中国家将该方法用于确定水供给和公共卫生等基础设施建设项目中个人偏好的价值估算。[4] 尽管如此,意愿调查价值评估法结果的稳定性与可靠性一直遭受很多学者批评,这也促使学者不断深化意愿调查价值评估法在结果稳定性与可靠性方面的研究。

意愿调查价值评估法建立于需求理论之上。假设一个消费者的效用 U 是来自于没有定价的公共环境的福利 E,以及私人供给商品矢量 X,即 $U=(X,E)$。相应的支出函数 $Y^*(p,E_0;U^*)=\min\{p \cdot X \mid U(X,E_0)>U^*\}$ 被定义为在给定环境福利 E_0 和私人物品价格 p 的条件下要求达到效用 U^* 的最小消费支出。如果环境福利的数量变化到 E_1,那么暗含的已改善环境的支付意愿被定义为 WTP=

---

① Hanemann, M. W., "Valuing the Environment Through Contingent Valuation", Journal of Economic Perspectives, no. 8, 1994, pp. 19-43.

② Davis, R., "The Value of Outdoor Recreation: An Economic Study of the Marine Woods", PhD Thesis, Harvard University, 1963.

③ Mitchell, R. C. and Carson, R. T., "Using Surveys to Value Public Goods: the Contingent Valuation Method", Washington, DC: Resource for the Future, 1989.

④ Merrett, S, "Deconstructing Households' Willingness-To-Pay for Water in Low-income Countries", Water Policy, no. 4, 2002, pp. 57-72.

$Y^{*}(p, E_0; U^{*}) - Y^{*}(p, E_1; U^{*})$,亦即,市场商品支出的减少刚好弥补来自于环境福利供给的增加所带来效用的增益。U^{*} 不能直接被观察到,但它能被表现为 E_0,p 和初始收入 Y_0 的函数 $v(p, E_0, Y_0)$(亦即间接效用函数),那么,环境改善支付意愿可改写为 WTP$=Y_0 - Y^{*}[p, E_1, v(p, E_0, Y_0)]$。这一定义清楚表明,WTP 为一般正值,除非 E 的边际效用为零,或 E 在效用函数中不出现。然而,零支付意愿回应在价值意愿调查中不是不常见的,而且在评估支付意愿时是必须要恰当地考虑到的情况。[1]

在一个调查中,常常出现无效问卷或受访者不回答支付意愿价格的情形。常见处理这些缺失数据的办法要么是在以后的分析中简单地忽略对应于缺失回应样本的观察值,要么通过已观察到的样本或子样本均值或中位数值去主观指定缺失观察值。这可能给合理估值带来偏差问题。首先,如果所回答问题本身的答案依赖于支付意愿量大小的话,对一个特定支付意愿问题,受访者和非受访者之间必然存在系统性差异。而且,如果回应率和支付意愿量之间这种系统性差异不可能先验地排除的话,具有非常低或高支付意愿的受访者会自动进入样本,使样本在潜在人口中具有较少的代表性,即这种简单地忽略缺失支付意愿值的观察值将在评估中引入样本选择偏差。其次,因为已经暗中假定潜在的决策模型对回应者与未回应者是一样的(而这样的假定本身又是站不住脚的),因此,由于样本数量不够而主观赋值必然将产生与平均支付意愿值不一致的估计。另外,当用来分析的数据不能由包含在样本中的所有信息构成,而那些信息又与被观察到的非回应特征存在相关性,而非回应对支付意愿又有影响,放弃观察值将降低价值评估的效率。无论如何,如果回答了支付意愿价格问题的受访者和那些没有回答支付意愿价格问题的受访问者间存在系统性偏差,这些常规做法从统计上来看都不能接受。因此,放弃观察值或主观赋值不是一个有效的好办法。

自 1993 年以来,国内很多学者使用意愿调查价值评估法评估自然资源的非市场价值,如杨开忠等在 2002 年对北京市市民就改善大气环境质量的意愿调查价值估算[2],蔡志坚等在 2006 年就长江水质恢复的意愿调查价值估算[3],徐大伟等在 2007 年在郑州市就黄河流域下游对上游地区水环境改善条件下意愿调查价值的估算[4]等。这些估算都是建立在大量的调查基础上,按照简单计算数学期望、普通最小二乘法(ordinary least square,OLS)、Spike 模型等方法计算意愿调查价值,

①　零回应也许代表一个被调查者真正的支付意愿价格,但是它也可以产生于被调查者抗议和博弈行为之中,见 Carson、Mitchell 和 Carson,Groves 和 Machina 更多的零抗议和不一致的高或低估价。

②　杨开忠等:《关于意愿调查价值评估法在我国环境领域应用的可行性探讨——以北京市居民支付意愿研究为例》,《地球科学进展》,2002 年第 6 期,第 420—425 页。

③　蔡志坚等:《基于支付卡式问卷的长江水质恢复条件价值评估》,《南京林业大学学报(自然科学版)》2006 年第 6 期,第 27—31 页。

④　徐大伟等:《黄河流域生态系统服务的条件价值评估研究》,《经济科学》,2007 年第 6 期,第 77—89 页。

没有考虑回应缺失的问题。然而,国外的很多意愿调查价值评估研究就回应缺失问题已经给出了处理部分或全部上述问题的方法。例如,Carson 和 Mitchell 在1993 年采用被称为分类与回归树(CART)的非参数技术分派缺失数据。[①] Whitehead 等[②]在 1993 年和 Messonnier 等[③]在 2000 使用 Heckman 两步骤的变体模型[④]去检测和纠正支付卡模式、二分选择模式等意愿调查价值评估情况下的样本选择偏差问题。本章将遵循类似的过程避免丢失观察值和调整样本选择偏差,依据Heckman 两步骤法评估"稻改旱"工程中下游支付意愿。

9.4.2 使用方法说明

由于在下游意愿支付调查中很可能存在样本非应答或选择性偏误(Selection-Bias)问题,我们采用了 Heckman 两阶段估计模型进行分析。

当对下游支付意愿进行估计时,最普遍的方法为普通最小二乘法,设

$$Y_i = \beta Z_i + \varepsilon_i \tag{9-12}$$

式中,Y_i 为观察到的下游支付意愿;Z_i 为解释变量,如收入、年龄、性别、学历、环保意识等;ε_i 为误差项。由于所观测到的参与者并非样本总体的随机选择,因此这种选择可能导致有偏的系数估计,即出现"选择性偏误"。Heckman 在 1979 年注意到了这一现象,并提出被称为 Heckman 备择模型(Heckman Selection Model)的解决方案。该模型的估计分为两个阶段进行。

首先,以"是否提供有效支付意愿或接收意愿值"作为第一阶段估计的被解释变量,使用全部参数对全部调查对象进行 Probit 估计,以确定提供有效支付意愿或接收意愿值的决定因素。

$$P_i^* = \gamma Z_i^* + u_i P_i = 1, \quad \text{如果} \quad \gamma Z_i + u_i > 0 \tag{9-13}$$

式中,P_i^* 为提供有效支付意愿或接收意愿值事件发生的概率,可以由一系列因素解释;γ 为待估参数;Z_i^* 为解释变量,如收入、年龄、性别、学历、居住时间、北京市户籍等;u_i 为随机扰动项。

其次,考虑到在普通最小二乘法估计中可能存在选择性偏误,所以需要从Probit 估计式中得到逆米尔斯比系数 λ 作为第二阶段的修正参数。

---

① Carson, R. T. and Mitchell, R. C., "The Value of Clean Water: The Public's Willingness to Pay for Boatable, Fishable and Swimmable Quality Water", Water Resources Research, no. 29, 2003, pp. 2445-2454.

② Whitehead, J. C., Groothuis, P. A. and Blomquist, G. C., "Testing for Non-response and Sample Selection Bias in Contingent Valuation", Economics Letters, no. 41, 1993, pp. 215-230.

③ Messonnier, M. L., Bergstrom, J. C., Cornwell, C. M., Teasley, R. J. and Cordell, H. K., "Survey Response-Related Biases in Contingent Valuation: Concepts, Remedies, and Empirical Application to Valuing Aquatic Plant Management", American Journal of Agricultural Economics, no. 83, 2000, pp. 438-250.

④ Heckman, J. J., "Sample Selection Bias as a Specification Error.", Econometrica, no. 47, 1979, pp. 153-161.

λ 由以下公式获得

$$\lambda = \frac{\phi(\gamma z_i / \sigma_0)}{\Phi(\gamma z_i / \sigma_0)} \tag{9-14}$$

式中,$\phi(\gamma z_i / \sigma_0)$ 为标准正态分布的密度函数,$\Phi(\gamma z_i / \sigma_0)$ 为相应的累积分布函数。

最后,利用普通最小二乘法对方程进行估计,使用 λ 作为方程估计的一个额外的变量以纠正选择性偏误,即 $Y_i = \beta Z_i + \alpha\lambda + \eta_i$。其中,$\alpha$ 为待估系数。如果该系数显著,则存在选择性偏误;反之,则表明选择性偏误不存在,即可通过普通最小二乘法进行估计。

本节统计分析使用 STATA 软件。

9.4.3 数据来源与整理

北京市位于北纬 $39''26'$ 至 $41''03'$,东经 $115''25'$ 至 $117''30'$ 之间,处于华北平原与太行山脉、燕山山脉的交接部位,距渤海 150 km,是国家经济、文化、政治中心。但是,北京也是一个用水紧缺的城市。据 2009 年国家环境统计年鉴资料,北京市 2008 年用水人口 1 439.1 万,人均日消费用水 187.2 L,年新水取用 187 281 万 m^3,主要跨境入水来自密云水库上游冀北地区的黑白红河流域。2006 年以来,北京市为了改善水资源环境开始着手执行"稻改旱"工程,为此,我们把北京市城八区作为此次调查的主要区域。本节,我们将分别从调查安排、调查方法、问卷设计内容和回收问卷的数据结果介绍数据的来源和获取情况。

9.4.3.1 调查安排和调查方法

经过预调查、初始调查,在 2009 年 5 月定稿问卷调查表。从 2009 年 7 月开始,我们分组从北京市西城、东城、宣武、海淀、朝阳、海淀、朝阳、丰台和石景山等主城区[1]随机挑选居住小区,按照抽样上门入户或寄发电子邮件的方式回收问卷,调查时间共历时 4 周,数据由我们自己按组录入。

9.4.3.2 调查问卷

调查问卷共设计 12 道问题,由四部分组成。第一部分是引言,主要对"稻改旱"工程的背景及简要内容和我们调研的目的、性质进行简单介绍。第二部分对调查对象的性别、年龄、文化教育年限、职业、月收入、户籍、家庭居住人数、住房来源等情况进行了解。第三部分为对调查对象的环境保护观念、"稻改旱"工程及生态补偿的认识情况和目前北京市水量、水质服务状况进行调查。基本上采用① 10% 以下(完全不重要)、② 25% 以下(有点不重要)、③ 50%(重要)、④ 75% 以上(有点重要)、⑤ 90% 以上(特别重要)五种情况的形式。第四部分是调查的核心部分,主

---

① 2010 年 7 月 1 日,国务院正式批复了北京市政府关于调整首都功能核心区行政区划的请示,同意撤销北京市东城区、崇文区,设立新的北京市东城区;撤销北京市西城区、宣武区,设立新的北京市西城区。

要是询问调查对象的支付意愿。实际调查中,我们首先简单介绍了官厅水库与密云水库水质的评价报告,明确告知这不是要他实际支付多少,而是假设支付情况出现在不包括目前水资源费继续支付的情境时,然后再要求被访者填写问卷。调查时,我们借助支付卡的方式,由调查对象在调查表上选择或自填意愿支付额度。但是,我们没有给出零支付意愿,而是在询问支付对象愿不愿意支付的基础上填选支付额度,不愿意的话,则调查其不愿意的原因,我们也就假定其支付意愿为零。

9.4.3.3 调查数据

主要调查数据由问卷的回收情况和相关数据的统计性描述两部分组成。

(1) 回收问卷介绍

本次调查共发放问卷 530 份(含试调查问卷),回收 451 份,回收率为 85.1%。其中,给出正支付意愿问卷 366 份,占回收问卷的 81.2%,占全部问卷的 69.1%;选择不愿支付的问卷 71 份,占回收问卷的 15.7%;占全部问卷的 13.4%;无效问卷 14 份,占回收问卷的 3.1%;占全部问卷的 2.6%。在选择不愿支付的 71 份问卷中选择"(1)本人经济收入较低,家庭负担太重,无能力支付"作为原因的 33 份,占全部零支付意愿问卷的 46.5%;选择"(2)本人远离饮水源上游流域,对它是否保护不感兴趣,也不考虑为子孙或他人享用该资源而出资"作为原因的 11 份,占全部零支付意愿问卷的 15.5%;选择"(3)本人认为保护上游流域环境应由北京市政府出资,而不是个人出资"作为原因的 23 份,占全部零支付意愿问卷的 32.4%;选择"(4)其他原因"的 4 份,占全部零支付意愿问卷的 5.6%(见表 9-21)。亦即,在零支付意愿问卷中,不愿支付的原因主要来自于家庭收入低和认为政府应该为流域水资源环境服务改善买单。

表 9-21　问卷回收信息

WTP＝0						WTP＞0	
87 份						366 份	
有效零支付意愿问卷				无效零支付意愿问卷		比例 1	比例 2
71 份				14 份			
比例 1			比例 2	比例 1	比例 2		
15.7%							
原因				13.4%	3.1%	2.6%	81.2%	69.1%
(1)	(2)	(3)	(4)				
33 份	11 份	23 份	4 份				
比例 3	比例 3	比例 3	比例 3				
46.5%	15.5%	32.4%	5.6%				

注:(1)表示本人经济收入较低,家庭负担太重,无能力支付;(2)表示本人远离饮水源上游流域,对它是否保护不感兴趣,也不考虑为子孙或他人享用该资源而出资;(3)表示本人认为保护上游流域环境应由北京市政府出资,而不是个人出资;(4)表示其他原因。比例 1 代表与回收问卷的比例,比例 2 代表与全部问卷的比例,比例 3 代表与有效问卷的比例。

（2）数据的统计描述

本次支付意愿调查估算,我们共引入家庭月人均收入、教育程度、年龄、住房来源、家庭人数、"稻改旱"工程认可度、环保意识强度、性别、户籍、支付意愿、职业等变量。在调查被访问者家庭月人均收入时,除提供每月人均 1 500～6 200 元的选项外,还提供被访者自填实际数额选择,在所有被访者中均在被提供数字中选择。年龄选项也由被访者自己填写,在整体数据时我们对其做了归类转换。"稻改旱"工程认可度、环保意识强度按 10% 以下、75%、50%、25%、90% 以上五分方法调查。各变量的观察值、均值、标准差、最小值、最大值等数据详见表 9-22。

表 9-22　调查数据的统计性描述

变量	定义与赋值	观察值	均值	标准差	最小值	最大值
性别	0＝男性　1＝女性	437	0.54	0.5	0	1
户籍	0＝外地　1＝北京	437	0.78	0.42	0	1
支付意愿	0＝无意愿　1＝正支付意愿	437	0.84	0.37	0	1
家庭月人均收入	为 1 500～6 200 元的连续整百数	437	2 816.93	1 441.9	1 000	5 600
教育程度	0＝小学　1＝初中　2＝高中 3＝大学　4＝研究生	437	1.34	1.18	0	4
年龄	0＝25～30 岁　1＝31～35 岁 2＝36～40 岁　3＝41～45 岁 4＝46～50 岁　5＝51～55 岁 6＝55～65 岁	437	2.81	1.11	1	6
住房来源	0＝租借　1＝自有产权	437	0.64	0.48	0	1
家庭人数	住房常住人数,为 1～6 之间的连续整数	437	2.73	1.09	1	6
"稻改旱"工程认可度	1＝完全认可　2＝大多认可 3＝认可　4＝有点不认可 5＝完全不认可	437	2.71	1.48	1	5
环保意识强度	0＝特别好　1＝比较好　2＝好 3＝有点不好　4＝完全不好	437	1.99	1.47	0	4
支付意愿	黑白红河流域出境水流量、水质改善 50%,下游北京市居民愿为此每月每户支付费用	366	47.53	6.08	20	75
职业	1＝干部　2＝科研人员　3＝教师 4＝老板　5＝工人　6＝农民 7＝自由职业者　8＝离退休	437	4.382	2.154	1	8

注：数据来源于实地调查。

（3）支付意愿的统计与分布

对受访者提供的支付意愿值录入后整理，我们可以得到受访者提供支付意愿值的频数、相对于全部问卷的频率、相对于正支付意愿的频率和累计频率（见表 9-23）。从表中可以看出，每月每户 30 元的频率最多，占正值支付意愿回收问卷的 16.7%，其次为 50 元，占正值支付意愿回收问卷的 13.4%。在 0～45 元的概率达到近 50%，0～60 元的选择概率为 75% 左右，20 元以下和 70 元以上的选择概率很低，仅分别为 2.5% 和 3.3%，而且，50 元以下的概率略占优势，达到近六成。

表 9-23　支付意愿分布统计

支付意愿	频数/次	相对全部问卷的频率/%	相对正支付意愿的频率/%	累计频率/%
20	9	1.7	2.5	2.5
25	34	6.6	9.3	11.8
30	61	11.8	16.7	28.5
35	19	3.7	5.2	33.7
40	21	4.1	5.7	39.4
45	30	5.8	8.2	47.6
50	49	9.5	13.4	58.5
55	25	4.8	6.8	67.8
60	29	5.6	7.9	75.7
65	35	6.8	9.6	85.3
70	42	8.1	11.5	96.8
75	12	2.3	3.3	100.0

9.4.4　计算结果与讨论

估算支付意愿的前提条件是被受访者必须先填写正支付意愿值。我们首先在收集的调查数据中整理出 71 份没有填写正支付意愿值的调查表，对其支付意愿变量赋 0 值，同时补充其为第一阶段模型的被解释变量，然后把调查问卷中收集到的性别、职业、环保意识强度、"稻改旱"工程认可度、住房来源、户籍、家庭常住人口数、家庭月人均收入、教育程度、年龄等资料数据作为解释变量，借用 STATA 软件得到 Heckman 两阶段模型结果，详见表 9-24。

表 9-24　Heckman 两阶段模型的估计结果

变量	第一阶段：Probit 模型 是否填选正支付意愿值		第二阶段：OLS 估计 支付意愿值的确定	
	系数	t 值	系数	t 值
性别	0.191	(0.562)	−0.371	(−1.79)
职业	−0.023	(−0.3)	−0.008	(−0.17)

续表

变量	第一阶段：Probit 模型 是否填选正支付意愿值		第二阶段：OLS 估计 支付意愿值的确定	
	系数	t 值	系数	t 值
环保意识强度	0.823	(1.38)*	3.873	(13.93)****
"稻改旱"工程认可度	2.023	(5.47)****	0.305	(2.5)***
住房来源	−0.129	(−0.38)	0.123	(−0.55)
户籍	1.873	(5.37)****	−0.113	(−0.33)
家庭常住人口数	−0.409	(−0.23)	−0.166	(−1.5)*
家庭月人均收入	0.002	(2.99)****	0.008	(26.74)****
受教育程度	0.716	(2.99)****	0.007	(1.07)*
年龄	−0.559	(−3.64)****	−0.288	(−1.68)**
常数	1.531	(1.34)*	15.19	(16.73)****
逆米尔斯比率(λ)	—	—	1.738	(2.92)****
χ^2 值	311.96		21959.01	
χ^2 检验	0.000 0		0.000 0	

注：****、***、**、*分别代表1%、5%、10%、15%的显著水平。

第一阶段估计结果显示，受访者家庭月人均收入、环保意识强度、受教育程度、年龄、"稻改旱"工程认可度、户籍对受访者选择是否愿意为"稻改旱"工程承担区域补偿支付费用的影响很大，而性别、职业、住房来源、家庭常住人口数等数据影响不显著。从结果分析，家庭月人均收入与受访者是否愿意提供补偿支付款成正向相关关系，家庭月人均收入愈低，受访者愈不愿意为区域生态补偿承担费用。环保意识强度和对"稻改旱"工程认可度这两个指标在我们的调查结果中也表明了与家庭月人均收入同样的相关关系，环保意识强度越好、对"稻改旱"工程认可度越高的受访者也更愿意选择正值支付意愿费用。受访者的文化教育程度及是否具有北京市户籍身份也是两个影响受访者是否愿意为"稻改旱"工程区域补偿政策付费的另外两个重要指标。受访者文化水平越高，接受过的文化教育越多越愿意为下游改善水资源环境付费。让我们有些意外的是具有北京市户籍身份的受访者比没有北京市户籍的受访者更愿意为区域生态补偿付费，这可能是外地户籍受访者所承担的生活成本更高，或者外地户籍受访者融入北京的难度更大，"免费搭车"倾向更加明显。在我们调查的指标中，唯有受访者年龄与是否愿为北京市水资源改善付费成反向相关关系，这与国内外学者的研究成果类似，受访者年龄愈大愈不愿意为区域生态补偿承担成本，这可能是因为年龄越大，受访者的预期收入愈低愈不愿意增加生活成本。这些影响因子表明区域生态补偿自愿付费政策的成功推行除了要建立在下游购买者具有坚实支付能力的基础之上，还应该加强环境保护意识的宣传和教育,提高下游用户的环境保护意识,同时,也应该加强保证区域生态补偿政策效率的科学研究,提升下游用户对实行区域生态补偿实践的科学认知度。北京市应该保证外地户籍与本地户籍常住户享受相同的待遇,同享社会、经济、生态发展的成果,共担社会、经济、生态发展的成本;加强社会保障体系建设,保证老有所依,扩大老年人的消费意愿,提升老年人的生活质量。

第二阶段估计结果显示,性别、职业、住房来源等指标对支付意愿数额大小的影响也不显著,但户籍在已经确定为区域生态补偿付费的受访者人群中变得不重要了,这可能是外地户籍受访者与本地户籍受访者一样认为,目前北京市的水资源需要进一步改善,自己在享受水资源环境改善所带来的好处时应该承担自己的应负责任。与第一阶段模型一样,家庭月人均收入、教育程度、年龄、环保意识强度、"稻改旱"工程认可度是确定受访者区域生态补偿支付额度的重要考虑因素,其中,家庭月人均收入、教育程度、环保意识强度、"稻改旱"工程认可度与支付意愿数额大小成正向关系,年龄与支付意愿数额大小成反向关系。同时,家庭常住人口数在确定下游居民付费额度时,也与支付意愿费用多少成反向关系。家庭常住人口越多,受访家庭愿意支付费用越少。这可能是因为家庭常住人口越多,每月用水量就越多,承担的支付费用也就越多。从这样的角度来看,政府更应该加强节约用水的宣传教育,通过价格机制鼓励居民节约用水。尤为重要的是,逆米尔斯比率(λ)在模型结果中显著性好,为四星级,说明是否选择愿意为"稻改旱"工程承担费用存在选择性偏误,也进一步证明选择 Heckman 两阶段模型是必要的。

从上面的模型结果分析,我们获得支付意愿的计算模型如下:

$$WTP_i = 0.008X_{1i} + 0.007X_{2i} - 0.288X_{3i} - 0.166X_{4i}$$
$$+ 0.305X_{5i} + 3.873X_{6i} + 15.19 + 1.738X_{7i} \qquad (9\text{-}15)$$

式中,WTP_i、X_{1i}、X_{2i}、X_{3i}、X_{4i}、X_{5i}、X_{6i}、X_{7i}分别代表受访者的支付意愿数额、家庭月人均收入、受教育程度、年龄、家庭常住人口数、"稻改旱"工程认可度、环保意识强度、逆米尔斯比率(λ)变量。

计算支付意愿值的统计数据描述如下(见表 9-25)。计算结果表明,为黑白红河流域出境水流量、水质改善50%,下游北京市居民愿为此每户每月支付费用均值为45.7元,占收入的1.62%;中位值44.7元,占收入的1.66%;最小值22.4元,占收入的2.24%;最大值76.6元,占收入的1.73%。

表 9-25　支付意愿数额报告

单位:元/月/户

项目	均值	中位值	最小值	最大值
WTP > 0	49	52	23.3	76.6
家庭月人均收入 1	3 129.5	3 200	1 200	5 600
占比 1/%	1.57	1.63	1.94	1.37

续表

项目	均值	中位值	最小值	最大值
WTP≥0	45.7	44.7	22.4	76.6
家庭月人均收入2	2 816.9	2 700	1 000	5 600
占比2/%	1.62	1.66	2.24	1.37

注：占比1等于选择正支付意愿值回收问卷中，支付意愿值与家庭月人均收入的比；占比2等于全部有效回收问卷中，支付意愿值与家庭月人均收入的比；家庭月人均收入1指选择正支付意愿值回收问卷中的家庭月人均收入；家庭月人均收入2指全部有效回收问卷中的家庭月人均收入。

我们的调查计算尽管与Day等在北京市因水质改善进行的意愿调查价值评估实践相比，远高于Day在1988年就所有河流水质改善的支付意愿数额185.79元/年（当年价），约占受访者收入的1%[①]；与杨宝路等[②]分别在2004年和2007年就在2008年市区所有湖区达到国家二级水质标准的支付意愿数额71.28～84.84元/年和占受访者收入的0.2%（2004年），支付意愿数额302.52～366.72元/年和占受访者收入的1.35%～1.64%（2007年）比，最大值与最小值稍高，但是均值与中位值在就受访者所占收入的比例来看基本相当。我们认为，存在差异的原因是多方面的，除了调研的目的不完全一致外，方法不同也是导致结果存在差异的主要原因。我们的调查计算结果与国外发展中国家远低于受访者所占收入的1%和发达国家普遍高于受访者所占收入的1.8%相比，显示出更加与发达国家相一致的趋势。这充分说明，随着我国综合国力的增强，人们的环保意识得到了不断提高。人们用于水资源改善的支付费用也必然会随着人们经济、社会等生活条件的不断改善与世界发达国家相一致，支付意愿调研评估水资源改善获取下游居民支付费用的方法也会越来越显示其科学性、实用性。

9.4.5　经济效率评价

"稻改旱"工程的经济效益因为服务商品的分散化，很难计算其完全经济效益。我们把以"稻改旱"工程的实际水环境改善效率为依据得到的支付意愿调查数额折算成"稻改旱"工程的经济效益。由于水环境的复杂性，我们假设出境水流量、水质总碱度、氨氮、BOD、总氮、总磷、高锰酸钾在受访者的支付意愿数额中平均分布。因为调查的支付意愿数额是在询问受访者改善出境水流量和水质总碱度、氨

① Day, B. and Moumto, S., "Willingness to pay for water quality improvements in Chinese rivers: Evidence from a contingent valuation survey in the Beijing Area.", London: University College London, UK, CSERGE Working Paper WM 98-02, Center for Social and Economic Research on the Global Environment, 1998.

② 杨宝路等：《北京市环境质量改善的居民支付意愿研究》，《中国环境科学》2009年第29卷第11期，第1209—1214页。

氮、BOD、总氮、总磷、高锰酸钾等水质因素改善50％的基础上获取的,那么,实际政策效率＝政策效率/0.5,出境水流量和水质总碱度、氨氮、BOD、总氮、总磷、高锰酸钾所产生的经济效益＝实际政策效折算×WTP/6。所估算结果见表9-26。从计算结果来看,按平均值、中位值、最小值、最大值支付意愿数额计算的"稻改旱"工程政策的平均收益、中位值收益、最小值收益和最大值收益分别为0.53元/月/户、0.52元/月/户、0.26元/月/户和0.9元/月/户。

表9-26　政策效益估算(一)

单位：元/月/户

名目	政策效率	实际效率折算	平均值WTP实际效益	中位值WTP实际效益	最大值WTP实际效益	最小值WTP实际效益
出境水流量	−0.149	−0.298	−2.27	−2.22	−1.11	−3.8
总碱度	0(不显著)	0	0	0	0	0
氨氮	0.125	0.25	1.9	1.86	0.93	3.19
BOD	−0.074	−0.148	−1.13	−1.1	−0.55	−1.89
总氮	0(不显著)	0	0	0	0	0
总磷	0.003	0.006	0.05	0.04	0.02	0.08
高锰酸钾	0.13	0.26	1.98	1.94	0.97	3.32
总额	0.035	0.07	0.53	0.52	0.26	0.9

按照北京市统计年鉴资料,2007—2009年北京市常住人口分别为1 633万、1 699万和1 755万,平均为1 694万。另外,根据我们的调查结果,每户平均人口为2.73人,可知,北京市2007—2009年平均常住户为620万户。因此,如果按支付意愿数额支付"稻改旱"工程进行区域生态补偿,北京市2007—2009年可聚合项目费用按平均值、中位值、最小值、最大值分别对应为11 830万元、11 606万元、5 803万元、20 088万元(见表9-27)。

表9-27　政策效益估算(二)

单位：万元

名目	平均值	中位值	最小值	最大值
出境水流量	−50 666	−49 550	−24 775	−84 816
总碱度	0	0	0	0
氨氮	42 408	41 515	20 758	71 201
BOD	−25 222	−24 552	−12 276	−42 185
总氮	0	0	0	0
总磷	1 116	893	446	1 786
高锰酸钾	44 194	43 301	21 650	74 102
总额	11 830	11 606	5 803	20 088

根据北京市发改委提供的资料,"稻改旱"工程执行三年以来,共在黑白红河流域提供补偿资金 4 383 万元(通过表 9-1 计算而得),这个值比按最小支付意愿筹集的补偿支付费用还低 1 420 万元。尽管与完全达到支付意愿的目的比起来"稻改旱"工程实际执行效率不高,仅为 7%,但用于项目的资金将会远高于北京市政府的实际投入。这说明一方面借助支付意愿调查方法评估区域生态补偿的实际费用可以缓解政府项目资金投入不足的困境;另一方面也表明如果按照支付意愿调查方法获得的项目资金投入区域生态补偿实践,上游农户可能更加努力参与水资源环境保护,那么区域生态补偿的政策效率也将会更高。

9.5　本章小结

　　本章主要以北京市与河北省政府"稻改旱"工程为例具体分析如何选择和确定区域生态补偿政策目标和跨界流域生态补偿。首先,研究发现"稻改旱"工程对黑白红河流域水环境产生影响。其次,利用计量回归方法建立回归模型后识别黑白红河流域水环境改善的主要因素,依次考虑自然、农业、工业、主要经济社会影响等指标对入境水质的总碱度、氨氮、BOD、总氮、总磷、高锰酸钾浓度的影响,分析过程导向流域生态补偿政策目标选择的效率影响因素和"稻改旱"工程对流域水环境改善的内在影响。最后,借鉴国外较为流行的市场导向做法,评估"稻改旱"工程的下游支付意愿(WTP),参考"稻改旱"工程政策带来的水环境改善效率,计算"稻改旱"工程项目收益,并结合实际的"稻改旱"工程成本,评价其经济效益,从"稻改旱"工程经济效益评价来分析评价过程导向政策目标选择的另一个主要指标。结果表明,如果按支付意愿数额支付"稻改旱"工程进行区域生态补偿的话,北京市 2007—2009 年可聚合项目费用按平均值、中位值、最小值、最大值分别对应为11 830 万元、11 606 万元、5 803 万元、20 088 万元。

10 区域生态补偿的案例研究：
以京津—冀北地区为例

在京津—冀北地区环境保护区域合作机制中，生态补偿的数量和形式的确定是合作中最大的难题，特别是量化问题，它是补偿的重要前提。目前，国内并没有统一、科学、权威的方法，这给补偿定量化造成了一定困难。但是由于此案例的区域合作机制研究对象较为明确，各利益主体及其之间的利益关系也相对简单，并且已经具备了相当好的合作基础和补偿经验，量化有比较强的操作性。

10.1 区域生态补偿依据

区域生态补偿标准是补偿机制的核心环节，这一标准的确定实际上就是对区域生态服务价值的识别，也就是把商品的使用价值转化为交换价值的过程。其理论基础涉及效用价值论、供求价值论和劳动价值论。国内学者主要从马克思主义劳动价值论出发，认为生态环境保护过程中凝结了无差别的人类劳动，生态补偿应该以人们在环境保护中投入的劳动多少作为补偿的标准。[1]

一方面，区域生态补偿标准的识别涉及商品价值、交换价值来源，也就是生态服务价值的确定或形成过程。另一方面，区域生态补偿标准的形成过程只是多方博弈的过程，补偿标准的最终结果也只是相对价值与绝对价值的统一。然而，无论是效用价值论、均衡价格价值论还是劳动价值论，实践中都存在瑕疵，主客观价值认知也总存在差距，那么，规范区域生态补偿价值内涵、探索补偿价值的形成过程是区域生态补偿研究的重点。目前，国内学者在补偿标准形成方法方面也不断引进国外先进经验，但是在运用这些先进经验时忽视了它们的应用条件和国内补偿区域的具体特征。进一步规范区域生态补偿标准内涵，运用科学方法揭示水资源环境客观价值，实证、量化发现水资源环境改善的主观价值是区域生态补偿进一步研究的重要内容。

区域生态补偿标准是实现生态补偿的重要依据。生态补偿强度的计算依据一般有补偿产权主体环境经济行为产生的生态环境效益和补偿产权主体环境经济行为的机会成本两种。由于生态环境效益很难通过市场定价进行评估，所以现行的

---

① 胡仪元：《区域经济发展的生态补偿模式研究》，《社会科学辑刊》2007年第4期，第123—127页。

国内外普遍接受的补偿标准是以机会成本为准,如我国现行的退耕还林补偿就是这种标准。

在建设水资源补偿机制时,《关于加强经济与社会发展合作备忘录》提出了"生态环境效益共享、建设成本共担、经济社会协调发展,京冀人民和谐相处"的原则。其目的就是建立一种上下游都愿意接受的、切实可行的补偿机制。因此,在确定补偿量时,主要依据双方的经济、社会和资源环境情况。

区域生态不仅是稀缺性的自然资源,而且是能够保值增值的资产。区域生态保护实质上是一种投资行为,其投资和保护主体应当得到相应的补偿。作为区域生态建设者,不仅要投入大量资金,植树造林、修建污水处理厂等,而且还要限制发展污染密集型产业,从而影响上游地区经济社会发展和人民生活水平的提高。[1] 冀北地区为京津地区提供的生态服务产品的价值,可以直接从上游提供的水质和水量、空气质量(沙尘含量)等来确定,也可以间接通过这些环境产品对北京社会经济发展的贡献来衡量。为提供质量良好的生产服务产品,上游地区在生态环境保护方面进行了额外投入,经济社会发展遭受一定损失,构成了生态环境保护的直接成本和机会成本。因此,补偿时要充分考虑这些直接成本和机会成本。

另外,在确定补偿时要考虑下游地区的承受能力,如果补偿数额过大,则会降低区域合作与补偿协商的成功率。补偿细节谈判不成功或谈判次数过多,则会推迟环境保护工作,使保护工作存在空白期。根据国际经验,当治理环境污染的投资占 GDP 的比例达 1%～1.5% 时,可控制环境环境污染恶化的趋势;当这一比例达到 2%～3% 时,环境质量可有所改善。[2] 环境治理的范围包括区域内和周边地区。对北京市来说,要致力于环境改善,就得加大投入的力度,增加用于环境保护区域合作的资金安排。从国际经验来看,在环境保护工作上的财政安排还有上升的空间。

10.2 区域生态补偿额度

由于生态区位不同,不同生态区域发挥着不同的生态效应,这就要求因地制宜地确定区域生态补偿的额度。区域生态补偿额度既要防止无效的生态补偿,又要注意生态补偿的长期持续补偿,促进生态建设可持续发展。

10.2.1 水资源转让中经济补偿量的确定

水资源转让的经济补偿主要考虑两个方面,即所转让水资源的数量和水质类

---

① 陈瑞莲,胡熠:《我国流域区际生态补偿:依据、模式与机制》,《学术研究》2005 年第 9 期,第 71—74 页。
② 世界银行:《1997 年世界发展报告——变革世界中的政府》,蔡秋生译,中国财政经济出版社,1997 年。

别。水量有上游供水量和下游收水量两种。由于蒸发、渗漏等原因,上游供水量和下游收水量存在一定差距。如果以下游地区收水量的多少作为补偿依据,那么水资源转让的经济补偿量为

$$K = Q * P_0 * C_0 + [Q * (P_0 + H_{i-0})]$$ (10-1)

式中,K 为水资源转让的经济补偿量;Q 为下游地区收水量;C_0 为协商后引水的最差水质标准(I~V类)判断系数,当水质正好达到协定的标准时,$C_0 = 1$,否则为 0;P_0 为协定标准下水资源价格;H_{i-0} 为水质由协定标准提高到 i 级别单位水资源净化所需成本。

10.2.2 水源地涵养与保护补偿量的确定

10.2.2.1 水源地保护林效益补偿

水源涵养林建设的补偿方法有上限补偿法和下限补偿法。上限补偿法主要是效益补偿,适用于水源林涵养水源、保持水土、保护土壤、净化水质等方面的效益补偿;下限补偿是补偿用于水源涵养林管护费用的成本费用补偿,是维持水源涵养林建设最基本的补偿方法。

水源涵养林建设所产生的外部效益是多方面的,既有生态效益也有社会效益,综合起来,这些效益包括涵养水源效益(V_1)、保持土壤效益(V_2)、净化水质效益(V_3)、社会效益(V_4)等。

水源地保护林效益(V)为

$$V = V_1 + V_2 + V_3 + V_4$$ (10-2)

$V_1 = S * A * P$,S 为建设水源涵养林的面积(m^2);A 为建设单位水源涵养林后储水量差值(m^3/m^2);P 为水库单方库容造价(元/m^2)。[1]

$V_2 = (q_{林} - q_{荒}) * H * A * P$,考虑不同树种的涵养林涵养水源能力的差异,可根据森林水文研究成果,按照有林地土壤比无林地土壤多储水的能力来计算[2],多储水量的多少根据土壤非毛管孔隙度计算。

V_3 为森林净化水质效益,这一效益可通过测算降雨林地土壤稳定入渗量并参考自来水厂净化水的价格来评价净化水质的效益。

V_4 为涵养林的社会效益,主要体现在防洪蓄洪、防风固沙,但是这一效益的评价难度很大,涉及的范围很广,直接和间接的受益群也很难确定。

对水源地保护林效益(V)补偿为

---

① 据有关部门预测,1 hm^2 林地比裸地至少可多储水 3 000 m^3,若规划建设涵养林 10 000 hm^2,则相当于建设蓄水量为 3 000 m^3 的水库。

② 张春玲,阮本清,杨小柳:《水资源恢复的补偿理论与机制》,黄河水利出版社,2006年,第162页。

$$P_{涵养林} = \beta \cdot V$$

式中，β 的确定应考虑支付方和水源涵养区的经济发展水平。如二者经济发展水平悬殊，则前者应承担大部分的涵养林成本，后者只需承担剩下的部分。这一比例可以在计算的基础上，通过区域间的协商来获取。

10.2.2.2　保护水源地经济发展损失补偿

为了保护水源，水源地的经济发展受到了限制，关停了影响水源保护的企业，否决了可能带来污染的项目，发展节水农业（如前面分析的"稻改旱"工程）、采用节水技术影响了农民收入，一定程度上制约当地经济发展，影响农民增收。

水源地保护经济发展损失补偿的计算可以采用以下两种思路。

（1）选择与水源区自然条件相近但未受涵养水源影响经济发展的地区作为参照对象，比较两者之间的经济差异。近似地将两者之间的差异作为评价水源保护经济损失补偿成本的基础依据，即

$$C = \frac{(GDP_{未受限} - GDP_{受限}) \times \alpha \times N_{受限}}{W} \tag{10-3}$$

式中，C 为单位水量补偿值；$GDP_{未受限}$ 无涵养水源限制的相近地区人均地区生产总值；$GDP_{受限}$ 表示涵养水源限制地区人均地区生产总值；α 表示水源保护对区域经济的影响系数；$N_{受限}$ 为涵养水源限制地人口数；W 为水源地可供水资源利用量。

（2）分析计算水源地与供水受益地区之间的经济差异，取两者之间差异值作为评价水源保护经济损失补偿成本的基础依据，即

$$C = \frac{(GDP_{受益} - GDP_{受限}) \times \alpha \times N_{受限}}{W} \tag{10-4}$$

式中，C 为单位水量补偿值；$GDP_{受益}$ 受水地区人均地区生产总值；$GDP_{受限}$ 表示涵养水源限制地区人均地区生产总值；α 表示水源保护对区域经济的影响系数；$N_{受限}$ 为涵养水源限制地人口数；W 为水源地可供水资源利用量。

按照这两个思路，基本可以估计需要补偿的量。这一工作的重点就在补偿系数 α 的确定。补偿系数是指水源地进行水源保护对经济的影响或贡献程度。从理论上，这个系数是可以确定的，即

$$E = F(x_1 + x_2 + \cdots + x_{wp} + \cdots + x_n)$$

式中，E 为地区经济函数；$x_1, x_2, \cdots x_{wp}, \cdots, x_n$ 表示区域经济发展的影响因素，其中 x_{wp} 为水源地涵养这一影响因素。如用地区生产总值来替代经济发展水平，则上式可表示为

$$地区生产总值 = F(x_1 + x_2 + \cdots + x_{wp} + \cdots + x_n)$$

则

$$\alpha = \frac{\partial\, 地区生产总值}{\partial x_{wp}} = \frac{\partial F(x_1 + x_2 + \cdots + x_{wp} + \cdots + x_n)}{\partial x_{wp}}$$

虽然这一方法从理论上解决补偿量的问题,但是每个变量的确定都具有一定困难。如果落实到京津—冀北地区环境问题所涉及的每一个具体问题,补偿量的确定可以相应简化。

北京市密云水库和官厅水库上游张承地区"稻改旱"工程是依据北京市人民政府和河北省人民政府《关于加强经济与社会发展合作备忘录》由双方合作实施的。双方分两期合作实施密云水库和官厅水库上游张承地区 18.3 万亩水稻改种玉米等低耗水作物,目的是涵养水源、改善水质,增强区域可持续发展能力。2006—2008 年,第一期实施密云水库上游 10.3 万亩,北京市按每年每亩 450 元标准给予"稻改旱"农民"收益损失"补偿。目前,已经先期在张家口市赤城县黑河流域实施"稻改旱"1.74 万亩,支持资金 780 万元;2007 和 2008 年每年将支持资金 4 635 万元。三年总计 10 050 万元。

从理论上来说,"稻改旱"工程每年每亩的补偿量可以根据以下两个标准来确定:一是种稻与改旱后的收益差,二是改旱后去除其他因素影响的出境水量增加量。

"稻改旱"工程实施后,张承部分地区政府和农民,以及一些地方媒体认为京津水源地农民退稻改旱后收入减少。因此,研究这一问题就应该采取第一标准(即种稻与改旱后的收益差)来确定补偿量。

在收益问题上,北京市与张承地区存在信息不对称,北京市很难掌握每块土地的具体收益,因为收益与土地肥力、土地位置、当时当地的经济条件、市场条件和国家政策等多种因素有关。如果我们将每年每亩 450 元标准与土地肥力较好的粮食生产基地以及全国平均的收益情况相比较,就可以大致地得出结论。

从以上分析大致可以得出,每年每亩 450 元的标准是不低的。这一补偿标准的缺点在于没有根据市场条件进行调整,不能反映物价的相对变量。但是,即使考虑物价水平调整因素,450 元也足以补偿"稻"与"旱"的收益差。

10.2.3 水环境污染治理补偿

水环境污染治理补偿主要指对上游地区在水质监测、水污染治理、河道综合整治、水土流失治理等所产生的成本进行补偿。张承地区进行水环境治理,付出了一定的代价,见表 10-1。对于贫困问题突出的张承地区来说,要从原本拮据的财政经费中抽出一大部分资金用于水污染治理,是十分困难的一件事,因此,水环境污染治理需要北京市与张承地区的合作。

表 10-1 张承地区限期治理企业（部分）

企业名称	所在乡镇	治理投资额/万元	经济损失估算/万元
阳原县民政局	阳原县西城镇	60	10
阳原县供电公司	阳原县西城镇	5	—
酿酒公司	涿鹿县张家堡镇	346	380
天宝化工	涿鹿县张家堡镇	1 015	1 060
糠醛厂	涿鹿县涿鹿镇	124	130
造纸厂	涿鹿县张家堡镇	3 907	1 200
纸浆厂	沽源县九连城镇	300	500
亚麻公司	沽源县平定堡镇	200	500
铅锌冶炼厂	沽源县九连城镇	300	400

资料来源：作者整理。

北京市与张家口、承德两市的水资源环境治理合作分为两个阶段：一是 1995—2004 年；二是 2005 年以后。

1995—2004 年，北京每年向潮河流域的丰宁、滦平两县提供水源保护资金 208 万元以上，累计达到 2 000 万元以上。北京市环保局还提供 320 多万元资金，支持丰宁县和滦平县建设环保监测设施。

2005 年以来，建立水资源环境治理合作机制，组建水资源环境治理合作协调小组。依据协调小组职责和《北京市与周边地区水资源环境治理合作资金管理办法》，2005—2009 年，由北京市每年安排 2 000 万元资金，用于密云水库和官厅水库上游北京市外地区发展节水农业、推广节水技术，以及水质监测、水污染治理、河道综合整治、水土流失治理等方面的项目，以增加水量、提高水质。目前，经张承两市推荐和北京市筛选、评估，第一批 7 个水资源环境治理合作项目已经得到批准并开始实施，北京市共提供资金 2 200 万元。具体包括滦平县潮河流域农村生活垃圾填埋场项目、滦平县潮河流域 1.1 万亩节水灌溉项目、丰宁县九龙集团环境治理技改项目、赤城县白河流域 1 万亩节水灌溉项目、赤城县黑河源头治理项目、阳原县桑干河流域 1 万亩节水防渗项目、宣化区羊坊污水处理项目。

10.3 本章小结

本章主要以京津—冀北地区为例分析区域生态补偿依据和区域生态补偿额度计算等问题。

首先，认为区域生态补偿标准是补偿机制的核心环节和实现生态补偿的重要依据，继而提出区域生态补偿要在充分考虑生态环境保护直接成本和机会成本的同时,考虑下游地区的承受能力,如果补偿数据过大,则会降低区域合作与补偿协商的成功率。其次,认为要因地制宜地确定区域生态补偿的额度,具体表现在水资源转让的经济补偿主要考虑所转让的水资源数量和水质类别两个方面,而对于水源地来说,要确定区域生态补偿系数即水源地进行水源保护对经济的影响或贡献程度;此外,水环境污染治理补偿主要表现为对上游地区在水质监测、水污染治理、河道综合整治、水土流失治理等所产生的成本进行补偿。

第4篇 区域产业布局协调篇

　　本篇包括第11~15章，侧重于从生态文明取向的工业区域布局角度研究区域产业布局协调。本篇的重点问题包括污染转移与工业区域布局变化的关系、环境规制与中国工业区域布局的"污染天堂"效应、工业区域布局的生态承载、工业区域布局的环境承载、工业区域布局的全要素生产率增长。近年来，工业污染正从东部地区逐步向东北和中西部地区转移，除了因东北和中西部地区污染治理排放技术较差外，另外一个重要的原因就是污染型行业也逐步由东部地区向中西部地区转移。为了进一步分析污染型行业布局变化的影响因素，我们在测度全国各省份环境规制力度的基础上，引入了区域特征和产业特征的交互作用模型，并通过实证分析，发现中国区域之间也存在着"污染天堂"效应，即随着部分地区环境规制力度的不断增强，污染型行业为了规避一定的污染减排成本，开始逐步从东部环境规制力度强的地区向环境规制力度弱的东北和中西部地区转移。这从另一侧面说明环境规制力度可以作为政府的一种调控手段，优化污染型行业的区域布局。从生态文明的角度来看，污染型行业的布局不仅要考虑效率因素，同时还需要注意对生态环境的影响，因此，分别从效率目标和生态承载目标两个角度来研究污染型行业的优化目标。实证结果表明，大部分污染型行业在中西部地区全要素生产率的平均增长率都比东部地区要高。但是，由于污染型行业对生态环境的影响较大，所以还需充分考虑这些地区的生态承载与环境承载。因此，这些污染型行业应适宜地选择全要素生产率增长率比较高而生态承载与环境承载也都比较好的区域进行布局，尽量避免大规模向生态承载与环境承载都比较差的地区转移，而对于全要素生产率增长率比较高而生态承载力与环境承载力一般的区域则可以按照主体功能区的划分标准，选择在区域内优化开发和重点开发地区进行适当的转移布局。虽然中西部地区生态环境相对比较脆弱，但也有一些省份的生态承载力和环境承载力比较强，因此可以在进一步提升污染治理排放技术的基础上适当发展一些污染型行业。而东部和东北地区的一些省份在经历了较长时间的发展后，生态承载力和环境承载力减弱，因此，这些省份应该适当地控制污染型行业的发展规模，并引导这些行业向生态承载力和环境承载力都比较强的地区转移。

11 污染转移与工业区域布局变化的关系

随着区域协调发展战略的实施,中西部及东北地区已经具备承接东部沿海地区产业转移的条件。同时,东部地区面临着资源约束、劳动力成本上升及产业结构加快调整升级的多重压力,也开始陆续向内陆地区转移传统技术与产业。转移的产业主要以工业为主,工业作为三次产业中污染排放量最多的产业,其转移过程可能也伴随有污染的转移;如果这种转移规模较大,就会对生态环境原本就相对脆弱的中西部及东北地区造成更为严重的破坏。因此,有必要了解近年来全国污染变化的区域转移情况。

11.1 全国污染物排放转移变化情况

本章选取 2001 年与 2008 年的工业化学需氧量、氨氮、SO_2、工业烟尘、工业粉尘及固体废弃物排放数据,应用公式 $\Delta P_j = (p_{ijt+1}/p_{jt+1}) - (p_{ijt}/p_{jt})$ 分别计算出 2001 年和 2008 年之间全国各省份工业污染物排放占全国比重的变化情况及区域污染重点分布的变化,详见表 11-1。其中,p_{ijt+1} 为 $t+1$ 年 i 省的 j 类工业污染物排放量;p_{jt+1} 为 $t+1$ 年全国 j 类工业污染物排放量。

表 11-1　2008 年与 2001 年相比全国各省份工业污染物份额比重变化

省份	化学需氧量	氨氮	SO_2	工业烟尘	工业粉尘	固体废弃物
北京	−0.002 08	−0.013 02	−0.005 5	−0.002 16	−0.005 06	−0.007 84
天津	−0.001 19	0.005 371	−0.002 67	−0.001 2	−0.001 61	−5.1E-05
河北	−0.015 59	−0.029 73	−0.014 7	−0.005 79	0.004 345	0.052 993
山西	0.005 117	0.010 045	−0.006 87	−0.016 4	0.015 783	0.040 513
内蒙古	0.007 317	−3E-05	0.030 956	0.035 629	0.018 155	0.034 211
辽宁	0.003 327	−0.013 34	0.009 856	0.014 333	−0.002 53	−0.016 46
吉林	0.005 604	−0.003 33	0.003 038	0.009 71	−0.003	−0.001 05
黑龙江	0.003 47	0.023 866	0.007 582	0.008 488	0.007 843	0.000 821
上海	−0.003 14	−0.007 58	−0.004 99	−0.001 26	−0.000 86	6.77E-05
江苏	0.000 667	0.015 696	−0.018 41	−0.002 13	0.002 239	−0.000 24

续表

省份	化学需氧量	氨氮	SO₂	工业烟尘	工业粉尘	固体废弃物
浙江	0.005 996	−0.051 5	−0.001 01	0.002 628	−0.008 48	−5.9E−05
安徽	0.004 506	−0.002 1	0.002 062	0.009 53	0.024 11	−0.000 56
福建	−9.6E−06	0.002 161	0.008 159	0.000 603	0.009 746	−0.000 51
江西	0.004 846	0.010 017	0.008 433	0.004 938	0.025 637	0.011 644
山东	−0.026 47	−0.014 87	−0.020 08	−0.013 13	−0.034 15	−0.000 32
河南	−0.000 72	0.006 684	0.013 78	0.003 666	−0.037 25	−0.007 67
湖北	−0.008 95	−0.019 08	−0.004	−0.004 86	−0.006 09	0.002 473
湖南	−0.003 37	0.023 119	−0.005 14	0.001 298	0.018 196	−0.017 98
广东	0.008 452	0.013 757	−0.007 07	0.020 626	−0.009 5	0.001 747
广西	0.027 294	0.012 932	−0.000 39	−0.012 29	0.003 355	−0.030 52
海南	−1.2E−05	0.001 304	0.000 23	0.000 133	−1.1E−05	7.67E−06
重庆	0.002 864	0.002 893	−0.006 38	0.002 126	1.62E−05	0.122 012
四川	−0.038 12	−0.007 55	−0.013 92	−0.057 25	−0.041 16	−0.110 63
贵州	−0.002 26	0.000 175	−0.000 8	−0.011 3	−0.008 52	−0.067 64
云南	−0.004 76	0.003 049	0.001 507	−0.000 2	0.008 92	−0.069 55
西藏	−0.000 26	3.41E−05	1.39E−06	3.77E−05	−3.4E−05	0.001 544
陕西	0.004 524	0.017 466	0.004 458	−0.010 28	−0.000 2	0.002 429
甘肃	0.001 728	−0.008 64	−0.000 29	−0.001 25	−0.001 02	−0.001 43
青海	0.007 582	0.005 445	0.004 752	0.003 111	0.007 359	−0.000 52
宁夏	−0.004 81	0.005 524	0.004 793	0.002 39	−0.005 66	0.004 823
新疆	0.018 447	0.011 237	0.013 043	0.020 251	0.019 445	0.057 743

数据来源：根据 2001 年和 2008 年《中国环境统计年鉴》有关数据计算。

从表 11-1 可以看出，东部地区的北京、山东两地所有污染物排放占全国污染物排放的比重都降低，天津、上海有五种污染物排放比重降低，河北、浙江、海南有四种污染物排放比重降低，仅福建、广东污染物排放比重降低不明显。从中部地区来看，湖北各污染物排放比重有明显降低，河南、湖南有三种污染物排放比重降低，其他三省份大部分的污染物排放比重都有升高。西部地区除四川、贵州、甘肃污染物排放比重有明显降低，其余大部分省份的污染物排放比重都有较大程度升高，特别是山西、重庆、陕西、青海、宁夏和新疆污染物排放比重升高幅度十分明显。东北地区的辽宁和吉林各有三种污染物排放比重降低，而黑龙江所有污染物排放占全国污染物排放的比重都有升高，且升高的幅度较大。

为了更清晰地分析全国四大区域之间环境污染转移的变化，我们计算出 2001

年和 2008 年之间东部、中部、西部和东北四大区域污染物排放占全国污染物排放比重的变化情况,详见表 11-2。通过分析发现东部地区除固体废弃物排放比重有所升高以外,化学需氧量、氨氮、SO₂、工业烟尘、工业粉尘排放占全国污染物排放的比重都有较大幅度的降低。中部地区除工业烟尘排放比重有所降低外,其他污染物排放都有所升高。西部地区除工业烟尘和固体废弃物排放比重降低外,其他污染物排放比重都有升高。东北地区除固体废弃物排放比重降低外,其他污染物排放比重也都有所升高。

表 11-2　2008 年与 2001 年相比全国四大区域工业污染物份额比重变化

区域	化学需氧量	氨氮	SO₂	工业烟尘	工业粉尘	固体物
东部	−0.033 38	−0.078 41	−0.066 5	−0.001 68	−0.043 35	0.045 799
中部	0.001 426	0.028 684	0.008 271	−0.001 83	0.040 389	0.028 42
西部	0.019 553	0.042 533	0.037 748	−0.029 03	0.000 648	−0.057 53
东北	0.012 401	0.007 193	0.020 476	0.032 532	0.002 316	−0.016 69

数据来源:根据 2001 年和 2008 年《中国环境统计年鉴》有关数据计算。

因此,可以看出,2001—2008 年,污染开始由沿海向内陆地区转移,主要表现为从东部地区向中西部及东北地区转移。而就污染转移的程度来看,废水化学需氧量、氨氮以及大气 SO₂ 这三类主要污染物排放向西部转移的程度明显高于中部和东北地区,而工业烟尘排放主要向东北地区转移,工业粉尘排放向中部转移的程度则高于西部和东北地区,固体废弃物的污染排放主要向东部和中部转移。

11.2　全国污染型行业的产业布局变化情况

从全国污染排放转移变化情况可以看出,除固体废弃物排放以外,其他污染排放都有从东部沿海向内陆转移的趋势,其中污染排放向西部转移的程度明显高于中部和东北地区。这一现象产生的原因,我们初步猜想可能在 2001—2008 年污染型行业的区域布局由东部沿海向内陆地区发生了转移。下面将依据 34 类两位数的不同行业各污染物排放占全部行业污染排放的比重,确定污染型的行业,并就2001—2008 年这些污染型行业的布局变化情况做进一步的分析。

11.2.1　污染型行业的确定

不少研究将单位产值的污染排放量作为判定污染型行业的基本指标,这一标准虽然能衡量一个产业的污染密集度,但本节主要想测算 2001—2008 年污染型行业转移对环境污染转移所造成的实际影响,因此,这里将侧重于对行业具体污染排放量的测度,根据 2001—2008 年的行业污染物排放数据的平均值,计算出不同行业各污染物排放占全部行业污染物排放的比重,见表 11-3(其中不考虑被列为其他的行业)并依据各行业污染物排放的比重排名,从高到低选取行业污染物排放加总达到全部行业污染物排放90%的行业作为污染型行业(见表11-4~表11-9)。

表11-3 全国工业各行业污染排放量占所有工业污染排放量的比重

行业类型	化学需氧量	氨氮	SO$_2$	工业烟尘	工业粉尘	固体废弃物
煤炭开采和洗选业	0.015 36	0.006 07	0.009 92	0.016 94	0.019 03	0.318 26
石油和天然气开采业	0.004 70	0.005 43	0.001 75	0.001 88	0.000 29	0.001 41
黑色金属矿采选业	0.002 65	0.001 11	0.002 86	0.003 12	0.005 13	0.122 63
有色金属矿采选业	0.009 12	0.002 87	0.005 16	0.002 85	0.002 61	0.134 29
非金属矿采选业	0.002 88	0.001 56	0.003 25	0.005 45	0.009 65	0.019 71
农副食品加工业	0.136 03	0.085 48	0.009 50	0.024 15	0.001 84	0.012 41
食品制造业	0.033 20	0.050 35	0.005 51	0.006 72	0.000 40	0.002 58
饮料制造业	0.053 39	0.019 87	0.007 28	0.014 02	0.000 32	0.004 48
烟草制品业	0.001 30	0.000 37	0.000 87	0.000 97	0.000 24	0.001 95
纺织业	0.066 01	0.039 60	0.015 96	0.016 18	0.000 59	0.006 66
纺织服装、鞋、帽制造业	0.003 05	0.002 16	0.000 75	0.000 83	0.000 28	0.000 38
皮革毛皮羽毛(绒)及其制品	0.015 46	0.020 12	0.001 00	0.001 44	0.000 01	0.000 46
木材加工及木竹藤棕草制品	0.004 95	0.002 63	0.002 31	0.005 67	0.001 98	0.000 47
家具制造业	0.000 78	0.000 47	0.000 18	0.000 49	0.000 51	0.001 61
造纸及纸制品业	0.359 77	0.091 40	0.024 58	0.032 31	0.002 37	0.012 79
印刷业和记录媒介的复制	0.000 56	0.000 98	0.000 18	0.000 25	0.000 26	0.000 01
文教体育用品制造业	0.000 25	0.000 15	0.000 17	0.000 24	0.000 26	0.005 58
石油加工、炼焦及核燃料加工	0.015 91	0.038 82	0.033 03	0.044 59	0.022 56	0.050 33
化学原料及化学制品制造业	0.111 15	0.494 24	0.057 51	0.065 80	0.020 80	0.044 14
医药制造业	0.032 96	0.020 28	0.004 25	0.005 96	0.000 17	0.002 35
化学纤维制造业	0.025 01	0.009 85	0.007 13	0.005 81	0.000 40	0.001 42
橡胶制品业	0.001 62	0.001 64	0.002 49	0.002 36	0.000 15	0.000 19
塑料制品业	0.001 34	0.000 98	0.000 94	0.001 07	0.000 31	0.008 25
非金属矿物制品业	0.011 59	0.005 05	0.099 85	0.168 20	0.725 23	0.050 92
黑色金属冶炼及压延加工业	0.033 02	0.040 53	0.071 02	0.076 69	0.146 09	0.107 37
有色金属冶炼及压延加工业	0.008 05	0.021 21	0.039 14	0.024 86	0.021 67	0.024 08
金属制品业	0.003 97	0.001 95	0.002 00	0.003 26	0.001 61	0.004 37
通用设备制造业	0.004 13	0.002 43	0.002 79	0.004 57	0.003 37	0.005 33
专用设备制造业	0.003 21	0.007 33	0.001 73	0.002 67	0.001 11	0.003 29
交通运输设备制造业	0.008 50	0.009 83	0.002 87	0.005 35	0.005 14	0.003 03

续表

行业类型	化学需氧量	氨氮	SO₂	工业烟尘	工业粉尘	固体废弃物
电气机械及器材制造业	0.002 40	0.001 16	0.001 14	0.001 59	0.000 29	0.000 62
通信计算机及其他电子设备	0.004 26	0.003 55	0.000 90	0.000 95	0.000 43	0.000 55
仪器仪表及文化办公用机械	0.001 68	0.001 07	0.000 48	0.000 44	0.000 03	0.000 08
电力、热力的生产和供应业	0.021 73	0.009 45	0.581 51	0.452 31	0.005 13	0.047 98

数据来源：根据 2001 年和 2008 年《中国环境统计年鉴》有关数据计算。

表 11-4　工业废水 COD 类污染型行业污染排放

化学需氧量污染排放比重	0.903 65					
造纸及纸制品业	0.359 77	0.496	0.607	0.726	0.793	0.826	0.888	0.904
农副食品加工业	0.136 03							
化学原料及化学制品制造业	0.111 15							
纺织业	0.066 01							
饮料制造业	0.053 39							
食品制造业	0.033 20							
黑色金属冶炼及压延加工业	0.033 02							
医药制造业	0.032 96							
化学纤维制造业	0.025 01							
电力、热力的生产和供应业	0.021 73							
石油加工、炼焦及核燃料加工	0.015 91							
皮革毛皮羽毛（绒）及其制品	0.015 46							

数据来源：根据 2001 年和 2008 年《中国环境统计年鉴》有关数据计算。

表 11-5　工业废水氨氮类污染型行业污染排放

氨氮污染排放比重	0.902 03					
化学原料及化学制品制造业	0.494 24	0.586	0.671	0.721	0.802	0.840	0.882	0.902
造纸及纸制品业	0.091 40							
农副食品加工业	0.085 48							
食品制造业	0.050 35							
黑色金属冶炼及压延加工业	0.040 53							
纺织业	0.039 60							
石油加工、炼焦及核燃料加工业	0.038 82							
有色金属冶炼及压延加工业	0.021 21							
医药制造业	0.020 28							
皮革毛皮羽毛（绒）及其制品业	0.020 12							

数据来源：根据 2001 年和 2008 年《中国环境统计年鉴》有关数据计算。

表 11-6　工业二氧化硫类污染型行业污染排放

SO₂ 污染排放比重	0.906 62					
电力、热力的生产和供应业	0.581 51	0.681	0.752	0.810	0.849	0.882
非金属矿物制品业	0.099 85					
黑色金属冶炼及压延加工业	0.071 02					0.907
化学原料及化学制品制造业	0.057 51					
有色金属冶炼及压延工业	0.039 14					
石油加工、炼焦及核燃料加工业	0.033 03					
造纸及纸制品业	0.024 58					

数据来源：根据 2001 年和 2008 年《中国环境统计年鉴》有关数据计算。

表 11-7　工业烟尘类污染型行业污染排放

工业烟尘污染排放比重	0.905 86						
电力、热力的生产和供应业	0.452 31	0.621	0.697	0.763	0.808	0.840	0.889
非金属矿物制品业	0.168 20						
黑色金属冶炼及压延加工业	0.076 69						0.906
化学原料及化学制品制造业	0.065 80						
石油加工、炼焦及核燃料加工业	0.044 59						
造纸及纸制品业	0.032 31						
有色金属冶炼及压延加工业	0.024 86						
农副食品加工业	0.024 15						
煤炭开采和洗选业	0.016 94						

数据来源：根据 2001 年和 2008 年《中国环境统计年鉴》有关数据计算。

表 11-8　工业粉尘类污染型行业污染排放

工业粉尘污染排放比重	0.915 55			
非金属矿物制品业	0.725 23	0.871 321	0.893 876	0.915 551
黑色金属冶炼及压延加工业	0.146 09			
石油加工、炼焦及核燃料加工业	0.022 56			
有色金属冶炼及压延加工业	0.021 67			

数据来源：根据 2001 年和 2008 年《中国环境统计年鉴》有关数据计算。

表 11-9　工业固体废弃物污染型行业污染排放

	比重							
固体废弃物排放比重	0.900 01							
煤炭开采和洗选业	0.318 26	0.453						
有色金属矿采选业	0.134 29							
黑色金属矿采选业	0.122 63		0.575					
黑色金属冶炼及压延加工业	0.107 37			0.683				
非金属矿物制品业	0.050 92				0.733			
石油加工、炼焦及核燃料加工业	0.050 33					0.784		
电力、热力的生产和供应业	0.047 98						0.876	
化学原料及化学制品制造业	0.044 14							
有色金属冶炼及压延加工业	0.024 08							0.900

数据来源：根据 2001 年和 2008 年《中国环境统计年鉴》有关数据计算。

通过表 11-4～表 11-9 可以看出工业废水 COD 类污染型行业包括造纸及纸制品业，农副食品加工业，化学原料及化学制品制造业，纺织业，饮料制造业，食品制造业，黑色金属冶炼及压延加工业，医药制造业，化学纤维制造业，电力、热力的生产和供应业，石油加工、炼焦及核燃料加工，皮革毛皮羽毛（绒）及其制品十二类工业行业。工业废水氨氮类污染型行业包括化学原料及化学制品制造业，造纸及纸制品业，农副食品加工业，食品制造业，黑色金属冶炼及压延加工业，纺织业，石油加工、炼焦及核燃料加工业，有色金属冶炼及压延加工业，医药制造业，皮革毛皮羽毛（绒）及其制品业十类工业行业。工业 SO₂ 类污染型行业包括电力、热力的生产和供应业，非金属矿物制品业，黑色金属冶炼及压延加工业，化学原料及化学制品制造业，有色金属冶炼及压延加工业，石油加工、炼焦及核燃料加工业，造纸及纸制品业七类工业行业。工业烟尘类污染型行业包括电力、热力的生产和供应业，非金属矿物制品业，黑色金属冶炼及压延加工业，化学原料及化学制品制造业，石油加工、炼焦及核燃料加工业，造纸及纸制品业，有色金属冶炼及压延加工业，农副食品加工业，煤炭开采和洗选业九类工业行业。工业粉尘类污染型行业包括非金属矿物制品业，黑色金属冶炼及压延加工业，石油加工、炼焦及核燃料加工业，有色金属冶炼及压延加工业四类工业行业。工业固体废弃物污染型行业包括煤炭开采和洗选业，有色金属矿采选业，黑色金属矿采选业，黑色金属冶炼及压延加工业，非金属矿物制品业，石油加工、炼焦及核燃料加工业，电力、热力的生产和供应业，化学原料及化学制品制造业，有色金属冶炼及压延加工业九类工业行业。

11.2.2　污染型行业区域布局转移情况

通过以上分析确定了不同污染类污染型工业行业，以下将对 2001 年和 2008 年全国各省份不同污染类的污染型行业占全国比重的变化情况进行计算（见表

11-10),并分析污染型行业区域布局转移的情况。

表 11-10 不同污染类的污染型行业区域布局转移变化情况

省份	化学需氧量	氨氮	SO₂	工业烟尘	工业粉尘	固体废弃物
北京	−0.007 71	−0.013 145 2	−0.010 175	−0.005 71	−0.016 39	−0.008 48
天津	−0.005 59	−0.007 024 4	−0.005 707	−0.005 43	−0.003 37	−0.006 55
河北	0.013 808	0.014 055 16	0.014 664 8	0.012 5	0.030 307	0.018 945
山西	0.006 364	0.006 032 03	0.004 647 7	0.010 132	0.007 473	0.011 297
内蒙古	0.007 874	0.009 351 75	0.009 139 1	0.012 129	0.007 555	0.014 833
辽宁	−0.003 73	−0.005 634 3	−0.014 27	−0.008 58	−0.019 49	−0.017 48
吉林	−0.001 1	−0.001 643 4	−0.004 363	−0.003 95	−0.001 63	−0.004 53
黑龙江	−0.007 53	−0.008 317 7	−0.011 294	−0.006 5	−0.009 35	−0.012 66
上海	−0.024 94	−0.029 774 5	−0.028 079	−0.021 34	−0.036 35	−0.028 99
江苏	−0.002 9	−0.003 84	0.006 028 8	0.001 92	0.013 943	0.004 856
浙江	−0.002 01	−0.009 647 7	0.005 095 5	0.004 25	0.003 958	0.005 711
安徽	0.002 337	0.002 668 99	0.004 036	0.001 867	−7.9E-05	0.002 794
福建	0.001 18	0.000 996 5	−0.001 887	−0.002 78	−0.002 3	−0.000 76
江西	0.003 285	0.009 159 25	0.009 156 2	0.006 157	0.013 011	0.008 4
山东	0.032 76	0.042 683 08	0.033 686 5	0.024 183	0.031 933	0.027 88
河南	0.007 72	0.013 895 71	0.011 932 2	0.008 828	0.018 794	0.012 045
湖北	−0.005 74	−0.008 054 5	−0.005 134	−0.011 47	−0.015 23	−0.007 55
湖南	0.003 813	0.005 037 12	0.000 969	0.000 916	−0.003 93	0.000 825
广东	−0.022 85	−0.021 205 4	−0.015 047	−0.016 06	−0.016 68	−0.019 57
广西	0.001 57	−0.000 317 6	0.000 433 3	−0.002 18	−0.000 43	−0.000 54
海南	0.000 912	0.001 219 04	0.002 301	0.001 43	0.003 32	0.001 729
重庆	−0.000 35	0.000 234 68	−0.000 386	−0.001 04	−0.002 19	−0.000 96
四川	0.003 736	0.005 056 24	0.000 623	0.001 012	−0.004 27	0.002 505
贵州	0.000 572	−0.000 991 1	−0.001 266	−0.000 47	−0.003 47	0.000 371
云南	0.001 345	0.002 608 68	0.002 286	0.000 191	0.003 029	0.002 57
西藏	−9.2E-05	−6.089E-05	−0.000 107	−0.000 13	−0.000 16	−0.000 16
陕西	−0.000 87	−0.000 382 7	0.000 823 1	0.001 434	0.003 341	0.000 692
甘肃	−0.001 64	−0.001 657 9	−0.004 441	−0.002 99	−0.002 54	−0.005 11
青海	0.000 407	0.000 584 32	−1.83E-06	−0.000 3	−0.001 57	5.87E-05
宁夏	0.000 539	4.2643E-05	−0.000 355	0.000 396	−0.000 35	0.000 213
新疆	−0.001 16	−0.001 928	−0.002 062	0.001 595	0.003 11	−0.002 38

数据来源:根据 2001 年和 2008 年《中国工业经济统计年鉴》有关数据计算。

从表 11-10 可以看出,北京、天津、辽宁、吉林、黑龙江、上海、江苏、浙江、湖北、广东、重庆、西藏、陕西、甘肃、新疆的化学需氧量污染型行业占全国的比重下降,其中下降幅度较大的有上海、广东、北京、天津和黑龙江,主要集中在东部地区。化学需氧量污染型行业占全国的比重上升幅度较大的有山东、河北、内蒙古、河南、山西、安徽、湖南和江西,主要集中在中部地区。

对于氨氮类污染型行业来说,北京、天津、辽宁、吉林、黑龙江、上海、江苏、浙江、湖北、广东、广西、贵州、陕西、甘肃、新疆等省份占全国的比重下降,其中下降幅度较大的有上海、北京、广东、浙江和黑龙江,也主要集中在东部地区。比重上升幅度较大的有山东、河北、河南、内蒙古、江西、山西和湖南,明显集中于中部地区。

从 SO₂ 污染型行业的区域布局转移变化情况来看,北京、天津、辽宁、吉林、黑龙江、上海、福建、湖北、广东、重庆、四川、贵州、西藏、甘肃、青海、宁夏和新疆 SO₂ 污染型行业占全国的比重都有下降,其中下降幅度较大的有上海、北京、广东、辽宁、黑龙江和天津,主要集中于东部和东北地区。比重上升幅度较大的包括有山东、河北、河南、内蒙古、江西、江苏、浙江和山西,主要集中在东部和中部的部分地区。

从工业烟尘污染型行业的区域布局转移变化情况来看,北京、天津、辽宁、吉林、黑龙江、上海、福建、湖北、广东、广西、重庆、贵州、西藏、甘肃和青海的工业烟尘污染型行业占全国的比重都有下降。其中下降幅度较大的有上海、北京、广东、天津、辽宁和湖北,主要集中于东部地区。比重上升幅度较大的包括有山东、河北、山西、内蒙古、河南和江西,主要还是集中在东部的部分地区和中部地区。

从工业粉尘污染型行业的区域布局转移变化情况来看,北京、天津、辽宁、吉林、黑龙江、上海、安徽、福建、湖北、湖南、广东、广西、重庆、四川、贵州、西藏、甘肃、青海和宁夏工业粉尘污染型行业占全国的比重都有下降。其中下降幅度较大的有上海、北京、辽宁和广东,主要集中在东部地区。比重上升幅度较大的包括有山东、河北、山西、江苏、内蒙古、河南和江西,主要还是集中在东部的部分地区和中部地区。

从固体废弃物污染型行业的区域布局转移变化情况来看,北京、天津、辽宁、吉林、黑龙江、上海、福建、湖北、广东、广西、重庆、西藏、甘肃和新疆固体废弃物污染型行业占全国的比重都有下降。其中下降幅度较大的有上海、北京、广东、辽宁、黑龙江和天津,主要集中于东部和东北地区。比重上升幅度较大的包括有山东、河北、山西、内蒙古、河南和江西,主要还是集中在东部的部分地区和中部地区。

总体来看,北京、上海、广东、辽宁、黑龙江的各类污染型行业占全国的比重几乎都有较大幅度的下降,而上升幅度较大的都主要集中于山东、河北、山西、内蒙古、河南和江西等省份,就西部大部分省份而言,虽然污染型行业的比重也都上升,但上升幅度相对较小。

为了更直观地分析全国四大区域之间环境污染转移的变化,我们计算出 2001 年与 2008 年之间东部、中部、西部和东北四大区域不同污染类的污染型行业区域布局转移变化情况(见表 11-11)。

表 11-11 2008 年与 2001 年相比各区域不同污染类污染型行业区域布局变化

区域	化学需氧量	氨氮	SO₂	工业烟尘	工业粉尘	固体废弃物
东部	−0.017 34	−0.025 68	0.000 881	−0.007 04	0.008 37	−0.005 23
中部	0.017 774	0.028 739	0.025 607	0.016 433	0.020 041	0.027 814
西部	0.011 927	0.012 54	0.003 439	0.009 647	0.002 055	0.012 088
东北	−0.012 36	−0.015 6	−0.029 93	−0.019 04	−0.030 47	−0.034 67

数据来源:根据 2001 年和 2008 年《中国工业经济统计年鉴》有关数据计算。

通过表 11-11 可以看出,2001—2008 年东部地区的化学需氧量污染型行业、氨氮类污染型行业、工业烟尘污染型行业和固体废弃物污染型行业整体占全国的比重都有下降,而 SO₂ 污染型行业、工业粉尘污染型行业的比重上升。中部和西部地区各类污染型行业整体占全国的比重都有增加,但中部地区增加幅度较大,行业转移变化比较明显,西部地区则整体增加幅度相对较小。东北地区各类污染型行业整体占全国的比重都有所下降,其中 SO₂ 污染型行业、工业粉尘污染型行业、工业烟尘污染型行业和固体废弃物污染型行业比重下降明显。因此,总体来看东部和东北地区的污染型行业发生了明显的转移,主要转移到了中部和西部地区,其中中部承接了相对较大部分的污染行业转移。

11.3 污染转移与产业转移的关系

从 11.2.1 小节得出的结论来看,2001—2008 年,污染开始由沿海向内陆地区转移,主要表现为从东部地区向中部、西部以及东北地区转移。但通过 11.2.2 小节的分析发现东北地区的污染型行业占全国的比重明显下降,这两个结论出现了矛盾。

而就污染转移的程度来看,废水化学需氧量、氨氮及大气 SO₂ 这三类主要污染物排放向西部转移的程度明显高于中部和东北地区。但从 11.2.2 小节得出的结论来看化学需氧量污染型行业和氨氮类污染型行业却表现为由东部和东北地区向中西部地区转移,且向中部转移的幅度大于西部。二氧化硫污染型行业则表现为由东北地区向东、中、西地区转移,但主要集中于中部地区。工业烟尘排放表现为主要向东北地区转移,工业粉尘排放向中部地区转移的程度则高于西部和东北地区,这也与 11.2.2 小节的结论相矛盾,工业烟尘污染型行业主要由东部和东北地区向中西部地区转移,而工业粉尘污染型行业主要由东北地区向东、中、西地区转移,且主要集中在东部地区。11.2.1 小节得出的结论是固体废弃物的污染排放主要向东部和中部转移,而固体废弃物污染型行业却表现为由东部和东北地区向中西部转移。

两部分的结论相互矛盾说明之前污染转移是由污染型行业的布局发生变化所导致的这一设想存在问题,主要是因为在这一计算分析过程忽略了各区域污染排放技术对污染转移产生的影响。如果一个区域总体所使用的污染排放控制技术变好并高于其他区域,那么即使其承接了较多的污染型行业,其污染排放量的比重也不一定就大幅度上升。同样,即使一个区域污染型行业的规模未扩大或者转移了出去,但其近几年总的污染排放控制技术变差或者差于全国平均技术水平,则其污染排放占全国的比重也可能上升或者高于其他排污控制技术高的区域。

因此,有必要对 2001—2008 年全国各省份的污染排放控制技术进行测算,看是否是因为各省份污染排放控制技术发生变化导致以上问题的出现。

11.4　全国污染排放技术变化

对 2001—2008 年因技术原因导致污染排放占全国比重的变化情况进行测算,从而了解技术变化对污染排放的影响。通过将现实中的污染排放量与对应产业结构条件下应该排放的污染量进行比较,得出因技术原因导致的污染排放,具体公式为

$$\Delta T_i = \frac{p_{it+1} - \sum_{i=1}^{31} \sum_{j=1}^{35} s_{ijt+1} p_{jt+1}}{P_{t+1}} - \frac{p_{it} - \sum_{i=1}^{31} \sum_{j=1}^{35} s_{ijt} p_{jt}}{P_t} \tag{11-1}$$

式中,p_{it+1} 为 $t+1$ 年 i 省的实际工业污染排放量;p_{jt+1} 为 $t+1$ 年全国 j 行业的污染排放量;s_{ijt+1} 为 $t+1$ 年 i 省的 j 行业工业总产值占全国的比重;P_{t+1} 为 $t+1$ 年全国工业总的污染排放量;$\sum_{i=1}^{31} \sum_{j=1}^{35} s_{ijt+1} p_{jt+1}$ 表示 $t+1$ 年 i 省在该省的产业结构条件下所应当排放的污染量,则 p_{it+1} 与 $\sum_{i=1}^{31} \sum_{j=1}^{35} s_{ijt+1} p_{jt+1}$ 的差值则体现出 $t+1$ 年 i 省因污染排放控制技术的原因所产生的污染排放量。若 $p_{it+1} - \sum_{i=1}^{31} \sum_{j=1}^{35} s_{ijt+1} p_{jt+1} > 0$,说明 $t+1$ 年 i 省的污染排放控制技术低于全国平均水平;若 $p_{it+1} - \sum_{i=1}^{31} \sum_{j=1}^{35} s_{ijt+1} p_{jt+1} < 0$,说明 $t+1$ 年 i 省的污染排放控制技术高于全国平均水平。ΔT_i 则为 $t+1$ 与 t 年相比 i 省因技术原因所产生的工业污染排放在全国工业污染排放的比重变化情况,表现为 i 省分别相对于 $t+1$ 与 t 年的全国平均技术水平而言,其污染排放控制技术的进步程度。当 $\Delta T_i > 0$ 时,即在 t 到 $t+1$ 年间 i 省整体因技术原因导致工业污染排放比重增加,表明 i 省分别相对于 $t+1$ 与 t 年的全国平均技术水平而言,整体工业污染排放控制技术发生了退步;当 $\Delta T_i < 0$ 时,即在 t 到 $t+1$ 年间 i 省整体因技术原因所产生的工业污染排放比重增加,表明 i 省分别相对于 $t+1$ 与 t 年的全国平均技术水平而言,整体工业污染排放控制技术进步。

通过计算得出 2008 年与 2001 年相比全国各省份整体工业污染排放控制技术的变化情况(具体数据见表 11-12)。

表 11-12 2008 年与 2001 年相比全国各省份工业污染排放控制技术的变化情况

省份	化学需氧量	氨氮	SO$_2$	工业烟尘	工业粉尘	固体废弃物
北京	0.002 675	−0.003 46	−0.016 39	−0.008 04	0.003 35	−0.008 51
天津	0.007 349	0.024 026	−0.001 19	0.000 227	−0.001 33	0.003 703
河北	−0.007 73	−0.024 25	−0.016 84	−0.008 33	−0.002 12	0.045 894
山西	0.003 659	0.009 409	−0.007 61	−0.016 86	0.012 241	0.011 361
内蒙古	0.001 371	−0.006 74	0.020 606	0.026 874	0.009 014	0.002 357
辽宁	−0.001 85	−0.005 53	0.012 227	0.013 767	−0.014 33	−0.018 74
吉林	0.004 416	0.001 298	0.004 677	0.010 294	−0.004 41	−0.001 3
黑龙江	0.009 837	0.028 585	0.013 733	0.014 591	0.010 703	0.005 385
上海	0.011 867	0.014 773	0.001 941	0.007 041	0.018 177	0.011 669
江苏	0.005 384	0.023 93	−0.019 84	−0.006 71	0.012 928	0.001 921
浙江	0.005 909	−0.058 44	−0.016 18	−0.010 2	−0.005 15	−0.004 96
安徽	0.002 804	−0.002 66	−0.004 33	0.004 949	0.021 451	−0.002 16
福建	4.47E-05	−0.002 81	0.008 802	−0.000 44	0.003 677	−0.005 44
江西	0.000 692	0.006 243	0.003 455	−0.000 13	0.015 361	0.007 241
山东	−0.059 23	−0.057 38	−0.030 44	−0.035 25	−0.072 81	0.007 778
河南	−0.015 99	−0.003 67	0.010 433	−0.003 7	−0.065 45	−0.017 72
湖北	−0.001 29	−0.012 55	−0.005 49	−0.004 72	0.002 196	0.009 008
湖南	−0.006 61	0.019 733	−0.006 78	−0.001 08	0.015 924	−0.019 9
广东	0.022 016	0.027 672	0.002 844	0.030 767	0.009 707	−0.002 72
广西	0.028 221	0.015 179	−0.002 62	−0.013 94	0.004 009	−0.021 77
海南	−0.001 64	0.001	−0.000 62	−0.000 36	−0.000 34	0
重庆	0.002 459	0.004 218	−0.006 62	0.001 892	0.000 877	0.121 367
四川	−0.042 24	−0.011 78	−0.014 37	−0.058 28	−0.044 74	−0.122 52
贵州	−0.001 99	0.001 371	−0.001 86	−0.011 27	−0.006 62	−0.072 56
云南	−0.002 76	0.005 162	0.001 522	0.000 303	0.009 938	−0.069 68
西藏	−0.000 23	3.47E-05	0.000 207	0.000 251	0.000 26	0.002 291
陕西	0.005 795	0.018 637	0.005 299	−0.009 31	8.24E-05	−0.000 1
甘肃	0.003 205	−0.006 68	0.004 584	0.003 324	0.003 368	0.002 831
青海	0.007 157	0.004 749	0.005 485	0.003 841	0.007 569	−0.001 09
宁夏	−0.004 43	0.005 97	0.004 431	0.002 141	−0.005 92	0.002 859
新疆	0.018 709	0.011 065	0.013 099	0.020 428	0.020 577	0.056 891

数据来源:根据 2001 年和 2008 年《中国环境统计年鉴》和《中国工业统计年鉴》有关数据计算。

总体来看,污染排放控制技术相对提升幅度较大的省份主要有山东、河北、河南和四川。从分类污染物排放控制技术的变化情况看,2008年与2001年相比,废水化学需氧量排放技术相对提升的有河北、山东、河南、湖北、湖南、海南、四川、贵州、云南、西藏和宁夏,其中提升幅度较大的有山东、河南、四川、河北和湖南;废水氨氮排放技术相对提升的有北京、河北、内蒙古、辽宁、浙江、安徽、福建、山东、河南、湖北、四川、甘肃,其中提升幅度较大的有浙江、山东、河北、四川和湖北;SO_2排放技术相对提升的有北京、天津、河北、山西、江苏、浙江、安徽、山东、湖北、湖南、广西、海南、重庆、四川和贵州,其中提升幅度较大的有山东、江苏、河北、北京、浙江和四川;工业烟尘排放技术相对提升的有北京、河北、山西、江苏、浙江、安徽、山东、河南、湖北、湖南、广西、海南、四川、贵州和陕西,其中提升幅度较大的有山东、山西、河北、北京、广西、贵州和四川,工业粉尘排放技术相对提升的有天津、河北、辽宁、吉林、浙江、山东、河南、海南、四川、贵州和宁夏,其中提升幅度较大的有山东、河北、天津、河南和四川;固体废弃物排放技术相对提升的有北京、辽宁、吉林、浙江、安徽、福建、河南、湖南、广东、广西、四川、贵州、云南、陕西和青海,中提升幅度较大的有四川、广西、贵州、云南、河南和湖南。

为了更直观地分析全国四大区域之间环境污染转移的变化,我们计算出2001年和2008年之间东部、中部、西部和东北四大区域整体工业污染排放控制技术的变化情况(见表11-13)。

表11-13　2008年与2001年相比各区域工业污染排放控制技术变化情况

区域	化学需氧量	氨氮	SO_2	工业烟尘	工业粉尘	固体废弃物
东部	−0.013 35	−0.054 95	−0.087 92	−0.031 31	−0.033 92	0.049 327
中部	−0.016 74	0.016 507	−0.010 33	−0.021 55	0.001 722	−0.012 17
西部	0.015 271	0.041 174	0.029 766	−0.033 75	−0.001 71	−0.099 13
东北	0.012 405	0.024 353	0.030 638	0.038 652	−0.008 04	−0.014 65

数据来源:2001年和2008年《中国环境统计年鉴》、2001年和2008年《中国工业经济统计年鉴》。

相对而言,东部地区整体的污染排放控制技术表现为明显的进步,中部地区技术水平也有较大程度提升,西部和东北地区的污染排放控制技术则相对全国平均技术变化水平而言相对下降,而东北地区的污染排放技术下降得更为明显。从分类污染物排放控制技术的变化情况可以看出东部和中部地区的废水化学需氧量排放控制技术得到了明显的提升,西部和东北地区则相对下降,且西部地区的下降幅度大于东北地区。从废水氨氮排放控制技术的变化情况来看,除东部地区技术提升外,中、西和东北地区都下降,其中西部地区技术相对整体水平而言下降的幅度最大,其次是东北地区。从SO_2排放控制技术的变化情况来看,东部和中部地区都有明显的提升,西部和东北地区技术都下降。工业烟尘排放技术东、中、西部地区都有所上升,其中东部和西部地区上升幅度相对较大。东北地区的工业烟尘排放技术下降相对较为明显。对于工业粉尘的排放控制技术而言,除中部地区技术相对整体水平明显下降外,东部、西部和东北地区技术都有所进步,而东部地区进步最为明显。从固体废弃物排放控制技术来看,东部技术相对整体水平有所下降,中部、西部及东北地区都表现为技术进步,且西部技术进步最为明显。

11.5　污染型行业转移及污染排放技术变化对污染转移的影响

通过对工业污染排放控制技术变化情况的分析可以看出,全国各省份的污染排放控制技术的变化正好解释了之前污染转移变化与污染型行业转移变化结论之间的矛盾。

总体来看,2001—2008 年,污染开始由沿海地区向内陆地区转移,主要表现为从东部地区向中、西部地区及东北地区转移,且向西部转移最为明显。而污染型行业的转移情况却表现为东部和东北地区的污染型行业占全国的比重明显下降,污染型的行业主要向中部和西部地区转移,且中部地区承接转移份额较大。这主要是因为 2001—2008 年,东部地区的污染排放控制技术相对整体水平有着明显进步,这一变化加上污染型行业的向外转移使得东部地区的工业污染占全国比重明显下降。而对于中部地区而言,虽然污染型行业增加的比重远远高于西部地区,但由于其污染排放控制技术有了明显的进步,使得总体的污染排放比重降低。而西部地区不仅承接了大量的污染型行业的转移,其整体污染排放控制技术相对全国平均技术的变化水平也变差了,这必然使西部地区的工业污染排放的比重增多,从而表现为污染主要向西部转移。东北地区虽然污染型行业的比重下降,但其污染排放控制技术相对全国平均技术的变化水平也明显下降,这使东北地区污染排放的比重仍然表现为上升,但上升的幅度还是明显小于西部地区。

在 2001—2008 年,废水化学需氧量污染型行业表现为由东部和东北地区向中部和西部地区转移,虽然中部地区化学需氧量污染型行业增加的比重大于西部地区,但由于东部和中部地区转移分别相对于 2008 年与 2001 年的全国平均技术水平而言,整体工业污染排放控制技术进步,使得技术水平原因所产生的污染减少,而西部和东北地区分别相对于 2008 年与 2001 年的全国平均技术水平而言,整体工业污染排放控制技术发生了退步,导致技术原因所产生的污染增加。从整体来看,废水化学需氧量污染主要表现为由东部地区向中部、西部及东北地区转移,且向西部地区转移最为明显,东北地区其次。

从废水氨氮污染排放来看,在 2001—2008 年,废水氨氮污染型行业表现为由东部和东北地区向中部和西部,虽然中部地区化学含氧量污染型行业增加的比重大于西部地区。同时,由于东部地区分别相对于 2008 年与 2001 年的全国平均技术水平而言,整体工业污染排放控制技术进步,使技术水平原因所产生的污染减少,虽然中部、西部和东北地区分别相对于 2008 年与 2001 年的全国平均技术水平而言,整体工业污染排放控制技术发生了退步,导致技术原因所产生的污染增加,但中部地区因技术进步相对较快,从而因技术原因导致氨氮污染比重相比西部和东北地区增加的幅度较小。从整体来看,废水氨氮污染主要表现为由东部地区向中部、西部及东北地区转移,且向西部地区转移最为明显,中部地区其次。

从大气二氧化硫污染排放来看,在2001—2008年,二氧化硫污染型行业表现为由西部和东北地区向东部和中部地区转移,且转移主要集中向中部地区。但由于东部和中部地区分别相对于2008年与2001年的全国平均技术水平而言,整体工业污染排放控制技术进步,使技术水平原因所产生的污染减少,而西部和东北地区分别相对于2008年与2001年的全国平均技术水平而言,整体工业污染排放控制技术发生了退步,导致技术原因所产生的污染增加,且增加的幅度较大。从整体来看,工业二氧化硫污染主要表现为由东部地区向中部、西部及东北地区转移,且向西部地区转移最为明显,东北地区其次。

从工业烟尘污染排放来看,在2001—2008年,工业烟尘污染型行业表现为由中部和东北地区向东部和西部转移,且转移主要集中向东部地区。但由于东部、中部和西部地区分别相对于2008年与2001年的全国平均技术水平而言,整体工业污染排放控制技术进步,使技术水平原因所产生的污染减少,而东北地区分别相对于2008年与2001年的全国平均技术水平而言,整体工业污染排放控制技术发生了退步,导致技术原因所产生的污染增加,且增加的幅度较大。从整体来看,工业烟尘污染主要表现为由东部、中部和西部地区向东北地区转移,且西部地区工业烟尘污染占全国比重减少较为明显。

从工业粉尘污染排放来看,在2001—2008年,工业粉尘污染型行业表现为由西部和东北地区向东部和中部地区转移,且转移主要集中向东部地区。但由于东部、西部和东北地区分别相对于2008年与2001年的全国平均技术水平而言,整体工业污染排放控制技术进步,使技术水平原因所产生的污染减少(东部地区减少最为明显),而中部地区分别相对于2008年与2001年的全国平均技术水平而言,整体工业污染排放控制技术发生了退步,导致技术原因所产生的污染增加。从整体来看,工业粉尘污染主要表现为由东部地区向中部、西部以及东北地区转移,且向中部转移最为明显,而西部地区工业粉尘污染占全国比重增加幅度很小,东北地区居中。

从固体废弃物污染排放来看,在2001—2008年,固体废弃物污染型行业表现为由东北地区向东部、中部和西部地区转移,且转移主要集中向中部和西部地区。同时,由于中部、西部和东北地区分别相对于2008年与2001年的全国平均技术水平而言,整体工业污染排放控制技术进步,使技术水平原因所产生的污染减少,而东部地区分别相对于2008年与2001年的全国平均技术水平而言,整体工业污染排放控制技术发生了退步,导致技术原因所产生的污染增加。从整体来看,固体废弃物污染主要表现为由西部和东北地区向东部和中部地区转移,且向东部地区转移最为明显。

11.6　本章小结

通过本章分析可以发现,污染的转移不仅与污染型行业的转移密切相关,同时还受到所采用的污染排放控制技术的影响。即使污染型行业数量增多,但通过促进这些行业污染排放控制技术的进步,也可以减少污染的排放。在产业从东部沿海地区向内陆地区转移的过程中,一些污染型行业在成本效益的驱动下,可能会出现大量向中部、西部以及东北地区转移的现象,而中部、西部及东北的部分贫困地区也愿意通过承接产业转移来带动当地经济的发展。但我国中西部地区生态环境相对较为脆弱,一旦污染随着产业的转移也相应发生大规模的转移,必将会对这些地区的环境造成严重的破坏。因此,中西部生态环境相对较为脆弱的地区在承接沿海地区产业转移过程中,一方面要控制高耗能、高污染行业的过快增长,另一方面要重视对污染排放控制技术水平的提升,正确处理经济发展与环境保护之间的关系,在促进经济发展的同时尽量减少污染排放,以实现经济、社会与环境三者之间的协调发展。

12 环境规制与中国工业区域布局的
"污染天堂"效应

世界各国对环境保护的重视程度日益增强,为进一步提升环境质量,大多数国家逐渐强化本国的环境规制力度,特别是针对工业污染排放采取了比以前更为严厉的规制,以减少污染排放,改善环境。然而,各国各地区的环境规制强度不一,这是否会对工业的布局产生影响? 也就是说,工业是否会从环境规制强的国家或地区向环境规制弱的国家或地区转移? 这一问题成为近年来区域经济学、环境经济学、国际贸易等研究的热点。

虽然国内环境规制强度统一遵循国家标准,但中西部地区在承接东部产业转移的具体操作过程,为了吸引更多的产业,可能会在实际产业环境规制强度上有所放松。因此,在我国区域之间是否存在着"污染天堂"效应,或者说中西部地区是否成为东部产业转移的"污染天堂"这一问题将在本章研究。

12.1 计量模型的设定和说明

产业布局理论大体可以分为两类,比较优势理论和新经济地理学理论。比较优势理论源于赫克歇尔-俄林(Heckscher-Ohlin, H-O)模型,强调生产要素对产业布局的影响。新经济地理(NEG)则强调规模收益递增,市场接近及产业前向、后向关联对产业布局的影响。如何综合考虑 H-O 比较优势理论与新经济地理学所强调的因素对产业布局的共同影响一直是产业布局研究的一个热点。Midelfart-Knarvik 等建立了区域特征和产业特征交互作用(Interaction)模型[1],这个模型将H-O 比较优势理论与新经济地理学所强调的因素对产业布局的共同影响作用考虑了进来,并应用这一模型研究了美国和欧洲的产业分布决定因素。我们借鉴Fondazione Eni Enrico Mattei 的研究[2],在区域特征和产业特征交互作用(Interaction)模型中引入环境规制的省份特征和污染程度的行业特征,对中国区域间的"污

① Midelfart-Knarvik, K. H., Overman, H. G. and Venables A. J., "Comparative Advantage and E-conomic Geography: Estimating the Location of Production in the EU", Centre for economic policy research discussion paper, no. 2618, 2000.

② Mulatu, A., Gerlagh, R., Rigby, D. and Wossink, A., "Environmental Regulation and Industry Location", Fondazione Eni Enrico Mattei Working Papers, no. 261, 2009.

染天堂"效应进行测度。

我们用各省份不同行业在全国所占的份额来测度工业布局,这里用 S_{ik} 表示 i 省工业中的 k 行业占全国 k 行业工业总产值的比重,即 $S_{ik} = Z_{ik} / \sum_i Z_{ik}$,其中 Z_{ik} 表示 i 省 k 行业的工业生产总值,i 表示全国所有省份。我们共选取了 6 个区域和产业作用的交互项,前 3 个交互项的选择基于赫克歇尔-俄林(H-O)贸易模型,第 4 和第 5 个交互项选择体现了新经济地理(NEG)所强调的规模经济和产业前向、后向关联。第 6 个交互项则正是我们主要考虑的环境变量。这 6 个交互项分别为:① 农业丰裕度乘以农业投入要素密度;② 自然资源丰裕度乘以自然资源中间消耗密度;③ 人力资本禀赋乘以人力资本投入密度;④ 市场潜力乘以国内最终需求偏向;⑤ 工业基础乘以工业中间投入密度;⑥ 环境规制放松程度乘以行业污染排放密集程度。我们得到回归方程:

$$\ln(S_{ik} + 1) = c + \alpha \ln(\text{Pop}_i) + \sum_j \beta^j X_i^j Y_k^j + \sum_j \phi^j X_i^j + \sum_j \gamma^j Y_k^j + \varepsilon_{ik}$$

$$(12\text{-}1)$$

其中,模型中最核心的是区域和产业作用的交互项,用 j 来指示,X_i^j 和 Y_k^j 分别表示区域特征和相对应的产业特征。Pop_i 表示 i 省的人口,用以控制规模因素,α、β^j、ϕ^j 和 γ^j 为回归系数。我们主要关注交互项系数 β^j,并以我们重点研究的环境规制放松程度乘以行业污染排放密集程度这一交互项为例予以说明,当 β^j 大于零时,则表示污染密度高的行业倾向于选择环境规制放松程度较高的省份生产;反之,当 β^j 小于零时,污染密度高的行业则倾向于退出环境规制放松程度较高的省份(Midelfart-Knarvik 等,2000)。

在上述解释变量中,环境规制力度是我们最关注的变量,很有必要考虑该指标的内生性问题,不过,Fondazione Eni Enrico Mattei(2009)忽略了这一问题。我们考虑到两个方面的内生性来源:一是环境规制力度与工业布局之间存在联立性,即污染行业占全国比重高的省份可能更倾向于放松规制;二是来自省略变量的影响,一些难以测度的省份特征可能和环境规制力度相关。针对上述两种可能性,一方面,我们选择上一期的环境规制力度作为解释变量、引入工具变量法(两阶段最小二乘法)来解决环境规制力度与工业布局之间的联立性问题;另一方面,遵循 Sanguinetti 和 Volpe Martincus[1],引入省份虚拟变量(δ_i)、产业虚拟变量(μ_k),如式(12-2)所示,使用虚拟变量的最小二乘法(least square dummy variable, LSDV),即通过产业和省份固定效应更加可靠地控制了产业特征和地区特征,可以消除部分无法度量的不随区域而变的产业特征变量和不随产业而变的区域特征变量的影响,从而解决省略变量引发的内生性问题。

① Sanguinetti, Pablo. and Martincus C. V., "Does Trade Liberalization Favor Industrial Concentration", mimeo, University National de La Plata, Argentina, 2004.

$$\ln(S_{ik}+1) = c + \alpha\ln(\text{Pop}_i) + \sum_j \beta^j X_i^j Y_k^j + \delta_i + \mu_k + \varepsilon_{ik} \qquad (12\text{-}2)$$

12.2 数据说明和变量选择

12.2.1 环境规制力度指标量度

我们将 Levinson 的产业结构环境投入指数进行改进[1],建立关于产业结构条件下的污染排放指数的分析模型。首先,基于各省不同的产业结构,测算出按照全国平均水平各省单位生产总值应排放的污染量,用 $\hat{D}_{it}$ 表示:

$$\hat{D}_{it} = \frac{1}{Y_{it}} \sum_{k=1}^{35} \frac{Y_{kit} P_{kt}}{Y_{kt}} \qquad (12\text{-}3)$$

式中,P_{kt} 是第 t 年全国第 k 工业部门(共分为 35 个部门)的污染排放量;Y_{it} 是第 t 年 i 省份各工业部门的生产总值;Y_{kit} 是第 t 年 i 省份第 k 工业部门的生产总值。

其次,将现实中的单位产值污染排放量和按照全国平均水平的单位污染排放量进行比较,得出各省环境污染治理强度 D_{it}^*:

$$D_{it}^* = \frac{D_{it}}{\hat{D}_{it}} \qquad (12\text{-}4)$$

$$D_{it} = \frac{P_{it}}{Y_{it}} \qquad (12\text{-}5)$$

式中,P_{it} 是指第 t 年 i 省份的污染排放量;Y_{it} 是指第 t 年 i 省份各工业部门的生产总值;D_{it} 则表示第 t 年 i 省份单位工业生产总值所对应的污染排放量。

当 D_{it}^* 大于 1 时,说明 i 省份的实际污染排放量大于该省份工业结构条件下所应对应的污染排放量,因此从污染治理方面来看,该省份的努力程度还有待加强。当 D_{it}^* 小于 1 时,说明 i 省份的实际污染排放量小于该省份工业结构条件下所应对应的污染排放量,因此可以看出该省份在污染治理方面的努力程度已经达到平均要求。就全国对比而言,D_{it}^* 越小则说明这一省份的污染治理的程度越努力,D_{it}^* 越大则说明污染治理的力度越不够。

我们选择的环境污染排放量主要包括固体废弃物排放量、工业废水排放量、SO_2 排放量、工业烟尘排放量、工业粉尘排放量这五个指标。选取了 2004—2007 年包括西藏在内的 31 个省份的环境污染排放数据[2]进行分析。关于工业部门的

---

[1] Andreoni J. and Levinson, A., "The Simple Analytics of the Environmental Kuznets Curve", Journal of Public Economics, vol. 80, no. 2, 2001, pp. 269-286.

[2] 数据来源于《2004 中国工业统计年鉴》《2005 中国工业统计年鉴》《2006 中国工业统计年鉴》《2007 中国工业统计年鉴》。

分类,这里考虑到所有的工业,依次划分出 34 个污染排放指标较高的具体行业[①],并将剩下的污染排放很少的少量指标归为其他。

最后,为了综合说明各省份环境污染治理的努力程度,我们对各省份固体废弃物排放量、工业废水排放量、SO_2 排放量、工业烟尘排放量、工业粉尘排放量的 D_{it}^* 进行主成分分析。计算出 2004—2007 年各省份不同产业结构条件下的综合环境污染规治强度系数,具体结果见表 12-1。

表 12-1　2004—2007 年全国各省份环境规治强度排名

项目 省份	2004 年		2005 年		2006 年		2007 年	
	排名	强度系数	排名	强度系数	排名	强度系数	排名	强度系数
北京	1	−0.916	1	−0.911	1	−0.918	1	−0.937
天津	3	−0.845	4	−0.804	3	−0.814	3	−0.818
河北	12	−0.233	12	−0.280	12	−0.317	12	−0.291
山西	27	0.851	25	0.748	29	0.958	25	0.768
内蒙古	30	1.097	29	1.000	24	0.578	23	0.447
辽宁	11	−0.283	14	−0.199	15	−0.128	13	−0.148
吉林	16	−0.183	16	−0.030	17	−0.029	17	−0.006
黑龙江	17	−0.126	17	0.013	21	0.177	22	0.356
上海	2	−0.911	2	−0.892	2	−0.877	2	−0.871
江苏	6	−0.753	8	−0.742	6	−0.756	5	−0.777
浙江	4	−0.797	3	−0.822	5	−0.766	8	−0.747
安徽	15	−0.185	15	−0.157	14	−0.179	14	−0.147
福建	9	−0.711	9	−0.629	9	−0.628	9	−0.648
江西	20	0.343	21	0.273	19	0.104	19	0.093
山东	8	−0.728	7	−0.746	7	−0.749	4	−0.778
河南	10	−0.336	10	−0.328	11	−0.396	10	−0.534
湖北	14	−0.192	11	−0.291	13	−0.276	11	−0.336
湖南	19	0.253	18	0.074	18	0.097	21	0.153
广东	7	−0.731	5	−0.777	4	−0.777	7	−0.750
广西	31	1.554	31	1.318	27	0.950	27	0.853
海南	5	−0.771	6	−0.751	8	−0.715	6	−0.776
重庆	22	0.391	22	0.320	23	0.420	24	0.504

①　煤炭开采和洗选业、石油和天然气开采业、黑色金属矿采选业、有色金属采选业、非金属采选业、农副食品加工业、食品加工制造业、饮料制造业、烟草加工业、纺织业、服装及其他纤维制品业、皮革毛皮羽绒及其他制品业、木材加工及竹藤棕草制品业、家具制造业、造纸及纸制品业、印刷业和记录媒介的复制业、文教体育用品制造业、石油加工及炼焦业、化学原料及化学制品制造业、医药制造业、化学纤维制造业、橡胶制品业、塑料制品业、非金属矿物制品业、黑色金属冶炼及压延加工业、有色金属冶炼及压延工业、金属制品业、通用机械工业、专用机械工业、交通运输设备制造业、电气机械及器材制造业、电子及通信设备制造业、仪器仪表及文化办公用机械制造业、电力热力工业。

续表

项目	2004 年		2005 年		2006 年		2007 年	
省份	排名	强度系数	排名	强度系数	排名	强度系数	排名	强度系数
四川	21	0.364	19	0.138	20	0.118	16	−0.046
贵州	28	0.952	26	0.815	28	0.954	30	1.200
云南	18	0.081	20	0.023	16	−0.071	18	0.087
西藏	13	−0.224	13	−0.271	10	−0.524	14	−0.147
陕西	26	0.655	24	0.677	25	0.668	26	0.815
甘肃	23	0.405	23	0.376	22	0.414	20	0.098
青海	24	0.445	27	0.834	26	0.880	28	0.981
宁夏	25	0.557	30	1.126	30	1.268	31	1.204
新疆	29	0.979	28	0.895	31	1.335	29	1.110

12.2.2 刻画省区特征变量

这里用 2008 年各省份农业增加值占全国 GDP 的比重来表示农业丰裕度,用 2008 年各省份采掘业产值占全国 GDP 的比重来表示自然资源丰裕度,人力资本禀赋用 2008 年各省份学龄以上人口中高中文化程度占全国人口的比重来表示,市场潜力用 2008 年各省份工业产品销售收入占全国工业总产值的比重表示,2008 年各省的工业基础用各省工业增加值占全国 GDP 的比重表示,我们选取 2007 年各省份的环境规制的大小来表示环境规制放松程度,即用上一期的规制力度来解决模型的内生性问题。省区特征变量的数据来源及变量描述见表 12-2。

表 12-2 省区特征变量的数据统计

省区特征变量	观察值数量	均值	标准偏差	最小值	最大值
农业丰裕度	1 054	0.003 326 7	0.002 468	0.000 184 9	0.009 176 2
自然资源丰裕度	1 054	0.002 085 7	0.002 105 4	0.000 027 3	0.008 246 7
人力资本禀赋	1 054	0.003 289	0.003 894 6	0.000 102 7	0.008 745
市场潜力	1 054	0.031 785 9	0.035 262	0.000 089 1	0.131 012 1
工业基础	1 054	0.420 543 3	0.101 039 8	0.074 966 5	0.564 916 1
环境规制放松程度	1 054	2.39e-07	0.669 662	−0.936 496 6	1.204 258

数据来源:根据 2009 年《中国统计年鉴》、2009 年《中国工业经济统计年鉴》、2002～2009 年《中国环境统计年鉴》数据计算。

12.2.3 刻画产业特征变量

产业的农业投入要素密度用 2007 年投入产出表中的农业中间消耗表示。自然资源中间消耗密度用 2007 年投入产出表中的采掘业中间消耗来表示。人力资本投入密度用行业的相对工资水平来表示,即以所有工业的平均工资为基准做比较得到各行业的相对工资水平。产业的最终需求偏向用 2007 年国内最终需求除以产业总销售来表示。工业中间投入密度用 2007 年投入产出表中各行业的中间投入占工业总中间投入的比重来表示。污染排放密集程度用 2008 年各行业的污染排放占总污染排放的平均比重来表示。产业特征变量的数据来源及变量描述见表 12-3。

表 12-3　产业特征变量的数据统计

产业特征变量	观察值数量	均值	标准偏差	最小值	最大值
农业投入要素密度	1 054	0.029 411 8	0.101 219 5	0	0.578 256 2
自然资源中间消耗密度	1 054	0.029 411 8	0.069 393 3	0.000 123 6	0.354 357 6
人力资本投入密度	1 054	1.010 82	0.368 605 8	0.605 943 6	2.415 65
产业的最终需求偏向	1 054	0.165 726 1	0.198 456 4	0	0.720 804 5
工业中间投入密度	1 054	0.029 411 8	0.024 706 3	0.003 770 2	0.088 641 2
行业污染排放密集程度	1 054	0.233 113 2	0.317 920 3	0.001 557 4	1.138 299

数据来源:根据 2008 年《全国投入产出表》、2009 年《中国统计年鉴》、2009 年《中国工业经济统计年鉴》、2002～2009 年《中国环境统计年鉴》数据计算。

12.3　实证结果及分析

12.3.1　实证结果

对式(12-1)进行最小二乘回归及工具变量回归,结果见表 12-4。由于产业布局并不由省份特征和产业特征单独决定,同时受篇幅所限,这里仅报告主要关注的交互项系数回归结果。从选择上一期环境规制力度的 OLS 回归结果来看,环境规制放松程度乘以行业污染排放密集程度的回归估计系数符号为正,且回归结果十分显著,表现为高污染排放密度的行业倾向于向环境规制放松程度的省份布局。农业丰裕度乘以农业投入要素密度的回归估计系数符号为正,表现为农业产品投入要素密度高的行业倾向于在农业产出高的省份布局,但结果并不显著。自然资源丰裕度乘以自然资源中间消耗密度的回归估计系数符号为正,表现为自然资源投入要素密度高的行业倾向于在自然资源丰富的省份布局,同时,回归结果显著。人力资本禀赋乘以人力资本投入密度的回归估计系数符号为负,且结果显著,与人力资本投入密度高的行业倾向于在人力资本多的省份布局这一预测不一致。这主要是由于国内区域之间人口流动相对比较频繁,人力资本倾向于向工资高的地区流动,中国大量流动人力的供给在一定程度上抑制了高工资地区人力成本的上升,当高工资地区的人力成本尚控制在可盈利的条件下,将不会对产业的重新布局产生明显影响。市场潜力乘以国内最终需求偏向的回归估计系数符号为正,表现为国内最终需求度高的行业倾向于集中在市场潜力大的地区,但结果并不显著。工业基础乘以工业中间投入密度的回归估计系数符号为正,表现为工业中间投入密度高的行业倾向于集中在工业基础好的地区,且结果通过检验。

表 12-4　中国工业空间布局决定因素的 OLS 估计和工具变量回归

省份规模差异变量	OLS 估计	工具变量
交互项	β^i	β^i
农业丰裕度乘以农业投入要素密度	2.681 101	2.937 833*
自然资源丰裕度乘以自然资源中间消耗密度	6.499 419**	5.965 523*
人力资本禀赋乘以人力资本投入密度	−1.250 159***	−1.028 918***
市场潜力乘以国内最终需求偏向	0.047 268 3	0.062 65
工业基础乘以工业中间投入密度	0.238 237*	0.310 762 7*
环境规制放松程度乘以行业污染排放密集程度	0.007 635 7***	0.016 731 3***
调整后的 R^2	0.678 6	0.544 1
F 统计量	118.11	1 251.41
样本个数	1 054	1 054

注:***、**、*分别表示在 1%、5%、10%的水平下显著。

另外,使用环境规制放松程度工具变量得出的回归结果也基本一致,这在一定程度上解决了联立性产生的内生性问题。

除了对式(12-1)进行估计外,我们还考虑了固定效应的影响,见式(12-2)。产业固定效应控制了随省份变化的产业异质因素的影响,而地区固定效应则控制了不随产业变化的省份异质因素的影响。应用地区和产业固定效应模型解决了部分因省略变量(omitted variables)引起的内生性问题,估计结果见表 12-5。

表 12-5　中国工业空间布局决定因素的地区和产业固定效应

解释变量	地区固定效应	产业固定效应	产业地区固定效应
农业丰裕度乘以农业投入要素密度	2.285 68*	2.229 88	2.308 36*
自然资源丰裕度乘以自然资源中间消耗密度	7.577 79***	7.376 82**	6.978 91**
人力资本禀赋乘以人力资本投入密度	−1.677 37***	−1.555 13***	−1.435 98***
市场潜力乘以国内最终需求偏向	0.032 78	0.029 78	0.029 288
工业基础乘以工业中间投入密度	−.045 2 87	0.085 96	0.246 683*
环境规制放松程度乘以污染排放密集程度	0.007 74***	0.007 76***	0.008 19***
调整后的 R^2	0.535 7	0.672 4	0.670 7
F 统计量	29.92	49.06	31.88
样本个数	1 054	1 054	1 054

注:***、**、*分别表示在 1%、5%、10%的水平下显著。

从环境规制放松程度乘以污染排放密集程度的地区固定效应、产业固定效应和产业地区固定效应来看,估计系数也都为正,且回归结果都高度显著,很好地证实了环境规制力度对高污染排放密度行业布局的作用影响,高污染排放密度行业将倾向于向环境规制放松程度高的省份转移。从其他交互项的固定效应分析来看,基本与最小二乘回归的结果一致,考虑到其并不是我们讨论的重点,限于篇幅,不展开分析。

12.3.2　进一步分析

为了进一步对以上的实证分析结果进行检验,我们选取面板数据模型来考察环境规制对污染排放密集型行业布局的影响,上文是基于分产业的分析,现在则考虑将所有污染产业加总来看。我们根据 2005—2008 年的行业污染排放数据的平均值,计算出不同行业各污染物排放占全部行业污染排放的比重,并依据各行业污染排放的比重排名,从高到低选取行业污染排放加总达到全部行业污染排放 90%的行业作为污染排放密集型行业,包括热力电力、化学原料及制品、煤炭开采、造纸及制品制造、黑色金属冶炼、有色金属采矿、黑色金属采矿、食品加工、石油炼焦、食品制造、饮料制造、有色金属冶炼、医药制造、纺织工业。

鉴于采用的面板数据时间跨度短但截面主体较多,我们认为主体间差异主要表现在横截面之间,即体现在截距项上,而斜率系数为常数,具体形式如下:

$$S_{it} - S_{it-1} = \alpha + u_i + \lambda E_{it} + \phi X_{it} + \eta_{it} \tag{12-6}$$

式中,$S_{it} - S_{it-1}$ 为 2005—2007 年和 2006—2008 年各省份污染排放密集型行业占全国所有行业的比重变化;E_{it} 为环境规制放松程度;X_{it} 为地区固定效应显著的农业丰裕度、自然资源丰裕度和人力资本禀赋省份特征变量。截距项中的 u_i 度量了个体间的差异,如果 $\alpha + u_i$ 为确定数,则称式(12-6)为固定效应(FE)模型;若 u_i 随机扰动,则称式(12-6)为随机效应(RE)模型;若 u_i 不随个体而改变,则称式(12-6)为混合回归模型,可以直接利用 OLS 回归估计。因此,在确定回归模型为何种形式时,我们首先利用 BP man test 来确定 FE 和 RE 哪个更合适。经过检验,我们选择 RE 做 GLS(广义最小二乘法)回归分析。同时,考虑到环境规制的内生性问题,我们应用工具变量法对该回归模型进行了估计,结果见表 12-6。

表 12-6　各省份污染排放密集型行业所占比重变化的 GLS 回归和工具变量回归

项目	GLS 回归		工具变量回归	
	系数	标准差	系数	标准差
农业丰裕度	0.480 19***	0.157 76	0.399 73*	0.212 54
自然资源丰裕度	0.159 97	0.098 27	0.036 16	0.118 43
人力资本禀赋	−0.561 77**	0.261 336	0.016 81	0.463 93
环境规制放松程度	0.000 73*	0.000 43	0.003 42***	0.001 30

项目	GLS 回归		工具变量回归	
	系数	标准差	系数	标准差
调整后的 R^2	0.420 2	0.250 3		
样本个数	62	62		

从回归结果可以发现各省份污染排放密集型行业在全国的比重变化与各省份平均环境规制放松程度呈明显的正相关,即环境规制放松程度高的省份污染排放密集型行业比重增加,环境规制放松程度低的省份污染排放密集型行业比重下降,污染排放密集型行业明显从环境规制强度大的省份向环境规制强度弱的省份转移。

同时还发现,污染型行业的布局变化还受到其他因素的影响,如各省份的农业丰裕程度、人力资本禀赋等。因此,只能说在污染型行业的布局变化中存在"污染天堂"效应,环境规制强度对污染型行业的布局选择有一定的影响,使污染型行业倾向从环境规制强度大的省份转移到环境规制强度小的省份。但由于各省份的自然条件短时间内无法改变,各省份环境规制力度的大小将成为污染型行业布局调整中的重要考虑因素,在很大程度上影响这些行业的布局决策,使得一些环境规制力度小的省份成为污染型行业规避高环境治理成本的"污染天堂"。

12.4　本章小结

目前,沿海发达省份在环境污染规制方面取得了显著的成绩,这与其经济发展水平、产业结构及对环境改善的需求密切相关;而中西部大多数省份仍处于经济发展水平的初期和中期,严峻现实使经济增长发展愿望异常强烈。因此,在一定时期内经济发展与环境保护相比,中西部地区对前者的需求显得更为迫切,从而导致其环境规制力度及环境规制的主动性相对较弱。在这种情况下,东部地区一些污染型行业为规避环境治理成本,会倾向于向环境规制力度弱的中西部地区转移,使中西部地区成为东部地区污染密集型产业规避高环境规制的"污染天堂",从而导致对中西部地区生态环境的破坏。因此,环境规制力度较弱的中西部地区,更应重视经济发展与生态环境建设的有机结合,在经济发展的基础上,有选择性地承接东部地区产业转移,结合自身特色优势大力发展生态经济,促进传统产业升级,同时加强对污染排放的监管力度,控制高耗能、高污染行业的过快增长。另外,从中央政府层面来看,中央政府应进一步建立健全环境规制力度的监测考评机制,加强对各省份环境规制执行力度的监管,避免各省份环境规制强度的过度分化,从而促使污染型行业通过自身的设备升级和技术进步实现污染排放减少,而不是简单地通过产业转移来规避高环境规制成本。同时,中央政府应加大对中西部地区的环境治理投入和转移支付力度,进一步缩小区域差距,实现生态文明的区域协调发展战略目标。

13 工业区域布局的生态承载力研究

发达地区向欠发达地区转移污染型行业,导致污染由发达地区向欠发达地区转移。同样,在资源的开发利用过程中,生态破坏在区域之间也存在着明显的间接转移。一个地区使用了大量的生态资源,但其绝大部分资源都可能是靠输入,在这种情况下,输入资源地区的生态系统受到了很好的保护,而输出资源地区的生态系统却承受了巨大的生态压力。本章将通过实证研究,应用改进生态足迹模型分析比较 2008 年中国 31 个省份区生态承载力,并讨论了区域间生态破坏转移问题,为实现以生态文明为核心价值取向的区域协调发展战略目标提供决策参考。

13.1 生态承载力研究理论与方法

研究一个国家或地区生态承载力的理论与方法较多,生态足迹(Ecological Footprint,EF)是全球最流行的一种。生态足迹理论是由加拿大生态经济学家 William 和他的学生 Wackernagel 于 20 世纪 90 年代初提出的用于度量可持续发展程度的一种新方法。[①] 其作用在于通过将人类消耗的各种资源和能源项目折算为耕地、林地、水域、草地、化石能源用地和建筑用地六大类生态生产性土地面积后,再与现有的生态土地容量进行比较来评价研究对象的可持续发展状况。

这一方法在近年来得到进一步的发展,在生态承载力研究方面的应用也越来越广泛。Vuuren 在 2000 年应用生态足迹的时间序列分析,对贝宁、不丹、哥斯达黎加和荷兰的生态承载力进行了比较研究。[②] Helmut 在 2001 年应用生态足迹从三个不同的消费领域测算了 1926—1995 年奥地利的生态环境变化情况。[③] 2004 年世界自然基金会(World Wide Fund For Nature,WWF)应用生态足迹测算并发布了世界 149 个国家的生态盈余(赤字)情况。2006 年 Wiedmann 应用生态足迹实

① William,R. and Wackernagel,M.,"Ecological Footprint and Appropriated Carrying Capacity: What Urban Economics Leaves Out?",Environment and Urbanization,vol. 4,no. 2,1992,pp. 121-130.

② Vuuren,D. P. V. and Smeets,E. M. W.,"Ecological Footprint of Benin,Bhutan,Costa Rica,and the Netherlands",Ecological Economics,vol. 34,no. 1,2000,pp. 115-130.

③ Helmut,H.,et al.,"How to Calculate and Interpret Ecological Footprint for Long Period of Time: the Case of Austria 1926~1995",Ecological Economics,no. 38,2001,pp. 25-45.

证方法分析了英国资源、能源消耗对环境变化的影响。[①]

13.1.1　生产性生态足迹理论

生态足迹可分为消费性的与生产性的。当研究对象是整个生态系统时,作为一个自给自足的封闭系统,人类消费的生物产量与人类从生态系统中取得的生物产量是完全相等的,因此可以直接用人类的消费量作为生态足迹来反映人类对整个生态系统的影响。但是,当选取的研究对象是某个地区时,就不仅要考虑本地区的消费量,还要考虑到该地区资源能源的输入输出情况。即使一个地区的资源、能源消费量较大,但这些资源、能源几乎大部分都是源于其他区域的输入,则该地区的实际生态消费对本地生态的影响不大。而一些地区虽然消费量小,但向外输出量大,则这些地区的实际生态消费对本地生态的影响可能很大。虽然,近年来许多学者将生态足迹方法应用于研究中国生态承载力和可持续发展,取得了一系列的成果,但由于中国各省份贸易数据的缺失,无法准确地测算出各省份资源能源输入输出量,因此,应用由消费量所定义的生态足迹方法测算的区域生态承载力难以真实地反映中国各省份的实际生态需求。为了解决这一问题,熊德国等提出了用生产性生态足迹来测算区域可持续发展的方法,并认为这种研究方法更为科学。[②]

生产性生态足迹是指一个区域每年从生态系统中实际取得的生物产量所需要的生态生产性土地面积。运用生产性生态足迹与现有的生态土地容量进行比较,将更能客观地反映区域生态环境的可持续性。与消费性生态足迹的计算方法相比,生产性生态足迹模型将区域人口生态消费量换成区域的生产量,而不必考虑区域的输入输出量,从而克服了因区域资源输入输出量数据不全所导致的用当地消费量计算产生较大误差的弊端。

目前,国内应用生产性生态足迹方法考察区域生态承载力的研究不多,且多集中于理论和局部区域的实证分析研究,并没有从全国的角度对各省级行政区的生态承载力进行比较分析。本章运用改进了的生产性生态足迹方法进行实证研究,分析比较 2008 年中国 31 个省份生态承载力,并讨论区域间生态破坏转移问题。

13.1.2　生产性生态足迹模型

生产性生态足迹理论从世界平均生产水平的角度计算所研究区域的生态足迹的大小,并从供给的角度计算该区域实际生态承载量的大小,然后对二者进行比

①　Wiedmann, Minx, Barrett, et al. , "Allocating Ecological Footprints to Final Consumption Categories with Input-Output Analysis", Ecological Economics, vol. 56, no. 2, 2006, pp. 28-48.

②　熊德国,鲜学福,姜永东:《生态足迹理论在区域可持续发展评价中的应用及改进》,《地理科学进展》2003 年第 6 期,第 78—86 页。

较,以评价研究对象的可持续发展能力。

13.1.2.1　生产性生态足迹

生产性生态足迹的计算公式为

$$EF = N \times ef \tag{13-1}$$

$$ef = \sum_{j=1}^{6}\sum_{i=1}^{n}(r_j a_i) = \sum_{j=1}^{6}\sum_{i=1}^{n}(r_j \times c_i/p_i) \quad j = (1,2,3,\cdots,6) \tag{13-2}$$

式(13-1)中,EF 为区域总的生态足迹;ef 为区域人均生态足迹;N 为区域人口数量。式(13-2)中 i 为消费资源的类别;a_i 为根据世界第 i 种消费资源平均产量折算的人均占有的生态生产性土地;c_i 为第 i 种消费资源人均生产量;p_i 为生态生产性土地生产第 i 种消费资源的世界平均产量;r_j 为第 j 种生态生产性土地的均衡因子,共有 6 种生态生产性土地。

由于各类生态生产性土地的生产力之间存在差异,因此需要将各类生态生产性土地乘以一个均衡因子 r_j,使其转化为统一的、可比较的生态生产性土地面积。

13.1.2.2　实际生态承载量

实际生态承载量的计算公式为

$$EC = N \times ec \tag{13-3}$$

$$ec = \sum_{j=1}^{6}(A_j r_j y_j) \tag{13-4}$$

式(13-3)中 EC 为区域总的实际生态承载量;ec 为区域实际人均生态承载量;N 为区域人口数量。式(13-4)中 j 为生态生产性土地的类别;A_j 为第 j 种生态生产性土地的人均面积;r_j 为第 j 种生态生产性土地的均衡因子;y_j 为第 j 种生态生产性土地的产量因子。

由于不同国家和地区的资源禀赋不同,即使是同类生态生产性土地,其生态生产力差异也很大,因此在计算生态承载量时,除了进行均衡化处理外,还需乘以产量因子,使之转化为可比较的实际平均生态空间面积。

13.1.2.3　生态盈余或生态赤字

生态盈余或生态赤字的计算公式为

$$ER(ED) = EC - EF \tag{13-5}$$

式(13-5)中 ER 为区域生态盈余;ED 为区域生态赤字。

13.2　指标选取与数据来源

根据生态足迹模型,生产性生态足迹主要包括生物资源账户部分和能源资源账户部分。其中,生物资源账户包括耕地生态足迹指标(谷物、豆类、薯类、棉花、油料、麻类、甘薯、甜菜、烟草、蚕茧、茶叶、禽蛋、猪肉)、林地生态足迹指标(木材、油桐籽、油茶籽、核桃、水果)、水域生态足迹指标(水产品)、草地生态足迹指标(牛肉、羊肉、奶类、羊毛、蜂蜜)。能源资源账户包括化学燃料地生态足迹指标(原煤、原油、天然气)和建筑用地生态足迹指标(电力)。这些指标选取均参照了世界自然基金会的分类标准。产量数据及各省份实际土地承载数据分别来源于 2009 年《中国统计年鉴》和 2009 年各省份的统计年鉴,各类生态生产性土地的均衡因子和产量因子来源于 Wackernagel 等对中国生态足迹计算时的取值。[①] 其中,由于化学燃料地是不可再生资源,因此,其产量因子为 0。同时,根据世界环境与发展委员会(WCED)的建议,至少应该保留 12% 的生态容量以保护生物多样性,我们在计算生态实际承载时扣除了 12% 生物多样性保护面积。

13.3 生态承载力的实证分析结果

应用生产性生态足迹方法分别测算出 2008 年全国各省份的生产性生态足迹(见表 13-1)、2008 年全国各省份的实际生态承载(见表 13-2)、2008 年全国 2008 年全国各省份生态盈余(生态赤字)(见表 13-3),并对全国各省份的生态承载能力进行分析。

表 13-1　2008 年全国各省份生产性生态足迹

均衡面积 省份	耕地	林地	水域	草地	化学 燃料地	建筑用地	加总
北京	0.638 35	0.009 46	0.021 81	0.074 36	0.073 08	0.013 49	0.830 55
天津	1.022 54	0.005 61	0.166 50	0.127 06	1.837 37	0.014 54	3.173 62
河北	2.222 23	0.021 00	0.041 16	0.273 41	0.362 18	0.009 94	2.929 92
山西	0.951 70	0.015 15	0.006 21	0.069 85	4.901 06	0.012 78	5.956 73
内蒙古	2.102 46	0.084 44	0.028 06	1.331 73	4.422 83	0.016 76	7.986 28
辽宁	2.713 38	0.035 15	0.098 33	0.194 10	0.620 27	0.010 85	3.672 08
吉林	2.776 60	0.092 17	0.039 10	0.286 32	0.532 18	0.006 02	3.732 39
黑龙江	2.361 15	0.085 25	0.064 14	0.328 92	1.677 33	0.005 81	4.522 60
上海	0.436 67	0.003 60	0.053 39	0.016 93	0.034 34	0.019 98	0.564 91
江苏	1.587 11	0.013 54	0.269 27	0.029 10	0.092 67	0.013 47	2.005 16
浙江	1.182 17	0.049 55	0.109 36	0.030 89	0.000 55	0.015 04	1.387 57
安徽	2.058 80	0.048 28	0.193 467	0.080 96	0.405 64	0.004 64	2.792 00
福建	1.715 68	0.145 456	0.126 19	0.022 24	0.134 42	0.009 87	2.153 98
江西	2.259 65	0.114 01	0.298 41	0.045 23	0.142 54	0.004 11	2.863 495
山东	2.100 85	0.029 11	0.088 49	0.200 54	0.671 75	0.009 60	3.100 33
河南	2.431 65	0.025 01	0.036 99	0.226 16	0.521 28	0.006 93	3.248 02

① Wackernagel, M., Onisto, L. and Bello. P., et al., "National Natural Capacity Accounting with the Ecological Footprint Concept", Ecological Economics, vol. 29, no. 3, 1999, pp. 375-391.

续表

省份＼均衡面积	耕地	林地	水域	草地	化学燃料地	建筑用地	加总
湖北	2.386 28	0.034 96	0.378 45	0.069 09	0.065 10	0.006 14	2.940 03
湖南	2.790 01	0.129 79	0.193 05	0.063 71	0.201 97	0.004 70	3.383 24
广东	1.189 88	0.039 03	0.219 39	0.013 21	0.211 04	0.012 17	1.684 71
广西	2.325 62	0.166 87	0.151 68	0.051 58	0.013 74	0.005 19	2.714 68
海南	1.962 18	0.088 64	0.230 28	0.058 71	0.037 62	0.004 72	2.382 16
重庆	2.352 55	0.015 84	0.046 30	0.043 56	0.534 83	0.005 66	2.998 74
四川	2.579 82	0.030 90	0.080 68	0.114 32	0.475 51	0.004 93	3.286 17
贵州	1.687 65	0.047 99	0.014 18	0.055 28	0.664 53	0.005 94	2.475 58
云南	2.312 98	0.075 89	0.038 65	0.149 36	0.344 434	0.006 05	2.927 20
西藏	0.539 00	0.029 12	0.001 20	1.484 66	0.000 00	0.000 00	2.053 98
陕西	1.154 51	0.035 67	0.009 57	0.114 58	2.436 88	0.006 24	3.757 45
甘肃	0.982 40	0.017 49	0.003 09	0.220 73	0.466 65	0.008 55	1.698 91
青海	0.855 422	0.001 40	0.001 80	0.579 17	1.676 16	0.018 73	3.132 48
宁夏	1.116 93	0.018 94	0.083 89	0.490 61	1.536 23	0.023 59	3.270 20
新疆	1.396 40	0.047 74	0.029 52	0.767 79	3.184 35	0.007 46	5.433 26

数据来源：根据《2009 年中国统计年鉴》有关数据计算。

表 13-2　2008 年全国各省份实际生态承载

省份＼均衡面积	耕地	林地	水域	草地	化学燃料地	建筑用地	加总
北京	0.063 53	0.057 46	0.004 05	0.000 01	0	0.092 61	0.191 54
天津	0.174 34	0.011 44	0.017 94	0.000 01	0	0.145 52	0.307 34
河北	0.420 14	0.089 45	0.019 06	0.001 09	0	0.119 33	0.571 18
山西	0.552 73	0.202 79	0.029 31	0.001 83	0	0.118 49	0.796 54
内蒙古	1.376 31	1.826 22	0.095 03	0.258 22	0	0.287 39	3.382 00
辽宁	0.440 09	0.147 18	0.017 21	0.000 77	0	0.150 69	0.665 22
吉林	0.940 93	0.294 94	0.061 66	0.003 63	0	0.181 11	1.304 39
黑龙江	1.437 41	0.530 28	0.052 00	0.005 48	0	0.181 34	1.941 72
上海	0.060 04	0.001 19	0.001 51	0	0	0.062 40	0.110 13
江苏	0.288 41	0.013 02	0.021 65	0	0	0.117 10	0.387 36
浙江	0.174 38	0.128 02	0.008 90	0	0	0.095 25	0.357 76
安徽	0.434 13	0.067 28	0.021 32	0.000 04	0	0.125 90	0.570 83
福建	0.171 54	0.252 21	0.004 02	0.000 01	0	0.083 48	0.449 91

续表

均衡面积\省份	耕地	林地	水域	草地	化学燃料地	建筑用地	加总
江西	0.298 64	0.237 67	0.040 18	0.000 01	0	0.100 80	0.596 02
山东	0.370 93	0.030 26	0.012 09	0.000 03	0	0.123 91	0.472 75
河南	0.390 73	0.048 45	0.013 09	0.000 01	0	0.107 79	0.492 87
湖北	0.379 60	0.134 26	0.030 43	0.000 07	0	0.113 97	0.579 34
湖南	0.276 07	0.183 79	0.038 30	0.000 15	0	0.101 27	0.527 63
广东	0.137 86	0.109 93	0.007 95	0.000 03	0	0.087 15	0.301 77
广西	0.407 04	0.283 97	0.012 78	0.001 41	0	0.092 03	0.701 56
海南	0.395 96	0.227 94	0.025 87	0.000 22	0	0.162 22	0.714 74
重庆	0.366 07	0.129 34	0.003 04	0.000 79	0	0.097 11	0.524 80
四川	0.339 68	0.278 73	0.015 22	0.016 01	0	0.091 58	0.652 27
贵州	0.549 67	0.201 07	0.003 89	0.004 00	0	0.068 27	0.727 68
云南	0.621 24	0.534 27	0.010 19	0.001 63	0	0.083 48	1.100 71
西藏	0.585 67	5.782 40	1.930 52	2.133 08	0	0.108 94	9.275 73
陕西	0.500 43	0.285 18	0.014 62	0.007 74	0	0.100 91	0.799 81
甘肃	0.823 93	0.283 97	0.056 05	0.045 59	0	0.172 82	1.216 48
青海	0.455 09	1.004 58	0.497 16	0.691 50	0	0.274 29	2.571 90
宁夏	0.833 04	0.186 91	0.082 77	0.034 82	0	0.159 83	1.141 70
新疆	0.899 71	0.285 84	0.097 68	0.227 89	0	0.270 44	1.567 76

数据来源：2009 年内地 31 个省份统计年鉴。

注：化学燃料地作为不可再生资源，为了保证自然资本总量不减少，我们应该储备一定量的土地来补偿因化石能源的消耗而损失的自然资本的量，但由于化石能源的不可再生性，实际无法进行储备。因此，各省份化学燃料地实际土地承载结果也为 0。

表 13-3　2008 年中国各省份生态盈余（赤字）　（单位：全球标准公顷）

项目\省份	耕地生态盈余/赤字	林地生态盈余/赤字	水域生态盈余/赤字	草地生态盈余/赤字	化学燃料地生态盈余/赤字	建筑用地生态盈余/赤字	总的生态足迹	原有总的实际生态承载量	扣除保护面积的实际生态承载量	总的生态盈余/赤字
	(1)	(2)	(3)	(4)	(5)	(6)	(7)	(8)	(9)	(10)
北京	−0.574 81	0.047 99	−0.017 76	−0.074 35	−0.073 08	0.079 12	0.830 55	0.217 66	0.191 54	−0.639 01
天津	−0.848 21	0.005 83	−0.148 56	−0.127 05	−1.837 37	0.130 98	3.173 62	0.349 25	0.307 34	−2.866 28
河北	−1.802 09	0.068 46	−0.022 10	−0.272 33	−0.362 18	0.109 39	2.929 92	0.649 07	0.571 18	−2.358 74
山西	−0.398 97	0.187 64	0.023 11	−0.068 01	−4.901 06	0.105 71	5.956 73	0.905 15	0.796 65	−5.160 19
内蒙古	−0.726 15	1.741 79	0.066 97	−1.073 50	−4.422 83	0.270 63	7.986 28	3.843 18	3.382 00	−4.604 28
辽宁	−2.273 29	0.112 03	−0.081 12	−0.193 34	−0.620 27	0.139 84	3.672 08	0.755 93	0.665 22	−3.006 86
吉林	−1.835 67	0.202 77	0.022 56	−0.282 70	−0.532 18	0.175 09	3.732 39	1.482 27	1.304 39	−2.428 00

续表

项目 省份	耕地生态盈余/赤字	林地生态盈余/赤字	水域生态盈余/赤字	草地生态盈余/赤字	化学燃料地生态盈余/赤字	建筑用地生态盈余/赤字	总的生态足迹	原有总的实际生态承载量	扣除保护面积的实际生态承载量	总的生态盈余/赤字
	(1)	(2)	(3)	(4)	(5)	(6)	(7)	(8)	(9)	(10)
黑龙江	−0.923 74	0.445 03	−0.012 15	−0.323 44	−1.677 33	0.175 53	4.522 60	2.206 50	1.941 72	−2.580 88
上海	−0.376 62	−0.002 40	−0.051 88	−0.016 93	−0.034 34	0.042 42	0.564 91	0.125 15	0.110 13	−0.454 78
江苏	−1.298 70	−0.000 52	−0.247 61	−0.029 10	−0.092 67	0.103 63	2.005 16	0.440 18	0.387 36	−1.617 80
浙江	−1.007 79	0.078 46	−0.100 46	−0.030 89	−0.000 55	0.080 21	1.387 57	0.406 55	0.357 76	−1.029 81
安徽	−1.624 67	0.018 99	−0.172 35	−0.080 92	−0.405 64	0.121 26	2.792 00	0.648 67	0.570 83	−2.221 17
福建	−1.544 14	0.106 65	−0.122 17	−0.022 24	−0.134 42	0.073 61	2.153 98	0.511 26	0.449 91	−1.704 07
江西	−1.961 01	0.123 66	−0.258 23	−0.045 22	−0.142 54	0.096 68	2.863 95	0.677 30	0.596 02	−2.267 93
山东	−1.729 92	0.001 15	−0.076 40	−0.200 51	−0.671 75	0.114 31	3.100 33	0.537 22	0.472 75	−2.627 58
河南	−2.040 92	0.023 45	−0.023 90	−0.226 15	−0.521 28	0.100 86	3.248 02	0.560 08	0.492 83	−2.755 15
湖北	−2.006 68	0.099 30	−0.348 02	−0.069 02	−0.065 10	0.107 83	2.940 03	0.658 34	0.579 34	−2.360 69
湖南	−2.513 95	0.054 00	−0.154 75	−0.063 56	−0.201 97	0.096 57	3.383 24	0.599 59	0.527 63	−2.855 61
广东	−1.052 02	0.070 90	−0.211 44	−0.013 18	−0.211 04	0.074 98	1.684 71	0.342 92	0.301 77	−1.382 94
广西	−1.918 58	0.117 10	−0.138 90	−0.050 17	−0.013 74	0.086 84	2.714 68	0.797 23	0.701 56	−2.013 12
海南	−1.566 22	0.139 30	−0.204 41	−0.058 50	−0.037 62	0.157 49	2.382 16	0.812 21	0.714 74	−1.667 42
重庆	−1.986 48	0.113 51	−0.043 26	−0.042 77	−0.534 83	0.091 46	2.998 74	0.596 36	0.524 80	−2.473 94
四川	−2.240 14	0.247 83	−0.065 46	−0.098 31	−0.475 51	0.086 65	3.286 17	0.741 22	0.652 27	−2.633 90
贵州	−1.137 98	0.153 08	−0.010 30	−0.051 28	−0.664 53	0.062 34	2.475 58	0.826 90	0.727 68	−1.747 90
云南	−1.691 74	0.458 38	−0.028 47	−0.147 65	−0.344 35	0.077 43	2.927 20	1.250 81	1.100 71	−1.826 49
西藏	0.046 66	5.753 28	1.929 32	0.648 42	—	0.108 94	2.053 98	10.540 60	9.275 73	7.221 75
陕西	−0.654 09	0.249 52	0.005 05	−0.106 84	−2.436 88	0.094 67	3.757 45	0.908 88	0.799 81	−2.957 64
甘肃	−0.158 47	0.266 48	0.052 97	−0.175 14	−0.466 65	0.164 27	1.698 91	1.382 37	1.216 48	−0.482 43
青海	−0.400 13	1.003 17	0.495 35	0.112 34	−1.676 16	0.255 56	3.132 48	2.922 61	2.571 90	−0.560 58
宁夏	−0.283 88	0.167 97	−0.001 12	−0.455 79	−1.536 23	0.136 24	3.270 20	1.297 39	1.141 70	−2.128 50
新疆	−0.496 70	0.238 10	0.068 16	−0.539 90	−3.184 35	0.262 98	5.433 26	1.781 55	1.567 76	−3.865 50

注：① 西藏由于缺少能源统计数据未计入；② 总的生态盈余/赤字等于扣除保护面积的实际生态承载量减去总的生态足迹，即(10)=(9)−(7)；③ 总的生态盈余/赤字不等于各分项生态盈余/赤字加总，是由于各分项生态盈余/赤字计算时并未扣除12%的该项生态承载量，这是因为生物多样性是一个系统概念，需从总的实际生态承载量角度出发做整体考虑。总的生态盈余/赤字与各分项生态盈余/赤字的对应关系应该为：(10)=(1)+(2)+(3)+(4)+(5)+(6)−(8)+(9)。

从表13-3可以看出，除西藏外，各省份的耕地承载力都表现为生态赤字，其中，湖南、辽宁、四川、河南、湖北、重庆、江西赤字情况较为突出。可以看出，在中部六省份中有四省份存在较大的耕地生态赤字。中部地区作为中国粮食的主产地，担负着较重的粮食生产任务，这是出现耕地生态赤字的重要原因。四川与重庆山地较多，耕地面积本来就有限，但粮食产量大，因而其耕地生态赤字较大。其他地区也面临着耕地面生态赤字问题。随着全国人口的增加，粮食需求量增大，耕地供给压力大。同时,由于城市化与工业化进程加速,各地区都面临耕地减少的压力,耕地难以满足生态性生产的需求。因此,未来应进一步加大耕地保护力度,在保证耕地供给的基础上,提升农业生产的专业化水平和集约化程度,通过创新提升耕地生态承载力。

从林地生态承载力来看,全国大部分省份都有盈余,其中西藏、青海、内蒙古、黑龙江、云南的林地生态承载能力相对较强。西藏、青海、云南都有丰富的森林资源,其中不乏许多原始森林。这些地区是全国诸多重要水系的发源地,对水源的蓄积及地表径流的调节都发挥了重要作用。但是,随着旅游、水电等一些经济项目的开发,这些地区的生态也遭到了明显的破坏。因此,如何保护森林资源,继续保持林地生态承载能力是这些地区未来发展中需要考虑的重点。内蒙古的大兴安岭和黑龙江的小兴安岭分别为两地提供了丰富的林地资源,与此同时,"退耕还林"工程、京津风沙源治理工程、"三北"重点防护林体系工程等一系列的森林建设项目使得内蒙古和黑龙江的森林承载优势十分明显。

从水域的生态承载力来看,山西、内蒙古、吉林、西藏、陕西、甘肃、青海、新疆都表现为生态盈余,其中西藏和青海的水域生态承载力最好,而湖北、江西、广东、江苏和海南的水域生态赤字突出。这些省份基本上都是沿江、沿海地区,水产养殖业规模相对较大,过度开发导致了水域面积日益减少,这给当地的水域生态承载带来了很大的压力。

除了西藏、青海以外各省份的草地生态承载力都表现为生态赤字,其中内蒙古和新疆最为突出,分别为-1.07和-0.54。西藏、青海、内蒙古和新疆都是全国畜牧生产大省(区),但草地的承载力相差悬殊,内蒙古、新疆、西藏和青海的人均畜牧产品产量相当,但西藏和青海的草地面积却远远超过了内蒙古和新疆,这表明后两个地区存在明显的畜牧超载问题。习惯于以牛羊肉为食、羊毛绒为衣,内蒙古和新疆的牛羊产品的需求量大,这是畜牧超载的重要原因。由于本地的牛羊肉价格高,两地有限的草地上养殖了过量的牛羊,这必然给当地的草地生态承载带来沉重的压力。内蒙古、新疆存在大量沙漠化土地,做好防沙、治沙和退牧还草工作将是缓解两地草地生态压力以提升可持续发展能力的关键。

各省份的化学燃料地生态赤字差距很大,该项生态赤字最大的是山西,赤字高达-4.90,而最低的浙江仅为-0.0005(西藏由于缺少能源统计数据未计入内)。前面所提到的用消费生态足迹法所计算的生态承载力误差在化学燃料地方面表现得最为突出。也就是说,若不考虑地区能源的输入输出,则难以反映能源产地的消费转移,从而无法科学地反映各地区化学燃料地生态承载力。从全国能源生产与消费格局来看,化学燃料地生态赤字最高的省份是山西、内蒙古、新疆与陕西。这些省份作为中国煤炭、石油、天然气的主要产地,每年向外输出大量的能源资源,而东部地区的浙江、上海、北京和江苏等能源主要消费地的能源生产量很小;自身能源资源匮乏的东部地区所消费的能源主要来源于中西部资源大省(区),其自身化学燃料地的生态承载得到了保护,但将能源生态破坏力转移到了中西部地区,从而导致这些具备能源资源禀赋优势的中西部省份生态赤字非常严重。当前,生态资源补偿机制不健全,中西部资源大省(区)将这些不可再生资源源源不断地输送至东部地区,有限的资源补贴远远不足以弥补对资源进行大规模开发而导致的生态环境严重破坏。更加值得注意的是,一旦资源枯竭,这类地区的经济社会发展会受到严重影响,整个地区将陷入长期萧条。因此,为了改变这种不合理的区域格局,一方面需要在全国范围内尽快建立完善的生态补偿机制,另一方面这些能源资源地区地方政府应努力避免走先污染后治理的道路,在资源开采的同时进一步加强对生态环境的保护力度,改进能源开采技术,提升生产效率。此外,在一些资源储量趋于下降的地区,应该积极调整和转变产业结构,预先探寻发展接续产业的新路子,以维持自身可持续发展。

全国各省份的建设用地都未出现赤字,盈余较多的地区主要集中在西部和东北地区,包括内蒙古、新疆、青海、黑龙江、吉林。这些省份幅员辽阔,绝大多数地区的城市化水平不高,所以城市建设用地所占比率相对较低。但东部地区的建设用地紧张,如上海、北京、广东、浙江等的生态盈余相对较低,如果以后在建设用地的审批和使用上不加以控制,则很快会出现生态赤字。近几年来,东部地区在实施产业结构升级战略时,逐渐淘汰了一些技术落后、高污染、高耗能、低附加值的行业,大力发展高端装备制造、电子信息、生物医药及现代服务业等一系列新兴产业。这些行业都具有高集聚、规模化、集约化的空间布局特点,东部地区通过结构升级、产业转移为新兴产业"腾笼换鸟",在一定程度上缓解了地区建设用地生态承载压力。

从全国各省份总的生态盈余(赤字)情况来看,除西藏以外,其余各省份都表现为生态赤字,其中,生态承载较好、生态赤字较小的省份有上海、甘肃、青海、北京、浙江、广东、江苏、海南和福建。这些生态承载力相对较好的省份除了西藏、甘肃、青海外均位于东部沿海。生态赤字比较严重的地区有山东、黑龙江、四川、湖南、天津、河南、辽宁、陕西、新疆、内蒙古和山西,这些省份主要集中在东北和中西部地区。各省份生态承载力综合评价结果见表 13-4。

表 13-4　2008 年各省份生态承载力分类

区域	生态承载力		
	高	一般	较低
东部地区	上海、北京、浙江、广东、江苏、海南、福建	河北、山东	天津
中部地区		安徽、江西、湖北	湖南、河南、山西
西部地区	西藏、甘肃、青海	贵州、云南、广西、宁夏、重庆	四川、陕西、内蒙古、新疆
东北地区		吉林	黑龙江、辽宁

13.4 本章小结

本章运用基于改进的生态足迹模型,计算并分析了全国各省份的生态盈余(赤字)。从结果可以看出,绝大多数东部沿海地区省份生态承载较好、生态赤字较小,而生态赤字比较严重的省份主要集中在东北和中西部地区。这一结果与陈敏等用消费生态足迹对 2002 年全国各省份生态承载的测算结果不尽相同[①],他们的分析结论是东部沿海地区的生态赤字较为严重,而内地特别是西部大部分地区的生态承载力为正值,即存在生态盈余。作者认为,我们的主要结论与这一结论存在差别的原因在于,其运用的是消费性生态足迹方法,而我们运用的是间接考虑了区域间资源输入输出的生产性生态足迹方法。

从全国目前的地域分工来看,中西部地区仍旧扮演着资源和能源开发与供给的角色,东部地区虽然使用了大量的生态资源,但其绝大部分生态资源是从中西部地区输入的。在这种情况下,生态破坏在区域之间发生了明显的转移,东部地区的生态系统得到了很好的保护,而中西部资源输出地区的生态系统所承受的压力不断增大,这种生态破坏的恶性循环将严重制约中国的可持续发展与全国区域协调发展。因此,生态资源丰富但生态承载力相对较弱的一些中西部省份,一定要正确处理好经济发展与生态保护之间的关系,在推动经济平稳较快发展的同时,进一步加大生态保护力度,确保当地经济社会环境的可持续发展。与此同时,中央政府应该尽快明确区域生态利益补偿机制,并对生态承载力较弱的地区实行积极的倾斜政策,加大对这些地区的生态治理投入,推进资源性产品价格税费改革,缩小区域差距,最终实现生态文明的区域协调发展战略目标。

---

① 陈敏,王如松,张丽君:《中国 2002 年省域生态足迹分析》,《应用生态学报》2006 年第 3 期,第 3424—3428 页。

14 工业区域布局的环境承载力研究

　　日益严峻的环境污染问题已经成为当前制约经济发展、影响社会安定、危害公众健康的一个重要因素。胡锦涛同志在"十七大"报告中强调：要建设生态文明，基本形成节约能源资源和保护生态环境的产业结构、增长方式与消费模式；循环经济形成较大规模，可再生能源比重显著上升；主要污染物排放得到有效控制，生态环境得到明显改善；生态文明观念在全社会牢固树立。在生态文明新的时代要求下，有必要针对我国目前各省不同的生态环境状况，对当前我国各省份的环境承载能力进行评估。

　　1974年，Bishop在《区域环境管理的承载能力》中指出"环境承载力是指在维持一定的可接受的生活水平前提下，一个区域的环境所能承载的人类活动的剧烈程度"。[1] IUCN/UNEP/WWF(1991年)在《保护地球》中指出"地球所能承受的最大限度的影响就是其承载力。通过技术提升，人类可以增强这种承载力，但往往都需要以减少生物多样性和生态功能为代价"。[2] 叶文虎、唐剑武则认为环境承载力可定义为"在某个时期，某种环境状态下，某一区域环境对人类社会经济活动支持能力的阈值"。[3]

　　近年来国内外学者对环境承载力的研究多为以定性分析为主的理论探讨，虽然也有部分文献对环境承载力进行了相应的定量分析，但多集中于对单一省份或地区情况研究，缺少从全国层面对各省份环境综合承载力比较分析的研究。

14.1　方法与数据说明

　　相对剩余环境容量法是目前应用较多的一种评价环境承载力大小的方法。这种方法主要通过测算区域环境承载量(环境承载力指标体系中各项指标的实测值)与该区域环境承载量阈值(各项指标的标准值)之间的比值关系，来衡量区域环境承载力的大小。

---

　　[1] Bishop, A. and Fullerton, C. A., "Carrying Capacity in Regional Environment Management", Washington Government Printing Office, 1974.

　　[2] IUCN/UNEP/WWF, Caring for the Earth: A Strategy for Sustainable Living, Switzerland, 1991.

　　[3] 叶文虎，唐剑武：《可持续发展的衡量方法与衡量指标初探》，载于北京大学可持续发展研究中心编：《可持续发展之路》，北京大学出版社，1995年，第57—61页。

14.1.1 环境承载力量化方法

14.1.1.1 相对剩余环境容量模型

相对剩余环境容量为

$$E_{ik} = C_{ik}/C_{ok} - 1 \qquad (14-1)$$

式中,C_{ok} 为标准量,即一定条件下污染排放指标 k 所要求达到的标准;C_{ik} 为实测量,即 i 地区污染排放指标 k 的实际测量值;E_{ik} 表现为 i 地区污染排放指标 k 是否超标。$E_{ik} > 0$ 说明 i 地区污染排放指标 k 已超过环境既定的标准要求,环境质量相对较差;相反,$E_{ik} < 0$ 说明 i 地区污染排放指标 k 还在标准要求范围之内,环境质量整体较好。

14.1.1.2 地区综合环境承载力模型

假设要对 i 个地区的环境承载力进行测度,在各地区选取 $k(k=1,2,\cdots,p)$ 个污染排放指标。

环境综合承载力为

$$E_i = \sum_{k=1}^{p} w_k E_{ik} \qquad (14-2)$$

式中,E_{ik} 为 i 地区 k 污染排放指标的相对剩余环境容量;w_k 为 k 个污染排放指标在综合环境承载力中所占的权重;E_i 为 i 地区的综合环境承载力。E_i 越大,说明 i 地区的环境污染排放已经超过了标准要求,其综合环境承载力也就相对越差;相反,E_i 越小,说明 i 地区的环境污染排放尚在标准要求以下,其综合环境承载力也就相对越好。

14.1.2 数据获取

当前环境的污染主要集中在大气污染和水污染两个方面,同时,这两类污染也与人类生活最为息息相关。因此,我们选取大气和地表水这两个环境要素作为测度环境承载力的主要指标。其中大气选取了 SO_2 年均浓度、NO_2 年均浓度、PM10 年均浓度三类环境分指标,水地表选取了高锰酸盐指数、5 日 BOD、氨氮、挥发酚四类环境分指标。大气指标数据主要来源于 2008 年全国 114 个重点城市的监测结果,涵盖了全国 31 个省、自治区、市,且基本都为各省份人口和工业相对集中的重点城市,以此作为参照更能反映一个省份居民生活所处的大气环境的质量。水指标数据主要来源于 2008 年全国各大水域 485 个国控断面的主要监测结果,包括长江流域、黄河流域、珠江流域、淮河流域、松花江流域、辽河流域、海河流域全国七大流域,以及西北诸河、西南诸河、浙闽区河、南水北调东线诸河四大板块流域的水质统计。这些流域流经全国各省份,且都为这些省份主要的地表水系,是各省份大部分的生活、工业用水的主要来源及废水污染排放的主要途径,因此,选取这些指标能够很好地反映一个省份水环境质量的好坏情况。同时,分别对各省份重点城市大气监测以及主要流经水系的监测质量结果进行加权平均,得到以下各省份大气和水监测质量的统计表,具体数据见表14-1。

表 14-1　2008 年全国各省份大气和水检测质量统计表

项目　　省份	大气/(mg/m³)			地表水/(mg/L)			
	SO₂ 年均浓度	NO₂ 年均浓度	PM10 年均浓度	高锰酸盐指数	5 日 BOD	氨氮	挥发酚
北京	0.036 0	0.049 0	0.123 0	4.533 3	5.116 7	2.460 0	0.001 3
天津	0.061 0	0.041 0	0.088 0	8.809 1	3.781 8	4.289 1	0.004 5
河北	0.054 6	0.029 8	0.091 0	14.638 7	14.982 3	7.833 4	0.027 9
山西	0.056 6	0.028 8	0.088 2	18.841 7	20.366 7	11.365 8	0.021 4
内蒙古	0.054 3	0.033 3	0.096 0	5.408 3	2.873 8	0.651 8	0.001 0
辽宁	0.046 7	0.034 7	0.094 5	7.373 1	6.215 4	2.148 1	0.005 3
吉林	0.027 5	0.031 5	0.094 5	7.637 5	5.741 1	3.865 5	0.005 5
黑龙江	0.033 3	0.035 3	0.084 0	6.420 0	3.550 0	1.106 0	0.001 8
上海	0.051 0	0.056 0	0.084 0	3.950 0	1.600 0	1.150 0	0.002 0
江苏	0.043 6	0.032 7	0.094 6	4.585 3	2.519 7	0.807 2	0.002 0
浙江	0.043 8	0.044 6	0.095 2	3.157 1	1.742 9	0.540 7	0.002 0
安徽	0.021 3	0.023 3	0.098 7	4.648 1	3.348 6	1.167 1	0.001 5
福建	0.025 0	0.038 40	0.069 3	3.161 1	1.822 2	0.483 9	0.001 1
江西	0.044 5	0.029 0	0.080 5	2.692 3	1.561 5	0.436 2	0.001 2
山东	0.057 1	0.031 8	0.097 9	9.955 6	7.533 3	2.030 5	0.015 1
河南	0.053 1	0.036 7	0.095 4	6.578 2	5.375 5	2.646 9	0.002 1
湖北	0.057 3	0.041 0	0.096 47	2.318 2	1.827 3	0.251 8	0.001 2
湖南	0.063 0	0.032 2	0.103 3	2.278 6	1.542 9	0.337 9	0.001 2
广东	0.028 2	0.033 3	0.058 0	3.200 0	3.677 8	2.200 0	0.001 9
广西	0.041 8	0.028 5	0.043 8	1.957 1	1.235 7	0.211 4	0.001 2
海南	0.009 0	0.017 0	0.043 0	2.100 0	1.375 0	0.395 0	0.001 0
重庆	0.063 0	0.043 0	0.106 0	2.550 0	1.462 5	0.277 5	0.001 1
四川	0.059 0	0.034 5	0.080 4	2.772 0	1.996 0	0.698 4	0.001 2
贵州	0.078 5	0.026 0	0.083 0	2.410 0	2.230 0	0.617 0	0.001 1
云南	0.047 3	0.028 0	0.074 7	2.285 6	1.393 2	0.364 4	0.001 5

项目\省份	大气/(mg/m³)			地表水/(mg/L)			
	SO₂ 年均浓度	NO₂ 年均浓度	PM10 年均浓度	高锰酸盐指数	5 日 BOD	氨氮	挥发酚
西藏	0.005 0	0.024 0	0.051 0	1.166 7	0.000 0	0.160 0	0.002 0
陕西	0.046 2	0.036 0	0.097 5	7.141 7	5.925 0	2.341 7	0.009 3
甘肃	0.074 5	0.038 0	0.117 0	1.791 7	1.838 9	0.235 6	0.001 2
青海	0.029 0	0.030 0	0.118 0	2.175 0	2.812 5	0.871 3	0.001 3
宁夏	0.060 5	0.025 5	0.088 5	3.325 0	2.375 0	0.687 5	0.002 5
新疆	0.060 5	0.049 0	0.108 5	2.379 2	1.483 3	0.465 8	0.001 1

数据来源：2009 年中国环境年鉴。

环境标准量,即一定条件下环境所要求达到的标准,我们选取国家环境空气质量标准(GB 3095—1996)的二级标准(二类区为城镇规划中确定的居住区、商业交通居民混合区、文化区、一般工业区和农村地区,执行二级标准)和地表水环境质量标准(GB 3838—2002)的三级标准(主要适用于集中式生活饮用水地表水源地二级保护区、鱼虾类越冬场、水产养殖区等渔业水域及游泳区)作为环境标准量。具体标准见表 14-2。

表 14-2　大气和水环境标准量

标准	大气/(mg/m³)			地表水/(mg/L)			
	SO₂ 年均浓度	NO₂ 年均浓度	PM10 年均浓度	高锰酸盐指数	5 日 BOD	氨氮	挥发酚
	0.06	0.04	0.1	6	4	1	0.005

数据来源：国家环境空气质量标准和地表水环境质量标准。

14.2　实证分析结果

由于涉及的指标较多,我们采用因子分析法来确定各指标的权重。首先运用公式 $x'_{ik} = (x_{ik} - \overline{x_k})/\delta_k$ 对各指标进行无量纲化处理,经 Promax 旋转后,得出公因子载荷矩阵。其中 x_{ik} 表示第 i 个地区的第 k 个指标的值($i = 1, 2, \cdots, n; k = 1, 2, \cdots, p$),均值 $\overline{x_k} = \dfrac{1}{n} \sum\limits_{i=1}^{n} x_{ik}$,方差 $\delta_k = \sqrt{\dfrac{1}{n} \sum\limits_{i=1}^{1} (x_{ik} - x_k)^2}$,若 $\delta_k = 1$,令 $x_{ik} = 0$。根据因子载荷矩阵结果(见表 14-3),提取大气环境(SO₂ 年均浓度、NO₂ 年均浓度、PM10 年均浓度归为一类)和水环境(高锰酸盐指数、5 日 BOD、氨氮、挥发酚归为一类)两大主成分因子。由公式 $a_j = \lambda_j \left(\sum\limits_{j=1}^{m} \lambda_j \right)^{-1}$($\lambda_j$ 为特征值)计算出两大主成分因子累计

方差贡献率为 80.67%。m 为 p 个污染排放指标的归类数。

表 14-3 因子载荷矩阵结果表

	1	2
SO_2 年均浓度	0.137	0.744
NO_2 年均浓度	−0.154	0.775
PM10 年均浓度	0.102	0.835
高锰酸盐指数	0.973	0.073
5 日 BOD	0.986	0.049
氨氮	0.963	0.026
挥发酚	0.942	0.000

最后依据公式 $W_j = \lambda_j / \sum_{j=1}^{2} \lambda_j$ 分别确定各成分权重,并由 $E_i = \sum_{j=1}^{2} W_j E_{ij}$ 对两个主成分因子进行加权求和,得出全国各省份环境污染规治强度系数及各省排名,计算结果见表 14-4。

表 14-4 全国各省份综合环境承载力结果

省份	主成分因子 1	主成分因子 2	综合环境承载	综合排名
北京	1.312	−0.091	0.371	26
天津	0.661	0.504	0.556	28
河北	−0.110	2.977	1.959	30
山西	−0.166	3.713	2.434	31
内蒙古	0.332	−0.247	−0.056	18
辽宁	0.165	0.403	0.325	25
吉林	−0.443	0.591	0.250	23
黑龙江	−0.322	−0.094	−0.169	14
上海	1.126	−0.509	0.030	20
江苏	0.014	−0.277	−0.181	13
浙江	0.639	−0.533	−0.146	16
安徽	−0.875	−0.140	−0.382	8
福建	−0.711	−0.537	−0.594	4
江西	−0.471	−0.499	−0.490	7
山东	0.295	1.063	0.810	29

续表

省份	主成分因子 1	主成分因子 2	综合环境承载	综合排名
河南	0.448	0.214	0.291	24
湖北	0.801	−0.607	−0.143	17
湖南	0.630	−0.532	−0.149	15
广东	−1.160	−0.164	−0.493	6
广西	−1.399	−0.591	−0.858	3
海南	−2.747	−0.499	−1.240	1
重庆	1.246	−0.624	−0.007	19
四川	0.134	−0.468	−0.270	9
贵州	0.205	−0.409	−0.206	12
云南	−0.593	−0.521	−0.545	5
西藏	−2.303	−0.688	−1.221	2
陕西	0.270	0.538	0.450	27
甘肃	1.502	−0.604	0.090	22
青海	0.078	−0.421	−0.257	10
宁夏	−0.109	−0.286	−0.228	11
新疆	1.550	−0.664	0.066	21

首先来看分指标环境承载力结果,表 14-4 中主成分因子 1 的得分代表空气环境承载力,主成分因子 2 的得分代表水环境承载力。从全国整体情况来看,目前空气环境承载要远远好于水环境的承载,其中仅天津、河北、山西、辽宁、吉林、山东、河南和陕西空气环境承载表现为超标。而水环境承载超标的省份相对偏多,其中包括北京、天津、内蒙古、辽宁、上海、江苏、浙江、山东、河南、湖北、湖南、重庆、四川、贵州、陕西、甘肃、青海和新疆。空气和水环境同时超标的有天津、辽宁、山东、河南和陕西。另外,从分指标环境承载超标的程度来看,空气环境承载超标较为严重的有河北、山西和山东,水环境承载超标较为严重的有北京、上海、重庆、甘肃和新疆。

从各省份的综合环境承载力结果来看,超标的省份主要有北京、天津、河北、山西、辽宁、吉林、上海、山东、河南、陕西、甘肃和新疆。

为了进一步对实证结果进行分析,我们根据各省份综合环境承载力的强弱按四大战略区域进行了划分,见表 14-5。从该表可以看出,除东北地区环境承载力整体较差外,东中西三大区域都存在明显的分化,环境承载力高中低的省份都存在,且数量相对均匀。

表 14-5　2008 年各省份环境承载力强度分类

环境承载力 区域	高	一般	较低
东部地区	海南、福建、广东	江苏、浙江、上海	北京、天津、山东、河北
中部地区	江西、安徽	湖南、湖北	河南、山西
西部地区	西藏、广西、云南、四川、青海	宁夏、贵州、内蒙古、重庆	新疆、甘肃、陕西
东北地区		黑龙江	吉林、辽宁

　　东部地区的珠三角和长三角地区环境情况较好,对应的环境承载能力也较强,环境承载强度较弱的东部省份基本都集中在了环渤海地区。其中,天津、河北、山东主要表现为空气环境质量较差,近年来,随着环渤海经济带"中国第三极"的快速发展,以及东南沿海地区要素成本的上升和产业结构升级的加快,外国在华投资出现了"北上"的趋势,珠三角和长三角地区一些能源密集型的重工业开始逐步向环渤海地带转移扩散,天津、河北、山东成为区域投资的重点。另外,近年来河北承接了大量北京的转移产业,并多以钢铁、石化为主。因此,这些重型工业的转移使得天津、河北、山东等地的空气污染排放增加,从而导致空气质量下降。北京的空气质量相对较好,这主要归根于较强的环境规制力度和近年来污染型企业的向外转移。但地表水水质却相对较差,主要是因为北京总体入境水量少而污水排放量却随着人口的增多而逐年增大,仅有的几条主要河流承载压力不断增大。因此,对于环渤海地区而言,在吸引投资推动发展的同时,如何进一步强化环境规制力度,大力推进环境区域合作,是解决当前环境污染问题的重点。

　　中部地区环境承载强度较弱的主要有河南和山西两个能源大省,山西主要表现为空气污染超标严重,居全国各省份首位,河南的空气和水环境承载均已超标,黄河断流、过度开发水资源现象严重,水源污染和破坏现象屡禁不止。虽然两省份经济发展迅速,但其严重依赖资源开发的经济发展模式对环境造成了巨大的破坏。

　　西部地区环境承载强度较弱的主要有新疆、甘肃和陕西。新疆和甘肃主要表现为水污染超标,随着近年来新疆和甘肃资源的开采冶炼规模增大及石油化工等污染密集型行业的兴起导致工业废水排放量日益增多,对于地表水相对匮乏的新疆和甘肃而言,其水环境承载压力不断增大。陕西作为石油、天然气以及煤炭资源大省,近年来开采力度不断增大,相应的资源密集型企业数量也随着增多,从而导致陕西面临着空气和水环境承载同时超标的压力。

　　东北地区除黑龙江的综合环境承载力一般以外,吉林和辽宁的承载力强度都相对较弱。过去几十年的经济发展过程中,东北老工业基地为高能耗、高污染的传统工业化道路付出了沉重的资源环境代价。虽然东北老工业基地振兴战略的实施,通过加快产业结构调整、加大环境治理力度,对环境的治理和保护起到了积极的作用,但要实现环境质量的有效改善仍旧任重道远。

14.3　本章小结

　　由上述分析可知,除东北地区环境承载力整体较差外,东中西三大区域都存在明显的分化,环境承载力高中低的省份都存在,且数量相对均匀。因此,要提升我国整体环境承载力,对于发达地区来说,必须认真审视"先污染,后治理"这一发展模式,正确处理经济发展与环境治理二者之间的矛盾,实现经济、社会与环境三者之间的协调发展。而表 14-5 中综合环境承载力较差的欠发达地区,更应该切实落实科学发展观,重视经济发展与生态环境建设的有机结合,在经济发展的基础上,加强对污染排放的监管力度,控制高耗能、高污染行业的过快增长,积极推进产业结构优化调整,结合自身特色优势大力发展生态经济,促进传统产业升级,真正实现"又好又快"发展。与此同时,由于广大落后地区的发展对全面小康社会建设至关重要,中央政府应该实行向欠发达地区倾斜的积极政策,加大对西部地区的环境治理投入,推进资源性产品价格与环保税费改革,完善生态补偿机制,缩小区域差距,实现生态文明的区域协调发展战略目标。

15 工业区域布局的全要素生产率增长研究

全要素生产率最早是由 Robert M. Solow 提出的,用来衡量投入—产出转化效率的指标,表现为总产量与全部要素投入量的比率。产出增长率超出要素投入增长率的部分则称为全要素生产率增长率。全要素生产率增长率是物质要素投入以外的其他因素的变动或者改善所产生的产出增长率,这其中涉及效率改善、技术进步和规模效应等因素。随着资源的开发、经济的发展,人们对原料、能源的需求日益增大,单纯依靠增大要素投入带动经济增长的发展方式已经逐步开始被人们摒弃,通过技术改造、精细化生产降低单位产出所消耗的要素投入,正成为各经济实体追求的经济效益目标。同时,全要素生产率增长率是描述全要素生产率随时间变动的矢量,通过对某一行业全要素生产率增长率的观察可以大体判断出该行业发展趋势。

我们拟采用非中性技术进步超越随机前沿模型,对 2003—2008 年中国 31 个省、自治区、直辖市 17 类污染型行业的面板数据进行分析,测算各行业在各省份的全要素生产率增长率情况。

15.1 研究方法与数据来源

随机前沿函数是由 Aigner、Lovell 和 Schmidt 及 Meeusen 和 van den Broeck 年提出的[1],早期的研究中,随机前沿模型主要应用于横截面数据,Pitt、Lee[2]、Kumbhakar[3]、Battese 和 Coelli[4] 等逐渐发展为使用面板数据。我们在 Battese-Coelli[5]

① Aigner, D. J., Lovell, C. A. K. and Schmidt, B. P., "Formulation and Estimation of Stochastic Frontier Production Function Models", Journal of Econometrics, no. 6, 1977, pp. 127-142.

② Pitt, M. M. and Lee, L. F., "Measurement and Sources of Technical Inefficiency in the Indonesian Weaving Industry", Journal of Development Economics, no. 9, 1981, pp. 43-64.

③ Kumbhakar, S. C., "Production Frontiers, Panel Data, and Time-Varying Technical Inefficiency", Journal of Econometrics, Elsevier, vol. 46, no12, 1990, pp. 201-211.

④ Battese, G. E. and Coelli, T. J., "A Model for Technical Inefficiency Effects in a Stochastic Frontier Production Function for Panel Data", Empirical Economics, no. 2, 1995, pp. 84-103.

⑤ Battese, G. E. and Coelli, T. J., "Frontier Production Functions, Technical Efficiency and Panel Data: With Application to Paddy Farmers in India", Journal of productivity Analysis, no. 3, 1992, pp. 153-169.

模型基础上,运用非中性技术进步超越随机前沿模型研究 2003—2008 年 17 类污染型行业在中国 31 个省、自治区、直辖市的全要素生产率增长率情况。

非中性技术进步超越随机前沿模型为

$$\ln y_{it} = \alpha_0 + \alpha_l \ln L_{it} + \alpha_k \ln K_{it} + \alpha_t t + \frac{1}{2}\alpha_{ll}(\ln L_{it})^2 + \alpha_{lk}\ln L_{lt}\ln K_{kt}$$

$$+ \frac{1}{2}\alpha_{kk}(\ln K_{it})^2 + \alpha_{lt}\ln L_{it}t + \alpha_{kt}\ln K_{it}t + \frac{1}{2}\alpha_{tt}t^2 + \upsilon_{it} - \mu_{it}$$

$$i = 1,2,\cdots,N; \quad t = 1,2,\cdots,T。 \tag{15-1}$$

式中,$\ln y_{it}$ 表示 GDP 的对数;i 表示第 i 个省份;N 取 31;t 为年份编号,且 $T=6$;L_{it} 和 K_{it} 分别表示劳动力和资本;α 为待估计的参数。式(15-1)的误差项分别由 υ_{it} 和 u_{it} 两部分组成,其中,υ_{it} 是经典的随机误差,且服从正态分布 $N(0,\sigma_v^2)$;u_{it} 是第 i 个省份在 t 年生产无效率的随机变量,假设服从:

$$u_{it} = u_i \exp[-\eta(t - T)] \tag{15-2}$$

15.1.1　生产效率

假设 u_i 服从非负断尾正态分布(Truncations at Zero),即 $u_i \sim N^+(\mu,\sigma_u^2)$,用来表示生产效率的变化率。第 i 个省份在第 t 个年份的生产效率表示为

$$TE_{ijt} = \exp(-u_{it}) \tag{15-3}$$

式中,无效率项 u_{it} 一般为正,并介于 0 和 1 之间。当 $u_{it}=0$ 时,存在完全的生产效率;当 $u_{it}=1$ 时,存在完全的生产无效率。

15.1.2　技术进步率

根据 Kumbhakar[①] 技术进步率可定义为

$$TP_{it} = \frac{\partial \ln y_{it}}{\partial t} = \alpha_t + \alpha_{tt}t + \alpha_{lt}\ln L_{it} + \alpha_{kt}\ln K_{it} \tag{15-4}$$

式中,$\alpha_t + \alpha_{tt}t$ 表示由于技术外溢,各个地区共同的技术变化;$\alpha_{lt}\ln L_{it}$ 和 $\alpha_{kt}\ln K_{it}$ 则表示非中性的技术进步,在不同时期,由于各地区自身条件不同,技术进步也在发生变化。

15.1.3　规模效应

$$SE = (E - 1)\left(\frac{E_l}{E}\dot{L} + \frac{E_k}{E}\dot{K}\right) \tag{15-5}$$

---

① Kumbhakar, S. C. and Lovell, C. A. K., "Stochastic Frontier Analysis", Cambridge University Press, 2000.

式中，E 为规模总收益弹性；$\dot{L}$ 和 $\dot{K}$ 分别表示劳动和资本投入的增长率；E_l 和 E_k 则分别代表劳动力和资本这两种要素的产出弹性：

$$E_l = \frac{\partial \ln y}{\partial \ln L} = \alpha_l + \alpha_{ll} \ln L + \alpha_{lt} t + \alpha_{lk} \ln K \tag{15-6}$$

$$E_k = \frac{\partial \ln y}{\partial \ln K} = \alpha_k + \alpha_{kk} \ln K + \alpha_{kt} t + \alpha_{lk} \ln L \tag{15-7}$$

$$E = E_l + E_k \tag{15-8}$$

15.1.4　全要素生产率增长率

根据 Kumbhakar 全要素生产率增长率的分解公式：

$$TFP_{it} = T\dot{E}_{it} + TP_{it} + SE \tag{15-9}$$

式中，TFP_{it} 代表全要素生产率增长率；$T\dot{E}_{it}$ 为生产效率变化率；TP_{it} 为技术进步率；SE 为规模效应。

15.1.5　指标选取及数据来源

在生产函数上，我们使用较为灵活的超越随机前沿函数，而数据的处理上，我们选取了 2003—2008 年 31 个省、自治区、直辖市 17 类污染型行业的相关数据。这些基础数据来自各年的《中国统计年鉴》和《中国工业统计年鉴》。其中，总产出用 1990 年不变价的 GDP 来衡量，投入共选取劳动力和资本两类生产要素，其中劳动力由社会总就业人员表示，资本由固定资产净值年均余额表示。

15.2　实证分析结果

应用非中性技术进步超越随机前沿模型，我们分别计算出全国各省、自治区、直辖市 2003—2008 年 17 类污染型行业历年的生产效率、生产效率进步率、技术进步率和规模效应，并根据 Kumbhakar 全要素生产率增长率的分解公式测算出相应的全要素生产率增长率。为便于研究，以下对各行业生产效率、生产效率进步率、技术进步率、规模效应和全要素生产率增长率的分析皆取 2003—2008 年的年均值。

15.2.1　煤炭开采与洗选业

从表 15-1 可以看到，大部分东部省份煤炭开采与洗选业生产效率相对都比较高，东北和中西部地区次之。从生产效率进步率来看，各地区增长都有所放慢，其中东部和西部地区最为明显。技术进步率全国相差不大，其中天津、内蒙古、辽宁、浙江、安徽、山东、陕西、甘肃、青海、宁夏等省份相对增长较快。规模效应除天津、福建、湖北、广西、云南、青海、宁夏和青海为负外,其他省份都为正值,规模产出效应明显。从煤炭开采与洗选业总的全要素生产率增长率来看,东部和西部地区相对较高,东北和中部地区居次。

表 15-1　煤炭开采与洗选业全要素生产率增长率分解

省份	生产效率	生产效率进步率	技术进步率	规模效应	全要素生产率增长率
北京	0.894 823	−0.007 01	0.136 017	0.000 324	0.129 330
天津	0.632 123	−0.028 78	0.284 143	−0.151 005	0.104 361
河北	0.415 863	−0.054 48	0.159 872	0.001 911	0.107 304
山西	0.340 595	−0.066 54	0.154 451	0.030 933	0.118 848
内蒙古	0.553 532	−0.036 99	0.189 912	0.010 730	0.163 654
辽宁	0.373 542	−0.060 98	0.162 958	0.002 920	0.104 902
吉林	0.392 009	−0.058 06	0.141 6	0.001 503	0.085 043
黑龙江	0.313 665	−0.071 47	0.138 394	0.011 535	0.078 456
上海					
江苏	0.432 704	−0.052 07	0.160 567	0.000 830	0.109 330
浙江	0.302 209	−0.073 7	0.180 359	0.052 074	0.158 737
安徽	0.359 348	−0.063 31	0.166 209	0.012 674	0.115 571
福建	0.491 76	−0.044 26	0.125 433	−0.011 102	0.070 073
江西	0.423 453	−0.053 38	0.132 991	0.001 402	0.081 011
山东	0.415 903	−0.054 47	0.161 522	0.007 644	0.114 693
河南	0.382 737	−0.059 51	0.147 278	0.015 940	0.103 711
湖北	0.347 655	−0.065 3	0.131 252	−0.012 776	0.053 173
湖南	0.466 364	−0.047 5	0.112 466	0.009 476	0.074 442
广东					
广西	0.337 778	−0.067 03	0.147 072	−0.008 313	0.071 724
海南					
重庆	0.392 878	−0.057 93	0.122 727	0.006 769	0.071 571
四川	0.415 361	−0.054 55	0.113 404	0.021 889	0.080 740
贵州	0.377 72	−0.060 3	0.151 763	0.014 700	0.106 159
云南	0.412 438	−0.054 98	0.143 997	−0.001 741	0.087 275
陕西	0.470 572	−0.046 95	0.179 994	0.007 874	0.140 916
甘肃	0.356 666	−0.063 76	0.164 432	0.000 545	0.101 214
青海	0.356 243	−0.063 83	0.178 541	−0.019 582	0.095 125

续表

省份	生产效率	生产效率进步率	技术进步率	规模效应	全要素生产率增长率
宁夏	0.443 249	−0.050 6	0.171 545	−0.000 738	0.120 206
新疆	0.369 736	−0.061 59	0.166 083	−0.003 417	0.101 071

注：因统计年鉴数据缺失，无法测算上海、广东和海南的煤炭开采与洗选业全要素生产率增长率分解。

15.2.2　黑色金属开采业

从表15-2可以看出东部地区黑色金属开采业的生产效率相对比较高，东北和中西部地区次之，但从生产效率进步率来看，东部地区增长放慢，中西部不少省份进步相对较快。技术进步率全国相差不大，河北、安徽、山东、四川、云南等省份增长较快。规模效应除海南、重庆、陕西和青海为正外，其他省份都为负值，说明大部分省份还需进一步提升黑色金属开采业的规模产出效应。从加总效果来看，东部地区黑色金属开采业的全要素生产率增长率相对较高，中西部地区次之。

表 15-2　黑色金属开采业全要素生产率增长率分解

省份	生产效率	生产效率进步率	技术进步率	规模效应	全要素生产率增长率
北京	0.765 107	0.004 33	0.117 88	−0.003 15	0.119 06
天津					
河北	0.896 794	0.001 75	0.162 61	−0.003 73	0.160 63
山西	0.709 647	0.005 56	0.142 19	−0.003 07	0.144 68
内蒙古	0.752 094	0.004 61	0.141 94	−0.015 69	0.130 86
辽宁	0.702 342	0.005 73	0.151 87	−0.003 57	0.154 03
吉林	0.655 477	0.006 86	0.136 18	−0.007 54	0.135 50
黑龙江	0.506 969	0.011 06	0.119 11	−0.029 16	0.101 01
上海					
江苏	0.717 529	0.005 38	0.130 10	−0.000 05	0.135 43
浙江	0.956 398	0.000 72	0.115 11	−0.004 27	0.111 55
安徽	0.547 763	0.009 79	0.145 01	−0.000 72	0.154 08
福建	0.828 008	0.003 05	0.130 61	−0.007 12	0.126 54
江西	0.715 34	0.005 43	0.127 48	−0.001 14	0.131 76
山东	0.847 399	0.002 67	0.149 88	−0.006 80	0.145 76
河南	0.757 778	0.004 49	0.132 63	−0.008 02	0.129 11
湖北	0.685 786	0.006 12	0.134 94	−0.003 97	0.137 09
湖南	0.674 567	0.006 39	0.126 64	−0.003 86	0.129 18

省份	生产效率	生产效率进步率	技术进步率	规模效应	全要素生产率增长率
广东	0.811 887	0.003 37	0.131 78	−0.009 11	0.126 04
广西	0.626 814	0.007 59	0.124 81	−0.000 91	0.131 49
海南	0.558 458	0.009 47	0.132 24	0.004 85	0.146 56
重庆	0.535 259	0.010 17	0.120 68	0.003 97	0.134 82
四川	0.660 726	0.006 73	0.139 32	−0.009 49	0.136 56
贵州	0.483 539	0.011 83	0.109 88	−0.065 40	0.056 31
云南	0.646 265	0.007 09	0.145 25	−0.029 85	0.122 49
西藏	0.447 495	0.013 11	0.115 12	−0.040 41	0.087 81
陕西	0.535 006	0.010 18	0.117 12	0.002 05	0.129 35
甘肃	0.528 508	0.010 38	0.119 77	−0.003 30	0.126 86
青海	0.683 126	0.006 18	0.094 39	0.000 73	0.101 30
宁夏					
新疆	0.771 547	0.004 20	0.131 80	−0.018 89	0.117 11

注：因统计年鉴数据缺失，无法测算天津、上海和宁夏的黑色金属开采业全要素生产率增长率分解。

15.2.3　有色金属采掘业

从表 15-3 可以看出，东部地区有色金属采掘业的生产效率相对比较高，中西部地区次之，但从生产效率进步率来看，东部地区增长放慢，中西部不少省份进步相对较快。技术进步率增长较快的省份仍然集中在东部和中部地区。规模效应除河北、山西、福建、重庆、贵州和青海为正外，其他省份都为负值，说明许多具备资源禀赋优势的省份还需大力发展集聚经济，进一步提升资源禀赋优势的规模产出效应。从加总效果来看，重庆、贵州、西藏、吉林、黑龙江、山西和河北有色金属采掘业的全要素生产率增长率相对较高。

表 15-3　有色金属开采业全要素生产率增长率分解

省份	生产效率	生产效率进步率	技术进步率	规模效应	全要素生产率增长率
北京					
天津					
河北	0.467 50	0.097 206	0.018 711	0.001 29	0.117 20
山西	0.433 58	0.107 545	0.021 524	0.007 99	0.137 06
内蒙古	0.538 76	0.078 088	0.003 293	−0.010 63	0.070 76
辽宁	0.555 90	0.073 931	0.003 857	−0.017 18	0.060 61

续表

省份	生产效率	生产效率进步率	技术进步率	规模效应	全要素生产率增长率
吉林	0.443 55	0.104 411	0.017 786	−0.000 11	0.122 09
黑龙江	0.473 66	0.095 422	0.024 032	−0.002 16	0.117 29
上海					
江苏	0.639 26	0.055 645	0.038 484	−0.001 46	0.092 67
浙江	0.658 28	0.051 861	0.026 129	−0.001 53	0.076 46
安徽	0.537 49	0.078 403	0.020 729	−0.001 55	0.097 58
福建	0.624 47	0.058 678	0.022 036	0.000 88	0.081 59
江西	0.551 29	0.075 034	0.004 11	−0.015 22	0.063 93
山东	0.659 70	0.051 586	−0.007 32	−0.002 98	0.041 29
河南	0.701 03	0.043 808	−0.006 15	−0.011 83	0.025 83
湖北	0.506 39	0.086 381	0.018 548	−0.003 83	0.101 10
湖南	0.599 88	0.063 913	0.001 474	−0.020 94	0.044 45
广东	0.599 65	0.063 961	0.013 76	−0.001 33	0.076 39
广西	0.518 29	0.083 261	0.010 89	−0.004 83	0.089 32
海南	0.919 94	0.009 991	0.045 43	−0.018 36	0.037 06
重庆	0.495 36	0.089 35	0.064 752	0.048 31	0.202 42
四川	0.506 38	0.086 384	0.008 148	−0.012 01	0.082 52
贵州	0.483 67	0.092 583	0.026 315	0.010 66	0.129 55
云南	0.520 22	0.082 765	0.000 855	−0.004 62	0.079 00
西藏	0.484 11	0.092 458	0.035 164	−0.007 18	0.120 44
陕西	0.559 67	0.073 035	0.004 271	−0.000 24	0.077 06
甘肃	0.548 94	0.075 601	0.014 368	−0.001 28	0.088 69
青海	0.565 77	0.071 602	0.009 129	0.001 88	0.082 61
宁夏					
新疆	0.548 45	0.075 719	0.018 24	0.012 31	0.106 27

注：因统计年鉴数据缺失，无法测算北京、天津、上海和宁夏的有色金属开采业全要素生产率增长率分解。

15.2.4　农副产品加工业

从表15-4可以看出，东部地区农副产品加工业的生产效率相对比较高，东北和中西部地区次之，但从生产效率进步率来看，东部地区增长放慢，中西部不少省份进步相对较快。技术进步率全国相差不大，西部如青海、宁夏、新疆等省份增长较快。规模效应除天津和青海为正外,其他省份都为负值,说明大部分省份还需大力发展集聚经济,进一步提升农副产品加工业的规模产出效应。从加总效果来看,东部地区农副产品加工业的全要素生产率增长率相对较高,东北和西部地区次之,中部地区相对较弱。中部地区作为农副产品主产区,有待进一步发挥资源禀赋优势,提升技术水平,全面提高生产效益。

表 15-4　农副产品加工业全要素生产率增长率分解

省份	生产效率	生产效率进步率	技术进步率	规模效应	全要素生产率增长率
北京	0.824 44	−0.000 72	0.059 916	−0.002 49	0.056 71
天津	0.917 07	−0.000 32	0.073 054	0.001 92	0.074 65
河北	0.959 22	−0.000 16	0.058 762	−0.004 17	0.054 43
山西	0.599 50	−0.001 91	0.070 183	−0.003 97	0.064 30
内蒙古	0.832 86	−0.000 68	0.061 169	−0.006 27	0.054 22
辽宁	0.860 56	−0.000 56	0.057 406	−0.007 64	0.049 20
吉林	0.829 22	−0.000 70	0.071 014	−0.010 29	0.060 03
黑龙江	0.775 75	−0.000 95	0.065 601	−0.007 11	0.057 54
上海	0.946 02	−0.000 21	0.065 884	−0.001 94	0.063 74
江苏	0.986 28	−0.000 05	0.056 371	−0.004 04	0.052 28
浙江	0.875 42	−0.000 50	0.058 573	−0.003 12	0.054 95
安徽	0.835 89	−0.000 67	0.053 618	−0.005 98	0.046 97
福建	0.857 34	−0.000 58	0.051 247	−0.003 63	0.047 04
江西	0.822 55	−0.000 73	0.058 158	−0.011 04	0.046 39
山东	0.933 92	−0.000 26	0.045 397	−0.002 27	0.042 87
河南	0.930 45	−0.000 27	0.047 758	−0.003 51	0.043 98
湖北	0.817 23	−0.000 75	0.056 115	−0.005 00	0.050 36
湖南	0.864 90	−0.000 54	0.056 132	−0.007 19	0.048 40
广东	0.970 99	−0.000 11	0.056 912	−0.003 00	0.053 80
广西	0.777 33	−0.000 94	0.064 927	−0.003 442	0.060 57
海南	0.648 64	−0.001 62	0.057 941	−0.003 05	0.053 28
重庆	0.816 46	−0.000 76	0.054 967	−0.008 34	0.045 87
四川	0.988 04	−0.000 04	0.048 17	−0.005 65	0.042 47
贵州	0.693 35	−0.001 37	0.059 258	−0.001 70	0.056 19
云南	0.606 09	−0.001 87	0.065 565	−0.000 43	0.063 26
西藏	0.334 81	−0.004 09	0.103 64	−0.006 22	0.093 33

省份	生产效率	生产效率进步率	技术进步率	规模效应	全要素生产率增长率
陕西	0.763 52	−0.001 01	0.058 293	−0.005 08	0.052 21
甘肃	0.553 63	−0.002 21	0.067 805	−0.003 88	0.061 72
青海	0.515 72	−0.002 48	0.078 083	0.001 02	0.076 63
宁夏	0.632 08	−0.001 72	0.078 486	−0.008 33	0.068 45
新疆	0.709 71	−0.001 28	0.070 308	−0.003 41	0.065 61

15.2.5　食品制造业

从表 15-5 可以看出,食品制造业生产效率仍旧是东部较高,东北和中西部地区次之,但就生产效率进步率来看,中西部地区远远快于东部地区。技术进步率也是中西部地区快于东部地区。规模效应除天津、海南、甘肃、青海以外都为正,其中内蒙古、辽宁、吉林、安徽、江西规模效应最为明显。从总的全要素生产率增长率来看,东北和中西部地区都要高于东部地区。

表 15-5　食品制造业全要素生产率增长率分解

省份	生产效率	生产效率进步率	技术进步率	规模效应	全要素生产率增长率
北京	0.689 75	0.036 56	0.019 44	0.005 06	0.061 06
天津	0.733 22	0.030 42	0.030 349	−0.004 50	0.056 27
河北	0.725 30	0.031 51	0.008 674	0.007 66	0.047 85
山西	0.650 74	0.042 45	0.024 519	0.003 50	0.070 47
内蒙古	0.945 48	0.005 39	0.025 136	0.013 95	0.044 48
辽宁	0.650 47	0.042 49	0.018 16	0.015 12	0.075 77
吉林	0.700 18	0.035 05	0.039 217	0.015 28	0.089 55
黑龙江	0.741 80	0.029 26	0.020 059	0.002 71	0.052 03
上海	0.734 24	0.030 28	0.013 941	0.004 59	0.048 81
江苏	0.699 22	0.035 19	0.011 935	0.006 07	0.053 19
浙江	0.683 16	0.037 53	0.009 3	0.007 09	0.053 92
安徽	0.601 43	0.050 49	0.022 925	0.011 53	0.084 95
福建	0.695 88	0.035 67	0.001 437	0.009 55	0.046 66
江西	0.662 76	0.040 59	0.019 486	0.013 21	0.073 29
山东	0.655 91	0.041 65	−0.004 86	0.025 41	0.062 12
河南	0.667 58	0.039 86	−0.003 55	0.016 78	0.053 10
湖北	0.632 91	0.045 28	0.012 037	0.006 92	0.064 23

生态文明的区域经济协调发展战略

省份	生产效率	生产效率进步率	技术进步率	规模效应	全要素生产率增长率
湖南	0.762 33	0.026 54	0.003 201	0.009 42	0.039 16
广东	0.676 31	0.038 55	−0.000 34	0.007 29	0.045 50
广西	0.633 56	0.045 17	0.014 788	0.000 64	0.060 61
海南	0.808 00	0.020 77	0.039 574	−0.001 53	0.058 81
重庆	0.690 61	0.036 43	0.024 083	0.002 64	0.063 15
四川	0.689 91	0.036 54	0.009 498	0.010 93	0.056 96
贵州	0.741 71	0.029 27	0.030 829	0.001 30	0.061 41
云南	0.623 01	0.046 88	0.031 137	0.001 22	0.079 24
西藏	0.637 51	0.044 54	0.094 463	0.007 42	0.146 43
陕西	0.693 26	0.036 05	0.021 415	0.004 13	0.061 59
甘肃	0.653 49	0.042 02	0.036 608	−0.000 30	0.078 33
青海	0.607 45	0.049 47	0.056 712	−0.009 99	0.096 20
宁夏	0.737 99	0.029 78	0.043 062	0.002 87	0.075 70
新疆	0.789 97	0.023 00	0.047 087	0.009 02	0.079 11

15.2.6　饮料制造业

从表15-6可以看出,东部和中部地区饮料制造业生产效率都较高,东北和西部地区次之。而就生产效率进步率来看,正好相反,东北和西部地区远远快于东部和中部地区。同时,中西部地区技术进步率相对较高,规模效应在中部和东部地区比较明显。因此,从总的全要素生产率增长率来看,中西部地区要高于东部和东北地区。

表 15-6　饮料制造业全要素生产率增长率分解

省份	生产效率	生产效率进步率	技术进步率	规模效应	全要素生产率增长率
北京	0.790 35	0.017 24	0.026 636	0.002 92	0.046 80
天津	0.888 04	0.008 65	0.026 851	0.006 74	0.042 24
河北	0.786 44	0.017 61	0.034 228	−0.001 52	0.050 32
山西	0.757 42	0.020 40	0.048 331	0.003 38	0.072 11
内蒙古	0.777 80	0.018 42	0.058 101	0.002 58	0.079 11
辽宁	0.755 06	0.020 63	0.030 026	0.007 83	0.058 48
吉林	0.724 93	0.023 66	0.026 192	0.012 08	0.061 93

省份	生产效率	生产效率进步率	技术进步率	规模效应	全要素生产率增长率
黑龙江	0.707 85	0.025 44	0.030 405	0.005 49	0.061 34
上海	0.955 52	0.003 30	0.016 107	0.004 95	0.024 35
江苏	0.885 16	0.008 89	0.042 069	0.007 78	0.058 74
浙江	0.820 63	0.014 46	0.023 797	0.004 91	0.043 17
安徽	0.718 93	0.024 28	0.047 57	0.001 32	0.073 17
福建	0.826 38	0.013 94	0.037 505	0.008 48	0.059 93
江西	0.776 41	0.018 56	0.050 785	0.006 47	0.075 81
山东	0.818 72	0.014 63	0.034 738	0.004 26	0.053 63
河南	0.833 78	0.013 28	0.043 812	0.014 22	0.071 32
湖北	0.850 21	0.011 85	0.035 497	0.009 40	0.056 74
湖南	0.807 25	0.015 67	0.044 795	0.005 19	0.065 66
广东	0.844 78	0.012 32	0.017 839	0.011 37	0.041 53
广西	0.779 57	0.018 26	0.038 816	0.010 59	0.067 66
海南	0.968 26	0.002 33	0.037 036	0.000 42	0.039 79
重庆	0.812 78	0.015 17	0.045 516	0.001 94	0.062 63
四川	0.730 08	0.023 13	0.018 387	0.014 03	0.055 55
贵州	0.834 19	0.013 25	0.041 197	0.004 83	0.059 28
云南	0.715 69	0.024 62	0.051 475	0.002 21	0.078 30
西藏	0.725 19	0.023 64	0.031 451	−0.000 48	0.054 61
陕西	0.765 29	0.019 63	0.029 723	0.012 49	0.061 84
甘肃	0.685 75	0.027 82	0.047 278	0.002 87	0.077 97
青海	0.672 31	0.029 31	0.056 381	−0.000 12	0.085 57
宁夏	0.761 32	0.020 01	0.064 036	−0.000 94	0.083 11
新疆	0.681 35	0.028 30	0.035 667	−0.000 08	0.063 89

15.2.7 纺织业

从表 15-7 可以看出,东部地区纺织业生产效率相对较高,东北和中西部地区次之。而就生产效率进步率来看,西部地区远远快于其他地区。同时,中西部地区技术进步率相对较高,规模效应在中部和东部地区比较明显。因此,从总的全要素生产率增长率来看,东北和中西部地区要高于东部地区。

表 15-7　纺织业全要素生产率增长率分解

省份	生产效率	生产效率进步率	技术进步率	规模效应	全要素生产率增长率
北京	0.645 96	0.002 12	0.070 911	−0.001 88	0.071 15
天津	0.520 57	0.003 17	0.054 515	0.000 58	0.058 27
河北	0.611 84	0.002 38	0.061 294	0.000 76	0.064 44
山西	0.466 56	0.003 70	0.078 352	−0.003 02	0.079 03
内蒙古	0.772 16	0.001 25	0.063 836	−0.000 35	0.064 74
辽宁	0.593 58	0.002 53	0.060 334	−0.000 79	0.062 07
吉林	0.568 77	0.002 74	0.072 852	−0.002 73	0.072 86
黑龙江	0.489 57	0.003 47	0.078 916	−0.002 83	0.079 55
上海	0.644 17	0.002 13	0.061 643	−0.001 44	0.062 34
江苏	0.617 15	0.002 34	0.045 118	0.007 14	0.054 60
浙江	0.639 21	0.002 17	0.041 715	0.009 54	0.053 43
安徽	0.542 50	0.002 97	0.064 866	−0.000 17	0.067 66
福建	0.650 60	0.002 08	0.052 439	0.005 70	0.060 22
江西	0.581 13	0.002 63	0.074 35	0.005 86	0.082 84
山东	0.598 28	0.002 49	0.046 356	0.006 85	0.055 69
河南	0.573 49	0.002 70	0.061 502	0.003 36	0.067 56
湖北	0.535 95	0.003 03	0.064 441	0.000 15	0.067 62
湖南	0.596 35	0.002 51	0.075 099	0.003 45	0.081 05
广东	0.572 93	0.002 70	0.052 996	0.011 24	0.066 94
广西	0.557 42	0.002 84	0.085 063	0.004 00	0.091 90
海南	0.539 99	0.002 99	0.065 737	0.019 15	0.087 87
重庆	0.575 10	0.002 68	0.081 161	−0.001 71	0.082 14
四川	0.597 17	0.002 50	0.071 375	0.002 98	0.076 86
贵州	0.443 97	0.003 94	0.090 893	−0.000 80	0.094 04
云南	0.401 91	0.004 43	0.081 06	−0.001 29	0.084 20
陕西	0.448 81	0.003 89	0.072 187	−0.003 06	0.073 02
甘肃	0.485 80	0.003 50	0.077 894	−0.000 12	0.081 28
青海	0.516 88	0.003 20	0.079 802	−0.009 86	0.073 14
宁夏	0.961 28	0.000 19	0.072 117	−0.002 96	0.069 34
新疆	0.512 12	0.003 25	0.060 137	0.000 65	0.064 03

注：因统计年鉴数据缺失，无法测算西藏的纺织业全要素生产率增长率分解。

15.2.8　皮革毛皮羽毛制品业

从表 15-8 可以看出,各地区皮革毛皮羽毛制品业的生产效率相差不大,而就生产效率进步率来看,西部地区要快于其他地区。同时,东北和西部地区技术进步率相对较高,规模效应在中部地区比较明显。因此,从皮革毛皮羽毛制品业总的全要素生产率增长率来看,东北和西部地区要高于东部和中部地区。

表 15-8　皮革毛皮羽毛制品业全要素生产率增长率分解

省份	生产效率	生产效率进步率	技术进步率	规模效应	全要素生产率增长率
北京	0.703 79	−0.020 03	0.057 596	0.000 04	0.037 61
天津	0.710 27	−0.019 51	0.060 509	−0.000 47	0.040 53
河北	0.975 34	−0.001 43	0.059 339	0.001 09	0.059 00
山西	0.404 94	−0.050 91	0.058 621	0.005 92	0.013 62
内蒙古	0.696 93	−0.020 58	0.080 991	−0.000 99	0.059 42
辽宁	0.841 36	−0.009 87	0.059 851	0.000 41	0.050 39
吉林	0.715 49	−0.019 09	0.064 016	−0.002 35	0.042 57
黑龙江	0.702 86	−0.020 10	0.088 596	0.000 60	0.069 10
上海	0.725 15	−0.018 33	0.060 824	0.000 17	0.042 66
江苏	0.765 02	−0.015 29	0.053 659	0.000 80	0.039 17
浙江	0.720 60	−0.018 69	0.054 515	0.002 88	0.038 70
安徽	0.734 55	−0.017 60	0.055 227	0.001 38	0.039 01
福建	0.611 21	−0.027 99	0.048 004	0.003 79	0.023 81
江西	0.603 88	−0.028 67	0.049 068	0.004 22	0.024 63
山东	0.794 90	−0.013 11	0.058 497	0.001 83	0.047 22
河南	0.904 64	−0.005 72	0.069 793	0.001 98	0.066 05
湖北	0.712 00	−0.019 37	0.052 196	0.000 07	0.032 90
湖南	0.802 13	−0.012 60	0.055 856	0.001 44	0.044 70
广东	0.551 48	−0.033 76	0.043 979	0.003 59	0.013 81
广西	0.807 85	−0.012 19	0.046 011	0.001 28	0.035 10
海南	0.769 02	−0.015 00	0.035 145	0.003 21	0.023 36
重庆	0.812 60	−0.011 86	0.047 376	0.001 52	0.037 04
四川	0.817 38	−0.011 52	0.058 26	0.003 76	0.050 49
贵州					
云南					

续表

省份	生产效率	生产效率进步率	技术进步率	规模效应	全要素生产率增长率
西藏					
陕西	0.493 64	−0.039 94	0.072 387	0.000 67	0.033 11
甘肃	0.761 62	−0.015 55	0.075 883	0.000 21	0.060 55
青海					
宁夏	0.800 69	−0.012 70	0.082 961	0.001 27	0.071 53
新疆	0.747 31	−0.016 62	0.093 857	−0.000 07	0.077 16

注：因统计年鉴数据缺失，无法测算贵州、云南、西藏和青海的皮革毛皮羽毛制品业全要素生产率增长率分解。

15.2.9 造纸业

从表 15-9 可以看出，东部和中部地区造纸业的生产效率相对比较高，东北和西部地区次之，但从生产效率进步率来看，西部不少省份进步相对较快。技术进步率全国相差不大，山西、四川、贵州等省份增长较快。规模效应西部地区多为负值，说明西部大部分省份还需大力发展集聚经济，进一步提升造纸业的规模产出效应。从加总效果来看，中部和西部地区造纸业的全要素生产率增长率相对较高，东部和东北地区次之。

表 15-9 造纸业全要素生产率增长率分解

省份	生产效率	生产效率进步率	技术进步率	规模效应	全要素生产率增长率
北京	0.980 98	0.000 54	0.055 021	0.002 16	0.057 72
天津	0.854 10	0.004 43	0.056 465	0.000 30	0.061 20
河北	0.889 17	0.003 30	0.060 989	0.000 05	0.064 34
山西	0.709 66	0.009 68	0.061 809	0.000 42	0.071 91
内蒙古	0.779 16	0.007 03	0.057 062	0.000 15	0.064 25
辽宁	0.765 19	0.007 55	0.056 664	0.000 84	0.065 05
吉林	0.731 86	0.008 81	0.048 562	0.001 88	0.059 25
黑龙江	0.701 16	0.010 03	0.052 341	−0.002 40	0.059 97
上海	0.949 97	0.001 44	0.051 032	0.002 25	0.054 72
江苏	0.859 06	0.004 27	0.042 878	0.002 93	0.050 08
浙江	0.945 03	0.001 58	0.055 62	−0.000 86	0.056 34
安徽	0.846 00	0.004 70	0.057 608	0.001 91	0.064 22
福建	0.882 48	0.003 51	0.057 72	−0.000 04	0.061 20

续表

省份	生产效率	生产效率进步率	技术进步率	规模效应	全要素生产率增长率
江西	0.812 84	0.005 83	0.051 613	0.006 75	0.064 20
山东	0.953 01	0.001 35	0.052 371	−0.000 88	0.052 84
河南	0.946 97	0.001 452	0.060 871	−0.001 33	0.061 06
湖北	0.891 00	0.003 24	0.058 451	0.000 29	0.061 98
湖南	0.833 84	0.005 11	0.054 324	0.002 62	0.062 06
广东	0.931 27	0.001 99	0.059 373	−0.003 51	0.057 86
广西	0.700 01	0.010 07	0.051 292	0.001 81	0.063 17
海南	0.778 32	0.007 06	0.022 245	0.089 18	0.118 49
重庆	0.869 28	0.003 94	0.062 346	0.010 98	0.077 27
四川	0.799 19	0.006 31	0.061 934	−0.000 07	0.068 18
贵州	0.728 90	0.008 92	0.069 201	−0.002 27	0.075 85
云南	0.773 65	0.007 23	0.050 365	0.001 00	0.058 60
陕西	0.632 48	0.012 96	0.066 115	−0.000 07	0.079 01
甘肃	0.602 54	0.014 34	0.065 285	−0.001 27	0.077 92
青海	0.709 24	0.009 70	0.055 737	−0.008 26	0.057 18
宁夏	0.668 00	0.011 40	0.056 24	0.001 14	0.068 78
新疆	0.697 15	0.010 19	0.054 478	−0.001 11	0.063 56

注：因统计年鉴数据缺失，无法测算西藏的造纸业全要素生产率增长率分解。

15.2.10　化学原料及化学制品制造业

从表15-10可以看出，东部地区化学原料及化学制品制造业的生产效率相对比较高，东北和中西部地区次之，但从生产效率进步率来看，东部地区增长放慢，中西部不少省份进步相对较快。技术进步率全国相差不大，西部如青海、宁夏、新疆等省份增长较快。规模效应除北京、天津、江苏、山东和湖南为负外，其他省份都为正值，说明在大部分省份化学原料及化学制品制造业的规模产出效应还是比较明显的。从加总的全要素生产率增长率来看，中西部地区相对较高，东北和东部地区次之。

表15-10　化学原料及化学制品制造业全要素生产率增长率分解

省份	生产效率	生产效率进步率	技术进步率	规模效应	全要素生产率增长率
北京	0.889 62	0.009 34	0.043 235	−0.001 52	0.051 06
天津	0.857 75	0.012 29	0.045 094	−0.000 16	0.057 22

续表

省份	生产效率	生产效率进步率	技术进步率	规模效应	全要素生产率增长率
河北	0.765 33	0.021 55	0.049 638	0.000 23	0.071 41
山西	0.600 69	0.041 57	0.047 955	0.000 54	0.090 07
内蒙古	0.686 43	0.030 48	0.045 053	0.003 85	0.079 38
辽宁	0.748 44	0.023 37	0.046 636	0.001 16	0.071 17
吉林	0.806 22	0.017 30	0.043 63	0.001 85	0.062 78
黑龙江	0.694 01	0.029 57	0.043 805	0.001 17	0.074 55
上海	0.943 27	0.004 65	0.044 638	0.005 28	0.054 56
江苏	0.964 80	0.002 84	0.051 042	−0.000 01	0.053 87
浙江	0.947 87	0.004 26	0.048 976	0.001 41	0.054 65
安徽	0.766 62	0.021 41	0.047 495	0.000 99	0.069 89
福建	0.829 31	0.015 01	0.044 647	0.002 02	0.061 68
江西	0.631 36	0.037 42	0.048 519	0.001 09	0.087 03
山东	0.900 44	0.008 37	0.052 067	−0.001 40	0.059 04
河南	0.738 33	0.024 48	0.049 937	0.000 50	0.074 92
湖北	0.742 82	0.023 99	0.048 581	0.001 03	0.073 60
湖南	0.604 19	0.041 09	0.052 308	−0.001 07	0.092 33
广东	0.977 61	0.001 80	0.049 149	0.001 45	0.052 39
广西	0.673 33	0.032 07	0.047 782	0.000 24	0.080 10
海南	0.882 62	0.009 98	0.032 615	0.016 49	0.059 09
重庆	0.689 09	0.030 16	0.045 714	0.001 89	0.077 77
四川	0.703 97	0.028 40	0.049 765	0.000 03	0.078 20
贵州	0.677 27	0.031 59	0.044 765	0.001 41	0.077 77
云南	0.727 10	0.025 74	0.045 415	0.000 81	0.071 97
西藏	0.564 96	0.046 72	0.028 816	0.004 18	0.079 72
陕西	0.604 68	0.041 02	0.045 785	0.000 46	0.087 26
甘肃	0.588 34	0.043 31	0.046 409	0.000 48	0.090 20
青海	0.643 45	0.035 84	0.038 685	0.012 02	0.086 54
宁夏	0.685 33	0.030 61	0.041 921	0.004 20	0.076 73
新疆	0.699 48	0.028 93	0.041 818	0.008 27	0.079 02

15.2.11　石油加工炼焦燃料工业

从表 15-11 可以看出,东部地区石油加工炼焦燃料工业的生产效率相对比较高,东北和中西部地区次之,但从生产效率进步率来看,东部地区增长放慢,东北和西部不少省份进步相对较快。技术进步率东部地区增长较快。规模效应除黑龙江和上海为正外,其他省份都为负值,说明大部分省份还需大力发展集聚经济,进一步提升石油加工炼焦燃料工业的规模产出效应。从石油加工炼焦燃料工业总的全要素生产率增长率来看,东部地区相对较高,东北和中西部地区次之。

表 15-11　石油加工炼焦燃料工业全要素生产率增长率分解

省份	生产效率	生产效率进步率	技术进步率	规模效应	全要素生产率增长率
北京	0.823 74	0.016 68	0.051 517	−0.016 39	0.051 80
天津	0.754 19	0.024 40	0.057 734	−0.011 07	0.071 06
河北	0.739 56	0.026 12	0.043 948	−0.024 31	0.045 76
山西	0.593 95	0.045 68	0.039 393	−0.038 55	0.046 52
内蒙古	0.550 72	0.052 53	0.029 103	−0.018 91	0.062 72
辽宁	0.975 34	0.002 12	0.057 265	−0.003 90	0.055 48
吉林	0.586 41	0.046 84	0.030 65	−0.007 75	0.069 74
黑龙江	0.726 68	0.027 67	0.051 909	0.002 11	0.081 70
上海	0.842 79	0.014 69	0.067 217	0.001 22	0.083 13
江苏	0.890 10	0.009 95	0.048 117	−0.009 72	0.048 35
浙江	0.973 72	0.002 26	0.065 549	−0.000 29	0.067 51
安徽	0.714 42	0.029 18	0.050 44	−0.002 77	0.076 85
福建	0.797 28	0.019 53	0.053 656	−0.005 24	0.067 94
江西	0.689 06	0.032 38	0.046 517	−0.003 75	0.075 15
山东	0.902 69	0.008 74	0.049 775	−0.032 99	0.025 55
河南	0.723 10	0.028 11	0.043 802	−0.008 41	0.063 51
湖北	0.833 35	0.015 67	0.043 194	−0.000 85	0.058 01
湖南	0.701 14	0.030 84	0.039 985	0.000 34	0.071 17
广东	0.966 69	0.002 87	0.066 988	−0.015 29	0.054 58
广西	0.677 56	0.033 88	0.039 737	−0.002 38	0.071 24
海南					
重庆	0.458 35	0.069 41	0.004 314	−0.007 21	0.066 51
四川	0.544 17	0.053 62	0.024 141	−0.024 69	0.053 08

省份	生产效率	生产效率进步率	技术进步率	规模效应	全要素生产率增长率
贵州	0.446 42	0.071 87	0.000 721	−0.010 57	0.062 02
云南	0.459 85	0.069 11	0.025 26	−0.029 79	0.064 58
陕西	0.750 71	0.024 81	0.042 705	−0.017 85	0.049 66
甘肃	0.715 59	0.029 03	0.048 926	−0.014 75	0.063 20
青海					
宁夏	0.594 99	0.045 52	0.018 904	−0.005 71	0.058 72
新疆	0.749 51	0.024 95	0.058 436	−0.006 61	0.076 77

注：因统计年鉴数据缺失，无法测算海南、西藏和青海的石油加工炼焦燃料工业全要素生产率增长率分解。

15.2.12 医药制造业

从表 15-12 可以看出，除西部几个省份外，其他大多省份医药制造业的生产效率都比较高，但从生产效率进步率来看，东部地区增长放慢，中西部不少省份进步相对较快。技术进步率全国相差不大，安徽、江西、四川和贵州增长较快。西部大部分地区规模效应都为负值，说明这些省份还需大力发展集聚经济，进一步提升农医药制造业的规模产出效应。从总的全要素生产率增长率来看，中部和东部地区相对较高，东北和西部地区次之。

表 15-12 医药制造业全要素生产率增长率分解

省份	生产效率	生产效率进步率	技术进步率	规模效应	全要素生产率增长率
北京	0.950 55	0.001 23	0.040 679	0.004 05	0.045 95
天津	0.935 51	0.001 61	0.036 586	0.001 37	0.039 57
河北	0.825 30	0.004 66	0.040 805	0.001 19	0.046 66
山西	0.749 53	0.007 01	0.049 164	0.000 92	0.057 09
内蒙古	0.887 49	0.002 89	0.037 614	−0.001 40	0.039 11
辽宁	0.910 50	0.002 27	0.039 74	0.005 72	0.047 73
吉林	0.905 36	0.002 41	0.040 77	0.008 16	0.051 34
黑龙江	0.809 72	0.005 12	0.045 287	0.002 42	0.052 83
上海	0.927 78	0.001 81	0.035 171	0.001 55	0.038 54
江苏	0.981 02	0.000 46	0.048 916	0.013 01	0.062 39
浙江	0.951 73	0.001 20	0.043 167	0.008 51	0.052 87
安徽	0.732 07	0.007 58	0.057 069	0.005 67	0.070 33

省份	生产效率	生产效率进步率	技术进步率	规模效应	全要素生产率增长率
福建	0.962 54	0.000 92	0.047 987	0.000 76	0.049 67
江西	0.860 19	0.003 65	0.060 025	0.009 25	0.072 93
山东	0.922 77	0.001 95	0.048 768	0.016 41	0.067 12
河南	0.807 32	0.005 20	0.058 672	0.007 89	0.071 75
湖北	0.831 60	0.004 47	0.053 855	0.002 76	0.061 09
湖南	0.926 08	0.001 86	0.048 672	0.005 05	0.055 58
广东	0.955 33	0.001 11	0.045 707	0.005 54	0.052 35
广西	0.801 46	0.005 37	0.050 02	0.001 27	0.056 66
海南	0.987 04	0.000 31	0.034 987	−0.004 92	0.030 38
重庆	0.910 51	0.002 27	0.041 061	0.002 06	0.045 39
四川	0.881 17	0.003 07	0.051 788	0.008 75	0.063 60
贵州	0.989 60	0.000 25	0.057 202	0.000 38	0.057 83
云南	0.910 21	0.002 28	0.041 858	−0.000 44	0.043 70
西藏	0.756 91	0.006 77	0.042 23	−0.003 24	0.045 76
陕西	0.942 70	0.001 43	0.043 753	0.001 46	0.046 64
甘肃	0.815 04	0.004 96	0.052 374	−0.001 22	0.056 11
青海	0.716 34	0.008 11	0.041 975	−0.010 24	0.039 85
宁夏	0.729 57	0.007 67	0.019 867	−0.023 76	0.003 77
新疆	0.642 66	0.010 77	0.038 853	−0.002 79	0.046 83

15.2.13　化学纤维制造业

从表 15-13 可以看出,东部地区化学纤维制造业的生产效率相对比较高,东北和中西部地区次之,但从生产效率进步率来看,东部地区增长放慢,中部不少省份进步相对较快。技术进步率仍是东部几个省份增长较快。规模效应多数省份都为负值,说明大部分省份还需大力发展集聚经济,进一步提升化学纤维制造业的规模产出效应。从加总效果来看,东部地区化学纤维制造业的全要素生产率增长率相对较高,东北和中部地区次之,西部地区相对较弱。

表 15-13　化学纤维制造业全要素生产率增长率分解

省份	生产效率	生产效率进步率	技术进步率	规模效应	全要素生产率增长率
北京	0.861 44	0.003 87	0.049 864	−0.005 35	0.048 38
天津	0.815 79	0.005 30	0.041 966	0.003 42	0.050 69
河北	0.788 67	0.006 19	0.038 975	−0.005 02	0.040 14
山西					

续表

省份	生产效率	生产效率进步率	技术进步率	规模效应	全要素生产率增长率
内蒙古					
辽宁	0.655 77	0.011 07	0.031 857	0.021 75	0.064 67
吉林	0.762 89	0.007 07	0.058 467	0.002 10	0.067 63
黑龙江					
上海	0.957 70	0.001 12	0.068 535	−0.002 59	0.067 06
江苏	0.904 80	0.002 59	0.045 759	0.013 71	0.062 06
浙江	0.968 81	0.000 82	0.058 377	0.020 19	0.079 39
安徽	0.899 17	0.002 75	0.059 039	0.000 33	0.062 12
福建	0.962 55	0.000 99	0.068 261	0.007 10	0.076 35
江西	0.772 39	0.006 74	0.068 674	0.002 32	0.077 74
山东	0.808 14	0.005 55	0.041 404	−0.003 08	0.043 87
河南	0.768 83	0.006 86	0.043 447	−0.003 82	0.046 49
湖北	0.773 18	0.006 71	0.033 21	−0.002 06	0.037 87
湖南	0.853 21	0.004 12	0.036 978	−0.003 44	0.037 66
广东	0.913 69	0.002 33	0.048 97	0.010 55	0.061 85
广西					
海南	0.831 33	0.004 80	0.104 186	0.003 09	0.112 08
重庆					
四川	0.824 15	0.005 03	0.053 15	0.003 57	0.061 75
贵州	0.804 35	0.005 67	−0.164 6	−0.096 88	−0.255 81
云南					
陕西					
甘肃					
青海					
宁夏					
新疆	0.895 43	0.002 86	0.039 101	0.000 03	0.041 99

注：因统计年鉴数据缺失，无法测算山西、内蒙古、黑龙江、广西、重庆、西藏、云南、陕西、甘肃、青海和宁夏的化学纤维制造业全要素生产率增长率分解。

15.2.14 非金属矿物制品业

从表 15-14 可以看出，东北和东中部地区非金属矿物制品业的生产效率都比较高，西部地区则相对较弱。但从生产效率进步率来看，东北和东中部地区增长放慢,中西部绝大多数省份进步相对较快。技术进步率同样也是西部增长较快,如青海、宁夏、西藏、甘肃、贵州等。规模效应除黑龙江、湖南、甘肃和青海为负外,其他省份都为正值,规模产出效应明显。从加总效果来看,西部地区非金属矿物制品业的全要素生产率增长率相对较高,东北和中部地区次之,东部地区相对较弱。

表 15-14　非金属矿物制品业全要素生产率增长率分解

省份	生产效率	生产效率进步率	技术进步率	规模效应	全要素生产率增长率
北京	0.868 84	0.000 40	0.059 847	0.003 77	0.064 02
天津	0.950 58	0.000 14	0.062 859	0.005 34	0.068 34
河北	0.752 10	0.000 81	0.052 541	0.004 36	0.057 71
山西	0.605 73	0.001 43	0.070 535	0.000 95	0.072 92
内蒙古	0.802 16	0.000 63	0.062 449	0.010 64	0.073 72
辽宁	0.831 12	0.000 53	0.052 022	0.011 87	0.064 42
吉林	0.793 12	0.000 66	0.062 18	0.011 08	0.073 92
黑龙江	0.676 30	0.001 12	0.073 623	−0.000 50	0.074 25
上海	0.979 00	0.000 06	0.053 57	0.008 24	0.061 87
江苏	0.838 37	0.000 50	0.042 514	0.017 04	0.060 06
浙江	0.820 71	0.000 56	0.039 566	0.015 23	0.055 36
安徽	0.749 66	0.000 82	0.049 297	0.013 17	0.063 29
福建	0.871 67	0.000 39	0.063 367	0.004 69	0.068 45
江西	0.745 90	0.000 84	0.063 197	0.010 94	0.074 97
山东	0.895 68	0.000 31	0.041 046	0.014 59	0.055 95
河南	0.935 23	0.000 19	0.054 977	0.009 95	0.065 12
湖北	0.771 38	0.000 74	0.058 33	0.007 73	0.066 80
湖南	0.786 66	0.000 69	0.076 538	−0.001 25	0.075 98
广东	0.807 12	0.000 61	0.043 599	0.012 58	0.056 79
广西	0.673 99	0.001 13	0.070 252	0.001 77	0.073 15
海南	0.949 26	0.000 15	0.075 862	0.005 53	0.081 54
重庆	0.718 86	0.000 94	0.066 797	0.005 20	0.072 94
四川	0.759 05	0.000 79	0.062 491	0.003 86	0.067 14
贵州	0.630 67	0.001 32	0.083 807	0.000 09	0.085 22
云南	0.679 61	0.001 10	0.063 384	0.004 26	0.068 75
西藏	0.779 69	0.000 71	0.094 287	0.001 80	0.096 80
陕西	0.665 91	0.001 16	0.068 901	0.002 42	0.072 48

续表

省份	生产效率	生产效率进步率	技术进步率	规模效应	全要素生产率增长率
甘肃	0.650 73	0.001 23	0.078 054	−0.001 83	0.077 45
青海	0.668 60	0.001 15	0.104 418	−0.000 58	0.104 99
宁夏	0.779 72	0.000 71	0.080 627	0.000 44	0.081 78
新疆	0.768 04	0.000 75	0.067 541	0.000 91	0.069 21

15.2.15 黑色金属冶炼压延工业

从表 15-15 可以看出,东部地区黑色金属冶炼压延工业的生产效率相对比较高,东北和中西部地区次之,但从生产效率进步率来看,东部地区增长放慢,东北和中西部不少省份进步相对较快。中西部地区技术进步率增长较快,规模效应除北京、山西、上海、四川和贵州为负外,其他省份都为正值,说明大部分省份黑色金属冶炼压延工业的规模产出效应明显。从加总效果来看,中西部地区黑色金属冶炼压延工业的全要素生产率增长率相对较高,东北和东部地区次之。

表 15-15 黑色金属冶炼压延工业全要素生产率增长率分解

省份	生产效率	生产效率进步率	技术进步率	规模效应	全要素生产率增长率
北京	0.811 40	0.012 27	0.051 366	−0.001 50	0.062 13
天津	0.941 08	0.003 54	0.067 42	0.003 01	0.073 96
河北	0.817 26	0.011 84	0.092 383	0.002 72	0.106 95
山西	0.708 34	0.020 35	0.082 721	−0.000 53	0.102 53
内蒙古	0.698 99	0.021 14	0.074 629	0.002 07	0.097 84
辽宁	0.678 64	0.022 91	0.080 957	−0.000 34	0.103 53
吉林	0.770 86	0.015 31	0.053 019	0.001 38	0.069 70
黑龙江	0.661 77	0.024 42	0.063 195	0.001 13	0.088 75
上海	0.913 30	0.005 29	0.015 935	−0.006 09	0.015 13
江苏	0.974 12	0.001 52	0.078 334	0.002 28	0.082 14
浙江	0.882 51	0.007 31	0.073 377	0.006 83	0.087 52
安徽	0.733 56	0.018 26	0.057 383	0.000 59	0.076 23
福建	0.888 40	0.006 92	0.057 528	0.004 36	0.068 81
江西	0.757 62	0.016 34	0.069 964	0.003 15	0.089 45
山东	0.883 59	0.007 24	0.075 407	0.002 61	0.085 25
河南	0.776 74	0.014 86	0.083 446	0.002 77	0.101 08
湖北	0.669 16	0.023 75	0.069 799	0.001 42	0.094 97

省份	生产效率	生产效率进步率	技术进步率	规模效应	全要素生产率增长率
湖南	0.698 96	0.021 14	0.071 706	0.002 93	0.095 78
广东	0.921 19	0.004 79	0.055 999	0.001 11	0.061 89
广西	0.791 98	0.013 70	0.066 398	0.004 93	0.085 03
海南	0.796 81	0.013 34	0.014 943	0.003 44	0.031 72
重庆	0.735 57	0.018 09	0.064 425	0.002 93	0.085 45
四川	0.630 08	0.027 37	0.086 944	−0.003 21	0.111 10
贵州	0.574 88	0.032 91	0.089 851	−0.002 29	0.120 47
云南	0.701 03	0.020 97	0.066 355	0.001 81	0.089 13
陕西	0.734 46	0.018 18	0.070 038	0.005 12	0.093 34
甘肃	0.663 57	0.024 25	0.067 791	0.001 11	0.093 16
青海	0.649 51	0.025 54	0.049 984	0.004 06	0.079 59
宁夏	0.634 75	0.026 92	0.067 891	0.007 47	0.102 29
新疆	0.834 02	0.010 64	0.047 015	0.003 93	0.061 58

注：因统计年鉴数据缺失，无法测算西藏的黑色金属冶炼压延工业全要素生产率增长率分解。

15.2.16　有色金属冶炼压延工业

从表15-16可以看出，东部和中部地区有色金属冶炼压延工业的生产效率相对比较高，东北和西部地区次之。从生产效率进步率来看，各地区增长都有所放慢，西部地区最为明显。技术进步率全国相差不大，其中山东和河南等省份增长较快。规模效应除北京和天津为正外，其他省份都为负值，说明大部分省份还需大力发展集聚经济，进一步提升有色金属冶炼压延工业的规模产出效应。从有色金属冶炼压延工业总的全要素生产率来看，东部和中部地区增长率相对较高，东北和西部地区次之。东北和西部地区作为有色金属原料主产区，有待进一步发挥资源禀赋优势，提升技术水平，全面提高生产效益。

表 15-16　有色金属冶炼压延工业全要素生产率增长率分解

省份	生产效率	生产效率进步率	技术进步率	规模效应	全要素生产率增长率
北京	0.536 74	−0.020 05	0.092 172	0.003 70	0.075 82
天津	0.759 83	−0.008 89	0.095 193	0.007 38	0.093 69
河北	0.639 79	−0.014 42	0.101 009	−0.003 13	0.083 46
山西	0.542 20	−0.019 72	0.111 087	−0.007 22	0.084 14
内蒙古	0.679 99	−0.012 46	0.107 14	−0.018 69	0.075 99

生态文明的区域经济协调发展战略

续表

省份	生产效率	生产效率进步率	技术进步率	规模效应	全要素生产率增长率
辽宁	0.679 72	−0.012 48	0.107 858	−0.006 50	0.088 89
吉林	0.471 52	−0.024 18	0.097 331	−0.022 09	0.051 07
黑龙江	0.351 64	−0.033 47	0.092 909	−0.008 78	0.050 66
上海	0.758 65	−0.008 94	0.102 556	−0.016 55	0.077 07
江苏	0.972 01	−0.000 92	0.106 718	−0.021 30	0.084 50
浙江	0.965 57	−0.001 13	0.104 807	−0.018 93	0.084 74
安徽	0.774 51	−0.008 27	0.105 482	−0.009 04	0.088 17
福建	0.668 38	−0.013 02	0.103 117	−0.026 05	0.064 05
江西	0.826 54	−0.006 17	0.108 534	−0.016 10	0.086 26
山东	0.776 48	−0.008 19	0.114 466	−0.017 73	0.088 55
河南	0.782 56	−0.007 94	0.113 769	−0.009 61	0.096 22
湖北	0.649 72	−0.013 93	0.103 663	−0.005 77	0.083 97
湖南	0.724 24	−0.010 43	0.105 827	−0.011 465	0.083 74
广东	0.844 68	−0.005 47	0.107 558	−0.018 56	0.083 53
广西	0.585 06	−0.017 29	0.106 862	−0.013 36	0.076 21
海南	0.198 42	−0.051 37	0.078 176	−0.077 09	−0.050 29
重庆	0.657 21	−0.013 56	0.103 816	−0.018 07	0.072 19
四川	0.669 36	−0.012 97	0.105 833	−0.006 71	0.086 15
贵州	0.548 05	−0.019 38	0.106 199	−0.001 19	0.085 63
云南	0.699 15	−0.011 57	0.108 848	−0.010 36	0.086 92
陕西	0.557 73	−0.018 82	0.101 561	−0.021 71	0.061 03
甘肃	0.634 07	−0.014 71	0.109 264	−0.000 30	0.094 26
青海	0.613 94	−0.015 75	0.106 113	−0.008 05	0.082 32
宁夏	0.554 37	−0.019 01	0.103 104	−0.009 30	0.074 79
新疆	0.440 60	−0.026 33	0.093 405	−0.008 55	0.058 52

注：因统计年鉴数据缺失，无法测算西藏的有色金属冶炼压延工业全要素生产率增长率分解。

15.2.17 电力热力的生产和供应业

从表 15-17 可以看出，东部地区电力热力的生产和供应业的生产效率相对比较高，东北和中西部地区次之，但从生产效率进步率来看，各地区增长都有所放慢，西部地区最为明显。技术进步率全国相差不大，西部如青海、宁夏、西藏等省份增长较快。规模效应近一半的省份都为负值,说明大部分省份还需大力发展集聚经济,进一步提升电力热力的生产和供应业的规模产出效应。从电力热力的生产和供应业总的全要素生产率增长率来看,西部地区相对较高,东北和东部地区次之,中部地区相对较弱。

表 15-17　电力热力的生产和供应业全要素生产率增长率分解

省份	生产效率	生产效率进步率	技术进步率	规模效应	全要素生产率增长率
北京	0.844 71	−0.004 39	0.044 07	0.020 63	0.060 31
天津	0.973 33	−0.000 70	0.048 87	0.009 92	0.058 09
河北	0.905 67	−0.002 58	0.041 39	−0.008 57	0.030 24
山西	0.775 77	−0.006 61	0.043 28	−0.002 43	0.034 24
内蒙古	0.671 32	−0.010 36	0.042 56	0.007 95	0.040 15
辽宁	0.852 78	−0.004 15	0.041 60	−0.009 13	0.028 32
吉林	0.725 74	−0.008 34	0.044 95	−0.006 21	0.030 40
黑龙江	0.770 28	−0.006 79	0.042 43	−0.003 71	0.031 93
上海	0.959 60	−0.001 07	0.046 24	0.017 90	0.063 07
江苏	0.935 57	−0.001 73	0.041 02	0.001 35	0.040 64
浙江	0.977 68	−0.000 59	0.041 43	0.003 60	0.044 44
安徽	0.873 86	−0.003 51	0.045 47	0.003 10	0.045 05
福建	0.835 41	−0.004 68	0.043 53	0.001 08	0.039 93
江西	0.751 91	−0.007 42	0.045 17	−0.004 01	0.033 74
山东	0.935 16	−0.001 74	0.039 72	−0.014 42	0.023 56
河南	0.916 05	−0.002 28	0.040 06	−0.017 85	0.019 93
湖北	0.594 50	−0.013 50	0.040 52	0.002 87	0.029 89
湖南	0.705 24	−0.009 08	0.043 14	−0.004 57	0.029 49
广东	0.956 96	−0.001 14	0.038 82	−0.005 70	0.031 98
广西	0.699 92	−0.009 28	0.044 32	−0.002 48	0.032 57
海南	0.801 18	−0.005 77	0.053 08	0.005 78	0.053 10
重庆	0.716 83	−0.008 66	0.047 25	0.008 59	0.047 19
四川	0.671 91	−0.010 33	0.040 92	−0.006 92	0.023 66
贵州	0.845 37	−0.004 37	0.045 10	0.005 05	0.045 77
云南	0.741 06	−0.007 80	0.044 81	0.003 11	0.040 12
西藏	0.572 45	−0.014 47	0.058 34	0.002 95	0.046 82
陕西	0.682 03	−0.009 95	0.044 36	−0.001 80	0.032 61

续表

省份	生产效率	生产效率进步率	技术进步率	规模效应	全要素生产率增长率
甘肃	0.709 58	−0.008 92	0.045 71	−0.001 05	0.035 74
青海	0.695 09	−0.009 46	0.050 27	0.009 84	0.050 65
宁夏	0.840 90	−0.004 51	0.050 31	0.011 37	0.057 17
新疆	0.631 77	−0.011 93	0.047 39	0.002 80	0.038 26

15.3　本章小结

随着资源的开发、经济的发展,人们对原料、能源的需求日益增大,单纯依靠增大要素投入带动经济增长的发展方式已经逐步开始被人们摒弃,通过技术改造、精细化生产,降低单位产出所消耗的要素投入正成为各经济实体追求的经济效益目标。同时,全要素生产率增长率作为描述全要素生产率随时间变动的矢量,通过对其的观察可以大体判断出该行业发展趋势。本章考察了中国 31 个省份 2003—2008 年 17 类污染型行业历年的生产效率、生产效率进步率、技术进步率、规模效应和全要素生产率增长率均值,从高效生产的角度为污染型行业未来的布局选择提供了方向。

通过研究发现,农副食品加工业全要素生产率平均增长率比较靠前的除上海、天津以外都是中西部省份,且以西部省份为主。食品制造业比较靠前的省份除吉林、辽宁以外也全是中西部省份。饮料制造业比较靠前的前十名全是中西部省份。纺织业除海南和黑龙江以外也全是中西部省份。皮革皮毛羽毛制品业除东部的河北、辽宁、山东的全要素生产率平均增长率比较高外,其余的也主要是中西部省份。造纸及纸制品业全要素生产率平均增长率比较靠前的省份除海南、辽宁、河北外都是中西部省份。石油加工炼焦燃料工业各大区域都有省份全要素生产率平均增长率排名比较靠前。化学原料及化学制品制造业比较靠前的省份全是中西部地区。非金属矿物制品业全要素生产率平均增长率比较靠前的省份除海南、黑龙江、吉林外也都是中西部省份。除辽宁外,黑色金属冶炼压延工业全要素生产率平均增长率比较靠前的都是中西部省份。有色金属冶炼压延工业全要素生产率平均增长率比较靠前的省份除东部的天津、辽宁、山东以外也全是中西部省份。除江苏、山东外,医药制造业全要素生产率平均增长率排名比较靠前的都是中西部地区。电力热力的生产和供应业全要素生产率平均增长率比较靠前的省份除上海、北京、天津、海南以外都是中西部省份,且以西部省份为主。因此,总体来看,大部分污染型行业在中西部地区,全要素生产率的平均增长率都比东部地区要高,即从行业的发展趋势和追逐高效生产的角度出发,这些污染型行业由东部地区向中西部地区转移符合经济发展的规律,全要素生产率增长率比较高的地区将成为这些行业未来转移布局的主要选择。

第5篇 政策导向篇

生态文明的区域经济协调发展的要求是，在经济发展和构建资源节约、环境友好型社会的过程中实现区域经济差距的缩小，着重解决环境规制分权结构不合理、区域间生态补偿机制缺失、产业转移与污染转移等问题。本篇包括第16章，主要针对前面三篇对关键问题的探讨，提出生态文明的区域经济协调发展政策的新导向。首先，我们根据环境规制分权结构存在的问题，给出我国政府环境规制分权结构的方案设计和政策选择；其次，根据对生态职能区内涵的界定，初步提出生态职能区划的原则和方法；再次，基于环境保护区域合作机制的研究，将生态补偿或区域补偿纳入，从可持续发展的角度，提出非对称污染下跨区域合作的生态补偿机制；最后，根据生态环境承载力和全要素生产率增长率这两个污染型行业布局选择的优化目标，结合必要的优化手段，提出未来生态文明取向的工业优化布局的基本思路和政策建议。

16 生态文明取向的区域经济协调发展的新政策导向

生态文明的区域经济协调发展政策的新导向包括政府环境规制分权结构方案的设计、生态职能区划的原则与方法、区域生态补偿机制框架的建立和污染型行业布局优化的政策选择。

16.1 政府环境规制分权结构方案的设计

在工业文明视角下,政府环境规制或管理职能主要停留在减少污染排放等技术性的生态修补层面,以及地方化的环境问题,并且往往从属于经济、社会发展职能。因此,在生态文明视野下的政府环境规制分权结构的调整,需要从刺激中国经济增长长期一枝独秀而包括环境问题在内的公共服务却相对滞后的中国式分权的基本治理结构出发,即需要在多级政府框架下考虑政府生态职能的实现。许多生态环境问题具有明显的地理外溢效应,而这种外溢效应的地理边界并不与行政区划相吻合,因此,政府生态职能的履行必然涉及中央和地方、地方和地方政府之间关系的协调。同时,经济竞争对环境规制效率的冲击,以及嵌入不同政治体制会表现出对于不同分权结构方案的偏好,因此,政府环境规制分权结构方案的设计需要综合考虑环境污染的外溢性、异质性、经济竞争及政治过程等多方面因素。同时,整个框架的设计应当与环境政策目标的实现相互配合。首先,要确定环境规制标准设定主体,也就是说,到底应该给予中央政府更多权限还是偏重地方政府自由量裁? 其次,在环境标准实施过程中确立有效的监督机制,包括监督指标的选择和转移支付的时机选择等。最后,为保证整个分权结构方案在现有财政支出下能够顺利实施,必须提供一个优化的成本分担方案。

16.1.1 环境标准设定主体的政府层级选择:中央还是地方

首先从外溢性和异质性的权衡来讨论。对于外溢性非对称的污染物而言,地方政府设定标准会形成"搭便车"效应。但是,中央设定标准往往无法兼顾地方的异质性。所以,对于这类污染物,在不考虑其他情形时,标准设定主体的选择取决于"搭便车"效应所产生的效率损失和统一政策所产生的效率损失的比较。因而,对于外溢性相对较大或者地方异质性不突出的污染物而言,由中央政府设定统一的标准更为有效率。例如,Banzhaf 和 Chupp 表明 SO$_2$ 和 NO$_x$ 的治理采取中央政府设定统一的标准要优于地方政府。[①] 所以,我们可能需要根据不同污染物的地理外溢性和治理成本的地区异质性来决定这一类型污染物具体应该由中央还是地方政府来设定标准。而对于对称外溢性而言,Ogawa 和 Wildasin 关于 100%的"溢回"的假设条件与现实的差异太大,污染密集型的对称、完全竞争的资本市场的假设很难得到满足,因而很难排除"搭便车"效应的产生。[②] 不过,对于外溢性对称的环境污染而言,在简单的博弈中,尽管在非合作博弈中会导致囚徒困境,但两个地区如果都进行污染治理会使得其福利均有所增进,从而无须外力的推动,在重复博弈中实现合作是一个可行的均衡。但是,对于外溢性非对称的污染而言,双方治理污染的收益并不对称,甚至会造成另一方的损失,因而缺乏必要单边支付机制的设计,是很难实现合作的。所以,对称跨界污染更容易实现地区层面的合作,并通过合作来内部化外部性,因而污染标准设定集权化的适用条件比非对称跨界污染更为苛刻。对于地方性的污染物而言,由于并不存在外溢性问题,异质性问题居于主导地位,因而由地方政府来设定标准更为合理。

不过,上述分析并没有考虑经济竞争效应。如果地方政府用放松环境规制作为手段来吸引企业、促进经济增长,那么地方政府之间可能会在环境规制方面形成逐底竞争的竞争形态,在这种情况下,即使对于地方性的污染物,中央政府设定环境标准也是必要的。地方政府是否采取这一手段取决于地方政府的目标,而地方政府的目标是嵌入到政治过程中的。理论上的讨论结果往往依赖于具体参数的选择,莫衷一是,因而这更是一个经验研究的问题。我们探讨中国地方政府环境规制的竞争形态及其演变,目的是为我们关于标准设定主体提供必要的经验研究支持。

在政治集中、经济分权的中国式分权的背景下,当环境问题游离考核体系之外,中国的环境规制则处于完全分权状态,我们的经验研究表明:环境规制强度小于竞争者的省份试图通过放松环境规制以期获取吸引投资的竞争优势,而规制强度大于竞争者的省份则无策略性行为,环境规制竞争接近于逐底竞争。因而,对于规制强度弱的欠发达省份而言,污染治理投资资金来源单一且不足,环境关注程度较低,在缺乏定量考核的前提下,更愿意牺牲环境来换取经济发展,进一步放松规制强度来吸引转移产业。所以,逐底竞争的竞争形态意味着标准设定集权化的必要性。

2003 年科学发展观提出之后,环境问题的重要性日益突出,考核体系随之逐步调整,国家"十一五"规划首次将主要污染物减排总量明确为约束性指标,并在省

① Banzhaf, H. S. and Chupp, B. A., "Designing Economic Instruments for the Environment in a Decentralized Fiscal System", Tulane Economics Working Paper Series, 2010.

② Ogawa, H. and Wildasin, D. E., "Think Locally, Act Locally: Spillovers, Spillbacks, and Efficient Decentralized Policymaking", American Economic Review, vol. 99, no.4, 2009, pp. 1206-1217.

份之间进行分解,使减排目标设定从"自下而上"的分权化转变为"自上而下"的集权化,要求"各地区要切实承担对所辖地区环境质量的责任,实行严格的环保绩效考核、环境执法责任制和责任追究制"。[①] 在上述环境标准设定主体集权化的改革过程中,我们的经验研究发现环境规制的省际竞争发生了明显的转变,竞争行为趋优,逐步形成"标尺效应"。而且,与国家"十一五"规划纲要中约束性指标相对应的工业废水及其主要污染物与工业 SO_2 排放的规制竞争开始出现竞相向上的情形,而其他污染物规制竞争的优化程度相对较弱;空间外溢性低的污染物排放规制省际竞争行为优于空间外溢性高的污染物排放规制。此外,我们根据水质、城市未处理工业废水排放的数据发现,"十一五"减排指标设定集权化改革有效地提高了水质并减少了人均废水排放。而且,集权对中西部地区的影响显著。

上述转变,尤其是在不同类型污染物规制竞争转变程度的差异表明,由中央政府来设定环境标准是合理的。标准设定包括两个方面:一是技术标准的设定,如生产工业过程中所必需的节能环保技术、必要的节能减排装置等,这是过程的标准;二是排放总量标准的设定,如某地区某污染物的整体减排量必须达到的水平,这是结果的标准。当然,这并不意味着所有的环境标准都一直由中央政府来设定,需要引入弹性的、动态的机制设计:第一,目前一些污染问题比较严重的,如重金属对水体、土壤的污染没有进入约束性目标,一些对人体健康损害很大的污染物,如空气质量中的 PM10 和 PM2.5 也游离在约束性目标之外,因此需要尽快把更多的污染物减排放入约束性目标。第二,考虑到经济发展对污染减排的积极作用,随着欠发达地区经济的持续增长,一些污染排放拐点较早到来的污染物,尤其是地方性的污染物的减排标准设定可以转移给地方政府。第三,对于一些溢出效应对称且局部性的污染物排放,如果相关地区具有较好的环境合作制度和实践,也可以考虑将此类减排标准设定权下放给相应的地方政府。

过程标准和结果标准都涉及复杂的环境科学、环境经济学、行政管理等多学科的知识。例如,技术标准设定主要是环境科学方面的知识,而什么水平的减排总量在经济上有效率的、行政上可行则涉及环境经济学、行政管理等学科,如何实现减排目标也通常存在一个技术指引。这些知识是全国乃至世界层面的公共品,外部性使得地方政府没有足够的激励去投入,因而基础性的环境知识和技术研发的职能也归属于中央这一层级,要进一步发展国家级的环境问题研究机构。

在中国式分权的整体治理结构中,没有必要的考核,标准可能成为摆设。中央政府设定标准的有效性取决于环境达标是否进入地方政府的政绩考核体系。因此,中央政府还需要承担环境考核的职责。从"十一五"期间的实践来看,考核期限的选择是一个需要考虑的问题。目前的考核主要以期限末的排放量作为依据。这

就导致了地方政府可能会在期限末期突击减排,如 2010 年出现部分地区为了减排达标而拉闸限电,甚至影响居民用电、供暖。而且,部分企业为了应付这一问题,采取自备发电措施,这反而会引发更高的污染,不过由于其不会计入排放总量而被忽视。显然,这种减排的意义和作用并不大,甚至有可能导致反作用。因此,需要优化考核的期限选择,建议以半年为周期,并结合不定期的抽查,避免形成上述的"期限末效应"。同时,缩短考核期限也可以避免期末考核与地方政府任期不一致可能导致的考核激励作用削弱的问题。

同时,环境标准进入考核体系主要会面临多目标激励难题。尤其是当子目标之间在长、短期之间存在矛盾时。一个常见的矛盾来自于环境库兹涅茨曲线所揭示的欠发达地区经济增长与污染物减排之间的权衡,而且多维目标之间的权重如何设计也是非常复杂的问题。因此,考核体系的调整不仅仅是减排目标的加入,还需要调整经济增长等其他目标及相应的配套措施。可行的方式是结合主体功能区规划的思路,根据不同功能区的特征,对不同区域的多目标任务设定不同的权重。例如,对于禁止开发区域和限制开发区域的地方政府,生态环境是首要的考核目标,而经济增长的考核可以完全取消;对于优化开发区域,考核的目标应该调整为单位污染物排放的产出和单位耗能的产出,兼顾增长和减排;对于重点开发区域,经济增长和就业问题依然是首要的,但是环境的考核侧重于是否达到规定的门槛。显然,这一考核体系的实现需要财政政策改革的配套,这会在下文详细论述。

此外,对环境标准实施结果进行考核需要定量的依据,这有赖于环境监测提供相应的数据。显然,如果将环境监测下放给地方政府,当中央和地方的目标并不完全一致时,策略性行为必然会发生,监测数据的可信性会受到质疑。因此,中央政府还需要承担环境监测的职责,这包括环境监测技术研发、监测地点选择、监测设备安装和人员配备,形成一个垂直于地方政府的环境监测部门。保持环境监测部门与地方政府的独立性是考核依据公平性的制度基础。实际上,只要保持考核的独立性,在晋升激励的作用下可以促使地方政府环境治理工作有效开展,那么并不必然要求地方其他环境职能部门对地方政府的独立性。因为环境行政、执法等职能的实现往往依赖于地方其他部门的配合,如公安、法院等,因而环境部门的完全独立反而得不到地方政府的配合,不利于环境行政、执法职能的实施。

16.1.2 环境标准的实施与跨界污染治理分权结构的设计

环境标准的实现有赖于具体的执行。由于我国幅员辽阔,完全由中央政府来负责具体的治污减排的可行性不强。具体的执行不同于环境监测。后者更易于标准化,从而避免不同层级之间的信息不对称问题,便于统一监管。而前者会因为各地区经济规模、产业结构、技术水平、人文习惯、地理条件、气候因素等经济、社会、自然因素而呈现明显的差异,我们很难设计一套标准化的治污减排技术和制度来适用于全部地区,必然要求差异化的实施,这会导致不同层级之间的信息严重不对称,使垂直化科层体系无效率。所以,由地方政府负责具体实施没有太大争议。对于地理外溢性很小的污染问题而言,在中央政府设定标准和进行考核之后,地方政府负责具体的实施可以充分发挥其信息优势,从而形成一个相对合理的分权治理结构。

而对于地理外溢性较大的、尤其是地理外溢性不对称的跨界污染而言,我们的理论和经验研究均表明,在中央设定相应的标准和进行考核之后,尽管规制力度和环境质量总体有所提升,但是无论是过程标准还是结果标准都没有有效解决跨界污染问题。

在过程监管的技术标准设定体系下,中央政府先确定标准,地方政府再执行,上游(上风)行政区地方政府会放松其对跨界污染区域的执行强度,因此,中央政府在标准设定上的直接干预并不能保障社会最优的资源配置的形成,中央政府标准的提高会引致上游地方政府执行强度的下降,即地方政府可以利用其执行层面难以契约化的特征,对中央政府的政策采取"上有政策、下有对策"的策略性反应。一种解决的方式是引入转移支付,而且必须是事后转移支付,事前转移支付无法取得有效率的结果。事后转移支付与我们通常的财政预算制度并不匹配,而且,更关键的问题是,转移支付遵循上游(上风)地区污染者付费的原则,这和中国普遍存在的上下游之间经济发展不对称的特征难以匹配,落后的下游地区不愿意也缺乏足够的财力来为其污染付费,因而可操作系不强。

在结果监管的减排标准设定体系下,上游(上风)行政区地方政府针对减排指标设定的集权化,会根据减排程度、上游行政区跨界污染区和非跨界污染区的污染治理边际成本比较而对其内部跨界污染程度不同的区域采取差别化的治理努力,并不一定减少跨界污染。基于主要河流水质、城市工业废水排放行为和污染密集型产业布局的经验研究都表明,相对于非跨界污染,减排指标的集权化设定没有削减,甚至导致更高的跨界污染。

因此,尽管标准设定的分权会导致过度跨界污染,但是标准设定的集权并不必然能减少跨界污染,甚至进一步恶化了跨界污染。所以,除了标准设定集权化之外,还需要进一步细化执行层面的分权结构。一种可行的方式是推动利益相关方的区域合作。在对称的跨界污染问题上,地区之间的合作能够建立在重复博弈的基础上。而对于非对称跨界污染而言,地区之间的合作必须引入单边支付机制。因为对于后者而言,污染外溢方无法完全获取其减排行为的收益,需要其他受益地区进行必要的补偿,即所谓的生态补偿,所以后者的制度设计更为困难。结合我国中西部与东部地区在环境治理边际成本差异、经济发展水平差异以及上、下游关系,存在一个可行的跨界污染治理合作的套利空间,即通过下游的东部地区帮助上游中西部地区的跨界污染区发展经济,提供污染治理援助,降低其污染治理成本来解决跨界污染；或者引入排污权交易等市场化的方式，激励上游地区削减其跨界污染区的污染物排放。

在这个区域合作的治理结构中，中央政府的职能主要在于：一是设定标准，这使得污染排放成为稀缺的资源并给予其明确的产权归属，即提供产权基础；二是在四大主体功能区划分的基础上引入生态职能区，将不同功能区之间的生态联系建立起来，特别是生态保护的利益相关方联系起来，即提供区划基础；三是制定一些必要的区域环境合作、生态补偿框架构建的制度、技术指引，即提供知识基础；四是对争议纠纷进行协调、仲裁，利用其权威身份及环境监测系统等技术手段调节区域合作中可能出现的纷争，构建完善区域合作相关的法律体系，即提供法制基础。

地方政府是区域环境合作、生态补偿制度建设和实施的主体。遵循自愿、互利的原则，充分利用地方化的信息优势，针对不同类型污染物在外部性、治理边际成本、损害成本等方面的差异，自主协商环境保护、生态补偿方面的具体合作内容，包括参与合作的部门、参与合作的方式、确定生态补偿的依据和补偿额度的计算方法，以及补偿金的使用方式等。考虑到这是生态文明视野下区域经济协调发展的重要路径之一，我们会在后面更为详细、深入地分析这一问题。

16.1.3　政府治理成本分担方式的改革方向

中央设定标准与地方政府执行这一混合的环境治理结构使得治理成本在不同层级政府之间的分担问题凸显。目前，我国环境治理成本分担方式上存在环境支出比重偏低、地方财力与环境职能不匹配及影响环境行政机构相对独立性等问题。在此基础上，我们提出了环境治理成本分担方式的改革方向。

第一，在中央政府设定标准、地方政府负责执行的环境治理结构中，完全由中央政府和完全由地方政府承担环境治理成本都不是最优的，可能会因为双重道德风险问题导致低效率。因此，需要中央政府和地方政府分担环境治理成本。例如，中央政府可以采取配套资金的方式，根据地方政府投入的多少给予相应比例的配套资金。这样一来，一是可以避免中央政府完全不承担成本下可能产生的过度规制问题；二是能够减轻地方财政压力；三是能提高地方治理的积极性，提高环保支出在地方财政支出中的比重。

第二，针对不同类型的污染实施不同的资金配套方案。对于影响全国生态环境安全的全局性环境问题，治理费用主要由中央财政承担；对于局部对称污染，则应当主要由相关地方政府承担，对财力较弱的地区，中央政府通过转移支付的方式给予专项补贴；对于非对称跨界污染治理，考虑到我国东富西贫、南富北贫，通常上游地区或者上风向地区是欠发达地区，下游和下风向地区是发达地区，中央政府可以在生态职能区划分的基础上，确定利益相关方，建立地方政府之间的横向生态补偿机制，将受益方（发达地区）上交的转移支付转移给欠发达地区（上游或者上风地区),作为跨界污染治理的专项资金。如果发达地区对欠发达地区在环保方面有支援,可以扣减这部分的转移支付。结合我们实证部分提出的环境治理边际成本递增的现象,欠发达地区(上游或者上风地区)的环境治理成本低于发达地区(下游或者下风地区)治理上游跨界污染转移的成本,因而这种转移支付是有效率的。

第三,中央政府的环境配套资金拨付应该考虑地区财政收入能力的差异。我们的研究发现我国省际政府环境支出占财政支出的比重、人均环境方面的财政支出并不与地区经济发展水平、财政能力相关,而是与其因为产业结构导致的节能减排压力有关。由于中西部地区污染密集型、能源密集型产业的比重较高,因此其用于环保方面的财政支出比重较高。因而这些地区环境财政支出比重进一步提升的空间有限,而且其财力也难以保障,因而需要中央政府在配套资金方面给予这些地区照顾。

第四,中央政府在环境治理专项资金配套过程中,要关注基层环境行政部门财力与职能的不匹配性。县级环境行政部门是政府环境治理最基础的部门,也是经费、专业人员需求缺口最大的政府层级,极大制约了其环境行政能力。基层财政紧张的问题与当前的分税制密切相关,因此,从长期来看,这个问题有赖于财政体制的改革。但是,在近期内,需要中央政府考虑设立针对基层的环境治理配套专项基金,以专款专用的方式直接拨付给基层环境行政部门用于添置环保监察工作设备,配备专业人才,提高行政能力。

第五,建议中央政府规定地方财政支出中环境支出应该达到的最低比重,从而使环境行政经费得以保障并具有相对独立性,避免因为经费问题限制了地方环境部门在行政执法过程中的独立性。

第六,建议开征环境税。将目前的企业排污费等收费项目规范化,由费改税;计税对象为超过一定污染强度(污染排放占其总产出的比重)的企业,从而促进企业采取更为清洁的生产工艺;环境税税收收入归地方政府,主要用于辖区内的环境保护支出。

16.2 生态职能区划的原则与方法

生态职能区划是将生态系统的保护与恢复和政府的生态职能结合起来的重要举措,它是生态文明视角下兼顾环境保护和政府职能转变的重要议题。同时,由于区域之间存在物质流、能量流和信息流的联系,并由此导致区际之间生态服务功能的空间流转,所以生态职能区划也是生态补偿的基本依据[1],故它也是必须优先于生态补偿进行讨论的重要话题。再者,已有的生态补偿政策大都是纵向的政府财政转移支付,或者小范围区域的市场化探索,对于跨区域的生态补偿还没有形成一

---

① 何承耕:《多时空尺度视野下的生态补偿理论与应用研究》,福建师范大学博士学位论文,2007年。

种有效的机制进行横向协调。生态职能区划以生态保护和修复为目标,打破行政区划限制,更注重区域生态系统之间的内部联系,并且尽最大限度保留这种联系,有利于区域内不同地方政府间实现相互之间的协调,变竞争者为合作者,也有利于形成区域生态系统的共建共享机制。而这正是生态文明视角下区域协调发展的内涵所在,生态职能区划的构建也为各区域绿色协调发展提供了一条新思路。这里仅提出一种新的思路,关于生态职能区划的具体研究还有待进一步深入,下面仅简单讨论一下划分的原则和可供参考的方法。

16.2.1　生态职能区划的原则

生态职能区划除了遵循一般区划的相对一致性原则、发生统一性原则和主导因素等原则之外,还应该遵循以下几个原则。

一是生态系统完整性原则,即生态职能区应考虑生态系统的完整性,尽可能将同类型的生态系统划在一个生态职能区内,不人为割裂生态系统的内部联系。

二是便于管理原则,即在考虑生态系统完整性的基础上还要考虑管理上的可操作性,一般不宜将管理幅度设置过宽,过宽不易协调。

三是核心区与辐射区地域接近原则,即二者在地域上接近,生态联系紧密。

四是可持续发展原则,即生态职能区划要求考虑生态系统的可持续发展。

16.2.2　生态职能区划的方法

一般而言,生态职能区划的方法有自上而下和自下而上两种。所谓自上而下区划法,是指主要依据区域内部相对一致性原则,根据某些区划指标,首先进行最高级别单元的划分,然后依次将已划分出的高级单元再划分成低一级的单元,一直划分到最低级区划单元为止。其优点是易于掌握宏观格局,其缺点是区划界限相对模糊且科学性不足。因此,自上而下区划法比较适用于大空间尺度的区划工作。所谓自下而上区划法,是指主要依据区域共轭性原则,通过对基本分析单元指标体系的分析评价,首先合并出最低级的区划单位,然后再在低级区划单位的基础上,逐步合并出较高级别的单位,直到得出最高级别的区划单元为止。其优点是区划界线清晰明确,但有可能产生跨区合并的错误。所以,自下而上区划法比较适用于中小空间尺度的区划工作。生态职能区划采取自上而下和自下而上相结合的区划法对全国国土空间进行划分。程序是先将全国国土空间划分成不同类型的生态职能区,然后对各生态职能区划定生态核心区、生态辐射区和生态边缘区。

具体操作方法如下。

步骤一:划分生态职能区范围

生态核心区可以借鉴《全国生态功能区划》中的 50 个重要生态功能区,因而选取方便;生态辐射区的划定则要引入一个生态系统辐射力模型,对核心区的生态辐射范围进行测算才能划定。陆大道在《区位论及区域研究方法》中借用物理学的概念,把城市辐射范围称为城市辐射力的"力场",辐射力的大小称为"场强"。[①] 这里借鉴其方法和城市研究中著名的断裂点公式,将某一生态系统作为一定区域空间结构的核心,其具有生态效应扩散的功能,对周围的区域产生影响。因此,以区域的生态承载力来作为评价区域地理场场强的综合变量,则某一区域与其以外任何一点可以建立辐射力模型。原断裂点公式为

$$d_{im} = \frac{d_{ij}}{1+\sqrt{P_j/P_i}} \tag{16-1}$$

式中,d_{im} 为 i 城市到 m 点距离;d_{ij} 为 i 城市到 j 城市距离;P_j 为 j 城市人口数;P_i 为 i 城市人口数。找到断裂点后,可以根据城市规模算出角度权重,从而确定周边相邻城市的分界线,再绘出到断裂点的垂直线,经过处理即可得到城市的大致辐射范围。[②]

参照该方法,将生态辐射力模型构建如下:

$$D_{im} = \frac{D_{ij}}{1+\sqrt{S_j/S_i}} \tag{16-2}$$

式中,D_{im} 为 i 区域到 m 点距离;D_{ij} 为 i 区域到 j 区域距离;S_j 为 j 区域生态系统服务效益;S_i 为 i 区域生态系统服务效益。其中:

$$S_i = Q_i \cdot P_i \tag{16-3}$$

式中,Q_i 表示 i 区域生态系统提供服务量;P_i 表示影子价格。Q_i 可以用植被覆盖面积、森林覆盖面积、水源涵养量等来表示,具体指标选择因生态系统类型不同而异。

找到断裂点 m 后,可以根据区域规模算出角度权重,从而确定周边相邻区域的分界线,再绘出到断裂点的垂直线,经过处理即可得到生态系统的大致辐射范围。

这一步骤能把全国国土空间按生态系统类型划分为 50 个生态职能区,但是这样得到的生态系统辐射范围并不是真正的辐射范围,还包括了生态边缘区域在其中。因此,该步骤得到的每个生态职能区里分别存在两种类型区域,即生态核心区和非生态核心区。

步骤二:估算生态核心区的生态辐射范围

中国环境科学研究院生态所的韩永伟等人提出的防风固沙功能辐射计算式为生态职能区划提供了一种较为科学、客观的方案,即根据不同类型生态系统的特

---

① 陆大道:《区位论及区域研究方法》,科学出版社,1988 年,第 127—133 页。
② 侯景新,尹卫红:《区域经济分析方法》,商务印书馆,2004 年,第 424—426 页。

点,计算其相应的生态系统服务的辐射范围,水源涵养和防风固沙二者的辐射范围计算肯定是不同的。[①] 韩永伟等人在论文中利用冯·卡曼给出的沙尘粒子自沙面外移后在空中传输距离的经验公式估算在大风条件下,不同粒径沙尘的水平传输距离。在 Arcgis9.3 软件中以此距离做缓冲区,沿防风固沙功能区边界画出两条主要风向线(西风和西北风),截取缓冲区,得到防风固沙功能的辐射范围。经验公式为

$$I = (40\varepsilon\mu^2 u)/(\sigma^2 g^2 d^4) \tag{16-4}$$

式中,I 为沙尘粒子传输距离/km;u 为大风时的风速,取 17 m/s;μ 为运动黏性系数,一般取 $0.14\ \mathrm{cm}^2/\mathrm{s}$;$\varepsilon$ 为湍流交换系数,在风速较大时取 $10^5\ \mathrm{cm}^2/\mathrm{s}$;$\sigma$ 为沙粒密度,取 $1.4\ \mathrm{g/cm}^3$;d 为沙粒直径,分别取 $10\ \mu m$、$20\ \mu m$ 和 $400\ \mu m$;g 为重力加速度,取 $10\ \mathrm{m/s}^2$。并且最后通过研究得出 2006 年黑河下游重要生态功能区植被的防风固沙功能可以辐射到北京、天津、河北、山东等 15 个省份,辐射面积达 120.5 万 km^2。[②] 该步骤能根据各类型生态系统估算出大概的辐射范围,但是这种辐射范围存在一个缺陷,难以判断其辐射效益大小,譬如北京和上海都在黑河下游重要生态功能区的生态辐射范围之内,但二者的辐射效益是有着显著差异的,上海基本上不应被划到以黑河下游重要生态功能区为生态核心区的生态职能区内,而应划归到辐射效益更显著的区域中。

步骤三:在生态职能区内划分三种类型区域

步骤三是取步骤一和步骤二的优点,将步骤一的非生态核心区与步骤二中得到的各类型生态系统辐射范围进行叠加,重叠部分即为生态辐射区,剩下部分为生态边缘区。至此,生态职能区中的生态核心区、生态辐射区和生态边缘区均已划定。

步骤四:根据行政隶属调整生态职能区划

生态核心区和生态辐射区本应以自然地理覆盖范围为划界基础,但是基于政府生态职能的有效实施,以及政府权责利的界定,将以县级行政区域作为区划单元,生态核心区若有可能可具体到乡镇一级作为区划基本空间单元。所以,针对步骤三得到的区划结果,还应当根据行政隶属关系,作出一定的调整,以利于政府行使生态职能。

通过以上方法和程序能得到一个较为合理的生态职能区划,但是因为我国国土辽阔,生态系统复杂多样,再加上目前生态系统价值评估系统和生态辐射计量体系还不完善,所以在本书中我们对于生态职能区划的讨论还只能停留在方法论层

---

① 韩永伟:《黑河下游重要生态功能区防风固沙功能辐射效益》,《生态学报》2010 年第 19 期,第 5185—5193 页。

② 同上。

面。尽管如此,生态职能区划的思想的确为生态补偿和优化工业布局提供了基础。

16.3 区域生态补偿制度框架的构建

环境保护问题关系到不同行政区域的利益,而流域下游或下风向地区往往受到诸如水质恶化、水量减少、吹沙扬尘等困扰,却无法跨越行政区域直接进行规制。生态补偿仅仅是提供了相对的公平(对上游地区)和经济激励,但是信息不对称等问题的存在,使得环境保护出现了不公平性(对下游地区)和补偿的被动性。而基于环境保护区域合作机制的研究,纳入生态补偿或区域补偿,可以从更加可持续的角度提出非对称污染下跨区域合作的生态补偿机制。

基本框架包括国家、区域和地方三个层面。国家层面制定和完善相关的法律法规,完善有利于区域利益转移与合作的区域政策,建立流域管理委员会,成立生态环境保护基金;区域层面建立跨流域管理机构,属于国家级流域管理委员会的分支,组建本流域的环境保护区域合作基金;就地方政府而言,从生态补偿、对口支援和经济合作三个角度来促进地方和区域的经济发展与生态环境保护。

16.3.1 国家层面

目前,就环境保护的对象来看生态补偿主要有三种形式:一是纵向,国家对地方的补偿、上级政府对下级政府的补偿;二是横向,区域之间、上下游之间横向补偿;三是部门补偿,对资源要素管理进行部门补偿。

中国是一个江河众多的国家,流域面积在 1 000 km² 以上的河流有 1 580 条,流域面积大于 10 000 km² 的河流有 79 条,中国开展监测的重要河流约 1 300 条。鉴于流域生态资源的公共物品属性,生态问题的外部性、滞后性及社会矛盾复杂和社会关系变异性强等因素,国家很难自上而下地协调。由流域区际进行民主协商,采取横向转移支付的方式,可以大大降低组织成本并提高运行效率。因此,流域补偿与合作还是要用区域方法通过区域及地方政府来推动。而国家的职责是制定和完善相关的法律法规,完善有利于区域利益补偿与合作的区域政策,建立流域管理委员会,成立生态环境保护基金。

16.3.1.1 相关法律的制定与完善

就区域补偿而言,补偿应该做到有法可依,有规可循。健全生态保护法律体系,在法制化的基础上,生态补偿机制需加强生态保护立法。通过立法确立生态环境税的统一征收、管理制度,规范使用范围。设立生态保护管理局有利于与现行管理体制衔接,集中使用补偿资金,提高资金使用效率和生态质量。

不同区域获取经济发展的能力和机会是不相同的,对生态脆弱区和重点生态保护区而言更是如此。随着我国主体功能区的划分和细化,如何对限制与禁止开发区域进行补偿,将成为区域协调发展的关键。国土空间划分为优化开发、重点开发、限制开发和禁止开发四类区域,部分区域被划为限制开发和禁止开发区域,这将影响到这些地区的经济发展和当地民生。为了落实限制开发区域和禁止开发区域的功能定位,达到保护生态环境的目的,同时保障当地人民生活水平,政府需要制定相应的区域利益补偿机制,特别是生态补偿机制、资源有偿使用制度和资源开发的补偿机制。区域利益补偿政策可以从利益协调、诉求表达、矛盾调处、权益保障四大机制出发,目标是各区域,特别是限制开发和禁止开发两类区域人民共享全国经济社会发展的成果,并实现公共服务均等化的目标。区域利益补偿政策与合作机制、互助机制和扶持机制结合在一起,补偿可以从经济合作的角度来进行。

16.3.1.2　建立流域管理委员会

国家建立流域管理委员会,与现有的生态补偿管理部门多元化的政府管理体制相衔接。它可以同时与林业、农业、水利、国土、环保等部门对接,协调不同部门的生态保护政策的执行,将部门补偿转为区域补偿。[①] 流域管理委员会明确管理和责任主体,可以有效减少管理职责交叉、资金使用不到位、生态保护效率低、生态保护与受益脱节的现象,从而将多部门补偿资金集中,将费用投入到生态环境资源的恢复、保护与增殖项目中去。流域管理委员会在各个流域设立分支机构,解决本流域内的环境保护问题,协调上游与下游保护与补偿、工业与农业用水分配等问题。

16.3.1.3　生态环境保护基金

我国的生态补偿融资渠道主要有财政转移支付和专项基金两种方式,其中财政转移支付是最主要的资金来源。现行税制中针对生态环保的主体税种不到位,相关的税收措施也比较少,并且规定过粗。另外,生态补偿收费缺少科学依据,标准偏低,难以刺激开发者珍惜生态资源,保护生态环境。

首先,开征生态税费,建立生态环境保护基金,在此基金里设立生态环境补偿基金。征收"生态税",保证补偿资金有长期稳定的来源。开征新的统一的生态环境保护税,建立以保护环境为目的的专门税种,消除部门交叉、重叠收费现象,完善现行保护环境的税收支出政策。"生态税"在内容上需要设置具有典型区域差异的税收体制,补偿生态保护与建设,体现"分区指导"的思想。在"生态税"推出之前,可以考虑先推出"生态附加税"。"生态附加税"类似城市维护建设税或教育费附加的形式,可附在三个主要税种(增值税、营业税、企业所得税)上。

其次,设立生态环境补偿基金。生态环境补偿基金应该由政府拨出一笔专项资金,除优化原有支出项目和新增财力充实外,还可以通过各种形式的资助及援助,逐步构建以政府财政为主导,社会捐助、市场运作为辅助的生态补偿基金来源体系。生态补偿基金可用于限制开发区和禁止开发区生态建设、移民、脱贫等项目

---

① 王健:《我国生态补偿机制的现状及管理体制创新》,《中国行政管理》2007 年第 11 期。

的资助、信贷、信贷担保和信贷贴息等。①

16.3.2　区域层面

16.3.2.1　建立跨流域管理委员会

在国家完善相关法律和政策后,流域内地方政府关于环境保护协调与资金支持只能部分依靠国家流域管理委员会的协调和生态环境保护基金,更多地还是要依靠本区域和当地政府。跨区域环境管理问题涉及面大、复杂性高,而条块分割的环境管理体系更加重了处理的复杂性,因此,有必要建立跨行政区域的、技术性高和权威性强的管理机构来承担这项工作。例如,北京和河北是同一层级的行政单位,两省市之间的补偿和合作机制是一种横向关系。国家发改委同水利部、国家林业局协调启动官厅水库和密云水库上游的水权分配试点工作,国家已经开展从制度层面解决这个区域的生态补偿问题。但是,要明确密云水库上游流域潮河、白河(红河)、黑河及官厅水库上游桑干河和洋河五条河流在北京、河北和山西之间的初始水权,明确与规范与水有关的权利、责任和义务还需要一段时间,因此建立一个区域的协调机构和区域的环境保护合作基金是十分必要的。早在2005年,北京市与张家口市、承德市分别组建水资源环境治理合作协调小组,协调小组由北京、张家口、承德三市领导及有关部门负责同志组成并有相应的《北京市与周边地区水资源环境治理合作资金管理办法》,用于官厅水库和密云水库上游市外地区发展节水农业、推广节水技术,以及水质监测、水污染治理、河道综合整治、水土流失治理等方面的项目,以增加水量、提高水质。但是,协调小组仅仅类似于一个临时的协调组织,并不是一个比较固定的具有持续作用力的协调机构。可以考虑在此实践基础之上建立区域管理委员会,在面对地方政府间的利益争端时,该委员会可以公正地担任裁判,在地方政府的博弈中发挥信息沟通与冲突协调裁判的作用;对各地方政府而言,跨流域管理委员会的有力协调也能大大降低彼此协调的交易成本,提高交易的效率。另外,为了保障国家环保目标的实现,区域管理委员会还可以从体制内实行宏观调控,对个别地方的不正当行为予以纠正和调整,保证生态补偿公平有序,从而促进区域合作和协调发展。

16.3.2.2　建立区域生态保护基金

在建立跨流域管理机构的同时,成立相应的环境保护区域合作基金也十分必要。这一机构通过区域间的民主协商,充分利用区域间的经济合作,对口帮扶和环境补偿,达到保护环境和经济共同发展的目标。合作基金负责召集区域内各地区相关的政府官员、专家学者和当地群众代表,对区域内重大环保工程或项目进行可行性论证,聘请有资质的中介环评机构对绿色项目作环境影响评价,公开招标选择

---

① 王健:《我国生态补偿机制的现状及管理体制创新》,《中国行政管理》2007年第11期。

区域生态基金等。在监督方面,对每一笔基金的拨付使用要聘请第三方专业机构进行审计,重点审计基金的实际用途是否与申请用途相符,资金的使用效率如何,绿色项目产生的生态效益、社会效益是否达到预期等。必须建立严格的责任追究制度,在区际生态转移支付基金的运作过程中,哪个环节出现问题,该谁负责,负什么责任,如何惩治,由谁来执行,谁来监督等,这些都必须作出明确的规定。

16.3.3　地方层面

各地方政府基于环境保护区域合作应主要从生态补偿、对口支援和经济合作三个方面入手。生态补偿的工具主要是管制,而经济合作主要依靠的是市场。

生态补偿主要包括公益林补偿、水资源补偿和生物多样性补偿等。目前最需要解决的是水资源补偿,水环境保护也是当务之急。水资源补偿主要包括水资源转让的经济补偿、水源地涵养与保护补偿和水环境污染治理补偿。首先,水资源转让的经济补偿是一种直接的补贴,水资源使用权的一方放弃使用权而换取或获取相应的补偿,补偿数量主要取决于转让的水资源的量与质。其次,水源地涵养补偿包括水源地保护林效益补偿和保护水源地经济发展损失补偿,即补偿对河北省在保护水源地时所种植的保护林产生的效益进行补偿,这种效益是多方面的,既有经济效益,如蓄水、净化水质,又具有保土固沙等社会公共效益;保护水源地经济发展损失补偿是指水源地为保护水源经济发展受到了限制,关停了影响水源保护的企业,否决了可能带来污染的项目,发展节水农业(如"稻改旱"工程)、采用节水技术,所遭受的经济损失或经济发展受限而得到的补偿。最后,水环境污染治理补偿主要指对上游地区在水质监测、水污染治理、河道综合整治、水土流失治理等所生产的成本进行补偿。

河流流域区是一个特殊的自然区域,又是组织和管理国民经济的特殊的经济、社会系统。上下游行政区域可以通过建立经济合作机制,推动流域的可持续发展。主要包括:第一,制定流域经济发展规划。着眼于流域区整体资源分布,制定流域区产业发展规划,使上下游之间形成合理的产业分工,避免的产业同构、环境资源利用的过度竞争等,尽量实现基础设施的对接,以实现人口、资源与环境、经济与社会及地区之间的协调发展。第二,引导和扶持中上游地区发展替代产业。包括对各种生态环境保护与建设项目,替代产业和替代能源发展项目的支持。因地制宜地培育地方经济新的增长点,提升上游地区的产业竞争实力,逐步优化地区经济结构体系。鼓励下游受益区的企业到上游出力区兴办资源环境保护事业。建立由政府统筹安排的"环境基金",由经济发达的受益区提供资金,通过具体项目支持上游的生态环境保护。

生态文明的区域经济协调发展战略

16.4　污染型行业布局优化的政策选择

在生态文明的视角下,工业的优化布局除了要考虑到工业文明下强调的基于生产要素的比较优势原则、存在的聚集经济效应和缩小区域差距之外,还应该考虑生态保护的目标,并将之与经济、社会发展并重。因此,本节主要通过综合考虑各省份的生态承载力和环境承载力及各省份污染型行业的全要素生产率增长率这两个工业优化布局的选择标准,结合必要的选择手段对未来生态文明取向的污染型行业优化布局提出基本的思路和相关政策方向。

16.4.1　生态承载力和环境承载力

虽然中西部地区,特别是西部的部分省份生态环境相对比较脆弱,但也有一些省份的生态承载力和环境承载力比较强,而东部和东北地区的一些省份在经历了较长时间的发展后,生态承载力和环境承载力减弱,因此,有必要对各省份的生态承载力和环境承载力作进一步的细分。为便于分析,本节将前文所测算的 2008 年各省份的生态承载力和环境承载力进行了整合分类,具体见表 16-1。其中,生态承载力主要是通过将各省份所生产的各种资源和能源项目折算为生态生产性土地面积后,再与现有的生态土地容量进行比较,比较的差值可以衡量出全国各省份的可持续发展能力。环境承载力则通过测算区域环境承载量(环境承载力指标体系中各项指标的实测值)与该区域环境承载量阈值(各项指标的标准值)之间的比值关系,来衡量全国各省份环境承载力的大小。

表 16-1　2008 年各省份生态承载力和环境承载力分类表

项目		生态承载力		
		高	一般	较低
环境承载力	高	广东、福建、海南、西藏、青海	安徽、江西、云南、广西	四川
	一般	浙江、上海、江苏	湖北、重庆、贵州、宁夏	湖南、黑龙江、内蒙古
	较低	北京、甘肃	河北、山东、吉林	天津、河南、山西、辽宁、陕西、新疆

从表 16-1 可以看出,除河北和天津外,东部沿海各地区的生态承载力都比较高,这些地区虽然使用了大量的生态资源,但其消费的绝大部分生态资源都是从中西部地区或国外输入的。因此,在这种情况下,生态破坏在区域之间发生了明显的转移,东部地区的生态系统得到了很好的保护,而中西部资源输出地区的生态系统所承受的压力不断增大,特别是山西、陕西、新疆、内蒙古等资源型大省,这些地区资源的大量开发输出导致生态承载力相对较弱。而四川、湖南、河南、安徽、江西、湖北作为中国的粮食主产区,担负着较重的粮食生产任务,有限的耕地面积导致这

些地区的耕地生态赤字严重。同时还可以发现，环境承载力较低的地区都位于我国北部，绝大多北方地区的电力基本都以火电为主，且冬季这些地区都供应暖气，这些因素导致北方地区大气污染日益严重。

广东、福建、海南、西藏和青海的生态承载力与环境承载力都很高。广东与福建消费的生态资源主要来源于其他区域输入，因此，本地的生态资源得以保护，生态承载力比较高。同时，由于其较高的环境规制力度和以轻工业为主的产业结构使这两个省份污染相对较少，环境承载能力也比较好。而海南、西藏和青海这些省份主要是开发程度比较小，因而生态和环境承载力都相对比较好。

浙江、上海和江苏的生态承载力比较高。虽然近年来石油、化工、钢铁等重工业项目的对这些地区的环境有所影响，但这些地区环境规制力度较高，因此，仍保持较高的环境承载能力。

北京的空气质量相对较好，这主要归根于较强的环境规制力度和近年来污染型企业的向外转移。但地表水水质却相对较差，主要是因为北京总体入境水量少，而污水排放量却随着人口的增多而逐年增大，仅有的几条主要河流承载压力不断增大，环境容量日益减少。甘肃虽然开发强度不大，生态承载力比较好，但主要表现为随着近年来石油化工等污染密集型行业的兴起，工业废水排放量日益增多，对于地表水相对匮乏的甘肃而言，水污染超标严重，环境承载压力不断增大。

安徽、江西、云南和广西的经济开发程度都不高，并且对外资源输出不多，因此生态和环境保护都较好。

湖北、重庆、贵州和宁夏也都地处中西部地区，经济开发程度不高，生态承载能力较好，但与江西、云南和广西相比，湖北、重庆和贵州的工业数量较多，空气环境承载略有超标，总体生态环境稍差。

河北、山东和吉林对外资源输出不多，生态承载较好。但随着近年来环渤海经济带的快速发展，以及东南沿海地区要素成本的上升和产业结构升级的加快，珠三角和长三角地区一些能源密集型的重工业开始逐步向环渤海地带转移扩散，天津、河北、山东成为区域投资的重点。另外，近年来河北承接了大量北京的转移产业，并多以钢铁、石化为主。因此，这些重型工业的转移使天津、河北、山东等地的空气污染排放增加，从而导致空气质量下降，环境承载力不断减弱。吉林这一老工业基地，几十年高能耗、高污染的工业化道路导致其环境承载能力受到严重的破坏。

四川环境承载力很好，主要生态承载力比较弱，主要是因为山地较多，耕地面积有限，但粮食生产任务重，从而导致其耕地生态赤字较大。

湖南有限的耕地面积难以与其较重的粮食生产任务相匹配，导致其耕地生态赤字严重。黑龙江和内蒙古作为中国煤炭、石油、天然气的主要产地，每年向外输出大量的能源资源，较大规模的开发导致这些地区的生态环境遭到严重破坏。但内蒙古大兴安岭和黑龙江小兴安岭丰富的林地资源,以及退耕还林工程、京津风沙源治理工程、"三北"重点防护林体系工程等一系列森林建设项目使得内蒙古和黑龙江环境承载能力有所提升。

辽宁为高能耗、高污染的传统工业化道路付出了沉重的资源环境代价,且以钢铁、石化为主的重型工业的布局使得天津和辽宁的空气污染排放增加,空气质量下降,环境承载力不断减弱。河南、山西、内蒙古、陕西与新疆作为中国煤炭、石油、天然气的主要产地,每年向外输出大量的能源资源,而由于当前生态资源补偿机制并不健全,有限的资源补贴远远不足以弥补对资源进行大规模开发而导致对生态环境严重破坏。同时,随着近年来开采力度不断增大,资源密集型和污染密集型企业数量也随着增多,污染超标严重,生态环境遭到较大程度的破坏,生态承载和环境承载能力相对都很低。

因此,对于一些生态承载力、环境承载力相对较弱的地区,一定要正确处理好经济发展与生态保护之间的关系,在推动经济平稳较快发展的同时,要进一步加大生态保护力度,加强对污染排放的监管力度,控制高耗能、高污染行业的过快增长,积极推进产业结构优化调整,结合自身特色优势大力发展生态经济,促进传统产业升级,真正实现"又好又快"发展,确保当地经济社会环境的可持续发展。与此同时,由于广大落后地区的发展对全面小康社会建设至关重要,中央政府应该实行向欠发达地区倾斜的积极政策,加大对中西部地区的环境治理投入,推进资源性产品价格与环保税费改革,完善生态补偿机制,缩小区域差距,实现生态文明的区域协调发展战略目标。与此同时,中央政府应该尽快明确区域生态利益补偿机制,并对生态承载力较弱的地区实行积极的倾斜政策,加大对这些地区的生态治理投入,推进资源性产品价格税费改革,缩小区域差距,最终实现生态文明的区域协调发展战略目标。

16.4.2　全要素生产率增长率排名

第 4 篇根据 2001—2008 年行业污染排放数据的平均值,计算出不同行业各污染排放占全部行业污染排放的比重,并依据各行业污染排放的比重排名,从高到低选取行业污染排放加总达到全部行业污染排放 90% 的行业作为污染型行业。由于本书主要关注污染转移问题,而这里所界定的 17 个污染型行业的污染排放占到所有工业污染排放的 90% 以上,因此我们将研究的重点放在这些污染型行业上。其中,矿石开采业的布局主要还是由各地区的资源禀赋所决定,所以这里只对污染型制造业的全要素生产率增长率进行分析。根据前文所应用的超越对数生产函数和随机前沿模型测算出来的 2003—2008 年污染型制造业全要素生产率的平均增长率进行分析,选出近 6 年来各行业全要素生产率的平均增长率排名前十的省份,具体见表 16-2。

表 16-2　全要素生产率平均增长率排名

排名	农副食品加工业		食品制造业		饮料制造业		纺织业		皮革毛皮羽毛制品业		造纸及纸制品业		石油加工炼焦燃料工业	
1	西藏	0.093 3	青海	0.096 2	青海	0.085 6	贵州	0.094 0	新疆	0.077 2	海南	0.118 5	上海	0.083 1
2	青海	0.076 6	吉林	0.089 5	宁夏	0.083 1	广西	0.091 9	宁夏	0.071 5	陕西	0.079 0	黑龙江	0.081 7
3	天津	0.074 7	安徽	0.085 0	内蒙古	0.079 1	海南	0.087 9	黑龙江	0.069 1	甘肃	0.078 1	安徽	0.076 8
4	宁夏	0.068 4	云南	0.079 2	云南	0.078 3	云南	0.084 2	河南	0.066 1	重庆	0.077 3	新疆	0.076 8
5	新疆	0.065 6	新疆	0.079 1	甘肃	0.078 0	江西	0.082 8	甘肃	0.060 5	贵州	0.075 9	江西	0.075 2
6	山西	0.064 3	甘肃	0.078 3	江西	0.075 8	重庆	0.082 1	内蒙古	0.059 4	山西	0.071 9	广西	0.071 2
7	上海	0.063 7	辽宁	0.075 8	安徽	0.073 2	甘肃	0.081 3	河北	0.059 0	宁夏	0.068 8	湖南	0.071 2
8	云南	0.063 3	宁夏	0.075 7	山西	0.072 1	湖南	0.081 1	四川	0.050 5	四川	0.068 2	天津	0.071 1
9	甘肃	0.061 7	江西	0.073 3	河南	0.071 3	黑龙江	0.079 6	辽宁	0.050 4	辽宁	0.065 0	吉林	0.069 7
10	广西	0.060 6	山西	0.070 5	广西	0.067 7	山西	0.079 0	山东	0.047 2	河北	0.064 3	福建	0.067 9
排名	化学原料及化学制品制造业		化学纤维制造业		非金属矿物制品业		黑色金属冶炼压延工业		有色金属冶炼压延工业		医药制造业		电力热力的生产和供应业	
1	湖南	0.092 3	海南	0.112 1	青海	0.105 0	贵州	0.120 5	河南	0.096 2	江西	0.072 9	上海	0.063 41
2	甘肃	0.090 2	广西	0.090 2	西藏	0.096 8	四川	0.111 1	甘肃	0.094 3	河南	0.071 8	北京	0.060 3
3	山西	0.090 1	浙江	0.079 4	贵州	0.085 2	河北	0.106 9	天津	0.093 7	安徽	0.070 3	天津	0.058 1
4	陕西	0.087 3	江西	0.077 7	宁夏	0.081 8	辽宁	0.103 5	辽宁	0.088 9	山东	0.067 1	宁夏	0.057 2
5	江西	0.087 0	福建	0.076 3	海南	0.081 5	山西	0.102 5	山东	0.088 2	四川	0.063 6	海南	0.053 1
6	青海	0.086 5	黑龙江	0.074 9	甘肃	0.077 5	宁夏	0.102 3	安徽	0.088 2	江苏	0.062 4	青海	0.050 7
7	广西	0.080 1	吉林	0.067 6	湖南	0.076 0	河南	0.101 1	云南	0.086 9	湖北	0.061 1	重庆	0.047 2
8	内蒙古	0.079 4	上海	0.067 1	江西	0.075 0	内蒙古	0.097 8	江西	0.086 3	贵州	0.057 8	西藏	0.046 8
9	新疆	0.079 0	辽宁	0.064 7	黑龙江	0.074 2	湖南	0.095 8	四川	0.086 2	山东	0.057 1	贵州	0.045 8
10	四川	0.078 2	安徽	0.062 1	吉林	0.073 9	湖北	0.095 0	贵州	0.085 6	广西	0.056 7	安徽	0.045 1

　　从表 16-2 可以看出,大部分污染型行业在中西部地区全要素生产率的平均增长率都比东部地区要高。农副食品加工业全要素生产率平均增长率排名前十的省份除上海、天津以外都是中西部省份,且以西部省份为主。食品制造业排名前十的省份除吉林、辽宁以外其他也全是中西部省份。饮料制造业的前十名全是中西部省份。纺织业除海南和黑龙江以外也全是中西部省份。皮革皮毛羽毛制品业除东部的河北、辽宁、山东的全要素生产率平均增长率比较高外,其余的也主要是中西部省份。造纸及纸制品业全要素生产率平均增长率排名前十的省份除海南、辽宁、河北外都是中西部省份。石油加工炼焦燃料工业四大区域都有省份全要素生产率平均增长率排名比较靠前。化学原料及化学制品制造业排名前十的全是中西部省份。化学纤维制造业排名前十的省份除安徽、江西、广西外都位于东部和东北省份。非金属矿物制品业排名前十的省份除海南、黑龙江、吉林外也都是中西部省份。黑色金属冶炼压延工业除辽宁外,全要素生产率平均增长率排名前十的都是

中西部省份。有色金属冶炼压延工业除东部的天津、辽宁、山东以外全是中西部省份。医药制造业除江苏、山东外,全要素生产率平均增长率排名前十的都是中西部省份。电力热力的生产和供应业全要素生产率平均增长率排名前十的省份除上海、北京、天津、海南以外都是中西部省份,且以西部省份为主。

16.4.3　生态文明的产业转移政策导向

为追求效率,大部分污染型行业在未来布局选择上将倾向于向中西部地区转移。但中西部许多地区生态承载力和环境承载力都比较弱,一旦这些污染型行业为追逐效率向这些生态环境已经比较脆弱的地区进行大规模的转移,必然会导致这些地区的生态环境进一步恶化,从而造成难以弥补的损失。因此,一定要正确处理好经济发展与生态保护之间的关系,从生态文明的高度统筹分析污染型行业的优化布局问题。通过对工业污染区域转移和污染型行业布局变化的影响因素,并分别从效率和生态环境这两个维度提出了生态文明取向下污染型行业布局的优化目标。并通过对全国各省份环境规制力度的统计分析获得了一些政策启示。

16.4.3.1　统筹兼顾经济效率与生态环境

在产业布局特别是污染型行业优化布局的研究中,一定要统筹兼顾经济效率和生态环境,一方面要考虑到产业高效率发展的布局选择,另一方面要考虑所选择布局区域的生态环境承载能力。具体而言,从行业的发展趋势和追逐高效生产的发展规律来看,全要素生产率增长率比较高的地区是这些行业未来转移布局的主要选择,建议可以重点考虑全要素生产率增长率排名前十的地区。但污染型行业对生态环境的影响较大,所以还需充分考虑这些地区的生态承载与环境承载,应尽量避免大规模地向生态承载与环境承载都比较差的地区进行转移。因此,这些污染型行业应因地制宜地选择全要素生产率增长率比较高而生态承载与环境承载也都比较好的区域进行布局,对于全要素生产率增长率比较高而生态承载与环境承载一般的区域则可以按照主体功能区的划分标准,选择在区域内优化开发和重点开发地区进行适当的转移布局。

16.4.3.2　加大各省份的环境规制力度,避免"污染天堂"出现

东部沿海发达省份在环境污染规制方面取得了显著的成绩,这与其经济发展水平、产业结构及对环境改善的需求密切相关;而中西部地区大多数省份仍处于经济发展水平的初期和中期,严峻现实使其发展经济的愿望异常强烈。因此,在一定时期内发展经济与保护环境相比,中西部地区对前者的需求显得更为迫切,从而导致其环境规制力度及环境规制的主动性相对较弱。在这种情况下,东部地区一些污染型行业为规避环境治理成本,会倾向于向环境规制力度弱的中西部地区转移,使得中西部地区成为东部地区污染密集型产业规避高环境规制的"污染天堂",从而导致对中西部地区生态环境的破坏。因此,中央政府应建立健全对环境规制力

度的监测考评机制,加强对各省份环境规制执行力度的监管,避免各省份环境规制强度的过度分化,从而促使污染型行业通过自身的设备升级和技术进步实现污染排放减少,而不是简单地通过产业转移来规避高环境规制成本。而环境规制力度较弱的中西部地区,更应重视经济发展与生态环境建设的有机结合,在经济发展的基础上,有选择性地承接东部地区产业转移,结合自身特色优势大力发展生态经济,促进传统产业升级,同时加强对污染排放的监管力度,控制高耗能、高污染行业的过快增长。

16.4.3.3 加强项目污染审核监管

近年来,污染型行业逐步开始由东部沿海向内陆地区转移,为了避免对一些生态承载和环境承载都比较弱的地区造成进一步的生态环境破坏,应积极推行规划环评和重大决策环评。对污染严重且环境质量长期得不到改善的地区,生态破坏严重或者尚未完成生态恢复任务的地区,要暂停对污染排放大的新增建设项目的审批。同时,加大对排污单位的审核和监管力度,严把环评关,对于未通过环评的新建项目一律不准开工,环保设施配套未达标的在建项目也一律不准投产。对于已经投入生产的项目,要进一步完善强制淘汰制度,强化限期治理。不符合国家环保政策的重污染企业要予以限期治理或停产治理,并依据国家环境保护法律法规、产业政策和环保目标的要求,逐步淘汰高污染高耗能的落后产能,改善区域环境质量,为人民群众创造良好的生产和生活环境。

16.4.3.4 提升科学技术水平

通过分析可以发现,污染的转移不仅与污染型行业的转移密切相关,同时还受到所采用的污染排放控制技术的影响。即使污染型行业布局数量增多但通过促进这些行业污染排放控制技术的进步,同样可以减少污染的排放。因此,有必要充分运用环境标准和环境保护技术政策推动环境技术进步,引导和促进企业开展技术攻关,提高自身环境治理技术水平。同时,鼓励企业运用先进适用技术和环保技术改造高耗能、高耗水、高耗材的生产工艺和设备,提高工业污染防治的能力,实现环境污染由末端治理向全过程控制的转变。另外,大力发展环保产业,积极引进、消化国内外先进技术,加快高新技术在环保领域的应用,加快科技成果产业化,进一步提升科技在环境治理中的支撑能力。

16.4.3.5 加快推进循环经济

大力发展循环经济,加快经济增长方式的转变,在资源开发、生产消费、废物产生和消费等环节逐步建立资源循环利用体系,规范资源回收与再利用的市场运行机制。一方面,引导并支持企业通过技术改造推动节能降耗,逐步淘汰重污染、高耗能的落后生产工艺、设备和产品,形成低投入、低消耗、低排放和高效率的节约型增长方式,实现资源优化配置,提高资源利用效率。另一方面,鼓励企业进结构调整,推行清洁生产,对生产过程中产生的废渣、废水、废气、余热等进行回收利用,实现废弃物的循环利用。另外,鼓励发展资源节约型和废物循环利用产业,大力推广循环经济先进适用技术和典型经验,尽快形成有利于资源节约和环境保护的产业体系。

16.4.3.6 完善转移支付和生态补偿机制

中西部地区大多数省份为了实现经济的快速增长,往往会忽略对生态环境的保护,甚至不惜以牺牲环境为代价大力发展资源型和环境污染型行业,这与当地落后的经济现实及强烈的经济发展愿望密不可分。要让这些地区真正从根本上实现经济与环境的协调发展,还需进一步完善转移支付和生态补偿机制,加大对中西部生态环境承载较弱地区的政策倾斜。首先,要加快资源性产品价格的市场化改革进程,调整资源性产品与最终产品的比价关系,加快成品油、天然气价格改革,逐步建立能够体现资源稀缺程度的价格机制。其次,按照补偿治理成本原则,建立实施排污权交易制度,提高排污权的使用效能。再次,根据"受益者付费、破坏者赔偿、开发者补偿"等原则,进一步完善生态补偿机制,充分发挥市场配置资源的基础性作用,促进资源的合理开发、高效利用和有效保护。在治理投资方面,各级政府要进一步加大对污染防治、生态保护等环境公共设施建设的投资力度,提高环保经费的保障程度。同时,中央政府应加大对中西部地区的环境治理投入和转移支付力度,在强化中西部地区生态环境保护的同时进一步缩小区域差距。

16.5 本章小结

本章针对上文探讨的诸多问题及生态文明所赋予的新的政策含义,探讨了生态文明取向下区域经济协调发展政策的新导向。首先,从政府治理本源出发探讨了政府环境规制分权结构方案的设计,旨在针对不同类型的污染选取最有效的政府分权和成本分担方案,从而提高环境治理效率。其次,探讨了政府生态职能实现的前提条件生态职能区划的原则与方法,旨在为政府环境治理政策提供一个因地制宜的依据。最后,在操作层面探讨了区域生态补偿制度框架的建立和污染型行业布局优化的政策选择。旨在协调区域间利益,积极构建和培育以政府主导和市场机制相结合的生态补偿机制,为生态文明的区域协调发展提供利益协调保障。同时建议通过政府政策导向作用优化我国产业布局。总而言之,本章提出的新政策风向标集中体现了生态文明取向的区域经济协调发展的基本要求,可作为新时期政府实现其生态职能的参考。

参考文献

1. Aigner, D. J. , Lovell, C. A. K. and Schmidt, P. , "Formulation and Estimation of Stochastic Frontier Production Function Models", Journal of Econometrics, no. 6, 1977,pp. 127-142.

2. Andreoni, J. and Levinson, A. , "The Simple Analytics of the Environmental Kuznets Curve", Journal of Public Economics, vol. 80, no. 2, 2001, pp. 269-286.

3. Anselin, Luc, "Spatial Econometrics: Methods and Models", Boston: Kluwer Academic Publishers, 1988.

4. Arellano, M. and Bond, S. , "Some Tests of Specification for Panel Data: Monte Carlo Evidence and an Application to Employment Equations", Review of Economic Studies, no. 58, 1991, pp. 277-297.

5. Banzhaf, H. S. and Chupp, B. A. , "Designing Economic Instruments for the Environment in a Decentralized Fiscal System", Tulane Economics Working Paper Series, 2010.

6. Banzhaf, H. S. and Chupp, B. A. , "Heterogeneous Harm vs. Spatial Spillovers: Environmental Federalism and US Air Pollution", NBER Working Paper, no. 15666, 2010.

7. Barrett, C. B. and Lee, D. R. , et al, "Institutional arrangements for rural poverty reduction and resource conservation", World Development, vol. 33, no. 2, 2005, pp. 193-197.

8. Bartik, T. , "The Effect of Environmental Regulation on Business Location in the United States", Growth and Change, vol. 19, no. 3, 1988, pp. 22-44.

9. Battese, G. E. and Coelli, T. J. , "A Model for Technical Inefficiency Effects in a Stochastic Frontier Production Function for Panel Data", Empirical Economics, no. 2, 1995, pp. 84-103.

10. Battese, G. E. and Coelli, T. J. , "Frontier Production Functions, Technical Efficiency and Panel Data: With Application to Paddy Farmers in India", Journal of productivity Analysis, no. 3, 1992, pp. 153-169.

11. Becker, R. and Henderson, V. , "Effects of Air Quality Regulation Polluting Industries", Journal of Political Economy, no. 108, 2000, pp. 379-421.

12. Begona, C. , "Kuznets Curves and Transboundary Pollution", IVIE Working Papers, 1999.

13. Besley, T. and Coate, S. , "Centralized versus decentralized provision of local public goods: a political economy analysis", Journal of Public Economics, no. 87, 2003, pp. 2611-2637.

14. Birdsall, N. and Wheeler, D. , "Trade Policy and Industrial Pollution in Latin America: Where Are the Pollution Havens?" in International Trade and the Environment, Patrick Low, ed. World Bank discuss. paper 159, Washington, DC: World Bank, 1992, pp. 159-167.

15. Blanchard, Oliver. and Andrei, S. , "Federalism with and without Political Centralization:

China versus Russia", IMF Staff Papers, no. 48, 2001, pp. 171-179.

16. Brown, R. S. and Green, V., "Report to Congress: State Environmental Agency Contributions to Enforcement and Compliance", Environmental Council of the States, Washington, DC, 2001.

17. Brueckner, J. K., "Strategic Interaction Among Local Governments: An Overview of Empirical Studies", International Regional Science Review, no. 26, 2003, pp. 175-188.

18. Brunnermeier, S. B. and Cohen. M. A., "Determinants of Environmental Innovation in US Manufacturing Industries", Journal of Environmental Economics and Management, no. 45, 2003, pp. 278-293.

19. Caplan, A. J. and Silva, E. C. D., "Federal Acid Rain Games", Journal of Urban Economics, no. 46, 1999, pp. 25-52.

20. Carson, R. T. and R. C. Mitchell, "The Value of Clean Water: The Public's Willingness to Pay for Boatable, Fishable and Swimmable Quality Water", Water Resources Research, no. 29, 2003, pp. 2445-2454.

21. Coelli T., Rao P., Donnell, C. J. and Battase E., "An Introduction to Efficiency and Productivity Analysis", Springer, 2005.

22. Cole, M. A. and Elliott, R. J., "Do Environmental Regulations Influence Trade Patterns? Testing Old and New Trade Theories", The World Economy, no. 26, 2003, pp. 1163-1186.

23. Cole, M. A. and Elliot, R. J. R., "Factor Endowments or Environmental Regulations? Determining the Trade-Environment Composition Effect", J. Environ. Econ. Manage, 2004. ?

24. Copeland, B. R. and Taylor, M. S., "North-South Trade and the Environment", Quart. J. Econ, vol. 109, no. 3, 1994, pp. 755-787.

25. Copeland, B. R. and Taylor, M. S., "Trade, Growth, and the Environment", Journal of Economic Literature, no. 42, 2004, pp. 7-71.

26. Cumberland, J., "Efficiency and Equity in Interregional Environmental Management", Review of Regional Studies, no. 10, 1981, pp. 1-9.

27. Davis, R., "The value of outdoor recreation: an economic study of the marine woods", PhD Thesis, Harvard University, 1963.

28. Dean, T. J., et al., "Environmental Regulation as a Barrier to the formation of small manufacturing establishments: a Logitudinal examination", Journal of Environmental Economics and Management, 40, 2000, 56-75.

29. Dinan, T., et al., "Environmental Federalism: Welfare Losses from Uniform National Drinking Water Standards", In Panagariya, A., Portney, P. and Schwab, R., Cheltenham (eds) Environmental and Public Economics: Essays in Honor of Wallace E. Oates, U. K: Edward Elgar, 1999.

30. Dudek, D. J.,秦虎,张建宇:《以 SO$_2$ 排放控制和排污权交易为例分析中国环境执政能力》,《环境科学研究》2006 年第 19 卷,第 44—58 页。

31. Ederington, J., Levinson, A. and Minier, J., "Trade Liberalization and Pollution Havens", Advances in Economic Analysis and Policy, vol. 4, no. 2, 2004.

32. Elhorst, J. P. and Fréret, S. , "Evidence of Political Yardstick Competition in France Using a Two-Regime Spatial Durbin Model with Fixed Effects", Journal of Regional Science, 2009, pp. 1-21.

33. Engel, K. H. , "State Environmental Standard-Setting: Is There a 'Race' and Is It 'To the Bottom'?" Hastings Law Journal, no. 48, 1997, pp. 271-398.

34. Esty, D. C. , "Revitalizing Environmental Federalism", Michigan Law Review, vol. 95, no. 3, 1996, pp. 570-653.

35. Esty, D. C. , "Greening the GATT: Trade, Environment and the Future", Washington: Institute for International Economics, 1994.

36. Fare, R. , Gross kop, S. , Norris, M. and Zhang, Z. , "Productivity Growth, Technological Progress, and Efficiency Change in industrialized Countries", American Economic Review, no. 84, 1994, pp. 66-83.

37. Fischel, W. A. , "Fiscal and Environmental Considerations in the Location of Firms in Suburban Communities", in Fiscal Zoning and Land Use Controls. Edwin S. Mills and Wallace E. Oates, eds. Lexington, Mass. : Lexington Books, 1975, pp. 74-119.

38. Frankel, J. A. , "The Environment and Globalization", NBER Working Paper, no. 10090, 2003.

39. Fredriksson, P. G. and Millimet, D. L. , "Is there a 'California effect' in US environmental policymaking?", Regional Science and Urban Economics, no. 32, 2002, pp. 737-764.

40. Fredriksson, P. G. and Gaston, N. , "Environmental Governance in Federal Systems: The Effects of Capital Competition and Lobby Groups", Economic Inquiry, no. 38, 2000, pp. 501-514.

41. Fredriksson, P. G. and Millimet, P. L. , "Strategic Interaction and the Determination of Environmental Policy and Quality Across the US States: Is there a Race to the Bottom?", unpublished working paper, 2000.

42. Fredriksson, P. G. and Millimet, D. L. , 2002, "Strategic Interaction and the Determinants of Environmental Policy across U. S. States", Journal of Urban Economics, 51, 101-122.

43. Fredriksson, P. G. et al. ,"Environmental policy in majoritarian systems", Journal of Environmental Economics and Management, no. 59, 2010, pp. 177-191.

44. Fredriksson, P. G. and Muthukumara, M. , "Environmental federalism: a panacea or Pandora's box for developing countries?", World Bank Policy Research Working Paper, no. 3847, 2006.

45. Fullerton, B. A. and Crawford A. , "Carrying Capacity in Regional Environment Management", Washington Government Printing Office, 1974.

46. Glazer, A. , "Local regulation may be excessively stringent", Regional Science and Urban Economics, no. 29, 1999, pp. 553-558.

47. Goldstein, J. H. and Watson, W. D. , "Property Rights, Regulatory Taking, And Compensation: Implications for Environmental Protection", Contemporary Economic Policy, vol. 15, no. 4, 1997, pp. 32-42.

48. Grossman, G. M. and Krueger, A. B. , "Economic Growth and the Environment", Quarterly Journal of Economics, no. 110, 1995, pp. 353-377.

49. Grossman, G. M. and Krueger, A. B. , "Environmental Impacts of a North American Free Trade Agreement", in The U. S.-Mexico Free Trade Agreement. Peter M. Garber, ed. Cambridge, MA: MIT Press, 1993, pp. 13-56.

50. Grossman, G. M. and Helpman, E. , "Protection for Sale", American Economic Review, no. 84, 1994, pp. 833-850.

51. Hanemann, M. W. , "Valuing the Environment Through Contingent Valuation", Journal of Economic Perspectives, no. 8, 1994, pp. 19-43.

52. Hayek, F. , "The Use of Knowledge in Society", American Economic Review, no. 35, 1945, pp. 519-530.

53. Heckman, J. J. , "Sample Selection Bias as a Specification Error. ", Econometrica, no. 47, 1979, pp. 153-161.

54. Haberl, H. , el al. , "How to Calculate and Interpret Ecological Footprint for Long Period of Time: the Case of Austria 1926~1995", Ecological Economics, no. 38, 2001, pp. 25-45.

55. Henderson, J. V. , "Effects of Air Quality Regulation", American Economic Review, no. 86, 1996, pp. 789-813.

56. Hutchinson, E. and Kennedy, P. W. , "State enforcement of federal standards: Implications for interstate pollution", Resource and Energy Economics, no. 30, 2008, pp. 316-344.

57. Hutchinson, E. and Kennedy, P. W. , "Borderline compliance in environmental policy: interstate pollution and the Clean Air Act", University of Victoria Working Paper. , 2006.

58. Jaffe, A. B. , Peterson, S. R. , Portney, P. R. and Stavins, R. N. , "Environmental Regulation and the Competitiveness of U. S. Manufacturing: What Does the Evidence Tell Us?" Journal of Economic Literature, vol. 33, no. 1, 1995, pp. 132-163.

59. Jeppesen, T. , et al. , "Environmental Regulations and New Plant Location Decisions: Evidence from a Meta-Analysis", Journal of Regional Science, no. 42, 2002, pp. 19-49.

60. Kanbur, R. , et al. "Industrial competitiveness, environmental regulation and direct foreign investment", In: I. Goldin and A. Winters, (Eds), The Economics of Sustainable Development, OECD, Paris, France, 1995, pp. 289-301.

61. Klibanoff, P. and Morduch, J. , "Decentralization, Externalities and Efficiency", Reviews of Economic Studies, no. 62, 1995, pp. 223-247.

62. Konisky, D. M. , "Assessing State Susceptibility to Environmental Regulatory Competition", Working Papers, 2007.

63. Konisky, D. M. , "Regulatory Competition and Environmental Enforcement: Is There a Race to the Bottom?", American Journal of Political Science, no. 51, 2007, pp. 853-872.

64. Kumbhakar, S. C. and Lovell, C. A. K. , "Stochastic Frontier Analysis", Cambridge University Press, 2000.

65. Kumbhakar, Subal C. , "Production Frontiers, Panel Data, and Time-varying Technical Inefficiency", Journal of Econometrics, Elsevier, vol. 46, no12, 1990, pp. 201-211.

66. Kunce, M. and Shogren, J. F., "On Inter jurisdictional Competition and Environmental Federalism", Journal of Environmental Economics and Management, no. 50, 2005, pp. 212-224.

67. Lall, P., Featherstone, A. M. and Norman, D. W., "Productivity Growth in the Western Hemisphere (1978-1994): the Caribbean in Perspective", Journal of Productivity Analysis, no. 17, 2002.

68. LeSage, James P. and Pace, R. K., "Introduction to Spatial Econometrics", CRC Press/ Taylor & Francis Group: London, 2009.

69. Levinson, A. and Taylor, M. S., "Unmasking the Pollution Haven Effect", International Economic Review, no. 49, 2008, pp. 223-254.

70. Levinson, A., "A Note on Environ- mental Federalism: Interpreting some Contradictory Results", Journal of Environmental Economics and Management, no. 33, 1997, pp. 359-366.

71. Levinson, A., "Environmental Regulatory Competition: A Status Report and Some New Evidence", National Tax Journal, no. 56, 2003, pp. 91-106.

72. Levinson, A., "Environmental Regulations and Industry Location: International and Domestic Evidence", in Fair Trade and Harmonization: Prerequisites for Free Trade. Jagdish Bhagwati and Robert Hudec, eds. Cambridge, MA: MIT Press, 1992, pp. 429-457.

73. Li, H. and Zhou, L., "Political Turnover and Economic Performance: the Incentive Role of Personnel Control in China", Journal of Public Economics, no. 89, 2005, pp. 1743-1762.

74. Lin, C. Y. C., "Three Essays on the Economics of the Environment, Energy and Externalities", PhD Dissertations, Harvard University, 2006.

75. List, J. A., et al., "Effects of Air Quality Regulation on the Destination Choice of Relocating Plants", Oxford Economic Papers, no. 55, 2003, pp. 657-678.

76. Low, P. and Yeats, A., "Do Dirty" Industries Migrate? in International Trade and the Environment, Patrick Low, ed. Discuss paper 159, Washington, DC: World Bank, 1992, pp. 89-104.

77. Lucas, R. E. B., Wheeler, D. and Hettige, H., "Economic Development, Environmental Regulation a nd the International Migration of Toxic Industrial Pollution: 1960—1988", in International Trade and the Environment. Patrick Low, Ed, Discuss. paper 159, Washington, DC: World Bank, 1992, pp. 67-86.

78. Maler, K., G., "International Environmental Problems", Oxford Review of Economic Policy, no. 6, 1990, pp. 80-108.

79. Mani, M. and Wheeler, D., "In Search of Pollution Havens? Dirty Industry Migration in the World Economy", World Bank working Paper, no. 16, 1997.

80. Manski, C. F., "Identification of Endogenous Social Effects: The Reflection Problem", Review of Economic Studies, no. 60, 1993, pp. 531-542.

81. Markusen, J., et al., "Competition in Regional Environmental Policies When Plant Locations are Endogenous", Journal of Public Economic, no. 56, 1995, pp. 55-77.

82. McConnell, V. D. and Schwab, R. M., "The Impact of Environmental Regulation on In-

dustry Location Decisions: The Motor Vehicle Industry", Land Economics, no. 66, 1990, pp. 67-81.

83. Merrett, S., "Deconstructing Households' Willingness-to-pay for Water in Low-income Countries", Water Policy, no. 4, 2002, pp. 57-72.

84. Messonnier, M. L., Bergstrom, J. C., Cornwell, C. M., Teasley, J. R. and Cordell, K. H., "Survey Response-Related Biases in Contingent Valuation: Concepts, Remedies, and Empirical Application to Valuing Aquatic Plant Management", American Journal of Agricultural Economics, no. 83, 2000, pp. 438-250.

85. Midelfart-Knarvik, K. H., Overman, H. G., Venables, A. J., "Comparative Advantage and Economic Geography: Estimating the Location of Production in the EU", Centre for economic policy research discussion paper, no. 2618, 2000.

86. Millimet, D. and List, J., "A Natural Experiment on the 'Race to the Bottom' Hypothesis: Testing for Stochastic Dominance in Temporal Pollution Trends", Oxford Bulletin of Economics & Statistics, no. 65, 2003, pp. 395-420.

87. Mitchell, R. C. and Carson, R. T., "Using Surveys to Value Public Goods: the Contingent Valuation Method", Washington, DC: Resource for the Future, 1989.

88. Mulatu, A., Florax, R., Withagen, C. and Wossink, A., "Environmental Regulation and Industry Location in Europe", Environmental and Resource Economics,, no. 45, 2010, pp. 459-479.

89. Mulatu, A., Gerlagh, R., Rigby, D. and Wossink, A., "Environmental Regulation and Industry Location", Fondazione Eni Enrico Mattei Working Papers, no. 261, 2009.

90. Nagase, Y. and Silva, E. C. D., "Optimal Control of Acid Rain in a Federation with Decentralized Leadership and Information", Journal of Environmental Economics and Management, no. 40, 2000, pp. 164-180.

91. Oates, W. and Portney, P. R., "The Political Economy of Environmental Policy", in K. G. Mäler and J. R. Vincent(eds), Handbook of Environmental Economics: Environmental Degradation and institutional Response, Amsterdam, 2003, 325-353.

92. Oates, W. E. and Schwab, M. R., "Economic Competition Among Jurisdictions: Efficiency Enhancing or Distortion Inducing?", Journal of Public Economics, no. 35, 1988, pp. 333-354.

93. Oates, W. E., "The Arsenic Rule: A Case for Decentralized Standard Setting?", Resources, Spring: 2002b, pp. 16-17.

94. Oates, W. E., "A Reconsideration of Environmental Federalism", In: List J A, De Zeeuw A (eds) Recent Advances in Environmental Economics, Edward Elgar Publisher, Cheltenham, UK, 2002, pp. 1-32.

95. Oates, W. E. and Robert, M., "Schwab, Economic Competition Among Juris-dictions: Efficiency Enhancing or Distortion Inducing?", Journal of Public Economics, vol. 35, no. 1, 1988, pp. 333-362.

96. Oates, W. E. and Portney, P. R., "The Political Economy of Environmental Policy", In

K. G. Maier and J. Vencent, (eds), Handbook of Environmental Economies, North-Holland/Elsevier Science, 2001.

97. OECD:《世界经济中的中国：中国治理》,清华大学出版社,2007 年。

98. Ogawa, H. and Wildasin, D. E. , "Think Locally, Act Locally: Spillovers, Spillbacks, and Efficient Decentralized Policymaking", American Economic Review, no. 99, 2009, pp. 1206-1217.

99. Osang, "Thomas and Arundhati Nandy, Impact of U. S. Environmental Regulation on the Competitiveness of Manufacturing Industries", Working Paper. Southern Methodist University, 2000.

100. Pitt, M. M. and Lee, L. F. , "Measurement and Sources of Technical Inefficiency in the Indonesian Weaving Industry", Journal of Development Economics, no. 9, 1981, pp. 43-64.

101. Porter, M. E. and van de Linde, C. , "Toward a New Conception of the Environment - Competitiveness Relationship", J. Econ. Perspect, vol. 9, no. 4, 1995, pp. 97-118.

102. Raspiller, S. and Riedinger, N. , "Do Environmental Regulations Influence the Location of French Firms", Land Econ, vol. 84, no. 3, 2008, pp. 382-395.

103. Ratnayake, R. and Wydeveld, M. , "the Multinational Corporation and the Environment: Testing the Pollution Haven Hypothesis", Economics Department, Economics Working Papers, the University of Auckland, 1998, pp. 20-23.

104. Ray, S. C. , and Desli, E. , "Productivity Growth, Technical Progress, and Efficiency Change in Industrialized Countries: Comment", American Economic Review, no. 87, 1997.

105. Ring, Irene, "Ecological Public Functions and Fiscal Equalisation at the Local Level in Germany", Ecological Economics, no. 42, 2002, pp. 415-427.

106. Ring, Irene, "Integrating Local Ecological Services into Intergovernmental Fiscal Transfers: the Case of the Ecological ICMS in Brazil", Land Use Policy, no. 25, 2008, pp. 485-497.

107. Roelfsema, H. , "Strategic Delegation of Environmental Policy Making", Journal of Environmental Economics and Management, no. 53, 2007, pp. 270-275.

108. Sanguinetti, Pablo. and Martincus, C. V. , "Does Trade Liberalization Favor Industrial Concentration", mimeo, University National de La Plata, Argentina, 2004.

109. Segerson, K. , et al. , "Intergovernmental Transfers in Federal System: an Economic Analysis of Unfunded Mandates", In: Braden, J. B. and Proost, S. (eds) The Economic Theory of Environmental Policy in a Federal System, Edward Elgar Publisher, Cheltenham, UK, 1997, pp. 43-65.

110. Selden, Th. M. and Song, D. , "Neoclassical Growth, the J Curve for Abatement, and the Inverted U Curve for Pollution", Journal of Environmental Economics and Management, vol. 29, no. 2, 1995, pp. 62-68.

111. Sigman, H. A. , "Decentralization & Environmental Quality: An International Analysis of Water Pollution", NBER Working Paper, no. 13098, 2007.

112. Sigman, H. A. , "Transboundary Spillovers and Decentralization of Environmental Poli-

cies", Journal of Environmental Economics and Management, no. 50, 2005, pp. 82-101.

113. Silva, E. C. D. and Caplan, A. J., "Transboundary Pollution Control in Federal Systems", Journal of Environmental Economics and Management, no. 34, 1997, pp. 173-186.

114. Silva, E. C. D. and Yamaguchi, C., "Interregional Competition, Spillovers and Attachment in a Federation", Journal of Urban Economics, no. 67, 2010, pp. 219-225.

115. Tobey, J. A., "The Effects of Domestic Environmental Policies on Patterns of World Trade: An Empirical Test", Kyklos no. 43, 1990, pp. 191-209.

116. Ulph, A. and Valentini, L., "Is Environmental Dumping Greater When Firms Are Footloose?", Discussion Paper in Economics and Econometrics 9822, University of Southampton, 1998.

117. Ulph, A., "Harmonization & Optimal Environmental Policy in a Federal System with Asymmetric Information", Journal of Environmental Economics and Management, no. 39, 2000, pp. 224-241.

118. Van Beers, C. and van den Bergh, J. C., "An Empirical Multi-Country Analysis of the Impact of Environmental Regulations on Foreign Trade Flows", Kyklos, vol. 50, no. 1, 1997, pp. 29-46.

119. Verbeke, T. and De Clercq, M., "The income-environment relationship: Evidence from a binary response model", Ecological Economics, vol. 59, no. 4, 2006, pp. 419-428.

120. Vogel, D., "Trading Up & Governing Across: Transnational Governance & Environmental Protection", Journal of European Public Policy, no. 4, 1997, pp. 556-571.

121. Vuuren, D. P. V. and Smeets, E. M. W., "Ecological Footprint of Benin, Bhutan, Costa Rica, and the Netherlands", Ecological Economics, vol. 34, no. 1, 2000, pp. 115-130.

122. Wackernagel, M., Onisto, L. and Bello, P., et al. "National Natural Capacity Accounting with the Ecological Footprint Concept", Ecological Economics, vol. 29, no. 3, 1999, pp. 375-391.

123. Wellisch, D., "Locational Choices of Firms and Decentralized Environmental Policy with Various Instruments", Journal Urban Economics, no. 37, 1995, pp. 290-310.

124. Whitehead, J. C., Groothuis, P. A. and Blomquist, G. C., "Testing for Non-response and Sample Selection Bias in Contingent Valuation", Economics Letters, no. 41, 1993, pp. 215-230.

125. Wiedmann, Minx, Barrett, et al., "Allocating Ecological Footprints to Final Consumption Categories with Input-Output Analysis", Ecological Economics, vol. 56, no. 2, 2006, pp. 28-48.

126. William R. and Wackernagel, M., "Ecological Footprint and Appropriated Carrying Capacity: What Urban Economics Leaves Out?", Environment and Urbanization, vol. 4, no. 2, 1992, pp. 121-130.

127. Woods, N. D., "Interstate Competition and Environmental Regulation: A Test of the Race to the Bottom Thesis", Social Science Quarterly, no. 86, 2006, pp. 792-811.

128. World Bank, "World Development Report 2009: Reshaping Economic Geography", World

Bank，2009.

129. Yoruk，B. and Zaim，O.，"Productivity growth in OECD Countries：A Comparison with Malmquist Indices"，Journal of Comparative Economics，vol. 33，issue 2，2005，pp. 401-420.

130. Young，A.，"The Razor s Edge：Distortions and Incremental Reform in the People s Republic of China"，Quarterly J. Economics，no. 115，2000，pp. 1091-1136.

131. 包庆德，王金柱：《生态文明：技术与能源维度的初步解读》，《中国社会科学院研究生院学报》2006 年第 2 期，第 34—39 页。

132. 蔡昉，王德文等：《劳动力市场扭曲对区域差距的影响》，《中国社会科学》2001 年第 2 期，第 4—14 页。

133. 蔡志坚等：《基于支付卡式问卷的长江水质恢复条件价值评估》，《南京林业大学学报（自然科学版）》2006 年第 6 期，第 27—31 页。

134. 常丽霞，叶进：《向生态文明转型的政府环境管理职能刍议》，《西北民族大学学报》2008 年第 1 期，第 66—71 页。

135. 陈斌等：《环保部门经费保障问题调研》，《环境保护》2006 年第 11 期，第 62—66 页。

136. 陈栋生：《论区域协调发展》，《北京社会科学》2005 年第 12 期，第 3—10 页。

137. 陈栋生：《论区域协调发展》，《工业技术经济》2005 年第 24 卷第 2 期，第 2—6 页。

138. 陈红蕾，陈秋峰：《我国贸易自由化环境效应的实证分析》，《国际贸易问题》2007 年第 7 期，第 66—70 页。

139. 陈建军：《长江三角洲区域经济一体化的三次浪潮》，《中国经济史研究》2005 年第 3 期，第 113—122 页。

140. 陈敏，王如松，张丽君：《中国 2002 年省域生态足迹分析》，《应用生态学报》2006 年第 3 期，第 3424—3428 页。

141. 陈瑞莲，胡熠：《我国流域区际生态补偿：依据、模式与机制》，《学术研究》2005 年第 9 期，第 71—74 页。

142. 陈瑞莲：《论区域公共管理的制度创新》，《中山大学学报（社会科学版）》2005 年第 5 期，第 61—68 页。

143. 陈诗一：《中国的绿色工业革命：基于环境全要素生产率视角的解释(1980—2008)》，《经济研究》2010 年第 11 期，第 21—34 页。

144. 陈颖琼，陈玉菁：《中国区域经济发展战略变迁研究》，《中国城市经济》2010 年第 12 期，第 58—60 页。

145. 代明，丁宁，覃成林，陈向东：《基于马克思级差地租理论的流域经济梯度差异分析》，《马克思主义研究》2010 年第 12 期，第 65—74 页。

146. 党玉婷，万能：《我国对外贸易的环境效应分析》，《山西财经大学学报》2007 年第 3 期，第 21—26 页。

147. 丁四保：《主体功能区的生态补偿研究》，科学出版社，2009 年。

148. 董先安：《浅释中国地区收入差距：1952—2002》，《经济研究》2004 年第 9 期，第 48—59 页。

149. 杜鹰：《全面开创区域协调发展新局面》，《求是》2008 年第 4 期，第 20—22 页。

150. 杜长春：《环境管理治道变革——从部门管理向多中心治理转变》，《理论与改革》2007 年第

3 期,第 22—24 页。

151. 杜振华,焦玉良:《建立横向转移支付制度实现生态补偿》,《宏观经济研究》2004 年第 9 期,第 51—54 页。

152. 段文斌,尹向飞:《中国全要素生产率研究评述》,《南开经济研究》2009 年第 2 期,第 130—140 页。

153. 樊小贤:《用生态文明引导生活方式的变革》,《理论导刊》2005 年第 10 期,第 25—27 页。

154. 方创琳:《区域发展战略论》,科学出版社,2002 年。

155. 费洪平:《企业与区域经济协调发展研究——以胶济沿线地区为例》,《经济地理》1993 年第 3 期,第 59—64 页。

156. 冯东方等:《我国生态补偿相关政策评述》,《环境保护》2006 年第 10 期,第 38—43 页。

157. 冯玉广,王华东:《区域 PRED 系统协调发展的定量描述》,《环境科学学报》1997 年第 4 期,第 487—492 页。

158. 傅勇,白龙:《中国改革开放以来的全要素生产率变动及其分解(1978—2006)》,《金融研究》2009 年第 7 期,第 38—51 页。

159. 傅勇,张晏:《中国式分权与财政支出结构偏向:为增长而竞争的代价》,《管理世界》2007 年第 3 期,第 4—12 页。

160. 高志刚:《区域经济差异预警:理论、应用和调控》,《中国软科学》2002 年第 1 期,第 93—97 页。

161. 葛颜祥等:《黄河流域居民生态补偿意愿及支付水平分析——以山东省为例》,《中国农村经济》2009 年第 10 期,第 77—85 页。

162. 关琰珠:《区域生态环境建设的理论与实践研究》,福建师范大学博士论文,2003 年。

163. 郭庆旺,赵志耘,贾俊雪:《中国省份经济的全要素生产率分析》,《世界经济》2005 年第 5 期,第 46—53 页。

164. 郭远明等:《地方环保局长"夹缝执法"》,《瞭望(新闻周刊)》,2006 年 9 月。

165. 国家发改委宏观院地区所课题组:《21 世纪中国区域经济可持续发展研究》,2003 年。

166. 国务院发展研究中心课题组:《中国区域协调发展战略》,中国经济出版社,1994 年。

167. 韩永伟:《黑河下游重要生态功能区防风固沙功能辐射效益》,《生态学报》2010 年第 19 期,第 5185—5193 页。

168. 何承耕:《多时空尺度视野下的生态补偿理论与应用研究》,福建师范大学博士论文,2007 年。

169. 侯景新,尹卫红:《区域经济分析方法》,商务印书馆,2004 年。

170. 湖南商学院大国经济课题组:《大国区域经济协调发展研究述评》,《湖南社会科学》2009 年第 6 期,第 86—91 页。

171. 胡晓珍,杨龙:《中国区域绿色全要素生产率增长差异及收敛分析》,《财经研究》2011 年第 4 期,第 123—134 页。

172. 胡仪元:《区域经济发展的生态补偿模式研究》,《社会科学辑刊》2007 年第 4 期,第 123—127 页。

173. 胡玉莹:《中国能源消耗、二氧化碳排放与经济可持续增长》,《当代财经》2010 年第 2 期,第 29—36 页。

174. 胡振鹏等:《江西东江源区生态补偿机制初探》,《江西师范大学学报(自然科学版)》2007年第3期,第206—209页。

175. 姜文仙:《区域协调发展的动力机制研究》,暨南大学博士学位论文,2011年。

176. 蒋清海:《论区域经济协调发展》,《开发研究》1993年第1期,第37—40页。

177. 康慕谊,董世魁,秦艳红:《西部生态建设与生态补偿:目标、行动、问题、对策》,中国环境科学出版社,2005年。

178. 孔凡斌:《江河源头水源涵养生态功能区生态补偿机制研究——以江西东江源区为例》,《经济地理》2010年第2期,第299—305页。

179. 黎元生,胡熠等:《闽江流域区际生态受益补偿标准探析》,《农业现代化研究》2007年第28卷第3期,第327—329页。

180. 李国璋,周彩云等:《区域全要素生产率的估算及其对地区差距的贡献》,《数量经济技术经济究》2010年第5期,第49—61页。

181. 李静,孟令杰,吴福象:《中国地区发展差异的再检验:要素积累抑或TFP》,《世界经济》2006年第1期,第12—22页。

182. 李静,饶梅先:《中国工业的环境效率与规制研究》,《生态经济》2011年第2期,第24—32页。

183. 李静:《中国区域环境效率的差异与影响因素研究》,《南方经济》2009年第12期,第24—35页。

184. 李鸣:《绿色财富观:生态文明时代人类的理性选择》,《生态经济》2007年第8期,第152—157页。

185. 李胜文,李新春:《中国的环境效率与环境管制——基于1986—2007年省级水平的估算》,《财经研究》2010年第2期,第59—68页。

186. 李文洁:《北京市对张家口市开展生态补偿研究》,河北大学硕士学位论文,2010年。

187. 李小平,卢现祥:《国际贸易、污染产业转移和中国工业CO_2排放》,《经济研究》2010年第1期,第15—26页。

188. 李永友,沈坤荣:《我国污染控制政策的减排效果——基于省际工业污染数据的实证分析》,《管理世界》2008年第7期,第7—17页。

189. 厉以宁:《区域发展新思路》,经济日报出版社,2000年。

190. 梁琦:《知识溢出的空间局限性与集聚》,《科学学研究》2004年第1期,第76—81页。

191. 廖丹清:《区域不平衡性研究》,《经济学家》1995年第4期,第34—44页。

192. 廖福霖:《生态文明建设理论与实践》,中国林业出版社,2001年。

193. 林毅夫,刘培林:《中国的经济发展战略与地区收入差距》,《经济研究》2003年第3期,第19—25页。

194. 刘传明:《省域主体功能区规划理论与方法的系统研究》,华中师范大学博士学位论文,2008年。

195. 刘海霞:《不能将生态文明等同于后工业文明——兼与王孔雀教授商榷》,《生态经济》2011年第2期,第188—191页。

196. 刘树成,张晓晶:《中国经济持续高增长的特点和地区间经济差异的缩小》,《经济研究》2007年第10期,第17—31页。

197. 刘思华：《中国特色社会主义生态文明发展道路初探》，《马克思主义研究》2009 年第 3 期，第 69—72 页。

198. 刘晓红：《基于流域水生态保护的跨界水污染补偿标准研究——关于太湖流域的实证分析》，《生态经济》2007 年第 8 期，第 129—135 页。

199. 刘延春：《关于生态文明建设的几点思考》，《林业经济》2003 年第 1 期，第 38—39 页。

200. 刘再兴：《九十年代中国生产力布局与区域的协调发展》，《江汉论坛》1993 年第 2 期，第 22—27 页。

201. 刘再兴：《中国生产力总体布局研究》，中国物价出版社，1995 年。

202. 陆大道：《区位论及区域研究方法》，科学出版社，1988 年。

203. 陆大道：《中国区域发展的理论与实践》，科学出版社，2003 年。

204. 陆铭，陈钊：《在集聚中走向平衡：城乡和区域协调发展的"第三条道路"》，《世界经济》2008 年第 8 期，第 57—61 页。

205. 陆铭等：《中国的大国经济发展道路》，中国大百科全书出版社，2008 年。

206. 陆新元等：《中国环境行政执法能力建设现状调查与问题分析》，《环境科学研究》2006 年第 19 卷，第 1—11 页。

207. 《马克思主义研究》记者：《正确认识和积极实践社会主义生态文明——访中南财经政法大学资深研究员刘思华》，《马克思主义研究》2011 年第 5 期，第 13—17 页。

208. 马莹等：《流域生态补偿的经济内涵及政府功能定位》，《商业研究》2010 年第 8 期，第 127—131 页。

209. 聂华林，李泉，杨建国：《发展区域经济学通论》，中国社会科学出版社，2006 年。

210. 潘玉君：《简述区域生态环境建设中的补偿问题》，《光明日报》2004 年 11 月 9 日。

211. 潘岳：《环境文化与民族复兴》，《管理世界》2004 年第 1 期，第 2—8 页。

212. 潘岳：《论社会主义生态文明》，《绿叶》2006 年第 10 期，第 10—18 页。

213. 彭国华：《中国地区收入差距、全要素生产率及其收敛分析》，《经济研究》2005 年第 9 期，第 19—29 页。

214. 钱俊生：《落实科学发展观建设生态文明》，《领导文萃》2007 年第 12 期，第 22—26 页。

215. 郄建荣：《基层环保薄弱状况尚未根本扭转：一线环保执法现状透析》，法制网，2009 年 9 月 2 日。

216. 覃成林：《区域协调发展机制体系研究》，《经济学家》2011 年第 4 期，第 65—72 页。

217. 《求是》记者：《牢固树立生态文明观念——访国家环境咨询委员会副主任孙鸿烈院士》，《求是》2009 年第 21 期，第 55—57 页。

218. 邱风：《对长三角地区产业结构问题的再认识》，《中国工业经济》2005 年第 4 期，第 77—85 页。

219. 任勇等：《建立生态补偿机制的战略与政策框架》，《环境保护》2006 年第 10 期，第 18—23 页。

220. 沈坤荣，付文林：《税收竞争——地区博弈及其增长绩效》，《经济研究》2006 年第 6 期，第 16—26 页。

221. 沈满洪：《生态经济学》，中国环境科学出版社，2008 年。

222. 沈越：《环境保护助推区域协调发展》，《环境经济》2007 年第 10 期，第 37—40 页。

223. 世界银行：《1997 年世界发展报告——变革世界中的政府》，蔡秋生译，中国财政经济出版社，1997 年。

224. 宋蕾，李峰，燕丽丽：《矿产资源生态补偿内涵探析》，《广东经济管理学院学报》2006 年第 6 期，第 23—25 页。

225. 孙峰华，刘宝琛：《中国区域经济发展的杠杆原理与棋局战略》，《经济地理》2005 年第 11 期，第 761—767 页。

226. 孙红玲：《"3＋4"：三大块区域协调互动机制与四类主体功能区的形成》，《中国工业经济》2008 年第 10 期，第 12—22 页。

227. 孙红玲：《论中国经济区的横向划分》，《中国工业经济》2005 年第 10 期，第 27—34 页。

228. 陶良虎：《中国区域经济》，研究出版社，2009 年。

229. 涂正革：《环境、资源与工业增长的协调性》，《经济研究》2008 年第 2 期，第 93—105 页。

230. 万东华：《一种新的经济折旧率测算方法及其应用》，《统计研究》2009 年第 10 期，第 15—18 页。

231. 万薇等：《中国区域环境管理机制探讨》，《北京大学学报（自然科学版）》2010 年第 46 卷第 3 期，第 449—456 页。

232. 王兵，吴延瑞，颜鹏飞：《环境管制与全要素生产率增长：APEC 的实证研究》，《经济研究》2008 年第 5 期，第 19—32 页。

233. 王宏斌：《西方发达国家建设生态文明的实践、成就及其困境》，《马克思主义研究》2011 年第 3 期，第 71—75 页。

234. 王俊能，许振成等：《基于 DEA 理论的中国区域环境效率分析》，《中国环境科学》2010 年第 4 期，第 565—570 页。

235. 王俊能等：《流域生态补偿机制的进化博弈分析》，《环境保护科学》2010 年第 2 期，第 37—44 页。

236. 王琴梅：《区域协调发展内涵新解》，《甘肃社会科学》2007 年第 6 期，第 46—50 页。

237. 王文锦：《中国区域协调发展研究》，中共中央党校博士学位论文，2001 年。

238. 王勇：《流域政府间横向协调机制必要性诠析》，《大连干部学刊》2007 年第 10 期，第 25—27 页。

239. 王雨辰：《以历史唯物主义为基础的生态文明理论何以可能？——从生态学马克思主义的视角看》，《哲学研究》2010 年第 12 期，第 10—16 页。

240. 王昱，王荣成：《我国区域生态补偿机制下的主体功能区划研究》，《东北师大学报（哲学社会科学版）》2008 年第 4 期，第 17—21 页。

241. 魏长江：《西部环境经济政策中的制度缺陷——当前环保低效率的新制度经济学分析》，《经济体制改革》2002 年第 3 期，第 113—116 页。

242. 吴超，魏清泉：《"新区域主义"与我国的区域协调发展》，《经济地理》2004 年第 1 期，第 2—7 页。

243. 吴殿廷等：《从可持续发展到协调发展——区域发展观念的新解读》，《北京师范大学学报（社会科学版）》2006 年第 4 期，第 140—143 页。

244. 吴舜泽等：《国家环境监管能力建设"十一五"规划中期评估》，《环境保护》2009 年第 10 期，第 3—5 页。

245. 肖春梅,孙久文,叶振宇:《中国区域经济发展战略的演变》,《学习与实践》2010年第7期,第5—13页。

246. 肖宏:《环境规制约束下污染密集型企业越界迁移及其治理》,复旦大学博士论文,2008年。

247. 谢伏瞻:《完善政策促进区域经济协调发展》,《中国流通经济》2006年第7期,第8—9页。

248. 谢高地等:《区域空间功能分区的目标、进展与方法》,《地理研究》2009年第5期,第561—570页。

249. 熊德国,鲜学福,姜永东:《生态足迹理论在区域可持续发展评价中的应用及改进》,《地理科学进展》2003年第6期,第78—86页。

250. 徐春:《对生态文明概念的理论阐释》,《北京大学学报(哲学社会科学版)》2010年第1期,第61—63页。

251. 徐大伟等:《黄河流域生态系统服务的条件价值评估研究》,《经济科学》,2007年第6期,第77—89页。

252. 徐现祥,李郇:《市场一体化与区域协调发展》,《经济研究》2005年第12期,第57—67页。

253. 徐盈之,吴海明:《环境约束下区域协调发展水平综合效率的实证研究》,《中国工业经济》2010年第8期,第34—44页。

254. 许士春:《贸易对我国环境影响的实证分析》,《世界经济研究》2006年第3期,第63—68页。

255. 杨佳琛:《论政府在流域补偿机制中的角色与功用》,华东政法大学硕士学位论文,2010年。

256. 杨俊,邵汉华等:《中国环境效率评价及其影响因素实证研究》,《中国人口、资源与环境》2010年第2期,第49—55页。

257. 杨开忠:《我国区域经济协调发展的总体部署》,《管理世界》1993年第1期,第165—172页。

258. 杨开忠等:《关于意愿调查价值评估法在我国环境领域应用的可行性探讨——以北京市居民支付意愿研究为例》,《地球科学进展》,2002年第6期,第420—425页。

259. 叶谦吉:《真正的文明时代才刚刚起步——叶谦吉教授呼吁开展"生态文明建设"》,《中国环境报》1987年6月23日,第1版。

260. 于光远:《经济社会发展战略》,中国社会科学出版社,1984年。

261. 俞建国,王小广:《构建生态文明、社会和谐、永续发展的消费模式》,《宏观经济管理》2008年第2期,第36—38页。

262. 袁鹏,程施:《中国工业环境效率的库兹涅茨曲线检验》,《中国工业经济》2011年第2期,第79—88页。

263. 〔美〕约翰·贝拉米·福斯特:《生态危机与资本主义》,耿建新、宋兴无译,上海译文出版社,2006年。

264. 翟惟东,马乃喜:《自然保护区功能区划的指导思想和基本原则》,《中国环境科学》2000年第4期,第337—340页。

265. 张春玲,阮本清,杨小柳:《水资源恢复的补偿理论与机制》,黄河水利出版社,2006年。

266. 张鸿铭:《建立生态补偿机制的实践与思考》,《环境保护》2005年2期,第41—45页。

267. 张金泉:《生态补偿机制与区域协调发展》,《兰州大学学报》2007年第5期,第115—119页。

268. 张军,吴桂英,张吉鹏:《中国省际物质资本存量估算:1952—2000》,《经济研究》2004年第10期,第35—44页。

269. 张军扩,侯永志等:《中国:区域政策与区域发展》,中国发展出版社,2010年。

270. 张可云,胡乃武:《中国重要的区域问题与统筹区域发展研究》,《首都经济贸易大学学报》2004年第2期,第8—13页。

271. 张可云,张文彬:《非对称外部性、EKC和环境保护区域合作——对我国流域内部区域环境保护合作的经济学分析》,《南开经济研究》2009年第3期,第25—45页。

272. 张可云:《警惕第四轮区域经济冲突》,《中华工商时报》2011年6月29日,第7版。

273. 张可云:《区域经济政策:理论基础与欧盟国家实践》,中国轻工业出版社,2001年。

274. 张可云:《区域经济政策》,商务印书馆,2005年。

275. 章祥荪,贵斌威:《中国全要素生产率分析:Malmquist指数法评述与应用》,《数量经济技术经济研究》2008年第6期,第111—122页。

276. 张云飞:《试论生态文明的历史方位》,《教学与研究》2009年第8期,第5—11页。

277. 张志强等:《黑河流域张掖地区生态系统服务恢复的条件价值评估》,《生态学报》2002年第22卷第6期,第885—893页。

278. 赵成:《论生态文明建设的实践基础——生态化的生产方式》,《学术论坛》2007年第6期,第19—23页。

279. 赵雪雁等:《甘南黄河水源补给区生态补偿方式的选择》,《冰川冻土》2010年第1期,第204—210页。

280. 郑海霞等:《金华江流域生态服务补偿的利益相关者分析》,《安徽农业科学》2009年第37卷第25期,第12111—12115页。

281. 周大杰:《流域水资源生态补偿标准初探——以官厅水库流域为例》,《河北农业大学学报》2009年第32卷第1期,第10—18页。

282. 周黎安:《转型中的地方政府》,上海格致出版社、上海人民出版社,2009年。

283. 周茂荣,祝佳:《贸易自由化对我国环境的影响——基于ACT模型的实证研究》,《中国人口、资源与环境》2008年第18卷第4期,第211—215页。

284. 朱希伟,陶永亮:《经济集聚与区域协调》,陆铭等主编:《中国区域经济发展:回顾与展望》,世纪出版集团,2011年。

285. 曾文慧:《流域越界污染规制——对中国跨省水污染的实证研究》,《经济学(季刊)》2008年第2期,第447—464页。

286. 曾先峰:《中国区域工业的不均衡增长及其影响因素分析:1978—2006年》,《数量经济技术经济研究》2010年第6期,第84—98页。